研究生高水平课程体系建设丛书

现代信号检测与估计理论

梁 红 杨长生 编著

西北工業大學出版社

西 安

【内容简介】 本书系统地讲述了现代信号检测与估计理论及其应用。主要内容包括:信号的统计检测理论;高斯白(色)噪声中确知信号和随机参量信号的检测、序列检测;噪声概率密度未知或部分已知情况下的非参量检测;部分掌握干扰统计特性的稳健性检测;信号的恒虚警检测;信号参量的最佳估计理论和方法;信号波形估计的概念、准则、维纳滤波和卡尔曼滤波算法等。

本书可供高等学校信号与信息处理、通信与信息系统等电子类学科的高年级本科生和研究生使用,也可供雷达、声呐和通信等相关专业的科研及工程技术人员参考。

图书在版编目(CIP)数据

现代信号检测与估计理论 / 梁红,杨长生编著. —西安:西北工业大学出版社,2021.9
(研究生高水平课程体系建设丛书)
ISBN 978-7-5612-7994-6

Ⅰ.①现… Ⅱ.①梁… ②杨… Ⅲ.①信号检测-研究生-教材 ②参数估计-研究生-教材 Ⅳ.①TN911.23

中国版本图书馆 CIP 数据核字(2021)第 196271 号

XIANDAI XINHAO JIANCE YU GUJI LILUN
现代信号检测与估计理论

责任编辑:孙 倩 **策划编辑**:何格夫
责任校对:张 潼 **装帧设计**:李 飞
出版发行:西北工业大学出版社
通信地址:西安市友谊西路 127 号 邮编:710072
电 话:(029)88491757,88493844
网 址:www.nwpup.com
印 刷 者:西安浩轩印务有限公司
开 本:787 mm×1 092 mm 1/16
印 张:18.125
字 数:476 千字
版 次:2021 年 9 月第 1 版 2021 年 9 月第 1 次印刷
定 价:70.00 元

前　言

本书是笔者在西北工业大学为高年级本科生讲授“信号检测与估计”课程以及为研究生讲授“现代信号检测技术”课程的基础上，根据教学大纲要求，总结多年教学经验，吸取多年从事水声信号处理的科研成果，参考国内外文献资料编写而成的。

本书共分 11 章。

第 1 章概述信号检测与估计的基本概念，并给出本书的内容安排。

第 2 章简要介绍随机过程及其统计描述和主要的统计特性，几种常用的概率密度函数和白噪声及有色噪声的概念。

第 3～9 章为信号检测部分的内容。第 3 章论述信号统计检测的基本概念和判决准则。第 4～6 章介绍构成参量检测的内容，主要讨论在噪声概率密度函数已知情况下的信号检测。其中：第 4 章在研究匹配滤波器理论和性质的预备知识后，详细讨论高斯白噪声中确知信号、随机参量信号及随机信号检测的接收机结构和性能；第 5 章介绍卡亨南-洛维展开，详细讨论高斯色噪声中确知信号检测的接收机结构和性能及随机相位信号的检测；第 6 章讨论信号的序列检测。第 7 章是信号的非参量检测，主要讨论噪声的概率密度函数在未知情况下的信号检测。第 8 章讨论在对噪声(干扰)的统计特性部分已知，但不足以确切描述情况下信号的稳健检测。第 9 章讨论噪声和杂波环境中信号的恒虚警率检测。

第 10 章和第 11 章为信号估计部分的内容。第 10 章重点讨论信号参量的统计估计理论，包括估计量的性质及常用估计方法，简要讨论多参量的同时估计问题。第 11 章是信号波形的估计问题，重点讨论连续、离散维纳滤波器的设计，离散卡尔曼滤波的信号模型、递推计算方法和性质。

本书在阐述内容上注重基本概念和基本方法，附有大量例题，以便加深学生对基本理论的理解，从而掌握实际应用的方法。在学习本课程之前，学生应具有概率论与数理统计、线性代数、信号与系统和数字信号处理等方面的知识。

本书是为高等学校研究生“现代信号检测技术”课程编写的教材，其基本内容也适用于高年级本科生。教师可以根据授课课时，对讲授内容进行适当调整。

在编写本书的过程中，得到了西北工业大学航海学院同事的大力支持，在此表示衷心的感谢，并向所有参考文献的作者表示诚挚的谢意！同时本书的出版得到“西北工业大学‘双一流’研究生课程建设项目”的资助，在此一并表示感谢。

由于水平有限，书中难免存在疏漏和不足之处，欢迎读者批评指正。

编著者

2021 年 3 月

目　录

第1章　引　　言

1.1　信号检测与估计理论的研究对象和处理方法

信号检测与估计理论是现代信息理论的一个重要分支，是以概率论与数理统计为工具，综合系统理论与通信工程的一门学科。它为通信、雷达、声呐和自动控制等技术领域提供理论基础。此外，它在模式识别、射电天文学、雷达天文学、地震学、生物物理学以及生物医学等领域中，也获得了广泛的应用。

众所周知，通信、雷达、自动控制系统等都是当代重要的信息传输和处理系统。在这些信息系统中，信息通常是以某种信号形式表示的。代表着某一种信息的信号在发射系统中产生后，一般要通过发射设备处理，再经信道进行传输；在接收系统中，对接收到的信号进行必要的处理，最终提供便于应用的接收信息。对信息系统的性能要求有两个方面，一是要求系统能高效率地传输信息，即单位时间内传输尽可能多的信息，其主要取决于信号的波形设计和频率选择，这就是系统的有效性；二是要求系统能可靠地传输信息，减小信号波形的失真度，这就是系统的可靠性或抗干扰性。

系统信息可靠性降低的主要原因在于：信号本身的不理想、不可避免的外部干扰和内部噪声的影响以及传输过程中携带信息的有用信号的畸变。例如，根据电子信息系统的要求，设计的信号与系统实际所形成的信号之间会有一定的误差，如信号频谱的纯度、相位噪声的大小、脉冲信号的宽度、顶部平坦度、前后沿时间及它们的稳定性、线性调频信号的线性度等方面的误差。相对于理想信号，这种误差可以看作是对信号的一种干扰分量。信号在信道传输过程中，会产生随机衰落，例如电磁波在经过大气层或电离层时，吸收系数或反射系数的随机性，必然会对信号的幅度、频率和相位等产生随机的影响，使信号发生畸变（失真）。大气层、电离层、宇宙空间等各种自然界的电磁过程，加上各种电气设备、无线电台、电视台和通信系统产生的电磁波，地面物体等固定杂波、气象等运动杂波和人为干扰等诸多因素，它们的频谱可能比较复杂，有的还可能较宽，这样，其中部分分量就有可能进入系统，形成对信号的外界干扰；电子信息系统本身的电源、各种电子元器件产生的热噪声、系统特性误差、正交双通道信号处理中正交变换时的幅度不一致性和相位不正交性、多通道之间的不平衡性、A/D 转换器的量化噪声、运算中的有限字长效应等，形成对信号的内部干扰。

电子信息系统中信号所受到的各种干扰均具有随机特性，一般将其统称为噪声，用 $n(t)$ 表示，它是一个随机过程。噪声 $n(t)$ 大致上可以分为两类：一类属于加性噪声，它们与信号混叠，对信号产生“污染”；另一类属于乘性噪声，它们对信号进行调制。

在实际系统中,加性噪声是最常遇到的,也是一种最基本的干扰模型,所以在本书中将主要考虑加性噪声的情况。

在电子信息系统中,信号一般可分为两类:确知信号和随机参量信号。所谓确知信号,是指可以用一个确定的时间函数来表示的信号,用 $s(t)(0 \leqslant t \leqslant T)$ 表示;而随机参量信号虽然一般地也可以表示为时间的函数,但信号中含有一个或一个以上的参量是随机的,用 $s(t;\boldsymbol{\theta})$ $(0 \leqslant t \leqslant T)$ 表示,其中 $\boldsymbol{\theta}=[\theta_1 \quad \theta_2 \quad \cdots \quad \theta_M]^{\mathrm{T}}$,表示信号中含有 M 个随机参量。因为噪声 $n(t)$ 是具有随机特性的随机过程,所以即使信号是确知信号 $s(t)(0 \leqslant t \leqslant T)$,待处理的信号 $x(t)$ $(0 \leqslant t \leqslant T)$ 也是具有随机特性的随机信号,何况实际上信号往往是含有随机参量的信号 $s(t;\boldsymbol{\theta})(0 \leqslant t \leqslant T)$。这就是说,要处理的信号 $x(t)$ $(0 \leqslant t \leqslant T)$ 是随机信号,而且在实际中还是信噪比较低的信号。有时也把 $x(t)$ $(0 \leqslant t \leqslant T)$ 称为接收信号或观测信号。

因为待处理的信号 $x(t)$ $(0 \leqslant t \leqslant T)$ 是随机信号,具有统计特性,所以对信号进行的各种处理,应从信号和噪声的统计特性出发,于是统计学便成为信号处理学科的有力数学工具。将统计学的理论和方法应用于随机信号的处理,主要体现在以下三方面。

(1) 对信号的随机特性进行统计描述,即用概率密度函数(PDF,Probability Density Function)、各阶矩、相关函数、协方差函数、功率谱密度(PSD,Power Spectrum Density)等来描述随机信号的统计特性。

(2) 基于随机信号统计特性所进行的各种处理和选择的相应准则均是在统计意义上进行的,并且是最佳的,如信号状态的统计判决、信号参量的最佳估计、均方误差最小准则下信号的线性滤波等。

(3) 处理结果的评价,即性能用相应的统计平均量来度量,如判决概率、平均代价、平均错误概率、均值、方差和均方误差等。

信号检测与估计理论是人们在长期实践过程中逐步形成和发展起来的。它的基本任务是研究如何在干扰和噪声的影响下最有效地辨认出有用信号的存在与否,以及估计出未知的信号参量或信号波形本身。它实质上是有意识地利用信号与噪声的统计特性的不同,来尽可能地抑制噪声,从而最有效地提取有用信号的信息。

统计信号处理的理论研究日渐深入,应用领域不断扩大。在用统计方法进行信号处理时,其基本原理和方法是相同的,所共同需要的主要理论基础是信号的统计检测理论、统计估计理论和滤波理论。信号检测与估计理论又称为信号检测的统计理论,其数学基础是统计学中的判决理论和估计理论。从统计学的观点看,可以把从噪声干扰中提取有用信号的过程看作是一个统计推断过程,即用统计推断方法,根据接收到的信号加噪声的混合波形来做出信号存在与否的判断,以及关于信号参量或信号波形的估计。检测信号是否存在用的是统计判决理论,也叫假设检验理论。二元假设检验是对原假设 H_0(代表信号不存在)和备选假设 H_1(代表信号存在)所进行的二择一检验,检验要依据一定的最佳准则来进行。估计信号的未知参量用的是统计估计理论,即根据接收混合波形的一组观测样本,构造待估计参数的最佳估计量。由于观测样本是多维随机变量,由它们构成的估计量本身也是一个随机变量,其好坏要用其取值在参量真值附近的密集程度来衡量。因此参量估计问题可以通俗地说成是如何利用观测样本来得到具有最大密集的估计。此外,估计信号波形则属于滤波理论,即维纳和卡尔曼的线性滤波理论以及后来发展的非线性滤波理论。这样,信号检测与估计理论按其基本内容来看,包括三方面:信号检测、参量估计和波形估计(或称复现、提取和过滤)。信号检测指的是检验信号存在与否的一种狭义的检测；参量估计指的是对信号所包含的连续消息（在观测期间是恒定值）进行的估计（或测量），所关心的不是信号本身，而是信号所载的消息；波形估计是指在最小均方误差意义下，对信号或者解调后的消息波形（在观测期间是时间函数 $x(t)$）进行的估计，所关心的是整个信号或消息波形本身。

上面提到的三方面内容，相互之间有着密切的联系，不可截然分开。信号的检测与参量的估计有时是同时进行的。例如，M 元假设检验问题，是对原假设 H_0（代表信号不存在）和 $M-1$ 个互不相容的备选假设 $H_1, H_2, \cdots, H_{M-1}$（代表信号参量的 $M-1$ 个可能取值）所进行的 M 择 1 检验，此时，信号的参量估计就看成了 M 元信号的检测问题。信号的参量估计又可看作是波形估计的特例。如果信号的参量是随时间变化的，则在信号参量估计概念和方法的基础上，结合信号的运动规律和噪声的动态统计特性，可以实现信号的波形估计或信号的动态状态估计。

随着通信、雷达、自动控制等技术领域的蓬勃发展，利用信号检测与估计理论对信号检测系统进行统计分析与综合已取得长足的发展，信号检测与估计理论已成为分析和综合最佳检测系统的理论基础。具体说来，它包括以下几个研究课题：

(1) 确定和论证适用于信号检测系统的最佳准则，既要反映给定的实际条件，提出理想化模型，又要便于简化最佳检测系统的结构和性能分析。

(2) 从理论上求解符合所选用的最佳准则的最佳检测系统的结构，分析其性能，并研究其性能随某些因素的变化情况。

(3) 将实际使用的检测系统与理论上最佳系统进行比较，找出二者的性能差距，从而明确实际系统尚待挖掘的潜力，给出提高性能的方向，寻求易于实现的准最佳信号检测系统。

(4) 比较在不同的信号与噪声统计特性下各种最佳检测器的结构和性能，明确信号与噪声统计特性对最佳检测系统结构和性能的影响。

信号检测与估计理论是现代信息理论的一个分支，研究的对象是信息传输系统中信号的接收部分。现代信息理论的其他分支还有仙农信息论、编码理论、信号理论、噪声理论、调制理论和保密学等。

1.2　信号的检测与估计理论概述

现代检测和估计理论是用于判决和信息提取的电子信号处理系统设计的基础。这些系统包括雷达、通信、语音、声呐、图像处理、生物医学、自动控制和地震学等。它们都有一个相同的目标，就是要能够确定人们感兴趣的事件在什么时候发生，然后就是要估计一组参数的值，即检测和估计理论。为了说明检测和估计理论在信号处理中的应用，下面简单描述一下雷达和声呐系统。

雷达系统中，人们感兴趣的是确定是否有飞机正在靠近。为了完成这一任务，发射一个电磁脉冲，如果这个脉冲被大的运动目标反射，那么就显示有飞机出现。如果有一架飞机出现，那么接收波形将由反射的脉冲（在某个时间之后）和周围的辐射以及接收机内的电子噪声组成。如果飞机没有出现，那么就只有噪声。信号处理器的功能就是要确定接收到的波形中只有噪声（没有飞机）还是噪声中含有回波（飞机出现）。图 1.2.1(a) 描绘了一个雷达，图 1.2.1(c) 和(d) 画出了两种可能情形的接收波形。当回波出现的时候，接收到的波形与发射波形有些不同，但差别不是很大。这是因为接收到的回波由于传播损耗而被衰减，以及由于多次反射的相互作用而产生了失真。当然，如果检测到飞机，那么就要确定飞机的方位、距离和速度等。因此，检测是信号处理系统的第一个任务，而第二个任务就是信息的提取，即确定飞机的位置。为了确定距离 R，考虑到电磁脉冲在遇到飞机时会产生反射，继而由天线接收的回波将会引起 τ_0 的延迟，如图 1.2.1(c) 所示。这样距离可由方程 $\tau_0 = 2R/c$ 确定，其中 c 是电磁传播速度。由于传播损耗，接收回波在幅度上有一定衰减，所以有可能受到环境噪声的影响而变得模糊不清，回波到达时间也可能受到接收机电子器件引入的时延的干扰。

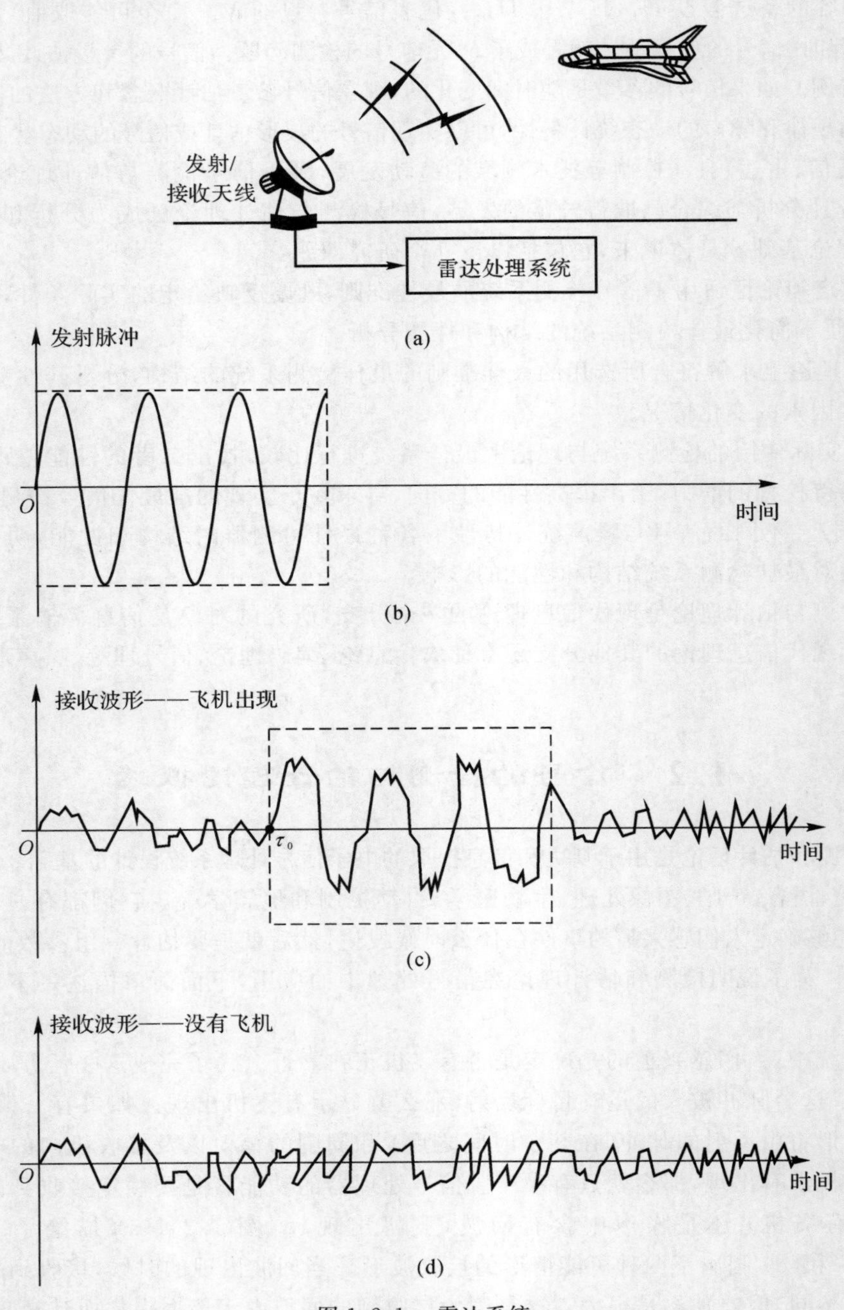

图 1.2.1　雷达系统

(a) 雷达；(b) 发射脉冲；(c) 有目标时的回波；(d) 无目标时的回波

另外，还有一种常见的应用是声呐，人们感兴趣的也是目标是否出现及确定目标的位置，例如，确定潜艇的方位。图 1.2.2(a) 显示了一个典型的被动声呐，由于目标船上的机器和螺旋桨的转动等，该目标将辐射出噪声，这种噪声实际上就是所关注的信号。该信号在水中传播，并由传感器阵接收，然后这些传感器的输出将发射到一个拖船上输入计算机。接收到的信号有两种可能情形的接收波形，如图 1.2.2(b)(c) 所示。对于有目标的情形，传感器之间获得信号的时延与目标信号的到达角有关，通过测量两个传感器之间的时延 τ_0，由表达式 $\beta=\arccos(c\tau_0/d)$ 可以确定方位角 β，其中 c 是水中的声速，d 是传感器之间的距离。然而，由于接收到的波形淹没在噪声中，因此接收到的波形并没有图 1.2.2(c) 清晰，τ_0 的确定将很困难，β 值仅仅是一个估值。

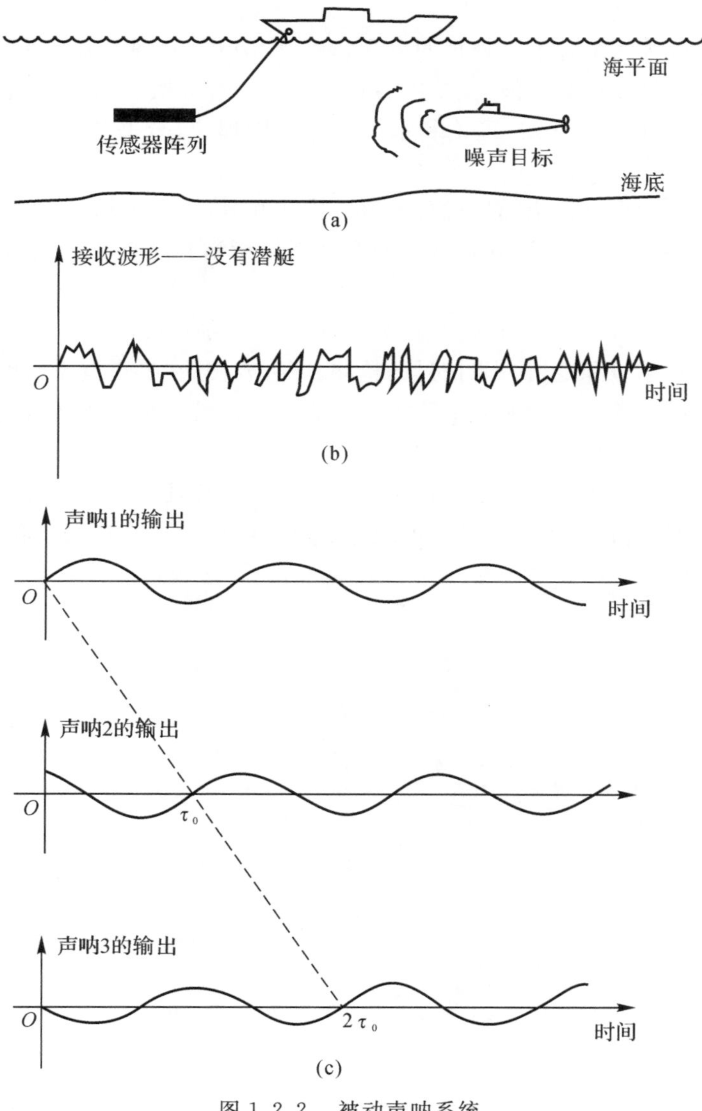

图 1.2.2　被动声呐系统

(a) 被动声呐；(b) 无目标时的回波；(c) 有信号时阵列传感器接收到的信号

这些系统都涉及根据连续波形做出判决和提取参数值的问题。现代信号处理系统使用数字计算机对一个连续的波形进行采样,并存储采样值。这样检测问题就等效成一个根据离散时间波形或数据集做出判决的问题。从数学上讲,有 N 点可用的数据集 $\{x[1],x[2],\cdots,x[N]\}$,首先形成一个数据函数 $T(x[1],x[2],\cdots,x[N])$ 的值来做出判决。确定函数 T,把它映射成一个判决是统计检测理论的中心问题,进而再将离散数据的判决问题扩展到连续情况。参量估计问题等价于根据离散时间波形或数据提取参数的问题,因为数据集与未知参数 θ 有关,所以可以根据数据集来确定 θ 或定义估计量 $\hat{\theta}=g(x[1],x[2],\cdots,x[N])$,其中 g 是某个函数,它根据所采用的最佳准则确定。

1.3 内容安排

随机信号处理应采用统计信号处理的概念、理论和方法,其理论基础是信号的统计检测、参量的统计估计和信号波形的滤波,主要内容包括最佳处理的概念和理论,最佳处理的实现和性能分析与评估。为了便于学习、理论和掌握这些基础理论,全书共分 11 章,除第 1 章引言外,由三部分组成。

第一部分(第 2 章)重点讨论随机过程的统计描述和时域、频域的主要统计特性,属于对随机过程内容的扼要复习;简要介绍几种常见的概率密度函数。这部分的内容为后面各章节打下了数学基础。

第二部分(第 3～9 章)重点讨论信号检测的基本理论和方法,包括各种最佳判决准则;高斯白(色)噪声中确知信号和随机参量信号的检测、序列检测;在噪声概率密度未知或噪声概率密度部分已知的情况下的非参量检测;部分掌握干扰统计特性的稳健性检测;信号的恒虚警检测。

第三部分(第 10 章和第 11 章)主要讨论信号的最佳估计理论和算法,包括最佳估计准则,估计量的构造和主要性质,信号波形估计的概念、准则、维纳(Wiener)滤波和卡尔曼(Kalman)滤波算法等内容。

第2章　信号检测与估计理论的基础知识

在第1章中已经指出，待处理的信号是一个随机信号。随机信号的基本特点是，虽然随机信号是以不可预见的方式实时产生的，但它的统计特性通常却显得很有规律。这就提供了用其统计特性而不是一些确定性的方程来描述随机信号的依据。在处理这些随机信号时，主要的目标是建立它们的信号模型，对其进行统计描述，研究其统计平均量之间的关系，以及这些统计特性在理论研究和实际应用中的作用。

既然随机信号的统计特性是有规律的，那么这些特性就能够用数学的方法加以描述。这样就把随机过程作为随机信号的数学模型，而随机信号可以用概率论与数理统计和随机过程等数学工具进行统计描述，然后用统计学的方法来处理随机信号。这样做，至少在原理上可以研究和发展理论上的最佳信号处理方法，并将其用于评价这些处理方法的性能，进而研究最佳随机信号处理方法的实际应用。

本章将重点讨论作为信号检测与估计理论基础知识的随机过程的主要统计特性和几种重要的概率密度函数，这些内容对于后面章节的学习是非常有用的。

2.1　条件概率与贝叶斯公式

随机变量是指这样的量，它在每次试验中预先不知取什么值，但知道以怎样的概率取值。对于某一次试验结果，随机变量取样本空间中一个确定的值。

为了研究离散随机变量 X 的统计特性，必须知道 X 所有可能取的值，以及取每个可能值的概率。概率表示随机变量 X 取某个值（如 x）可能性的大小，用 $P(x)$ 表示，即

$$P(x)=P(X=x) \tag{2.1.1}$$

若用 $F(x)$ 表示随机变量 X 取值不超过 x 的概率，则称 $F(x)$ 为 X 的概率分布函数，即

$$F(x)=P(X\leqslant x) \tag{2.1.2}$$

由于连续随机变量可能取的值不能一一列出，其分布函数表示取值落在某一区间的概率，常用概率密度函数 $p(x)$ 描述其统计特性。概率密度函数和概率分布函数的关系为

$$F(x)=P(X\leqslant x)=\int_{-\infty}^{x} p(x)\mathrm{d}x \tag{2.1.3}$$

$$p(x)=\frac{\mathrm{d}F(x)}{\mathrm{d}x} \tag{2.1.4}$$

两个随机变量 X 和 Y 可以是独立的（彼此毫无影响），也可以是不独立的。两个随机变量相互依赖的程度用条件概率密度函数来表示。若用 $p(x,y)$ 表示 X 和 Y 的联合概率密度函

数，则由贝叶斯公式得

$$p(x,y)=p(x|y)p(y)=p(y|x)p(x) \tag{2.1.5}$$

如果 X 和 Y 彼此没有影响，则

$$p(x|y)=p(x) \tag{2.1.6}$$

$$p(y|x)=p(y) \tag{2.1.7}$$

其联合概率密度函数等于边缘(单独）概率密度函数的乘积，即

$$p(x,y)=p(x)p(y) \tag{2.1.8}$$

则称 X 和 Y 彼此独立。

贝叶斯公式也称为逆概率公式，常用于已知先验概率密度函数求后验概率密度函数。

例如，在某一时间内，测得观测值是信号与噪声之和，即

$$x=s+n$$

式中，s 和 n 相互独立，且 s 和 n 的先验概率密度函数是已知的，即给定了 $p(s)$ 和 $p(n)$，要求出当观测值 x 给定时 s 的条件概率密度函数 $p(s|x)$。

由式(2.1.5)可得

$$p(s|x)=\frac{p(x|s)p(s)}{p(x)}=\frac{p(x|s)p(s)}{\int_{-\infty}^{\infty}p(x|s)p(s)\mathrm{d}s} \tag{2.1.9}$$

式中，$p(x|s)$ 是 s 给定时 x 的条件概率密度函数。信号给定时，观测值 x 的随机特性是由噪声的分布规律 $p(n)$ 来决定的。

2.2 随机过程及其统计描述

随机信号的数学模型是随机过程。为了研究随机信号的处理，有必要对随机过程的基本概念、统计描述和统计特性等进行讨论，以便为后面各章节的论述打下基础。

应当指出，这里仅限于讨论连续随机过程，并且主要是实随机过程。

2.2.1 随机过程的基本概念

如果所研究的对象具有随时间演变的随机现象，对其全过程进行一次观测得到的结果是时间 t 的函数，但对其变化过程独立地重复进行多次观测，则所得到的结果仍是时间 t 的函数，而且每次观测之前不能预知所得结果，这样的过程就是一个随机过程。

类似于随机变量的定义，可给出随机过程的定义：设 E 是随机试验，它的样本空间 $S=\{\zeta\}$，若对于每个 $\zeta\in S$，总有一个确知的时间函数 $x(t,\zeta)$，$t\in T$ 与它相对应，这样对于所有的 $\zeta\in S$，就可得到一族时间 t 的函数，称为随机过程。通常为了简便，书写时省去符号 ζ，而将随机过程记为 $X(t)$。族中的每一个函数称为这个随机过程的样本函数。

对于一个特定的试验结果 ζ_i，则 $x(t,\zeta_i)$ 是一个确知的时间函数，记为 $x_1(t)$，$x_2(t)$，…，称为样本空间中的一族样本函数。对于一个特定的时间 t_i，$x(t_i,\zeta)$ 取决于 ζ，是个随机变量，记为 $X(t_1)$，$X(t_2)$，…。根据随机过程的定义，可以用如图 2.2.1 所示的图形来描述一个连续的随机过程。

研究一族随机变量 $X(t_1)$，$X(t_2)$，… 的统计平均特性称为集平均，而研究某一样本函数的

统计平均特性称为时间平均。

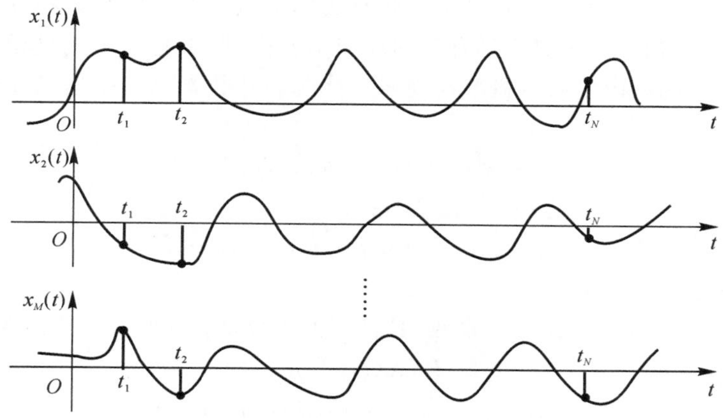

图 2.2.1　连续随机过程的 M 个样本函数图形

2.2.2　随机过程的统计描述

为了便于分析和处理，需要获得关于随机过程数学上的统计描述，通常用有限维概率密度函数来描述随机过程。

设随机过程为 $X(t)$，在 t_1 时刻观测可得到一组随机变量，用 $X(t_1)$ 表示，$X(t_1)$ 的幅度落在小于或等于某一幅值 x_1 范围内的概率

$$F(x_1;t_1)=P\{X(t_1)\leqslant x_1\} \tag{2.2.1}$$

式(2.2.1)称为 $X(t)$ 的一维累积分布函数。如果 $F(x_1;t_1)$ 对 x_1 的一阶导数存在，则有

$$p(x_1;t_1)=\frac{\mathrm{d}F(x_1;t_1)}{\mathrm{d}x_1} \tag{2.2.2}$$

式中，$p(x_1;t_1)$ 称为随机过程 $X(t)$ 的一维概率密度函数。

为了反映不同时刻 $X(t)$ 的幅度分布，可以在 t_1,t_2 两个时刻得到两组随机变量 $X(t_1)$ 和 $X(t_2)$，其二维累积分布函数定义为

$$F(x_1,x_2;t_1,t_2)=P\{X(t_1)\leqslant x_1,X(t_2)\leqslant x_2\} \tag{2.2.3}$$

如果 $F(x_1,x_2;t_1,t_2)$ 对 x_1,x_2 的二阶混合偏导存在，则有

$$p(x_1,x_2;t_1,t_2)=\frac{\partial^2 F(x_1,x_2;t_1,t_2)}{\partial x_1\partial x_2} \tag{2.2.4}$$

式(2.2.4)称为随机过程的二维联合概率密度函数。

要完整地反映随机过程 $X(t)$ 的统计特性，应按式(2.2.4)方法继续取下去，就可以得到 $X(t_1),X(t_2),\cdots,X(t_N)$ 的 N 维累积分布函数和 N 维联合概率密度函数。

$$F(x_1,x_2,\cdots,x_N;t_1,t_2,\cdots,t_N)=P\{X(t_1)\leqslant x_1,X(t_2)\leqslant x_2,\cdots,X(t_N)\leqslant x_N\} \tag{2.2.5}$$

$$p(x_1,x_2,\cdots,x_N;t_1,t_2,\cdots,t_N)=\frac{\partial^N F(x_1,x_2,\cdots,x_N;t_1,t_2,\cdots,t_N)}{\partial x_1\partial x_2\cdots\partial x_N} \tag{2.2.6}$$

式(2.2.6)称为随机过程的 N 维联合概率密度函数。

一个随机过程 $X(t)$，如果对于任意的 $N\geqslant 1$ 和所有时刻 $t_k(k=1,2,\cdots,N)$ 都已知其 N 维联合概率密度函数 $p(x_1,x_2,\cdots,x_N;t_1,t_2,\cdots,t_N)$，那么这一随机过程就在统计意义上得到了

完整的数学描述。实际应用中,N 总是有限的。对于有限的 N,有如下结论:把随机过程 $X(t)$ 的一维,二维,……,N 维累积分布函数的全体称为随机过程的有限维累积分布函数族。由于随机过程的有限维累积分布函数族具有对称性和相容性,所以它是随机过程统计特性的完整描述,从而与其对应的有限维联合概率密度函数族能够从数学上完整地描述随机过程的统计特性。

若随机过程 $X(t)$ 的 N 维概率密度函数与时间起点无关,即

$$p(x_1,x_2,\cdots,x_N;t_1,t_2,\cdots,t_N)= p(x_1,x_2,\cdots,x_N;t_1+\tau,t_2+\tau,\cdots,t_N+\tau) \tag{2.2.7}$$

则称 $X(t)$ 为严平稳随机过程。

若随机过程 $X(t)$ 的数学期望为常数,其自相关函数是时间间隔 τ 的函数,即

$$E[X(t)]=\mu_x \tag{2.2.8}$$

$$R_X(t_1,t_2)=E[X(t_1)X(t_2)]=R_X(\tau) \tag{2.2.9}$$

且

$$E[X^2(t)]<\infty \tag{2.2.10}$$

则称 $X(t)$ 为宽平稳随机过程。

一般来说,宽平稳随机过程的时间平均不等于集平均,但对于各态历经过程,其时间平均以概率 1 接近于集平均,故可以用时间平均来代替集平均,即对于这类随机过程可用对一个样本特性的研究来代替对整个随机过程特性的研究。

2.2.3 随机过程的统计平均量

随机过程的概率密度函数描述需要很多信息,这些信息在实际中有时是很难全部得到的。然而,随机过程的许多主要特性可以用与它的概率密度函数有关的一阶和二阶统计平均量来表示,有的甚至完全由一阶和二阶统计平均量确定,如高斯随机过程。下面对随机过程的一阶和二阶统计量予以讨论。

将对随机变量数字特征的描述方法推广到随机过程,其区别在于随机变量的数字特征是确定的数值,而随机过程的数字特性是确定的时间函数。

1. 随机过程的均值

$$\mu_x(t)\overset{\text{def}}{=\!=\!=}E[X(t)]=\int_{-\infty}^{\infty}xp(x;t)\mathrm{d}x \tag{2.2.11}$$

随机过程的均值函数 $\mu_x(t)$ 表示随机过程在 t 时刻状态取值的理论平均值。如果 $X(t)$ 是电压或电流,则 $\mu_x(t)$ 可以理解为在 t 时刻的“直流分量”。

2. 随机过程的均方值

$$\varphi_x^2(t)\overset{\text{def}}{=\!=\!=}E[X^2(t)]=\int_{-\infty}^{\infty}x^2p(x;t)\mathrm{d}x \tag{2.2.12}$$

如果 $X(t)$ 是电压或电流,则 $\varphi_x^2(t)$ 可以理解为 t 时刻它在 1 Ω 电阻上消耗的“平均功率”。

3. 随机过程的方差

$$\sigma_x^2(t)\overset{\text{def}}{=\!=\!=}E[(X(t)-\mu_x(t))^2]=\int_{-\infty}^{\infty}(x-\mu_x(t))^2p(x;t)\mathrm{d}x \tag{2.2.13}$$

式中,$\sigma_x(t)$ 称为随机过程的标准偏差。

方差 $\sigma_x^2(t)$ 表示随机过程在 t 时刻的取值偏离其均值 $\mu_x(t)$ 的离散程度。如果 $X(t)$ 是电

压或电流，则 $\sigma_x^2(t)$ 可以理解为 t 时刻它在 1 Ω 电阻上消耗的“交流功率”。

容易证明

$$\sigma_x^2(t)=\varphi_x^2(t)-\mu_x^2(t) \tag{2.2.14}$$

4. 随机过程的自相关函数

$$R_X(t_j,t_k)\stackrel{\text{def}}{=\!=}E[X(t_j)X(t_k)]=\int_{-\infty}^{\infty}\int_{-\infty}^{\infty}x_jx_kp(x_j,x_k;t_j,t_k)\mathrm{d}x_j\mathrm{d}x_k \tag{2.2.15}$$

随机过程的自相关函数 $R_X(t_j,t_k)$ 可以理解为随机过程的两个随机变量 $X(t_j)$ 与 $X(t_k)$ 之间含有均值时相关程度的度量。显然

$$R_X(t,t)=\varphi_x^2(t) \tag{2.2.16}$$

5. 随机过程的自协方差函数

$$C_X(t_j,t_k)\stackrel{\text{def}}{=\!=}E[(X(t_j)-\mu_x(t_j))(X(t_k)-\mu_x(t_k))]=$$
$$\int_{-\infty}^{\infty}\int_{-\infty}^{\infty}(x_j-\mu_x(t_j))(x_j-\mu_x(t_k))p(x_j,x_k;t_j,t_k)\mathrm{d}x_j\mathrm{d}x_k \tag{2.2.17}$$

随机过程的自协方差函数 $C_X(t_j,t_k)$ 表示随机过程的两个随机变量 $X(t_j)$ 与 $X(t_k)$ 之间的相关程度。它们的自相关系数定义为

$$\rho_X(t_j,t_k)\stackrel{\text{def}}{=\!=}\frac{C_X(t_j,t_k)}{\sigma_x(t_j)\sigma_x(t_k)} \tag{2.2.18}$$

容易证明

$$C_X(t_j,t_k)=R_X(t_j,t_k)-\mu_x(t_j)\mu_x(t_k) \tag{2.2.19}$$

且有

$$C_X(t,t)=\sigma_x^2(t) \tag{2.2.20}$$

6. 随机过程的互相关函数

对于两个随机过程 $X(t)$ 和 $Y(t)$，其互相关函数定义为

$$R_{XY}(t_j,t_k)\stackrel{\text{def}}{=\!=}E[X(t_j)Y(t_k)]=\int_{-\infty}^{\infty}\int_{-\infty}^{\infty}x_jy_kp(x_j,t_j;y_k,t_k)\mathrm{d}x_j\mathrm{d}y_k \tag{2.2.21}$$

式中，$p(x_j,t_j;y_k,t_k)$ 是 $X(t)$ 和 $Y(t)$ 的二维混合概率密度函数。

7. 随机过程的互协方差函数

$$C_{XY}(t_j,t_k)\stackrel{\text{def}}{=\!=}E[(X(t_j)-\mu_x(t_j))(Y(t_k)-\mu_y(t_k))]=$$
$$\int_{-\infty}^{\infty}\int_{-\infty}^{\infty}(x_j-\mu_x(t_j))(y_k-\mu_y(t_k))p(x_j,t_j;y_k,t_k)\mathrm{d}x_j\mathrm{d}y_k \tag{2.2.22}$$

随机过程 $X(t)$ 和 $Y(t)$ 的互协方差函数 $C_{XY}(t_j,t_k)$ 表示它们各自的随机变量 $X(t_j)$ 与 $Y(t_k)$ 之间的相关程度，实际上表示两个随机过程 $X(t)$ 和 $Y(t)$ 之间的相关程度。它们的互相关系数定义为

$$\rho_{XY}(t_j,t_k)\stackrel{\text{def}}{=\!=}\frac{C_{XY}(t_j,t_k)}{\sigma_x(t_j)\sigma_y(t_k)} \tag{2.2.23}$$

容易证明

$$C_{XY}(t_j,t_k)=R_{XY}(t_j,t_k)-\mu_x(t_j)\mu_y(t_k) \tag{2.2.24}$$

2.2.4　随机过程的正交性、不相关性和统计独立性

随机过程 $X(t)$ 在任意两个不同时刻的随机变量 $X(t_j)$ 与 $X(t_k)$ 之间是否正交、互不相关和

互相统计独立,表征了随机过程的重要统计特性。下面来讨论这些特性及其相互之间的关系。

1. 定义

设 $X(t_j)$ 和 $X(t_k)$ 是随机过程 $X(t)$ 在任意两个不同时刻的随机变量,其均值分别为 $\mu_x(t_j)$ 和 $\mu_x(t_k)$,自相关函数为 $R_X(t_j,t_k)$,自协方差函数为 $C_X(t_j,t_k)$。如果

$$R_X(t_j,t_k)=0,\quad j\neq k \tag{2.2.25}$$

则称 $X(t)$ 是相互正交的随机变量过程。如果

$$C_X(t_j,t_k)=0,\quad j\neq k \tag{2.2.26}$$

则称 $X(t)$ 是互不相关的随机变量过程。因为

$$C_X(t_j,t_k)=R_X(t_j,t_k)-\mu_x(t_j)\mu_x(t_k),\quad j\neq k$$

所以

$$R_X(t_j,t_k)=\mu_x(t_j)\mu_x(t_k),\quad j\neq k \tag{2.2.27}$$

也是互不相关随机变量过程的等价条件。

如果 $X(t)$ 是平稳随机过程,则当

$$R_X(\tau)=0,\quad \tau=t_k-t_j \tag{2.2.28}$$

时,$X(t)$ 是相互正交的随机变量过程。当

$$C_X(\tau)=0,\quad \tau=t_k-t_j \tag{2.2.29}$$

时,$X(t)$ 是互不相关的随机变量过程,其等价条件为

$$R_X(\tau)=\mu_x^2,\quad \tau=t_k-t_j \tag{2.2.30}$$

设 $X(t_1),X(t_2),\cdots,X(t_N)$ 是随机过程 $X(t)$ 在不同时刻 $t_k(k=1,2,\cdots,N)$ 的随机变量,如果其 N 维联合概率密度函数对于任意形式的 $N\geqslant 1$ 和所有时刻 $t_k(k=1,2,\cdots,N)$ 都能够表示成各自一维概率密度函数之积的形式,即

$$p(x_1,x_2,\cdots,x_N;t_1,t_2,\cdots,t_N)=p(x_1;t_1)p(x_2;t_2)\cdots p(x_N;t_N) \tag{2.2.31}$$

则称 $X(t)$ 是相互统计独立的随机变量过程。

2. 关系

对于随机过程 $X(t)$,其相互正交随机变量过程、互不相关随机变量过程和相互统计独立随机变量过程三者之间的关系有如下三个结论。

结论Ⅰ 如果 $\mu_x(t_j)=0,\mu_x(t_k)=0$,则相互正交随机变量过程等价为互不相关随机变量过程。

结论Ⅱ 如果 $X(t)$ 是一个相互统计独立随机变量过程,则它一定是一个互不相关随机变量过程。

结论Ⅲ 如果 $X(t)$ 是一个互不相关随机变量过程,则它不一定是相互统计独立随机变量过程,除非其随机变量是服从联合高斯分布的。这一结论可推广到任意 N 维的情况。这是高斯随机变量过程的又一重要特性,非常有用。

现在讨论两个随机过程 $X(t)$ 和 $Y(t)$ 之间的这些特性。

设 $X(t_j)$ 是 $X(t)$ 在 t_j 时刻的随机变量,$Y(t_k)$ 是 $Y(t)$ 在 t_k 时刻的随机变量。如果

$$R_{XY}(t_j,t_k)=0 \tag{2.2.32}$$

对于任意的 t_j 和 t_k 时刻都成立,则称 $X(t)$ 与 $Y(t)$ 是相互正交的两个随机过程。如果

$$C_{XY}(t_j,t_k)=0 \tag{2.2.33}$$

对于任意的 t_j 和 t_k 时刻都成立,则称 $X(t)$ 与 $Y(t)$ 是互不相关的两个随机过程,其等价条件为

$$R_{XY}(t_j,t_k)=\mu_x(t_j)\mu_y(t_k) \tag{2.2.34}$$

如果 $X(t)$ 和 $Y(t)$ 是联合平稳的随机过程，则当

$$R_{XY}(\tau)=0,\quad \tau=t_k-t_j \tag{2.2.35}$$

时，$X(t)$ 和 $Y(t)$ 是相互正交的平稳过程；当

$$C_{XY}(\tau)=0,\quad \tau=t_k-t_j \tag{2.2.36}$$

或

$$R_{XY}(\tau)=\mu_x\mu_y,\quad \tau=t_k-t_j \tag{2.2.37}$$

时，$X(t)$ 和 $Y(t)$ 是互不相关的平稳过程。

如果随机过程 $X(t)$ 和 $Y(t)$ 对任意的 $N\geqslant 1,M\geqslant 1$ 和所有时刻 $t_k(k=1,2,\cdots,N)$ 与 $t'_k(k=1,2,\cdots,M)$，其 $N+M$ 维联合概率密度函数都能够表示为

$$\begin{aligned}p(x_1,x_2,\cdots,x_N;t_1,t_2,\cdots,t_N;y_1,y_2,\cdots,y_M;t'_1,t'_2,\cdots,t'_M)=\\ p(x_1,x_2,\cdots,x_N;t_1,t_2,\cdots,t_N)p(y_1,y_2,\cdots,y_M;t'_1,t'_2,\cdots,t'_M)\end{aligned} \tag{2.2.38}$$

则称 $X(t)$ 和 $Y(t)$ 是相互统计独立的两个随机过程。

显然，若 $X(t)$ 和 $Y(t)$ 的均值之一或两者都等于零，则相互正交的 $X(t)$ 和 $Y(t)$ 也是互不相关的随机过程。若 $X(t)$ 和 $Y(t)$ 是相互统计独立的两个随机过程，则它们一定是互不相关的；互不相关的两个随机过程 $X(t)$ 和 $Y(t)$ 不一定是相互统计独立的，除非它们服从联合高斯分布，互不相关的两个过程才是统计独立的。

2.2.5　平稳随机过程的功率谱密度

由于平稳随机过程 $X(t)$ 的持续时间无限长，所以不满足绝对可积条件，故其频谱密度不存在。但是随机过程的平均功率却总是有限的，即

$$P=\lim_{T\to\infty}E\left[\frac{1}{2T}\int_{-T}^{T}|x(t)|^2\mathrm{d}t\right]<\infty \tag{2.2.39}$$

式中，$x(t)$ 为随机过程 $X(t)$ 的样本函数。由此引出功率谱密度的概念。

1. 功率谱密度的概念

平稳随机过程 $X(t)$ 的功率谱密度用 $P_X(\mathrm{e}^{\mathrm{j}\omega})$ 表示，简记为 $P_X(\omega)$，它是随机过程 $X(t)$ 的统计特性的频域描述。根据维纳-辛钦（Wiener - Khinchin）定理，一个均方连续的平稳随机过程 $X(t)$ 的自相关函数 $R_X(\tau)$ 可以表示为

$$R_X(\tau)=\frac{1}{2\pi}\int_{-\infty}^{+\infty}\mathrm{e}^{\mathrm{j}\omega\tau}\mathrm{d}F_X(\omega),\quad -\infty<\tau<+\infty \tag{2.2.40}$$

式中，$F_X(\omega)\stackrel{\text{def}}{=\!=}F_X(\mathrm{e}^{\mathrm{j}\omega})$ 是在 $(-\infty,+\infty)$ 上的非负、有界、单调不减和右连续的函数，且满足

$$F_X(-\infty)=0,\quad F_X(+\infty)=2\pi R_X(0)$$

称 $F_X(\omega)$ 为平稳过程 $X(t)$ 的谱函数，式(2.2.40)称为平稳随机过程自相关函数的谱展开式。

如果存在函数 $P_X(\omega)\stackrel{\text{def}}{=\!=}P_X(\mathrm{e}^{\mathrm{j}\omega})$，使

$$F_X(\omega)=\int_{-\infty}^{+\infty}P_X(\nu)\mathrm{d}\nu,\quad -\infty<\nu<+\infty \tag{2.2.41}$$

成立，则称 $P_X(\omega)$ 为 $X(t)$ 的功率谱密度。

如果平稳过程 $X(t)$ 的自相关函数 $R_X(\tau)$ 绝对可积，即

$$\int_{-\infty}^{+\infty} |R_X(\tau)| \mathrm{d}\tau < +\infty$$

则 $X(t)$ 存在功率谱密度 $P_X(\omega)$，且有维纳-辛钦公式

$$P_X(\omega) = \int_{-\infty}^{+\infty} R_X(\tau) \mathrm{e}^{-\mathrm{j}\omega\tau} \mathrm{d}\tau, \quad -\infty < \omega < +\infty \tag{2.2.42a}$$

$$R_X(\tau) = \frac{1}{2\pi} \int_{-\infty}^{+\infty} P_X(\omega) \mathrm{e}^{\mathrm{j}\omega\tau} \mathrm{d}\omega, \quad -\infty < \tau < +\infty \tag{2.2.42b}$$

可见，$P_X(\omega)$ 是自相关函数 $R_X(\tau)$ 的傅里叶变换，而 $R_X(\tau)$ 是功率谱密度 $P_X(\omega)$ 的傅里叶逆变换。$P_X(\omega)$ 与 $R_X(\tau)$ 构成傅里叶变换对，它揭示了从时域描述平稳过程 $X(t)$ 的统计特性与从频域描述 $X(t)$ 的统计特性之间的联系。

2. *功率谱密度的主要性质*

平稳过程 $X(t)$ 的功率谱密度 $P_X(\omega)$ 具有以下主要性质。

(1) $P_X(\omega)$ 是非负的函数，即

$$P_X(\omega) \geqslant 0 \tag{2.2.43}$$

(2) $P_X(\omega)$ 是 ω 的偶函数，即

$$P_X(\omega) = P_X(-\omega) \tag{2.2.44}$$

(3) 当 $\omega = 0$ 或 $\tau = 0$ 时，$P_X(\omega)$ 与 $R_X(\tau)$ 的变换关系为

$$P_X(0) = \int_{-\infty}^{\infty} R_X(\tau) \mathrm{d}\tau \tag{2.2.45a}$$

$$R_X(0) = \frac{1}{2\pi} \int_{-\infty}^{\infty} P_X(\omega) \mathrm{d}\omega \tag{2.2.45b}$$

其中，式(2.2.45a)说明，$X(t)$ 的功率谱的零频率分量等于 $X(t)$ 的自相关函数曲线下的总面积；因为 $R_X(0) = E[X^2(t)]$，所以式(2.2.45b)表示 $X(t)$ 的功率谱密度曲线下的总面积等于 $X(t)$ 的平均功率。

平稳随机过程 $X(t)$ 的功率谱密度 $P_X(\omega)$ 表示该过程的平均功率在频域上的分布，其基本概念及时域自相关函数 $R_X(\tau)$ 与频域功率谱密度 $P_X(\omega)$ 的傅里叶变换对关系，在随机信号处理的理论研究和实际应用中都起着十分重要的作用。

2.3 几种重要的概率密度函数及其性质

检测器性能的评估取决于解析地或者数值地确定检验统计量的概率密度函数。熟悉常用的概率密度函数和它们的性质，对于成功地进行性能评估是必需的。本节将提供一些本书内容要求掌握的必要的背景知识。

2.3.1 高斯(正态)分布

对于标量型随机变量 x，高斯一维概率密度函数(PDF，Probability Density Function)定义为

$$p(x) = \frac{1}{\sqrt{2\pi\sigma^2}} \exp\left[-\frac{1}{2\sigma^2}(x-\mu)^2\right], \quad -\infty < x < \infty \tag{2.3.1}$$

式中，μ 是 x 的均值；σ^2 是 x 的方差，用 $x\sim N(\mu,\sigma^2)$ 表示，其中"～"表示"服从……分布"。该分布的均值和方差分别为

$$\left.\begin{aligned}E(x)&=\mu\\ \mathrm{Var}(x)&=\sigma^2\end{aligned}\right\}\tag{2.3.2}$$

图 2.3.1 给出了高斯概率密度函数的图例。

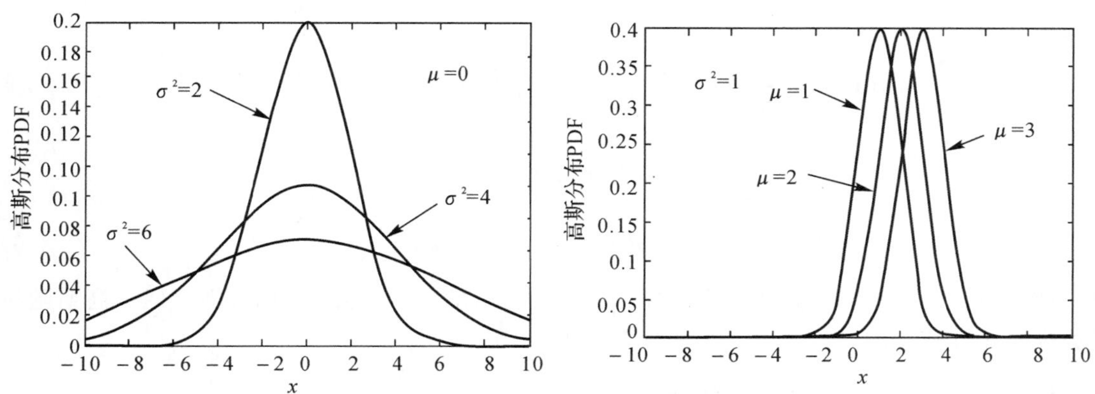

图 2.3.1　高斯随机变量的概率密度函数

高斯二维概率密度函数为

$$p(x_1,x_2)=\frac{1}{2\pi\,|\boldsymbol{C}|^{1/2}}\exp\left[-\frac{1}{2}(\boldsymbol{x}-\boldsymbol{\mu})^{\mathrm{T}}\boldsymbol{C}^{-1}(\boldsymbol{x}-\boldsymbol{\mu})\right]\tag{2.3.3}$$

式中，$\boldsymbol{x}=[x_1\quad x_2]^{\mathrm{T}}$，$\boldsymbol{\mu}=[\mu_1\quad \mu_2]^{\mathrm{T}}=[E(X(t_1))\quad E(X(t_2))]^{\mathrm{T}}$，且

$$\boldsymbol{C}=\begin{bmatrix}E[(X(t_1)-\mu_1)^2] & E[(X(t_1)-\mu_1)(X(t_2)-\mu_2)]\\ E[(X(t_2)-\mu_2)(X(t_1)-\mu_1)] & E[(X(t_2)-\mu_2)^2]\end{bmatrix}$$

$\boldsymbol{C}^{-1}$ 是 $\boldsymbol{C}$ 的逆矩阵，$|\boldsymbol{C}|$ 是 $\boldsymbol{C}$ 的行列式，上标 T 表示转置。

N 维概率密度函数为

$$p(\boldsymbol{x})=\frac{1}{(2\pi)^{N/2}\,|\boldsymbol{C}|^{1/2}}\exp\left[-\frac{1}{2}(\boldsymbol{x}-\boldsymbol{\mu})^{\mathrm{T}}\boldsymbol{C}^{-1}(\boldsymbol{x}-\boldsymbol{\mu})\right]\tag{2.3.4}$$

式中，$\boldsymbol{C}$ 为协方差矩阵。若用 C_{ij} 表示矩阵中元素，$C_{ij}=E[(X(t_i)-\mu_i)(X(t_j)-\mu_j)]$，则有

$$\boldsymbol{C}=\begin{bmatrix}C_{11} & C_{12} & \cdots & C_{1N}\\ C_{21} & C_{22} & \cdots & C_{2N}\\ \vdots & \vdots & & \vdots\\ C_{N1} & C_{N2} & \cdots & C_{NN}\end{bmatrix}\tag{2.3.5}$$

高斯随机变量的特点是：N 维概率密度函数可由均值和方差矩阵来决定，因此，若已知其一阶矩和二阶矩则可以写出 N 维概率密度函数；高斯随机变量不相关和独立是等价的，这是由于不同随机变量若互不相关的话，其协方差必然为零，即协方差矩阵中的元素

$$C_{ij}=\begin{cases}\sigma_i^2, & i=j\\ 0, & i\neq j\end{cases}$$

则
$$\boldsymbol{C}=\begin{bmatrix}\sigma_1^2 & & & \\ & \sigma_2^2 & & \\ & & \ddots & \\ & & & \sigma_N^2\end{bmatrix}$$

且
$$(\boldsymbol{x}-\boldsymbol{\mu})^{\mathrm{T}}\boldsymbol{C}^{-1}(\boldsymbol{x}-\boldsymbol{\mu})=\sum_{k=1}^{N}\frac{1}{\sigma_k^2}(x_k-\mu_k)^2$$

故
$$\begin{aligned}p(\boldsymbol{x})=&\frac{1}{(2\pi)^{N/2}\ |\boldsymbol{C}|^{1/2}}\exp\left[-\frac{1}{2}(\boldsymbol{x}-\boldsymbol{\mu})^{\mathrm{T}}\boldsymbol{C}^{-1}(\boldsymbol{x}-\boldsymbol{\mu})\right]=\\&\frac{1}{(2\pi)^{N/2}\ |\boldsymbol{C}|^{1/2}}\exp\sum_{k=1}^{N}\frac{1}{\sigma_k^2}(x_k-\mu_k)^2=\\&\prod_{k=1}^{N}p(x_k)=p(x_1)p(x_2)\cdots p(x_N)\end{aligned}\tag{2.3.6}$$

此结论也适用于多个高斯随机过程。若两个高斯随机过程互不相关,则这两个高斯随机过程也是统计独立的。

2.3.2 chi二次方(中心化)分布

自由度为 ν 的 chi 二次方 PDF 定义为
$$p(x)=\begin{cases}\dfrac{1}{2^{\frac{\nu}{2}}\Gamma\left(\dfrac{\nu}{2}\right)}x^{\frac{\nu}{2}-1}\exp\left(-\dfrac{1}{2}x\right), & x>0\\ 0, & x<0\end{cases}\tag{2.3.7}$$

并用 χ_ν^2 表示。自由度 ν 假定是整数,且 $\nu\geqslant 1$ 。函数 $\Gamma(u)$ 是伽马函数,它定义为
$$\Gamma(u)=\int_0^\infty t^{u-1}\exp(-t)\mathrm{d}t\tag{2.3.8}$$

对于任意的 u,有 $\Gamma(u)=(u-1)\Gamma(u-1)$,$\Gamma\left(\frac{1}{2}\right)=\sqrt{\pi}$,对于整数 n,$\Gamma(n)=(n-1)!$ 可以计算出来。图2.3.2 给出了概率密度函数的某些例子。概率密度函数随 ν 的增大而变成了高斯概率密度函数。注意,对于 $\nu=1$,当 $x=0$ 时,概率密度函数为无穷大。

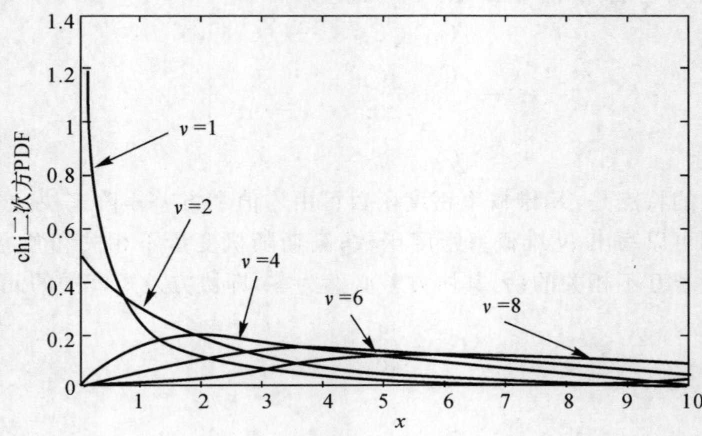

图 2.3.2 中心 chi 二次方随机变量的概率密度函数

chi 二次方概率密度函数源于 $x=\sum_{i=1}^{\nu} x_i^2$ 的概率密度函数，其中 $x_i \sim N(0,1)$，且 x_i 是独立同分布的（IID，Independent and Identically Distributed）。也就是说，x_i 是相互独立的，且具有相同的 PDF。chi 二次方分布的均值和方差分别为

$$E(x)=\nu$$

$$\mathrm{Var}(x)=2\nu$$

χ_ν^2 随机变量的右尾概率定义为

$$Q_{\chi_\nu^2}(x)=\int_x^{\infty} p(t)\mathrm{d}t$$

可以证明

$$Q_{\chi_\nu^2}(x)=\begin{cases}2(1-\Phi(\sqrt{x})), & \nu=1 \\ 2(1-\Phi(\sqrt{x}))+\dfrac{\exp\left(-\frac{1}{2}x\right)}{\sqrt{\pi}}\displaystyle\sum_{k=1}^{\frac{\nu-1}{2}}\dfrac{(k-1)!\,(2x)^{k-\frac{1}{2}}}{(2k-1)!}, & \nu>1 \text{ 且 } \nu \text{ 为奇数} \\ \exp\left(-\frac{1}{2}x\right)\displaystyle\sum_{k=0}^{\frac{\nu}{2}-1}\dfrac{\left(\frac{x}{2}\right)^k}{k!}, & \nu \text{ 为偶数}\end{cases} \tag{2.3.9}$$

2.3.3　chi 二次方(非中心化)分布

一般 χ'^2_ν PDF 源于非零均值的 IID 高斯随机变量的二次方之和，特别是如果 $x=\sum_{i=1}^{\nu} x_i^2$，其中 x_i 是独立的，且 $x_i \sim N(\mu_i,1)$，那么 x 就是具有 ν 个自由度的非中心 chi 二次方分布，非中心参量为 $\lambda=\sum_{i=1}^{\nu}\mu_i^2$。其 PDF 表示为

$$p(x)=\begin{cases}\dfrac{1}{2}\left(\dfrac{x}{\lambda}\right)^{\frac{\nu-2}{4}}\exp\left[-\dfrac{1}{2}(x+\lambda)\right]\mathrm{I}_{\frac{\nu}{2}-1}(\sqrt{\lambda x}), & x>0 \\ 0, & x<0\end{cases} \tag{2.3.10}$$

式中，$\mathrm{I}_r(u)$ 是 r 阶第一类修正贝塞尔(Bessel) 函数，它的定义为

$$\mathrm{I}_r(u)=\frac{\left(\frac{1}{2}u\right)^r}{\sqrt{\pi}\,\Gamma\left(r+\frac{1}{2}\right)}\int_0^{\pi}\exp(u\cos\theta)\,\sin^{2r}\theta\,\mathrm{d}\theta \tag{2.3.11}$$

图 2.3.3 给出了概率密度函数的某些例子。随着 ν 变大，概率密度函数变成高斯的，当 $\lambda=0$ 时，非中心 chi 二次方 PDF 简化成中心 chi 二次方 PDF。自由度为 ν、非中心参量为 λ 的非中心 chi 二次方 PDF 用 $\chi'^2_\nu(\lambda)$ 表示。它的均值和方差分别为

$$E(x)=\nu+\lambda$$

$$\mathrm{Var}(x)=2\nu+4\lambda$$

2.3.4　瑞利分布

瑞利 PDF 是由 $x=\sqrt{x_1^2+x_2^2}$ 得到的，其中 $x_1 \sim N(0,\sigma^2)$，$x_2 \sim N(0,\sigma^2)$，且 x_1，x_2 相互

独立，它的 PDF 表示为

$$p(x)=\begin{cases}\dfrac{x}{\sigma^2}\exp\left(-\dfrac{1}{2\sigma^2}x^2\right), & x>0\\ 0, & x<0\end{cases} \tag{2.3.12}$$

图 2.3.4 给出了当 $\sigma^2=1$ 时的概率密度函数。它的均值和方差为

$$E(x)=\sqrt{\frac{\pi\sigma^2}{2}}$$

$$\mathrm{Var}\ (x)=(2-\frac{\pi}{2})\sigma^2$$

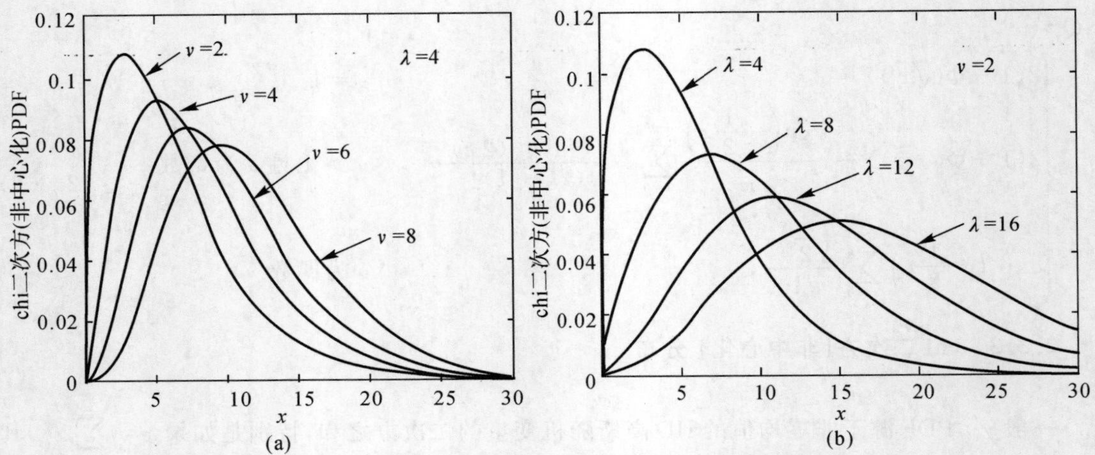

图 2.3.3　非中心 chi 二次方随机变量的概率密度函数

(a) 自由度变化；(b) 非中心参量变化

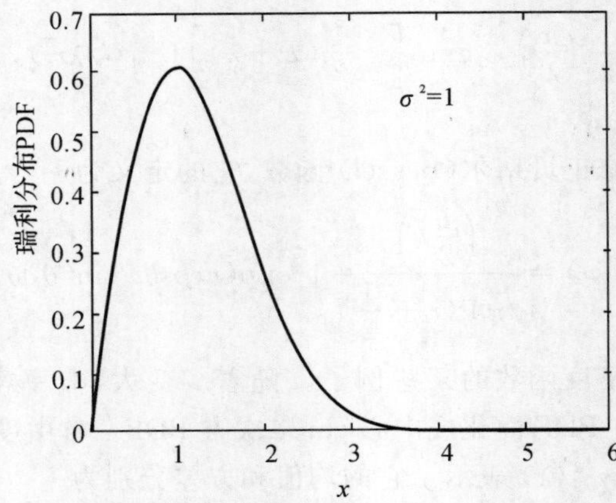

图 2.3.4　瑞利随机变量($\sigma^2=1$) 的概率密度函数

2.3.5　莱斯分布

莱斯 PDF 是由 $x=\sqrt{x_1^2+x_2^2}$ 的 PDF 得到的，其中 $x_1\sim N(\mu_1,\sigma^2)$，$x_2\sim N(\mu_2,\sigma^2)$，且 x_1，

x_2 相互独立，它的 PDF 表示为

$$p(x)=\begin{cases}\dfrac{x}{\sigma^2}\exp\left[-\dfrac{1}{2\sigma^2}(x^2+\alpha^2)\right]\mathrm{I}_0\left(\dfrac{\alpha x}{\sigma^2}\right), & x>0\\ 0, & x<0\end{cases} \tag{2.3.13}$$

式中，$\alpha^2=\mu_1^2+\mu_2^2$，$\mathrm{I}_0(u)=\dfrac{1}{\pi}\int_0^{\pi}\exp(u\cos\theta)\mathrm{d}\theta$。图 2.3.5 给出了当 $\sigma^2=1$ 时的概率密度函数，当 $\alpha^2=0$ 时，它化简为瑞利 PDF。

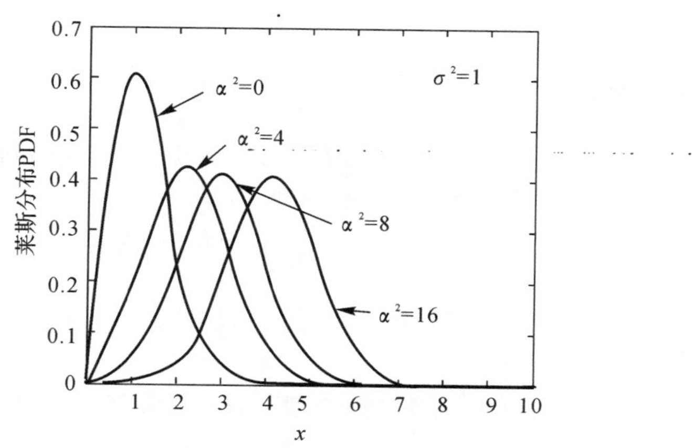

图 2.3.5　莱斯分布随机变量($\sigma^2=1$)的概率密度函数

2.4　白噪声、高斯白噪声和有色噪声

2.4.1　白噪声和高斯白噪声

噪声过程的频域描述是其功率谱密度 $P_n(\omega)$。如按平稳噪声过程 $n(t)$ 的功率谱密度形状来分类，其中在理论分析和实际应用中具有重要意义的是被理想化了的白噪声。白噪声是功率谱密度均匀分布在整个频率轴上($-\infty<\omega<\infty$)的一种噪声过程，即

$$P_n(\omega)=\frac{N_0}{2}$$

这里，白噪声的功率谱密度是按正、负两半轴上的频域定义的，如果按正半轴上的频域定义，则功率谱密度为 N_0。显然，白噪声的自相关函数 $R_n(\tau)$ 是一个 δ 函数。通常认为白噪声过程的均值为零，以后不再说明。因此，白噪声也可定义为均值为零、自相关函数 $R_n(\tau)$ 为 δ 函数的噪声随机过程。

由于白噪声在频域上其功率谱密度是均匀分布的，而在时域上其自相关函数 $R_n(\tau)$ 是 δ 函数，所以它的任意两个不同时刻的随机变量 $n(t_i)$ 和 $n(t_j)$($\tau=t_j-t_i\neq 0$) 是不相关的。这是白噪声过程的重要特性之一。因为一般认为噪声过程具有遍历性，所以白噪声过程的上述特性表示其样本函数在任意两个不同时刻采样所得的随机变量 $n(t_i)$ 和 $n(t_j)$ 之间互不相关。这在实际中是非常有用的。

白噪声过程是一种理想化的数学模型，由于其功率谱密度在整个频域上均匀分布，所以其

能量是无限的，但实际上这种理想白噪声并不存在。讨论这种理想化的白噪声过程的意义在于：由于所采用的系统相对于整个频率轴来说是窄带系统，这样只要在系统的有效频带附近的一定范围内噪声过程的功率谱密度是均匀分布的，就可以把它作为白噪声过程来对待，这并不影响处理结果，而且带来数学上的很大方便。

如果一个噪声过程时域的随机变量的概率密度函数是高斯分布的，频域的功率谱密度是均匀分布的，则称这样的噪声过程为高斯白噪声。高斯白噪声的重要特性是，任意两个或两个以上不同时刻 $t_1, t_2, \cdots, t_N$ 的随机变量 $n(t_k)(k=1,2,\cdots,N)$ 不仅是互不相关的，而且是相互统计独立的。

2.4.2 有色噪声

如果噪声过程 $n(t)$ 的功率谱密度在频域上的分布是不均匀的，则称其为有色噪声。在有色噪声中，通常采用具有高斯功率谱密度的模型，即

$$P_n(f) = P_0 \exp\left[-\frac{(f-f_0)^2}{2\sigma_f^2}\right] \tag{2.4.1}$$

这是因为均值 f_0 代表噪声的谱中心频率，方差 σ_f^2 反映噪声的谱宽度，$\omega = 2\pi f$。

2.5 蒙特卡罗实验性能评估

在检测问题中，在遇到一些复杂的表达式（例如多重积分）的计算时，用一般的解析方法及数值计算相当困难，甚至是不可能的。或者说，当不能通过解析的方法或者闭合形式的数值计算方法来确定随机变量超过某一给定值的概率时，就必须借助蒙特卡罗（Monte Carlo）计算机模拟给出所需的数值结果。

在检测问题中，希望计算一个随机变量或一个统计量 T 超过某个门限 γ 的概率，即 $P_r\{T>\gamma\}$。例如，如果观察到数据集 $\{x[1], x[2], \cdots, x[N]\}$，其中 $x[n] \sim N(0,\sigma^2)$，且 $x[n]$ 是独立同分布的，则希望计算

$$P_r\left\{\frac{1}{N}\sum_{n=1}^{N} x[n] > \gamma\right\}$$

对于这个简单的例子，很容易证明

$$T = \frac{1}{N}\sum_{n=1}^{N} x[n] \sim N(0,\sigma^2/N)$$

因此

$$P_r\{T>\gamma\} = 1 - \Phi\left(\frac{\gamma}{\sqrt{\sigma^2/N}}\right) \tag{2.5.1}$$

然而，如果既不能使用解析的方法，也不能用数值计算的方法计算概率，那么就可以按如下的方法使用计算机模拟来确定 $P_r\{T>\gamma\}$。

1. 数据产生

(1) 产生 N 个独立的 $N(0,\sigma^2)$ 随机变量。在 MATLAB 中，使用语句

```
x = sqrt(Var) * randn(N,1)
```

产生随机变量 $x[n]$ 的现实组成的 $N\times 1$ 列矢量，其中 Var 是方差 σ^2。

(2) 对随机变量的现实计算 $T=(1/N)\sum_{n=1}^{N}x[n]$。

(3) 重复过程 M 次，以便产生 T 的 M 个现实，或者 $\{T_1,T_2,\cdots,T_M\}$ 。

2. 概率计算

(1) 对 T_i 超过 γ 的次数计数，称为 M_γ。

(2) 用 $\hat{P}=M_\gamma/M$ 来估计概率 $P_r\{T>\gamma\}$ 。

注意，这个概率实际上是一个估计概率，因而用了一个帽子"ˆ"。M 的选择(也就是现实数)将影响结果，因此 M 应该逐步增大，直到计算的概率出现收敛。如果真实概率较小，那么 M_γ 可能相当小。例如，如果 $P_r\{T>\gamma\}=10^{-6}$，那么 $M=10^6$ 个现实中将只有一次超过门限，在这种情况下，M 必须远大于10^6 才能保证精确地估计概率。可以证明，如果希望对于 $100(1-\alpha)\%$ 的置信水平，相对误差的绝对值

$$\varepsilon=\frac{|\hat{P}-P|}{P}$$

那么选择的 M 应该满足

$$M\geqslant\frac{[(1-\Phi(\alpha/2))^{-1}]^2(1-P)}{\varepsilon^2 P} \tag{2.5.2}$$

式中，P 是被估计的概率。

为了使用蒙特卡罗现实 $\{T_1,T_2,\cdots,T_M\}$ 来确定 $P_r\{T>\gamma\}$，对现实数提出一定的要求是合理的，现实 $\{T_1,T_2,\cdots,T_M\}$ 是从独立的随机变量中得到的。随机变量 T_i 一般不必是高斯的，只要是独立同分布的就可以了。例如，如果希望确定 $P_r\{T>1\}$ 的概率 $P=0.16$，要求对于 95% 的置信水平，相对误差的绝对值 $\varepsilon=0.01(1\%)$，那么

$$M\geqslant\frac{[(1-\Phi(0.025))^{-1}]^2(1-0.16)}{(0.01)^2\times 0.16}\approx 2\times 10^5$$

第 3 章　信号的统计检测理论

在声呐、雷达、通信及其他系统中，都有从噪声中检测信号的问题。由于传输介质的不均匀性和噪声（或干扰）的存在，接收机观测到的信号会发生畸变并被噪声污染，变成随机信号，判断信号是否出现或重现其波形会发生错误。为了减少错误就必须降低噪声电平，提高信号电平。虽然通过加大发射功率、增强系统方向性的方法可以提高接收机输入端的信噪比，但这些措施往往受到战术或技术上的限制，因此必须研究对接收到的随机信号经过怎样的加工处理才能够减少判断失误。人们用概率论与数理统计方法来解决从噪声中检测信号的问题，形成了信号的统计检测理论。

信号的统计检测理论是以假设检验为工具，充分利用信号和噪声的统计特性，依据不同的判决准则来设计最佳接收机的理论。本章讨论假设检验和各种判决准则，最佳接收机的设计问题将在第 4 章讨论。

3.1　假设检验

假设检验是统计推断理论的重要方法，可用来解决在若干个可能发生的情况中做出选择的问题，如在数字通信系统中，接收机要从含有噪声的观测波形中判断发射的是哪一种信号；气象员要对某地区未来的天气做出预报等。假设是研究对象可能的情况或状态，对应于一种情况做出一个假设；检验是按照一定的准则来进行判断，以确定假设成立的过程。

3.1.1　二元假设检验

二元假设检验也称为“双择一”假设检验。它只做两种假设，可以是雷达系统中的目标存在与否，也可以是通信系统中发射的两种信号等。若以雷达信号检测为例，用 H_1 假设表示接收到的波形中有回波信号，H_0 假设则表示没有回波信号，即

$$H_1:\quad x(t)=s(t)+n(t)$$

$$H_0:\quad x(t)=n(t)$$

式中，$x(t)$ 表示在接收机输入端观测到的波形；$n(t)$ 是加性噪声；$s(t)$ 是有用信号。

接收机必须根据对 $x(t)$ 的一次观测或多次观测来判断上述两个假设中哪一个成立，即选择一个而拒绝另一个。

3.1.2　多元假设检验

假设有用信号不止一个，如有 m 个，而只需要判断信号的“有”与“无”，仍可只做两个

假设：

$$\begin{cases} H_0: & x(t)=n(t) \\ H_1: & x(t)=m\text{ 个信号中的任一个}+n(t) \end{cases}$$

若需要判断 m 个有用信号中哪一个信号出现，就称为多元假设检验，或“多择一”假设检验，可表示为

$$\begin{cases} H_0: & x(t)=n(t) \\ H_1: & x(t)=s_1(t)+n(t) \\ H_2: & x(t)=s_2(t)+n(t) \\ & \cdots\cdots \\ H_m: & x(t)=s_m(t)+n(t) \end{cases}$$

上述二元和多元假设检验多属于简单假设检验问题。在检测信号时，若信号的参量是已知的就是这类假设检验的实例。

若信号中含有随机参量，如正弦信号的相位、幅度等，对这类信号的检测采用复合假设检验，这将在第 4 章讨论。

上面提到的假设检验都是在观测时间(或观测值的数目)是固定的情况下进行的，如果按观测值出现的次序进行处理并做出判断，则称为序贯检测。

3.1.3　统计信号检测系统的设计思想

本小节用二元假设检验来说明统计信号检测系统的基本构思。

二元假设检验是对下面两个假设

$$\begin{cases} H_0: & x(t)=s_0(t)+n(t) \\ H_1: & x(t)=s_1(t)+n(t) \end{cases}$$

进行判断，以确定哪一个成立。

先根据一个观测值来进行检验，设

$$\begin{cases} H_0: & x=s_0+n \\ H_1: & x=s_1+n \end{cases}$$

式中，s_1 和 s_0 是已知的常数；n 表示噪声的样本值，是随机变量；观测值 x 也是随机变量。

在进行判决时，希望错误判决的可能性越小越好。直观地想，如果观测值 x 中包含信号 s_1 的可能性比包含 s_0 的可能性大，就应当选择 H_1，即用比较条件概率的方法来进行判决。为了讨论问题方便，把 x 中包含 s_1 和 s_0 的概率 $P(s_1|x)$ 和 $P(s_0|x)$ 分别用 $P(H_1|x)$ 与 $P(H_0|x)$ 来表示，并做出判决。

若
$$\begin{cases} P(H_1|x)\geqslant P(H_0|x) & \text{判决为 } H_1 \text{ 成立} \\ P(H_1|x)< P(H_0|x) & \text{判决为 } H_0 \text{ 成立} \end{cases}$$

或写成

$$\frac{P(H_1|x)}{P(H_0|x)}\underset{H_0}{\overset{H_1}{\gtrless}}1 \tag{3.1.1}$$

式中，$P(H_1|x)$ 和 $P(H_0|x)$ 都称为后验概率，因此这种方法就是最大后验概率法则。

在实际应用中，后验概率难以求得，可将式(3.1.1)加以变换，根据概率乘法公式

$$P(H_1|x)=\frac{P(x|H_1)P(H_1)}{P(x)},\quad P(H_0|x)=\frac{P(x|H_0)P(H_0)}{P(x)}$$

将式(3.1.1)改写为

$$\frac{P(x|H_1)}{P(x|H_0)}\underset{H_0}{\overset{H_1}{\gtrless}}\frac{P(H_0)}{P(H_1)} \tag{3.1.2}$$

式中，$P(H_0)$ 和 $P(H_1)$ 表示 s_0 和 s_1 的先验概率。式(3.1.2)也可以用条件概率密度函数来表示，即

$$\frac{p(x|H_1)}{p(x|H_0)}\underset{H_0}{\overset{H_1}{\gtrless}}\frac{P(H_0)}{P(H_1)} \tag{3.1.3}$$

式中，$p(x|H_1)$ 和 $p(x|H_0)$ 分别表示当 s_1 和 s_0 给定时 x 的条件概率密度函数，也称为似然函数。它们的比值称为似然比(likelihood ratio)，用 $\lambda(x)$ 表示；$P(H_0)/P(H_1)$ 用 λ_0 表示，称为似然比检测门限(likelihood ratio detection threshold)。

上面是根据一个观测值来讨论二元假设问题。对于多个观测数据，用 $\boldsymbol{x}$ 表示，即

$$\boldsymbol{x}=[x_1\quad x_2\quad\cdots\quad x_N]^{\mathrm{T}}$$

其似然比用 $\lambda(\boldsymbol{x})$ 表示。

$$\lambda(\boldsymbol{x})=\frac{p(\boldsymbol{x}|H_1)}{p(\boldsymbol{x}|H_0)}=\frac{p(x_1,x_2,\cdots,x_N|H_1)}{p(x_1,x_2,\cdots,x_N|H_0)} \tag{3.1.4}$$

它是观测数据的多维条件概率密度函数之比。

似然比判决式为

$$\lambda(\boldsymbol{x})\underset{H_0}{\overset{H_1}{\gtrless}}\lambda_0 \tag{3.1.5}$$

由式(3.1.4)可知，似然比检验要对观测量 $\boldsymbol{x}$ 进行处理，即在两个假设下对观测量 $\boldsymbol{x}$ 进行统计描述，在得到反映其统计特性的概率密度函数(似然函数)$p(\boldsymbol{x}|H_0)$ 和 $p(\boldsymbol{x}|H_1)$ 的基础上，计算似然比函数 $\lambda(\boldsymbol{x})=p(\boldsymbol{x}|H_1)/p(\boldsymbol{x}|H_0)$，然后与似然比检测门限 λ_0 相比较以做出判决。似然比 $\lambda(\boldsymbol{x})$ 不依赖于似然比检测门限。从下面的讨论可以看出，对于判决准则，似然比 $\lambda(\boldsymbol{x})$ 的计算器结构是一样的，这种 $\lambda(\boldsymbol{x})$ 计算的不变性具有重要的实际意义，它适用于不同的最佳判决准则。

似然比 $\lambda(\boldsymbol{x})$ 在信号检测中特别重要，必须加以说明。$\lambda(\boldsymbol{x})$ 是观测数据 $\boldsymbol{x}$ 的函数，由于 $\boldsymbol{x}$ 是随机变量，所以 $\lambda(\boldsymbol{x})$ 也是随机变量；$\lambda(\boldsymbol{x})$ 是 $\boldsymbol{x}$ 的两个条件概率密度函数之比，因此不管观测空间的维数如何，判决空间是由 $\lambda(\boldsymbol{x})$ 的维数来决定的，对于二元信号检测问题，$\lambda(\boldsymbol{x})$ 总是一维的。

$\lambda(\boldsymbol{x})$ 是观测数据 $\boldsymbol{x}$ 的函数(可以是线性或非线性函数)，不含任何未知参量，因此可以作为检验统计量。必须指出，对于二元信号检测，似然比 $\lambda(\boldsymbol{x})$ 还是充分统计量，所谓充分统计量是指包含了关于信号全部信息的统计量。如果把观测数据 $x_1,x_2,\cdots,x_N$ 看作是 N 维观测空间中的一个点，而 $\lambda(\boldsymbol{x})$ 可以看作是转换到另一坐标系(判决空间)来描述该点的，因此依据 $\lambda(\boldsymbol{x})$ 对信号进行统计推断与根据全部数据 $\boldsymbol{x}$ 对信号进行统计判断是等效的。$\lambda(\boldsymbol{x})$ 是个充分统计量就意味着以似然比与似然比检测门限进行比较来做出判决，充分地利用了全部 $\boldsymbol{x}$ 关于信号的信息量。

似然比检验判决式(3.1.5)在通常情况下是可以简化的。首先如果似然比 $\lambda(\boldsymbol{x})$ 含有指数表达式，由于自然对数是单值函数，所以可以对似然比检验判决式的两边分别取自然对数，这样就可以去掉 $\lambda(\boldsymbol{x})$ 中的指数形式，使判决式得到简化，则信号检测的判决表达式为

$$\ln \lambda(\boldsymbol{x}) \underset{H_0}{\overset{H_1}{\gtrless}} \ln \lambda_0 \tag{3.1.6}$$

通常称为对数似然比检验。

其次，可以对似然比检验判决式或对数似然比检验判决式进行分子、分母相约，移项，乘系数等运算，使判决表达式的左边是观测量 $\boldsymbol{x}$ 的最简函数 $T(\boldsymbol{x})$，判决表达式的右边是与似然比门限有关的某个常数 γ。这样，化简后的判决表达式为

$$T(\boldsymbol{x}) \underset{H_0}{\overset{H_1}{\gtrless}} \gamma \tag{3.1.7a}$$

或

$$T(\boldsymbol{x}) \underset{H_0}{\overset{H_1}{\lessgtr}} \gamma \tag{3.1.7b}$$

称 $T(\boldsymbol{x})$ 为检验统计量；γ 为检测门限。之所以希望把检验统计量 $T(\boldsymbol{x})$ 化简为观测量 $\boldsymbol{x}$ 的最简形式，目的是为了使构成的检测系统最容易实现，同时带来性能分析方便的优点。

应当说明，式(3.1.5)的似然比检验的判决表示式是最基本的判决式，似然比 $\lambda(\boldsymbol{x})$ 是观测量 $(\boldsymbol{x}|H_1)$ 和 $(\boldsymbol{x}|H_0)$ 的统计描述——概率密度函数 $p(\boldsymbol{x}|H_1)$ 与 $p(\boldsymbol{x}|H_0)$ 的比值。式(3.1.6)的对数似然比检验判决式和式(3.1.7)的检验统计量 $T(\boldsymbol{x})$ 与检测门限 γ 相比较的判决式都是在式(3.1.5)的基础上通过数学运算化简得到的，因此式(3.1.5)～式(3.1.7)对判决的效果来说是完全等价的，它们实现判决的原理框图如图 3.1.1 所示。

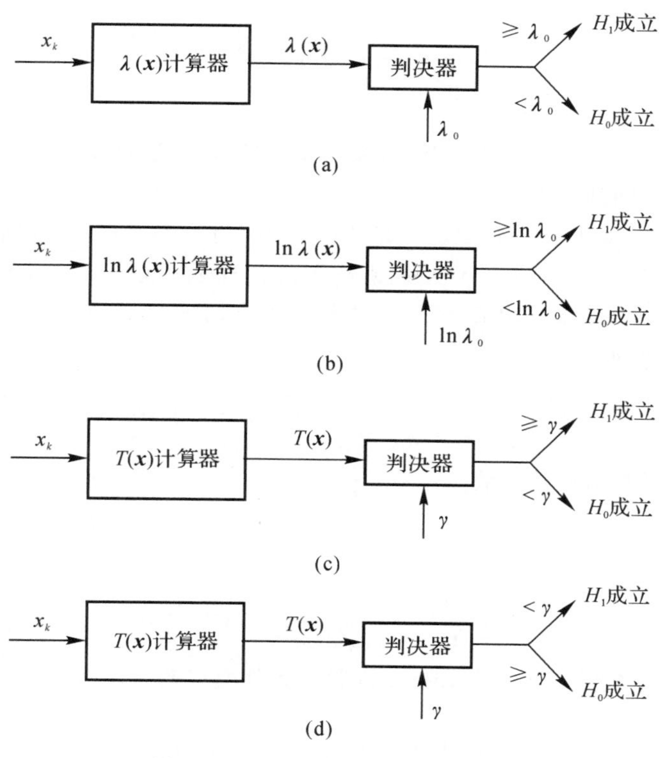

图 3.1.1　二元信号检测原理框图

(a) 似然比检验；(b) 对数似然比检验；

(c) 检验统计量 $T(\boldsymbol{x}) \underset{H_0}{\overset{H_1}{\gtrless}} \gamma$；　(d) 检验统计量 $T(\boldsymbol{x}) \underset{H_0}{\overset{H_1}{\lessgtr}} \gamma$

下面举例说明似然比的计算。

例 3.1.1 二元通信系统中，在时间间隔 T 内发射机发射 1 V 的信号（“1”）或者不发射信号（“0”），而接收机观测到的波形为 $x(t)=s(t)+n(t)$，$n(t)$ 是均值为零、方差为 σ_n^2 的高斯噪声，即服从 $N(0,\sigma_n^2)$ 分布。试根据一次观测结果，计算观测值的似然函数与似然比。

解
$$\begin{cases} H_0: & x=n \\ H_1: & x=1+n \end{cases}$$

对于一个观测值，x 是一个一维随机变量，当信号给定时，x 的分布规律是由噪声 n 来决定的。写出 n 的概率密度函数

$$p(n)=\frac{1}{\sqrt{2\pi}\,\sigma_n}\exp\left\{-\frac{n^2}{2\sigma_n^2}\right\}$$

则 x 的似然函数

$$p(x\mid H_1)=\frac{1}{\sqrt{2\pi}\,\sigma_n}\exp\left\{-\frac{(x-1)^2}{2\sigma_n^2}\right\}$$

$$p(x\mid H_0)=\frac{1}{\sqrt{2\pi}\,\sigma_n}\exp\left\{-\frac{x^2}{2\sigma_n^2}\right\}$$

其似然比判决式为

$$\lambda(x)=\frac{p(x\mid H_1)}{p(x\mid H_0)}=\exp\left\{\frac{2x-1}{2\sigma_n^2}\right\}\gtrless\lambda_0$$

对式两边取对数，得

$$x\underset{H_0}{\overset{H_1}{\gtrless}}\frac{1}{2}+\sigma_n^2\ln\lambda_0=x_0$$

式中，x_0 称为检测门限。

在这一例中，以观测值 x 作为检测统计量与检测门限 x_0 进行比较，若大于或等于 x_0 则判为有信号，若小于 x_0 则判为无信号。

例 3.1.2 为了提高检测质量，减少判断错误，应当进行多次观测，根据多个观测值来做出判决。设对 $x(t)=s(t)+n(t)$ 进行 N 次观测，得到独立的观测数据 $x_1,x_2,\cdots,x_N$，若在观测时间内信号的参数保持不变，$n(t)$ 是均值为零、方差为 σ_n^2 的高斯噪声，试求似然函数与似然比。

解 做出两个假设

$$\begin{cases} H_1: & x_i=s+n_i \\ H_0: & x_i=n_i \end{cases},\qquad i=1,2,\cdots,N$$

对于每个观测值可以写出似然函数

$$p(x_i\mid H_1)=\frac{1}{\sqrt{2\pi}\,\sigma_n}\exp\left\{-\frac{(x_i-s)^2}{2\sigma_n^2}\right\}$$

$$p(x_i\mid H_0)=\frac{1}{\sqrt{2\pi}\,\sigma_n}\exp\left\{-\frac{x_i^2}{2\sigma_n^2}\right\}$$

由于 N 个观测值彼此是独立的，其 N 维联合条件概率密度函数为

$$p(\boldsymbol{x}\mid H_1)=p(x_1,x_2,\cdots,x_N\mid H_1)=\prod_{i=1}^{N}p(x_i\mid H_1)$$

即
$$p(\boldsymbol{x}\mid H_1)=\left(\frac{1}{\sqrt{2\pi}\,\sigma_n}\right)^N\exp\left[-\frac{1}{2\sigma_n^2}\sum_{i=1}^{N}(x_i-s)^2\right]$$

同理，可得

$$p(\boldsymbol{x} \mid H_0)=\left(\frac{1}{\sqrt{2\pi}\sigma_n}\right)^N \exp\left[-\frac{1}{2\sigma_n^2}\sum_{i=1}^N x_i^2\right]$$

其似然比判决式为

$$\lambda(\boldsymbol{x})=\frac{p(\boldsymbol{x} \mid H_1)}{p(\boldsymbol{x} \mid H_0)}=\exp\left[-\frac{1}{2\sigma_n^2}\sum_{i=1}^N(-2sx_i+s^2)\right]\underset{H_0}{\overset{H_1}{\gtrless}}\lambda_0$$

取对数并整理得

$$\sum_{i=1}^N x_i \underset{H_0}{\overset{H_1}{\gtrless}} \frac{Ns}{2}+\frac{\sigma_n^2}{s}\ln\lambda_0=x'_0$$

由上式可以看出，用 N 个观测值之和作为检验统计量，它是观测值的函数；检测门限 x'_0 是由似然比门限、噪声功率以及信号所决定的。

综上所述，对二元信号进行统计检测的步骤是，根据实际情况做出假设，计算似然函数与似然比，确定检验统计量，与相应的检测门限进行比较，做出判决。

似然比门限 λ_0 的作用是将观测空间以及与其对应的判决空间(在二元信号检测中是一维的) 划分为两个区域 z_1 和 z_0，如图 3.1.2(a)(b) 所示。从图中可以看出，当门限电平不同时，判决域就发生变化，合理地选取门限电平可以提高检测质量，而最佳门限是由最佳判决准则来决定的。

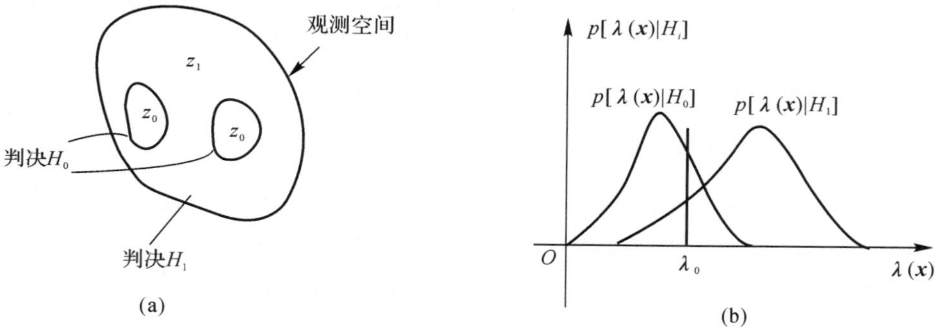

图 3.1.2　判决域的划分

(a) 多维观测空间与判决域；(b) 由似然比决定的判决域

3.2　判决准则

在二元假设检验问题中，信源输出有两种可能，分别记为假设 H_0 和 H_1。检测系统是根据 $\lambda(\boldsymbol{x})$ 与 λ_0 比较来进行判决的，若用 D_0 和 D_1 表示判决的结果，则每进行一次判决就有可能出现四种不同的情况：

(1) 假设为 H_0，判决结果是 D_0。

(2) 假设为 H_0，判决结果是 D_1。

(3) 假设为 H_1，判决结果是 D_0。

(4) 假设为 H_1，判决结果是 D_1。

以上第(1) 和第(4) 两种情况是正确的判决，而第(2) 和第(3) 两种情况是错误的判决。

由于 $\lambda(\boldsymbol{x})$ 是随机变量，在假设 H_0 和 H_1 情况下的条件概率密度函数分别为 $p[\lambda(\boldsymbol{x})|H_0]$ 和 $p[\lambda(\boldsymbol{x})|H_1]$，它们与 $p(\boldsymbol{x}|H_0)$ 和 $p(\boldsymbol{x}|H_1)$ 之间存在着下列关系：

$$\left.\begin{aligned} p[\lambda(\boldsymbol{x})|H_1]\mathrm{d}\lambda(\boldsymbol{x}) = p(\boldsymbol{x}|H_1)\mathrm{d}\boldsymbol{x} \\ p[\lambda(\boldsymbol{x})|H_0]\mathrm{d}\lambda(\boldsymbol{x}) = p(\boldsymbol{x}|H_0)\mathrm{d}\boldsymbol{x} \end{aligned}\right\} \tag{3.2.1}$$

下面以假设 H_1 为有信号，H_0 为没有信号来说明上述四种情况下的条件概率，即在假设为 H_j 的条件下判决为 D_i 的概率（i,j 分别为 0,1）。

（1）正确不发现概率，用 P_C 表示，即

$$P_\mathrm{C} = P(D_0|H_0) = \int_0^{\lambda_0} p[\lambda(\boldsymbol{x})|H_0]\mathrm{d}\lambda(\boldsymbol{x}) = \int_{z_0} p(\boldsymbol{x}|H_0)\mathrm{d}\boldsymbol{x} \tag{3.2.2}$$

（2）虚警概率，用 P_F 表示，即

$$P_\mathrm{F} = P(D_1|H_0) = \int_{\lambda_0}^{\infty} p[\lambda(\boldsymbol{x})|H_0]\mathrm{d}\lambda(\boldsymbol{x}) = \int_{z_1} p(\boldsymbol{x}|H_0)\mathrm{d}\boldsymbol{x} \tag{3.2.3}$$

（3）漏报概率，用 P_M 表示，即

$$P_\mathrm{M} = P(D_0|H_1) = \int_0^{\lambda_0} p[\lambda(\boldsymbol{x})|H_1]\mathrm{d}\lambda(\boldsymbol{x}) = \int_{z_0} p(\boldsymbol{x}|H_1)\mathrm{d}\boldsymbol{x} \tag{3.2.4}$$

（4）检测概率，用 P_D 表示，即

$$P_\mathrm{D} = P(D_1|H_1) = \int_{\lambda_0}^{\infty} p[\lambda(\boldsymbol{x})|H_1]\mathrm{d}\lambda(\boldsymbol{x}) = \int_{z_1} p(\boldsymbol{x}|H_1)\mathrm{d}\boldsymbol{x} \tag{3.2.5}$$

可见，怎样选择门限 λ_0，即如何划分判决区域直接影响着上述四种情况下的条件概率。设计一个检测系统，希望检测概率应尽量大，而虚警概率与漏报概率应尽量小。但是，由于它们之间存在着相互制约的关系，只能在一定条件下实现最佳选择。

3.2.1 贝叶斯(Bayes)准则

为了衡量错误判决所带来的损失，无论判决是正确的，还是错误的都要付出一定的代价。针对前述的四种情况，用 C_{ij} 表示假设 H_j 为真，判决为 D_i 所付出的代价。

贝叶斯准则是在假设 H_0 和 H_1 的先验概率 $P(H_0)$ 和 $P(H_1)$ 给定（信源发射信号的概率已知），且规定了代价 C_{ij} 的前提下，使平均代价 $\overline{C}$ 最小的判决准则。

若用 $P(D_i,H_j)$ 表示假设为 H_j 真而判决为 D_i 的联合概率，则平均代价

$$\begin{aligned} \overline{C} = {} & C_{00}P(D_0,H_0) + C_{11}P(D_1,H_1) + C_{01}P(D_0,H_1) + C_{10}P(D_1,H_0) = \\ & C_{00}P(D_0|H_0)P(H_0) + C_{11}P(D_1|H_1)P(H_1) + \\ & C_{01}P(D_0|H_1)P(H_1) + C_{10}P(D_1|H_0)P(H_0) = \\ & P(H_0)[C_{00}P(D_0|H_0) + C_{10}P(D_1|H_0)] + \\ & P(H_1)[C_{11}P(D_1|H_1) + C_{01}P(D_0|H_1)] \end{aligned} \tag{3.2.6}$$

将 $P(D_1|H_1) = 1 - P(D_0|H_1)$（检测和漏报互为对立事件）和 $P(D_1|H_0) = 1 - P(D_0|H_0)$ 代入式(3.2.6)，再利用式(3.2.2)和式(3.2.4)，可得

$$\begin{aligned} \overline{C} = {} & C_{10}P(H_0) + C_{11}P(H_1) - \\ & P(H_0)(C_{10} - C_{00})P(D_0|H_0) + P(H_1)(C_{01} - C_{11})P(D_0|H_1) = \\ & C_{10}P(H_0) + C_{11}P(H_1) + \\ & \int_{z_0} [P(H_1)(C_{01} - C_{11})p(\boldsymbol{x}|H_1) - P(H_0)(C_{10} - C_{00})p(\boldsymbol{x}|H_0)]\mathrm{d}\boldsymbol{x} \end{aligned} \tag{3.2.7}$$

当先验概率和代价给定时，式(3.2.7)中前两项是与 z_0 的选择无关的常数。使平均代价 $\overline{C}$ 最小只有通过选择 z_0，即合理地划分判决域来达到。由于错误判决所付出的代价总是大于正确判决的代价，所以 $C_{10}-C_{00}>0$；$C_{01}-C_{11}>0$，这样一来，使 $\overline{C}$ 达到最小就必须使积分项达到最小。积分项中的被积函数可能为正、负或零。如果将被积函数为负值的区域全部划归 z_0，则所得的平均代价必然最小，故

$$P(H_1)(C_{01}-C_{11})p(\boldsymbol{x}\mid H_1)<P(H_0)(C_{10}-C_{00})p(\boldsymbol{x}\mid H_0)$$

即

$$\frac{p(\boldsymbol{x}\mid H_1)}{p(\boldsymbol{x}\mid H_0)}<\frac{P(H_0)(C_{10}-C_{00})}{P(H_1)(C_{01}-C_{11})} \tag{3.2.8}$$

时判决为 H_0 成立。而当

$$\frac{p(\boldsymbol{x}\mid H_1)}{p(\boldsymbol{x}\mid H_0)}\geqslant\frac{P(H_0)(C_{10}-C_{00})}{P(H_1)(C_{01}-C_{11})} \tag{3.2.9}$$

时，判决为 H_1 成立，或式(3.2.9)改写成

$$\lambda(\boldsymbol{x})=\frac{p(\boldsymbol{x}\mid H_1)}{p(\boldsymbol{x}\mid H_0)}\underset{H_0}{\overset{H_1}{\gtrless}}\frac{P(H_0)(C_{10}-C_{00})}{P(H_1)(C_{01}-C_{11})}=\lambda_B \tag{3.2.10}$$

式中，λ_B 是贝叶斯准则的似然比门限，它是由先验概率和代价决定的。

3.2.2　最小错误概率准则

在通信系统中，信源发出信号的概率是已知的，而且人们不关心错误判断的性质，只要求总的判断错误最少。

若认为正确判决不付出代价，而各种错误判决所付出的代价相等，即 $C_{00}=C_{11}=0$；$C_{01}=C_{10}=1$，则式(3.2.6)的平均代价可简化为

$$\overline{C}=P(H_0)P(D_1\mid H_0)+P(H_1)P(D_0\mid H_1)=P(H_0)P_F+P(H_1)P_M \tag{3.2.11}$$

此时的平均代价就是平均错误概率，使平均代价最小就是使平均错误概率最小，这一准则还称为理想观察者准则。采用与贝叶斯准则相同的方法，可得判决式如下：

$$\frac{p(\boldsymbol{x}\mid H_1)}{p(\boldsymbol{x}\mid H_0)}\underset{H_0}{\overset{H_1}{\gtrless}}\frac{P(H_0)}{P(H_1)}=\lambda_e \tag{3.2.12}$$

这种判决形式可以看作是贝叶斯准则的一个特例，其似然比门限 λ_e 仅由先验概率决定。

3.2.3　最大似然准则

在既不知道先验概率，也无法指定代价的条件下，可以直接比较似然函数进行判决，即

$$\frac{p(\boldsymbol{x}\mid H_1)}{p(\boldsymbol{x}\mid H_0)}\underset{H_0}{\overset{H_1}{\gtrless}}1 \tag{3.2.13}$$

从式(3.2.12)可以看出，如果取 $P(H_0)=P(H_1)$，则最小错误概率准则就变为最大似然准则。

由于似然函数反映了在观测数据中信号存在的程度，所以若 $p(\boldsymbol{x}\mid H_1)>p(\boldsymbol{x}\mid H_0)$，则观测的波形中包含信号的可能性就大于不包含信号的可能性。

例 3.2.1　某二元数字通信系统发送 1 V 和 0 V 两种信号，受到均值为零、功率为 1/12 W 高斯噪声的干扰。已知发送 1 和 0 的概率分别为 0.6 和 0.4，且规定代价为 C_{ij}。试用贝叶斯准则，根据 N 个独立的观测数据 $x_1,x_2,\cdots,x_N$，对接收到的信号做出是 1 还是 0 的判断。

解　做出两个假设

$$\begin{cases} H_0: & x_i = n_i \\ H_1: & x_i = 1 + n_i \end{cases}, \qquad i = 1,2,\cdots,N$$

由于 N 个观测数据彼此独立且都服从高斯分布，所以它们的联合条件概率密度函数

$$p(\boldsymbol{x} \mid H_1) = \left(\frac{1}{\sqrt{2\pi}\sigma_n}\right)^N \exp\left[-\frac{1}{2\sigma_n^2}\sum_{i=1}^{N}(x_i - 1)^2\right]$$

$$p(\boldsymbol{x} \mid H_0) = \left(\frac{1}{\sqrt{2\pi}\sigma_n}\right)^N \exp\left[-\frac{1}{2\sigma_n^2}\sum_{i=1}^{N}x_i^2\right]$$

其似然比为

$$\lambda(\boldsymbol{x}) = \frac{p(\boldsymbol{x} \mid H_1)}{p(\boldsymbol{x} \mid H_0)} = \exp\left[\frac{1}{2\sigma_n^2}\sum_{i=1}^{N}(2x_i - 1)\right]$$

将 $\sigma_n^2 = 1/12(\mathrm{W})$ 代入上式，利用贝叶斯准则的判决式，得

$$\exp\left[6\sum_{i=1}^{N}(2x_i - 1)\right] \underset{H_0}{\overset{H_1}{\gtrless}} \frac{2}{3}\frac{C_{10} - C_{00}}{C_{01} - C_{11}}$$

对上式两边取对数后，可得对数似然比

$$6\sum_{i=1}^{N}(2x_i - 1) \underset{H_0}{\overset{H_1}{\gtrless}} \ln\left(\frac{2}{3}\frac{C_{10} - C_{00}}{C_{01} - C_{11}}\right)$$

可改写为

$$\sum_{i=1}^{N}x_i \underset{H_0}{\overset{H_1}{\gtrless}} \frac{N}{2} + \frac{1}{12}\ln\left(\frac{2}{3}\frac{C_{10} - C_{00}}{C_{01} - C_{11}}\right)$$

式中，$\sum_{i=1}^{N}x_i$ 是 N 个观测数据之和，可用它作为检测统计量，不等式右边的量就是检测门限，如果代价给定，观测次数与观测数据也已知时，就可计算出门限值，并做出判决。

例 3.2.2　如果在两种假设下信源发出的都是零均值高斯信号，在假设 H_0 下信号的方差为 σ_0^2，在 H_1 假设下信号的方差为 σ_1^2。假定 $P(H_0) = P(H_1) = \frac{1}{2}$，独立测量 N 次，要求依据最小错误概率准则进行判决。

解　假设

$$H_0: \quad x_i \sim N(0,\sigma_0^2)$$
$$H_1: \quad x_i \sim N(0,\sigma_1^2)$$

得出似然函数

$$p(\boldsymbol{x} \mid H_0) = \left(\frac{1}{\sqrt{2\pi}\sigma_0}\right)^N \exp\left[-\frac{1}{2\sigma_0^2}\sum_{i=1}^{N}x_i^2\right]$$

$$p(\boldsymbol{x} \mid H_1) = \left(\frac{1}{\sqrt{2\pi}\sigma_1}\right)^N \exp\left[-\frac{1}{2\sigma_1^2}\sum_{i=1}^{N}x_i^2\right]$$

其判决式为

$$\left(\frac{\sigma_0}{\sigma_1}\right)^N \exp\left[\frac{1}{2}\left(\frac{1}{\sigma_0^2} - \frac{1}{\sigma_1^2}\right)\sum_{i=1}^{N}x_i^2\right] \underset{H_0}{\overset{H_1}{\gtrless}} 1$$

对上式两边取对数，得

$$\sum_{i=1}^{N}x_i^2 \underset{H_0}{\overset{H_1}{\gtrless}} \frac{2\sigma_1^2\sigma_0^2}{\sigma_1^2 - \sigma_0^2}\ln\left(\frac{\sigma_1}{\sigma_0}\right)^N = \frac{2\sigma_1^2\sigma_0^2 N}{\sigma_1^2 - \sigma_0^2}\ln\left(\frac{\sigma_1}{\sigma_0}\right)$$

可见，检验统计量是观测数据的非线性函数，其检测门限值由两种信号的功率决定。

3.2.4　奈曼-皮尔逊(Neyman - Pearson)准则

在许多情况下，信号的先验概率和代价因子无法知道。如雷达系统要确定目标出现与不出现的概率是困难的，此时无法应用贝叶斯准则，应以检测概率最大为准则。如果用降低检测门限的办法来提高检测概率，但门限降低后又会使虚警概率加大，因此只能在对虚警概率加以限制的条件下，使检测概率达到最大，这就是奈曼-皮尔逊准则。

根据对检测系统性能的要求，指定一个虚警概率的容许值(如 $P_F=\alpha$)，使检测概率达到最大，等效于漏报概率 P_M 达到最小。

为了求得判决式，用拉格朗日乘子法，引入一个乘子 $\mu(\mu\geqslant 0)$，且构造一个目标函数

$$J=\mu P_F+P_M \tag{3.2.14}$$

去寻找判决域的划分方法，使 $P_M\rightarrow\min$ 就等效于使 $J\rightarrow\min$。

考虑到

$$J=\int_{Z_0}p(\boldsymbol{x}\mid H_1)\mathrm{d}\boldsymbol{x}+\mu\left(1-\int_{Z_0}p(\boldsymbol{x}\mid H_0)\mathrm{d}\boldsymbol{x}\right)=$$

$$\mu+\int_{Z_0}[p(\boldsymbol{x}\mid H_1)-\mu p(\boldsymbol{x}\mid H_0)]\mathrm{d}\boldsymbol{x} \tag{3.2.15}$$

达到最小 J，就要找到一种划分方法，使式(3.2.15)中被积函数为负值所对应的观测数据全部划归 z_0，即

$$p(\boldsymbol{x}\mid H_1)-\mu p(\boldsymbol{x}\mid H_0)<0$$

判决 H_0 成立，否则判决 H_1 成立。

上式可改写为

$$\lambda(\boldsymbol{x})=\frac{p(\boldsymbol{x}\mid H_1)}{p(\boldsymbol{x}\mid H_0)}\underset{H_0}{\overset{H_1}{\gtrless}}\mu \tag{3.2.16}$$

可见，奈曼-皮尔逊准则的似然比门限就是乘子 μ，μ 值必须根据给定的虚警概率决定，即满足

$$P_F=\int_{z_1}p(\boldsymbol{x}\mid H_0)\mathrm{d}\boldsymbol{x}=\int_{\mu}^{\infty}p[\lambda(\boldsymbol{x})\mid H_0]\mathrm{d}\lambda(\boldsymbol{x}) \tag{3.2.17}$$

式(3.2.16)和式(3.2.17)说明了奈曼-皮尔逊准则也归结为似然比判决法，和前述的几个准则的差异仅在于似然比门限是由虚警概率来决定的。

例 3.2.3　假定噪声是均值为零、方差为 $\sigma^2=2$ 的高斯噪声；信号是信源发出的 0 V 或 1 V 的脉冲，试根据一个观测数据，用奈曼-皮尔逊准则，确定满足 $P_F=0.1$ 条件的检测门限和检测概率。

解　做出两个假设

$$\begin{cases}H_0: & x=n\\ H_1: & x=1+n\end{cases}$$

对应于假设的似然函数

$$p(x\mid H_0)=\frac{1}{2\sqrt{\pi}}\exp\left[-\frac{1}{4}x^2\right]$$

$$p(x\mid H_1)=\frac{1}{2\sqrt{\pi}}\exp\left[-\frac{(x-1)^2}{4}\right]$$

其似然比

$$\lambda(x)=\mathrm{e}^{\frac{1}{2}x-\frac{1}{4}}$$

由式(3.2.16)得

$$\mathrm{e}^{\frac{1}{2}x-\frac{1}{4}}\underset{H_0}{\overset{H_1}{\gtrless}}\mu$$

即

$$x\underset{H_0}{\overset{H_1}{\gtrless}}\frac{1}{2}+2\ln\mu=x_0$$

此时的检验统计量就是观测值x。x_0就是检测门限，应由P_{F}决定。由于检验统计量的条件概率密度函数就是x的条件概率密度函数，则

$$P_{\mathrm{F}}=\int_{z_1}p(x\mid H_0)\mathrm{d}x=\int_{x_0}^{\infty}\frac{1}{2\sqrt{\pi}}\mathrm{e}^{-\frac{x^2}{4}}\mathrm{d}x=0.1$$

作变量代换，化为标准正态分布，并查表得

$$\Phi\left(\frac{x_0}{\sqrt{2}}\right)=1-0.1=0.9$$

故

$$x_0\approx 1.811$$

判决准则为：若观测值$x\geqslant 1.811$ V，则判决为有"1"V 脉冲信号；否则为"0"信号。

检测概率

$$P_{\mathrm{D}}=\int_{z_1}p(x\mid H_1)\mathrm{d}x=\int_{x_0}^{\infty}\frac{1}{2\sqrt{\pi}}\exp\left[-\frac{1}{4}(x-1)^2\right]\mathrm{d}x$$

标准化后查表得

$$P_{\mathrm{D}}=1-\int_{-\infty}^{x_0}\frac{1}{2\sqrt{\pi}}\exp\left[-\frac{1}{4}(x-1)^2\right]\mathrm{d}x=$$

$$1-\Phi\left(\frac{x_0-1}{\sqrt{2}}\right)=1-\Phi(0.5735)=0.284$$

例 3.2.4 题设同例 3.2.3。如果给定$P(H_0)=1/2$，用最小错误概率准则确定检测门限和检测概率。

解 因为$P(H_1)=1-P(H_0)=1/2$，根据式(3.2.12)得

$$\mathrm{e}^{\frac{1}{2}x-\frac{1}{4}}\underset{H_0}{\overset{H_1}{\gtrless}}1$$

即

$$x\underset{H_0}{\overset{H_1}{\gtrless}}\frac{1}{2}=x'_0$$

其检测概率

$$P_{\mathrm{D}}=\int_{x'_0}^{\infty}p(x\mid H_1)\mathrm{d}x=\int_{\frac{1}{2}}^{\infty}\frac{1}{2\sqrt{\pi}}\exp\left[-\frac{1}{4}(x-1)^2\right]\mathrm{d}x=1-0.362=0.638$$

$$P_{\mathrm{F}}=\int_{x'_0}^{\infty}p(x\mid H_0)\mathrm{d}x=\int_{\frac{1}{2}}^{\infty}\frac{1}{2\sqrt{\pi}}\exp\left[-\frac{1}{4}x^2\right]\mathrm{d}x=0.362$$

从上面的例子中可以看出，采用不同的判决准则，所得的检测门限值不同；当门限值降低时检测概率增大，同时虚警概率也加大了。

由上述的讨论可知，各种判决准则的共同特点都可归结为似然比检验。

之所以具有上述共性是由于似然函数反映了信号出现可能性的大小，且似然函数的计算

都以噪声的概率分布为基础。

各种判决准则之间的区别是它们的“最佳”含义和使用场合不同，只能是在某种约束条件下的“最佳”，因而不同的准则其门限值不同，判决的结果就会不一样，这一点通过实际的举例已经说明了。

贝叶斯准则是在制定了多种代价函数和信号先验概率的条件下使平均代价达到最小，最小错误概率准则是在先验概率已知的情况下使平均错误概率达到最小，而奈曼-皮尔逊准则是在给定虚警概率的条件下使漏报概率达到最小。因此，在设计检测系统时，必须根据所要完成的任务与使用场合来选择合适的判决准则。

3.2.5　极小化极大准则

要采用贝叶斯准则，除了给定各种判决的代价因子 C_{ij} 外，还必须知道假设 H_0 和假设 H_1 为真的先验概率 $P(H_0)$ 和 $P(H_1)$。当预先无法确定各个假设的先验概率 $P(H_j)$ 时，就应用贝叶斯准则。

现在要讨论的极小化极大准则（minimax criterion）是在已经给定代价因子 C_{ij}，但无法确定先验概率 $P(H_j)$ 的条件下的一种信号检测准则。该准则的含义是，在上述条件下可以避免可能产生过分大的代价，使极大可能代价极小化，因此称为极小化极大准则。

为了表述方便，现将有关符号改记如下：

$$P_{\mathrm{F}} \overset{\mathrm{def}}{=} P(D_1 \mid H_0) = \int_{z_1} p(\boldsymbol{x} \mid H_0)\mathrm{d}\boldsymbol{x} = 1 - \int_{z_0} p(\boldsymbol{x} \mid H_0)\mathrm{d}\boldsymbol{x}$$

$$P_{\mathrm{M}} \overset{\mathrm{def}}{=} P(D_0 \mid H_1) = \int_{z_0} p(\boldsymbol{x} \mid H_1)\mathrm{d}\boldsymbol{x}$$

$$P_1 \overset{\mathrm{def}}{=} P(H_1) = 1 - P(H_0) \overset{\mathrm{def}}{=} 1 - P_0$$

如果各种判决的代价因子 C_{ij} 已经给定，但假设 H_1 的先验概率 P_1 未知，则式(3.2.7) 中的贝叶斯平均代价可以表示为 P_1 的函数。因为似然比检测门限 λ_0 与先验概率有关，即 $\lambda_0 = \lambda_0(P_1)$，所以此时的判决概率 P_{F} 和 P_{M} 也是 P_1 的函数，故记为 $P_{\mathrm{F}}(P_1)$ 和 $P_{\mathrm{M}}(P_1)$。这样，作为先验概率 P_1 函数的平均代价表示为

$$\begin{aligned} C(P_1) = &C_{10}(1 - P_1) + C_{11}P_1 + \\ &P_1(C_{01} - C_{11})P_{\mathrm{F}}(P_1) - (1 - P_1)(C_{10} - C_{00})[1 - P_{\mathrm{F}}(P_1)] = \\ &C_{00} + (C_{10} - C_{00})P_{\mathrm{F}}(P_1) + \\ &P_1[(C_{11} - C_{00}) + (C_{01} - C_{11})P_{\mathrm{M}}(P_1) - (C_{10} - C_{00})P_{\mathrm{F}}(P_1)] \end{aligned} \tag{3.2.18}$$

可以证明，当似然比 $\lambda(\boldsymbol{x})$ 是严格单调的概率分布随机变量时，式(3.2.18) 的贝叶斯平均代价是 P_1 的严格上凸函数，如图 3.2.1 中的曲线 a 所示。一般情况下，$C_{\min}$ 对 P_1 的曲线均具有上凸的形状。

现在考虑不知道先验概率 P_1 的情况。在 P_1 未知的情况下，为了能采用贝叶斯准则，只能猜测一个先验概率 $P_{1\mathrm{g}}$，然后用它确定贝叶斯准则的似然比检测门限 $\lambda_0 = \lambda_0(P_{1\mathrm{g}})$，并以此固定门限进行判决。因此，此时的 P_{F} 和 P_{M} 都是 $P_{1\mathrm{g}}$ 的函数，记为 $P_{\mathrm{F}}(P_{1\mathrm{g}})$ 和 $P_{\mathrm{M}}(P_{1\mathrm{g}})$。一旦 $P_{1\mathrm{g}}$ 猜定后，$P_{\mathrm{F}}(P_{1\mathrm{g}})$ 和 $P_{\mathrm{M}}(P_{1\mathrm{g}})$ 就确定了。因此，由式(3.2.18) 可知，平均代价与实际的先验概率 P_1 的关系将是一条直线，用 $C(P_1, P_{1\mathrm{g}})$ 来表示，有

$$\begin{aligned} C(P_1, P_{1\mathrm{g}}) = &C_{00} + (C_{10} - C_{00})P_{\mathrm{F}}(P_{1\mathrm{g}}) + \\ &P_1[(C_{11} - C_{00}) + (C_{01} - C_{11})P_{\mathrm{M}}(P_{1\mathrm{g}}) - (C_{10} - C_{00})P_{\mathrm{F}}(P_{1\mathrm{g}})] \end{aligned} \tag{3.2.19}$$

当 $P_{1g}=P_1$ 时，即猜测的先验概率 P_{1g} 恰好等于实际的先验概率 P_1 时，平均代价最小，即为贝叶斯平均代价。因此，$C(P_1, P_{1g})$ 是一条与曲线 a 相切的直线，切点在 $C(P_1=P_{1g}, P_{1g})$ 处，如图 3.2.1 中直线 b 所示。当实际的 P_1 不等于猜测的 P_{1g} 时，$C(P_1, P_{1g})$ 将大于贝叶斯平均代价 $C_{\min}$，而且对某些可能的 P_1 值，如 P_{11}，实际的平均代价将远大于最小平均代价（见图 3.2.1）。为了避免产生这种过分大的代价，人们猜测先验概率为 P_{1g}^*，使该处的点 $C(P_1, P_{1g}^*)$ 是一条与 $C_{\min}$ 水平相切的直线，如图 3.2.1 中的水平切线 c 所示。虽然该处贝叶斯准则的最小平均代价最大，为 $C_{\min\max}$，但是可以使由于未知先验概率 P_1 可能产生的极大平均代价极小化，即如果猜测先验概率为 P_{1g}^*，那么无论实际的先验概率 P_1 为多大，平均代价都等于 $C_{\min\max}$，而不会产生过分大的代价。

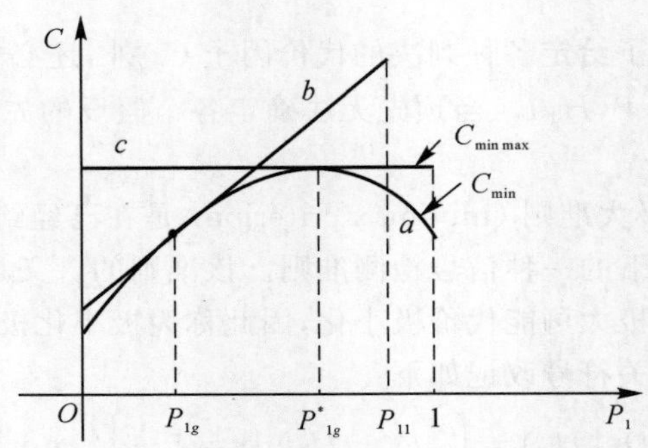

图 3.2.1　平均代价 C 与 P_1 的关系曲线

为了求出极小化极大准则应满足的条件，即为了求得 P_{1g}^*，可以用图解法和数学分析法。图解法是根据给定的代价因子 C_{ij}，做出平均代价 $C(P_1)$（P_1 在 $0\sim1$ 范围内）的图形，取 $C(P_1)$ 曲线最大值对应的 P_1 即为 P_{1g}^*。下面讨论数学分析法。

根据前面的讨论，为了求得 P_{1g}^*，可将式(3.2.19) 对 P_1 求偏导，令结果等于零，即

$$\left.\frac{\partial C(P_1, P_{1g})}{\partial P_1}\right|_{P_{1g}=P_{1g}^*}=0 \tag{3.2.20}$$

从而得

$$(C_{11}-C_{00})+(C_{01}-C_{11})P_{\mathrm{M}}(P_{1g}^*)-(C_{10}-C_{00})P_{\mathrm{F}}(P_{1g}^*)=0 \tag{3.2.21}$$

式(3.2.21) 就是极小化极大准则的极小化极大方程，解此方程可求得 P_{1g}^* 和似然比门限 λ_0^*。此时的平均代价

$$C(P_{1g}^*)=C_{00}+(C_{10}-C_{00})P_{\mathrm{F}}(P_{1g}^*) \tag{3.2.22}$$

如果代价因子 $C_{11}=C_{00}=0$，则极小化极大方程

$$C_{01}P_{\mathrm{M}}(P_{1g}^*)-C_{10}P_{\mathrm{F}}(P_{1g}^*)=0 \tag{3.2.23}$$

此时平均代价

$$C(P_{1g}^*)=C_{10}P_{\mathrm{F}}(P_{1g}^*) \tag{3.2.24}$$

进而，如果 $C_{11}=C_{00}=0, C_{01}=C_{10}=1$，则有

$$P_{\mathrm{M}}(P_{1g}^*)=P_{\mathrm{F}}(P_{1g}^*) \tag{3.2.25}$$

并且，极小化极大代价就是平均错误概率 $P_{\mathrm{F}}(P_{1g}^*)$。

例 3.2.5　在启闭键控（OOK）通信系统中，两个假设下的观测信号模型为

$$\begin{cases} H_0: & x = n \\ H_1: & x = A + n \end{cases}$$

其中，观测噪声 $n \sim N(0, \sigma_n^2)$；信号 A 是常数，且 $A > 0$。若代价因子 $C_{11} = C_{00} = 0, C_{01} = C_{10} = 1$。采用极小化极大准则，确定检测门限和平均错误概率。

解　在两个假设下，观测量的概率密度函数分别为

$$p(x \mid H_0) = \left(\frac{1}{\sqrt{2\pi\sigma_n^2}}\right)^{1/2} \exp\left[-\frac{x^2}{2\sigma_n^2}\right]$$

$$p(x \mid H_1) = \left(\frac{1}{\sqrt{2\pi\sigma_n^2}}\right)^{1/2} \exp\left[-\frac{(x-A)^2}{2\sigma_n^2}\right]$$

似然比函数

$$\lambda(x) = \frac{p(x \mid H_1)}{p(x \mid H_0)} = \exp\left(\frac{Ax}{\sigma_n^2} - \frac{A^2}{2\sigma_n^2}\right)$$

设似然比检测门限为 λ_0，则似然比检验

$$\exp\left(\frac{Ax}{\sigma_n^2} - \frac{A^2}{2\sigma_n^2}\right) \underset{H_0}{\overset{H_1}{\gtrless}} \lambda_0$$

化简得

$$x \underset{H_0}{\overset{H_1}{\gtrless}} \frac{\sigma_n^2}{A} \ln \lambda_0 + \frac{A}{2} \overset{\text{def}}{=} \gamma$$

由于检验统计量 $T(x) = x$，所以

$$P_{\mathrm{F}} = \int_{\gamma}^{\infty} p(T \mid H_0) \mathrm{d}T = \int_{\gamma}^{\infty} \left(\frac{1}{2\pi\sigma_n^2}\right)^{1/2} \exp\left[-\frac{T^2}{2\sigma_n^2}\right] \mathrm{d}T = Q\left[\frac{\gamma}{\sigma_n}\right]$$

$$P_{\mathrm{M}} = \int_{-\infty}^{\gamma} p(T \mid H_1) \mathrm{d}T = \int_{-\infty}^{\gamma} \left(\frac{1}{2\pi\sigma_n^2}\right)^{1/2} \exp\left[-\frac{(T-A)^2}{2\sigma_n^2}\right] \mathrm{d}T = 1 - Q\left[\frac{\gamma - A}{\sigma_n}\right]$$

因为代价因子 $C_{11} = C_{00} = 0, C_{01} = C_{10} = 1$，所以根据式(3.2.25)，极小化极大方程为

$$1 - Q\left[\frac{\gamma^* - A}{\sigma_n}\right] = Q\left[\frac{\gamma^*}{\sigma_n}\right]$$

从而解得

$$\gamma^* = \frac{A}{2}$$

平均错误概率

$$P_{\mathrm{e}} = P_{\mathrm{F}}(\gamma^*) = Q\left[-\frac{\gamma^*}{\sigma_n}\right] = Q\left[\frac{A}{2\sigma_n}\right] = Q\left[\frac{d}{2}\right]$$

式中，$d^2 = A^2/\sigma_n^2$，是功率信噪比。

3.3　多元假设检验的判决准则

上边讨论的问题都属于二元假设检验，对于多元信号的检测问题，必须用多元假设检验的判决准则，在若干个假设中确定哪一个是正确的。如在多元数字通信系统中，信源有 M 个输出，接收机必须对 M 个假设进行检验。

3.3.1　多元假设检验的贝叶斯准则

假定各个假设的先验概率 $P(H_j)$ 和代价 C_{ij} 是已知的，则平均代价

$$\overline{C}=\sum_{i=1}^{M}\sum_{j=1}^{M}C_{ij}P(D_i\mid H_j)P(H_j) \tag{3.3.1}$$

式中，$P(D_i\mid H_j)$ 表示假设是 H_j 判决为 D_i 的概率；C_{ij} 是 H_j 为真判决为 D_i 所付出的代价。

前面已经讲过，贝叶斯准则是使平均代价 $\overline{C}\to\min$ 的判决准则，采用与二元假设检验类同的办法，把观测空间 Z 分成 M 个互不交叉的子空间 $Z_1,Z_2,\cdots,Z_M$。

$$Z=Z_1\cup Z_2\cup\cdots\cup Z_M$$

它们是分别与假设 $H_1,H_2,\cdots,H_M$ 相对应的判决域，则概率 $P(D_i\mid H_j)$ 可以表示为

$$P(D_i\mid H_j)=\int_{Z_i}p(\boldsymbol{x}\mid H_j)\mathrm{d}\boldsymbol{x}$$

代入式(3.3.1)，得

$$\begin{aligned}\overline{C}=&\sum_{i=1}^{M}\sum_{j=1}^{M}C_{ij}P(H_j)\int_{Z_i}p(\boldsymbol{x}\mid H_j)\mathrm{d}\boldsymbol{x}=\\&\sum_{i=1}^{M}C_{ii}P(H_i)\int_{Z_i}p(\boldsymbol{x}\mid H_i)\mathrm{d}\boldsymbol{x}+\sum_{i=1}^{M}\sum_{\substack{j=1\\j\neq i}}^{M}C_{ij}P(H_j)\int_{Z_i}p(\boldsymbol{x}\mid H_j)\mathrm{d}\boldsymbol{x}\end{aligned}$$

由于判决域 Z_i 可表示为

$$Z_i=Z-\bigcup_{\substack{j=1\\j\neq i}}^{M}Z_j$$

又由于

$$\int_{Z}p(\boldsymbol{x}\mid H_j)\mathrm{d}\boldsymbol{x}=1$$

故
$$\overline{C}=\sum_{i=1}^{M}C_{ii}P(H_i)+\sum_{i=1}^{M}\int_{Z_i}\sum_{\substack{j=1\\j\neq i}}^{M}P(H_j)(C_{ij}-C_{jj})p(\boldsymbol{x}\mid H_j)\mathrm{d}\boldsymbol{x}$$

式中，等号右边第一项是固定代价，与如何划分判决域无关，第二项中的各个积分代表变化的代价，它随判决域的划分而变化。应当这样来划分，把各观测值 $\boldsymbol{x}$ 分配给某一个区域，使得在该区域中的积分值为最小。

令

$$I_i(\boldsymbol{x})=\sum_{\substack{j=1\\j\neq i}}^{M}P(H_j)(C_{ij}-C_{jj})p(\boldsymbol{x}\mid H_j) \tag{3.3.2}$$

故判决准则为哪一个 $I_i(\boldsymbol{x})$ 最小，就判决为对应的 H_i 成立。

现以 $M=3$ 为例来说明。由于各判决域不相交，且有 $Z_1=Z-Z_2-Z_3$ 以及其相应的关系，故

$$\begin{aligned}\overline{C}=&P(H_1)C_{11}\int_{Z-Z_2-Z_3}p(\boldsymbol{x}\mid H_1)\mathrm{d}\boldsymbol{x}+P(H_1)C_{21}\int_{Z_2}p(\boldsymbol{x}\mid H_1)\mathrm{d}\boldsymbol{x}+\\&P(H_1)C_{31}\int_{Z_3}p(\boldsymbol{x}\mid H_1)\mathrm{d}\boldsymbol{x}+P(H_2)C_{22}\int_{Z-Z_1-Z_3}p(\boldsymbol{x}\mid H_2)\mathrm{d}\boldsymbol{x}+\\&P(H_2)C_{12}\int_{Z_1}p(\boldsymbol{x}\mid H_2)\mathrm{d}\boldsymbol{x}+P(H_2)C_{32}\int_{Z_3}p(\boldsymbol{x}\mid H_2)\mathrm{d}\boldsymbol{x}+\\&P(H_3)C_{33}\int_{Z-Z_1-Z_2}p(\boldsymbol{x}\mid H_3)\mathrm{d}\boldsymbol{x}+P(H_3)C_{13}\int_{Z_1}p(\boldsymbol{x}\mid H_3)\mathrm{d}\boldsymbol{x}+\\&P(H_3)C_{23}\int_{Z_2}p(\boldsymbol{x}\mid H_3)\mathrm{d}\boldsymbol{x}\end{aligned} \tag{3.3.3}$$

整理后得

$$\begin{aligned}\bar{C}=&C_{11}P(H_1)+C_{22}P(H_2)+C_{33}P(H_3)+\int_{Z_1}[(C_{13}-C_{33})P(H_3)p(\boldsymbol{x}\mid H_3)+\\&(C_{12}-C_{22})P(H_2)p(\boldsymbol{x}\mid H_2)]\mathrm{d}\boldsymbol{x}+\int_{Z_2}[(C_{21}-C_{11})P(H_1)p(\boldsymbol{x}\mid H_1)+\\&(C_{23}-C_{33})P(H_3)p(\boldsymbol{x}\mid H_3)]\mathrm{d}\boldsymbol{x}+\int_{Z_3}[(C_{31}-C_{11})P(H_1)p(\boldsymbol{x}\mid H_1)+\\&(C_{32}-C_{22})P(H_2)p(\boldsymbol{x}\mid H_2)]\mathrm{d}\boldsymbol{x}\end{aligned} \tag{3.3.4}$$

显然，当第一个积分的被积函数 $I_1(\boldsymbol{x})$ 同时小于第二个和第三个被积函数 $I_2(\boldsymbol{x})$ 和 $I_3(\boldsymbol{x})$ 时，应该判决为 H_1 成立。另外两个判决区域的划分法与此类同。因此，可将三元假设检验的贝叶斯准则写成

当 $I_1(\boldsymbol{x})<I_2(\boldsymbol{x})$ 和 $I_3(\boldsymbol{x})$ 时：判决为 H_1 成立；当 $I_2(\boldsymbol{x})<I_1(\boldsymbol{x})$ 和 $I_3(\boldsymbol{x})$ 时：判决为 H_2 成立；当 $I_3(\boldsymbol{x})<I_1(\boldsymbol{x})$ 和 $I_2(\boldsymbol{x})$ 时：判决为 H_3 成立。

3.3.2　多元假设检验的最小错误概率准则

如果正确判决不付出代价，错误判决的代价相同，且都等于 1，即 $C_{jj}=0$，$C_{ij}=1$，则式(3.3.2) 变为

$$I_i(\boldsymbol{x})=\sum_{\substack{j=1\\j\neq i}}^{M}P(H_j)p(\boldsymbol{x}\mid H_j) \tag{3.3.5}$$

使 $I_i(\boldsymbol{x})\to\min$ 就是最小错误概率准则。

3.3.3　多元假设检验的最大似然准则

如果 $C_{jj}=0$，$C_{ij}=1$，且 $P(H_1)=P(H_2)=\cdots=P(H_M)=P$，即各假设的先验概率相等，则

$$I_i(\boldsymbol{x})=\sum_{\substack{j=1\\j\neq i}}^{M}P(H_j)p(\boldsymbol{x}\mid H_j)=P\sum_{\substack{j=1\\j\neq i}}^{M}p(\boldsymbol{x}\mid H_j)=P\Big[\sum_{j=1}^{M}p(\boldsymbol{x}\mid H_j)-p(\boldsymbol{x}\mid H_i)\Big] \tag{3.3.6}$$

因此，使 $I_i(\boldsymbol{x})$ 最小等效于使似然函数 $p(\boldsymbol{x}\mid H_i)$ 最大，即在观测数据 $\boldsymbol{x}$ 给定的情况下，计算对应于各假设情况下的似然函数 $p(\boldsymbol{x}\mid H_i)$ $(i=1,2,\cdots,M)$，然后进行比较，哪个 $p(\boldsymbol{x}\mid H_i)$ 最大，就判决为对应的假设成立，称为最大似然准则。

例 3.3.1　设观测波形

$$x(t)=s_i(t)+n(t)$$

其中 $s_i(t)$ 为三元信号，在 $0\leqslant t\leqslant T$ 内分别为

$$s_1(t)=1,\quad s_2(t)=2,\quad s_3(t)=-1$$

而 $n(t)$ 是均值为零、方差为 σ^2 的高斯白噪声。假定这三个信号出现的概率是相等的，且 $C_{jj}=0$，$C_{ij}=1$。试根据观测波形的取样值进行检测。

解　若在$(0,T)$ 内对 $x(t)$ 进行采样，得到 N 个独立的样本值，依据题意应当采用最大似然准则来进行判决。首先计算似然比函数

$$p(\boldsymbol{x} \mid H_i)=\left(\frac{1}{\sqrt{2\pi}\,\sigma}\right)^N \exp\left[-\frac{1}{2\sigma^2}\sum_{i=1}^{N}(x_i-s_i)^2\right]=$$

$$\left(\frac{1}{\sqrt{2\pi}\,\sigma}\right)^N \exp\left[-\frac{1}{2\sigma^2}\sum_{i=1}^{N}x_i^2\right]\exp\left[\frac{1}{2\sigma^2}\sum_{i=1}^{N}(2x_is_i-s_i^2)\right]$$

如果将三个信号代入上式，进行比较选其中最大者，这等效于下式：

$$\frac{1}{N}\sum_{i=1}^{N}(2x_is_i-s_i^2)=\frac{2}{N}\sum_{i=1}^{N}x_is_i-s_i^2$$

最大，即判断下面三个分量：

$$\frac{2}{N}\sum_{i=1}^{N}x_i-1,\quad \frac{4}{N}\sum_{i=1}^{N}x_i-4,\quad -\frac{2}{N}\sum_{i=1}^{N}x_i-1$$

哪一个最大的问题。这里采取样本均值$\frac{1}{N}\sum_{i=1}^{N}x_i$作为检验统计量，用$\hat{m}$表示，则上述三个量可以表示为

$$2\hat{m}-1,\quad 4\hat{m}-4,\quad -2\hat{m}-1$$

以其中一个与另外两个进行比较，确定判决域。

$$\begin{cases}2\hat{m}-1>4\hat{m}-4 & \text{解得}\quad \hat{m}<\dfrac{3}{2}\\ 2\hat{m}-1>-2\hat{m}-1 & \text{解得}\quad \hat{m}>0\end{cases}$$

$$\begin{cases}4\hat{m}-4>2\hat{m}-1 & \text{解得}\quad \hat{m}>\dfrac{3}{2}\\ 4\hat{m}-4>-2\hat{m}-1 & \text{解得}\quad \hat{m}>\dfrac{1}{2}\end{cases}$$

$$\begin{cases}-2\hat{m}-1>2\hat{m}-1 & \text{解得}\quad \hat{m}<0\\ -2\hat{m}-1>4\hat{m}-4 & \text{解得}\quad \hat{m}<\dfrac{1}{2}\end{cases}$$

判决域应当是无重叠的，故判决结果为

$$0\leqslant\hat{m}<\frac{3}{2}:\quad H_1\ \text{成立}$$

$$\hat{m}\geqslant\frac{3}{2}:\quad H_2\ \text{成立}$$

$$\hat{m}<0:\quad H_3\ \text{成立}$$

习　　题

3.1　采用一次观测，对下面两个假设作选择：

$$\begin{cases}H_0: & x=n\\ H_1: & x=s+n\end{cases}$$

式中，s是均值为零、方差为σ_1^2的高斯随机变量；n是均值为零、方差为σ_0^2的高斯随机变量；s和n相互独立，且$\sigma_1^2>\sigma_0^2$，求判决域和虚警概率$P(D_1 \mid H_0)$的表达式。

3.2　对下面两个假设进行检验：

$$\begin{cases} H_0: & p(x \mid H_0) = \begin{cases} \dfrac{1}{2}, & |x| \leqslant 1 \\ 0, & \text{其他} \end{cases} \\ H_1: & p(x \mid H_1) = \dfrac{2}{\sqrt{2\pi}} e^{-2x^2} \end{cases}$$

(1) 设 $P_F = 0.1$，应用奈曼-皮尔逊准则，求以 x 作为检验统计量的判决域和正确判决 H_1 成立的概率；

(2) 设似然比门限 $\lambda_0 = 1$，求正确判决 H_1 成立的概率。

3.3　设

$$p(x \mid H_0) = \begin{cases} 1, & 0 \leqslant x \leqslant 1 \\ 0, & \text{其他} \end{cases}$$

$$p(x \mid H_1) = \frac{1}{\sqrt{2\pi}} e^{-\frac{x^2}{2}}$$

式中，$P(H_0) = 0.25$，　$C_{00} = C_{11} = 0$，　$C_{01} = C_{10} = 1$。用最小错误概率准则进行判决，并求出 H_0 为真而选择了 D_1 的概率；H_1 为真而选择了 D_0 的概率。

3.4　若在假设 H_0 和 H_1 下，观测信号 x 的概率密度函数分别为

$$p(x \mid H_0) = \frac{1}{2} e^{-|x|}$$

$$p(x \mid H_1) = \frac{1}{\sqrt{2\pi}} e^{-\frac{x^2}{2}}$$

(1) 确定检验统计量和判决域；

(2) 如果似然比门限 $\lambda_0 = 1$，求两种错误判决的概率 $P(D_1 \mid H_0)$ 和 $P(D_0 \mid H_1)$。

3.5　在两个假设下，观测量 x 都服从于高斯分布：

$$p(x \mid H_i) = \frac{1}{\sqrt{2\pi\sigma^2}} \exp\left[-\frac{(x-i)^2}{2\sigma^2}\right], \quad i = 0, 1$$

且 $P(H_0) = P(H_1) = \dfrac{1}{2}$。若观测量 x 经过平方律检波器，输出 $Y = \alpha x^2$，试根据 Y 求出最小错误概率准则下的判决规则。

3.6　设两个假设下观察到的信号为

$$\begin{cases} H_0: & x(t) = n(t) \\ H_1: & x(t) = 2 + n(t) \end{cases}$$

式中，$n(t)$ 是均值为零、方差为 2 的高斯白噪声，依据 9 个样本 $X(x_1, x_2, \cdots, x_9)$，用奈曼-皮尔逊准则进行检验。设 $P_F = 0.05$，求检测门限和检测概率。

3.7　考虑如下二元信号检测问题：

$$\begin{cases} H_0: & x = n \\ H_1: & x = s + n \end{cases}$$

式中，s 和 n 是彼此独立的随机变量，其概率密度函数分别为

$$p_s(s)=\begin{cases}a\mathrm{e}^{-as}, & s\geqslant 0\\ 0, & s<0\end{cases}$$

$$p_n(n)=\begin{cases}b\mathrm{e}^{-bn}, & n\geqslant 0\\ 0, & n<0\end{cases}$$

式中，$0<a<b$。

(1) 求以 x 为检验统计量的判决形式；

(2) 根据贝叶斯准则求出检测门限和代价与先验概率的函数关系；

(3) 根据奈曼-皮尔逊准则，求出检测门限与 P_{F} 的关系。

3.8　设 x 是高斯随机变量，均值为 m，方差为 σ^2。两种情况下观测值为

$$\begin{cases}H_0: & Y=\mathrm{e}^x\\ H_1: & Y=x^2\end{cases}$$

求似然比判别式。

3.9　考虑三元假设检验问题，各假设条件下观测波形为

$$\begin{cases}H_1: & x(t)=1+n(t)\\ H_2: & x(t)=2+n(t)\\ H_3: & x(t)=3+n(t)\end{cases}$$

式中，$n(t)$ 是均值为零、方差为 σ^2 的高斯白噪声。若 $P(H_1)=P(H_2)=P(H_3)=\dfrac{1}{3}$，且 $C_{ii}=0,C_{ij}=1$。现进行 N 次独立观测，试说明检验统计量可选为

$$\bar{x}=\frac{1}{N}\sum_{i=1}^{N}x_i$$

并求 $\bar{x}$ 的判决区域，做出示意图。

3.10　依据一次观测，用极小化极大准则对下述两种假设做出判决。

$$\begin{cases}H_1: & x(t)=1+n(t)\\ H_0: & x(t)=n(t)\end{cases}$$

式中，$n(t)$ 是高斯噪声 $N(0,\sigma_n^2)$，且 $C_{00}=C_{11}=0,C_{01}=C_{10}=1$。求：

(1) 判决门限；

(2) 与门限相应的各先验概率。

第4章　高斯白噪声中信号的检测

在第3章中讨论了各种判决准则，为设计信号检测系统打下了必要的基础。噪声中信号波形检测的基本任务就是根据性能指标要求，设计与环境相匹配的接收机(检测系统)，以便从噪声污染的接收信号中提取有用的信号，或者在噪声干扰背景中区别不同特性、不同参量的信号。所设计的检测系统要求是在给定的假设条件下，满足某种"最佳"准则的"最佳"检测系统。这里在最佳上加了引号，是因为绝对与纯粹的最佳在现实中是不存在的。"最佳"总是同某些特定的假设条件以及某个准则相联系的。离开了这些条件或是准则，"最佳"将变得毫无意义。如果实际条件与所假定的条件不一致，则理论上的"最佳"接收机的实际性能就可能很差。

可以应用的最佳准则很多，在通信领域内，最佳准则通常是最小平均错误概率准则，而在雷达和声呐系统中，由于先验概率没有意义，加上很难定义代价，一般采用奈曼-皮尔逊准则作为最佳准则。它们的主要问题仍是假设检验和似然比检验的概念、最佳检测的判决方式(判决表示式)、检测系统的结构、检测性能分析及最佳波形设计等。

本章首先讨论信号波形检测的预备知识，即匹配滤波器理论；然后依次研究高斯白噪声中确知信号波形的检测；高斯白噪声中参量信号波形的检测，包括贝叶斯检测方法、广义似然比检测方法和一致最大势检测方法；最后讨论高斯白噪声背景下高斯分布信号的检测。

4.1　匹配滤波器理论

在电子信息系统中，信号接收机通常要求按匹配滤波器来设计，以改善信噪比。

在信号的波形检测中，经常用匹配滤波器来构造信号的最佳检测器。因此，匹配滤波器理论在信号检测理论中占有十分重要的位置。匹配滤波应用十分广泛，它明显提高了雷达和其他许多无线电系统检测信号的能力，以后的讨论表明匹配滤波器是许多最佳检测系统的基本组成部分。

4.1.1　匹配滤波器的概念

在通信、雷达等电子信息系统中，许多常用的接收机，其模型均可由一个线性滤波器和一个判决电路两部分组成，如图4.1.1所示。

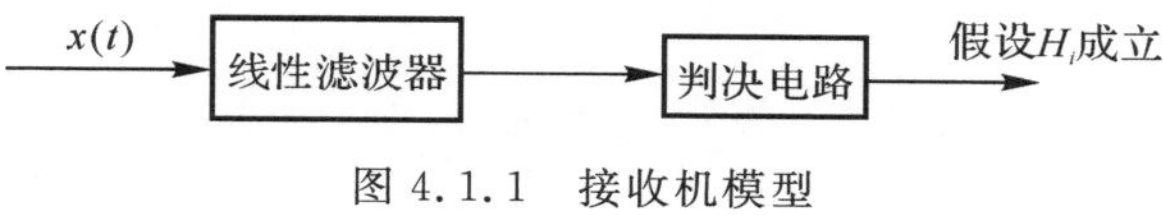

图4.1.1　接收机模型

在接收机模型中，线性滤波器的作用是对接收信号进行某种方式的加工处理，以利于正确判决。判决电路一般是一个非线性装置，最简单的判决电路就是一个输入信号与门限进行比较的比较器。可以想见（后边的理论也可证明），信噪比越大，检测性能越好。为了增大信号对于噪声的强度，以获得最好的检测性能，要求线性滤波器是最佳的。

若线性时不变滤波器输入的信号是确知信号，噪声是加性平稳噪声，则在输入功率信噪比一定的条件下，使输出功率信噪比为最大的滤波器，就是一个与输入信号相匹配的最佳滤波器，称为匹配滤波器（MF，Matched Filter）。输出信噪比最大是匹配滤波器的设计准则。

4.1.2 输出信噪比的定义

设线性时不变滤波器的系统传递函数为 $H(\omega)$，冲激响应函数为 $h(t)$。若滤波器的输入信号

$$x(t)=s(t)+n(t) \tag{4.1.1}$$

式中，$s(t)$ 是确知信号；$n(t)$ 是零均值平稳加性噪声。利用线性系统的叠加定理，滤波器的输出信号为

$$y(t)=s_y(t)+n_y(t) \tag{4.1.2}$$

式中，输出 $s_y(t)$ 和 $n_y(t)$ 分别是滤波器对输入 $s(t)$ 和 $n(t)$ 的响应，如图 4.1.2 所示。此处，人们关心的是输出端信号与噪声的功率。若用 r 表示输出信号功率与噪声功率之比，简称信噪比，其定义如下：

$$r=\frac{|s_y(t_0)|^2}{E[n_y^2(t)]} \tag{4.1.3}$$

式中，$|s_y(t_0)|^2$ 为输出信号在 $t=t_0$ 时刻的瞬时功率；$E[n_y^2(t)]$ 为输出噪声的平均功率。使输出信噪比在某一时刻达到最大，即按最大输出信噪比准则来设计滤波器，其目的就是求出滤波器的传递函数 $H(\omega)$ 和冲激响应函数 $h(t)$。

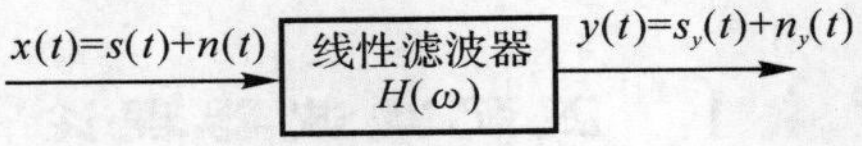

$x(t)=s(t)+n(t)$ → [线性滤波器 $H(\omega)$] → $y(t)=s_y(t)+n_y(t)$

图 4.1.2　线性滤波器

4.1.3 匹配滤波器的设计

假定输入信号 $s(t)$ 是已知的，噪声 $n(t)$ 是白噪声，其功率谱密度 $P_n(\omega)=N_0/2$（N_0 是常数），表示白噪声在单位频带（1 Hz）中的有效功率。

设 $S(\omega)$ 表示 $s(t)$ 的频谱，当 $s(t)$ 给定时，可用下式求得：

$$S(\omega)=\int_{-\infty}^{\infty}s(t)\mathrm{e}^{-\mathrm{j}\omega t}\,\mathrm{d}t \tag{4.1.4}$$

由于输出信号的频谱

$$S_y(\omega)=S(\omega)H(\omega)$$

所以输出信号

$$s_y(t)=\frac{1}{2\pi}\int_{-\infty}^{\infty}S(\omega)H(\omega)\mathrm{e}^{\mathrm{j}\omega t}\,\mathrm{d}\omega \tag{4.1.5}$$

输出噪声 $n_y(t)$ 的平均功率

$$E[n_y^2(t)]=\frac{1}{2\pi}\int_{-\infty}^{\infty}\frac{N_0}{2}|H(\omega)|^2\mathrm{d}\omega \tag{4.1.6}$$

因此,可以写出在某一时刻 $t=t_0$,滤波器输出的瞬时功率信噪比

$$r=\frac{|s_y(t_0)|^2}{E[n_y^2(t)]}=\frac{\left|\dfrac{1}{2\pi}\displaystyle\int_{-\infty}^{\infty}S(\omega)H(\omega)\mathrm{e}^{\mathrm{j}\omega t_0}\mathrm{d}\omega\right|^2}{\dfrac{1}{2\pi}\displaystyle\int_{-\infty}^{\infty}\frac{N_0}{2}|H(\omega)|^2\mathrm{d}\omega} \tag{4.1.7}$$

为了求得使 r 达到最大所对应的 $H(\omega)$,利用施瓦兹(Schwartz)不等式

$$\left|\int_{-\infty}^{\infty}A(\omega)B(\omega)\mathrm{d}\omega\right|^2\leqslant\int_{-\infty}^{\infty}|A(\omega)|^2\mathrm{d}\omega\cdot\int_{-\infty}^{\infty}|B(\omega)|^2\mathrm{d}\omega \tag{4.1.8}$$

求解。要使等式成立,必须满足 $A(\omega)=KB^*(\omega)$(复共轭)。

令

$$\left.\begin{aligned}A(\omega)&=H(\omega)\\B(\omega)&=S(\omega)\mathrm{e}^{\mathrm{j}\omega t_0}\end{aligned}\right\} \tag{4.1.9}$$

则式(4.1.7)可以写成

$$r\leqslant\frac{\dfrac{1}{4\pi^2}\displaystyle\int_{-\infty}^{\infty}|S(\omega)|^2\mathrm{d}\omega\cdot\int_{-\infty}^{\infty}|H(\omega)|^2\mathrm{d}\omega}{\dfrac{N_0}{4\pi}\displaystyle\int_{-\infty}^{\infty}|H(\omega)|^2\mathrm{d}\omega}=\frac{\dfrac{1}{2\pi}\displaystyle\int_{-\infty}^{\infty}|S(\omega)|^2\mathrm{d}\omega}{\dfrac{N_0}{2}}=\frac{2E_s}{N_0} \tag{4.1.10}$$

式中,E_s 代表信号的能量,由巴塞维尔(Parseval)定理(时域能量 = 频域能量)知

$$E_s=\int_{-\infty}^{\infty}s^2(t)\mathrm{d}t=\frac{1}{2\pi}\int_{-\infty}^{\infty}|S(\omega)|^2\mathrm{d}\omega \tag{4.1.11}$$

故得最大信噪比

$$r_{\max}=2E_s/N_0 \tag{4.1.12}$$

根据施瓦兹不等式成立的条件,必须使

$$H(\omega)=KS^*(\omega)\mathrm{e}^{-\mathrm{j}\omega t_0} \tag{4.1.13}$$

式中,K 为任意常数。也就是说,只要按式(4.1.13)选取滤波器的传递函数 $H(\omega)$,就能在其输出端得到最大信噪比 $r_{\max}$。最大信噪比与输入信号 $s(t)$ 的能量成正比,与信号 $s(t)$ 的形式无关,在白噪声背景下,滤波器的传递函数除了一个相乘因子 $K\mathrm{e}^{-\mathrm{j}\omega t_0}$ 外,与信号 $s(t)$ 的共轭谱相同。或者说,$H(\omega)$ 是信号 $s(t)$ 超前 t_0 时刻 $s(t+t_0)$ 的共轭谱。因此,知道了输入信号 $s(t)$ 的频谱函数 $S(\omega)$,就可以设计出与 $s(t)$ 相匹配的匹配滤波器的传递函数 $H(\omega)$。这和在电工学中,当负载阻抗等于信号源内阻的复共轭时,负载上可以得到最大的功率而称为匹配相类似,这种滤波器称作匹配滤波器。注意这里指的是信噪比最大而不是功率最大。

滤波器的冲激响应函数 $h(t)$ 和传递函数 $H(\omega)$ 构成一对傅里叶变换对。因此匹配滤波器的冲激响应函数

$$\begin{aligned}h(t)&=\frac{1}{2\pi}\int_{-\infty}^{\infty}H(\omega)\mathrm{e}^{\mathrm{j}\omega t}\mathrm{d}\omega=\frac{1}{2\pi}\int_{-\infty}^{\infty}KS^*(\omega)\mathrm{e}^{-\mathrm{j}\omega t_0}\mathrm{e}^{\mathrm{j}\omega t}\mathrm{d}\omega=\\&\frac{1}{2\pi}\int_{-\infty}^{\infty}KS^*(\omega)\mathrm{e}^{\mathrm{j}\omega(t-t_0)}\mathrm{d}\omega\end{aligned} \tag{4.1.14}$$

对于实信号 $s(t)$,由 $S^*(\omega)=S(-\omega)$,代入式(4.1.14),且令 $\omega'=-\omega$,式(4.1.14)可写成

$$h(t)=\frac{1}{2\pi}\int_{-\infty}^{\infty}KS(-\omega)\mathrm{e}^{-\mathrm{j}\omega(t_0-t)}\mathrm{d}\omega=$$
$$\frac{1}{2\pi}\int_{-\infty}^{\infty}KS(\omega')\mathrm{e}^{\mathrm{j}\omega'(t_0-t)}\mathrm{d}\omega'=Ks(t_0-t) \tag{4.1.15}$$

这表明，当 $s(t)$ 为实信号时，匹配滤波器的冲激响应函数 $h(t)$ 等于输入信号 $s(t)$ 的镜像，但在时间上右移了 t_0，幅度上乘以非零常数 K。

在白噪声情况下，匹配滤波器的传递函数 $H(\omega)$ 和冲激响应函数 $h(t)$ 的表达式中，非零常数 K 表示滤波器的相对放大量。因为人们关心的是滤波器的频率特性形状，而不是它的相对大小，所以在讨论中通常取 $K=1$。这样就有

$$H(\omega)=S^*(\omega)\mathrm{e}^{-\mathrm{j}\omega t_0} \tag{4.1.16}$$
$$h(t)=s(t_0-t) \tag{4.1.17}$$

4.1.4　匹配滤波器的性质

匹配滤波器有许多重要特性，研究这些特性对深入理解和具体应用匹配滤波器是至关重要的。研究的前提是在白噪声加性干扰环境中。

1. 匹配滤波器冲激响应函数 $h(t)$ 的特性和 t_0 的选择

对实信号 $s(t)$ 的匹配滤波器，其冲激响应函数

$$h(t)=s(t_0-t)$$

显然，滤波器的冲激响应 $h(t)$ 与实信号 $s(t)$ 对于 $t_0/2$ 呈偶对称关系，如图 4.1.3 所示。

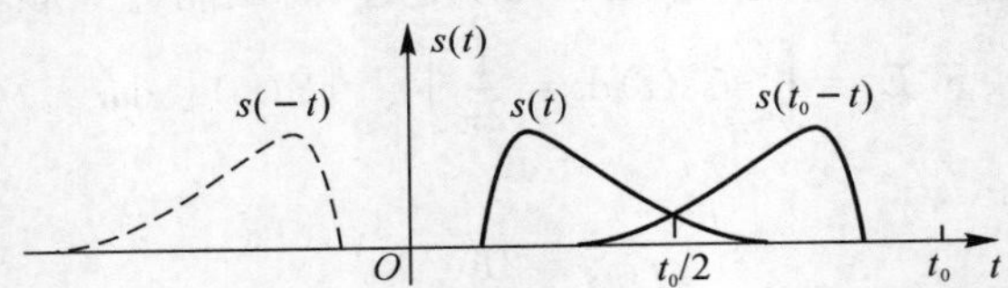

图 4.1.3　匹配滤波器的冲激响应函数的特性

为了使匹配滤波器是物理可实现的，它必须满足以下因果关系，即其冲激响应函数满足

$$h(t)=\begin{cases}s(t_0-t), & t\geqslant 0\\ 0, & t<0\end{cases} \tag{4.1.18}$$

即系统的冲激响应不能发生在冲激脉冲之前。将式(4.1.18)代入 $h(t)=s(t_0-t)$ 之中，则必然有

$$s(t_0-t)=0,\quad t_0-t<0 \tag{4.1.19}$$

即当 $t>t_0$ 时，$s(t)=0$，表示在 t_0 之后输入信号必须为零，即信号的持续时间最长只应该到 t_0。换句话说，观测时间 t_0 必须选在信号 $s(t)$ 结束之后，只有这样才能将信号的能量全部利用上。若信号的持续时间为 T，则应选

$$t_0\geqslant T \tag{4.1.20}$$

根据前面的分析，当 $t_0=T$ 时，输出信号已经达到最大值，故一般情况下选 $t_0=T$。

若将观测时刻 t_0 选在信号结束之前，一方面这种系统不是物理可实现的；另一方面信号的能量不能全部积累，得不到最大输出信噪比。当遇到信号持续时间过长又无法把观测时间选在信号结束之后的情况时，如果在 $t>t_0$ 以后信号幅度已很小，可忽略不计的话，可在 t_0 时刻

对 $s(t)$ 截尾，使其变为

$$s_i(t)=\begin{cases}s(t), & t\leqslant t_0\\ 0, & t>t_0\end{cases} \tag{4.1.21}$$

对已截尾的信号 $s_i(t)$ 进行匹配滤波，此时输出信噪比仍可用式(4.1.12)表示，只是信号能量不是信号 $s(t)$ 的全部能量，而是 $s_i(t)$ 的能量，用 E_i 表示，即

$$E_i=\int_{-\infty}^{\infty}s_i^2(t)\mathrm{d}t=\int_0^{t_0}s_i^2(t)\mathrm{d}t \tag{4.1.22}$$

而匹配滤波器的传递函数应根据 $s_i(t)$ 的频谱来求得。

2. 匹配滤波器的输出信噪比

由式(4.1.12)可以看出，当输入为白噪声背景时，$r_{\max}$ 只与输入信号的能量及白噪声的功率谱密度有关，与输入信号的形状和噪声的分布无关。因此，增加输入信号的能量，可以提高匹配滤波器的输出信噪比。

3. 匹配滤波器的适应性

匹配滤波器是对一已知信号 $s(t)$ 进行设计的，但实际上加到滤波器输入端的信号不完全是已知的，在很多场合下，可以认为波形已知，但到达时间、频率和振幅都可能具有随机性。下面讨论一个对 $s(t)$ 匹配的滤波器，以便了解当输入信号发生变化时，其性能如何。设滤波器的输入信号

$$s_1(t)=as(t-\tau) \tag{4.1.23}$$

即 $s_1(t)$ 与 $s(t)$ 形状相同，仅仅是幅度发生变化且具有时延。根据傅里叶变换，$s_1(t)$ 的频谱为

$$S_1(\omega)=aS(\omega)\mathrm{e}^{-\mathrm{j}\omega\tau} \tag{4.1.24}$$

与这种信号匹配的滤波器的传递函数

$$\begin{aligned}H_1(\omega)&=KS_1^*(\omega)\mathrm{e}^{-\mathrm{j}\omega t_1}=aKS^*(\omega)\mathrm{e}^{-\mathrm{j}\omega t_0-\mathrm{j}\omega[t_1-(t_0+\tau)]}=\\&AH(\omega)\mathrm{e}^{-\mathrm{j}\omega[t_1-(t_0+\tau)]}\end{aligned} \tag{4.1.25}$$

式中，$A=aK$；$H(\omega)$ 是与信号 $s(t)$ 匹配的滤波器的传递函数；t_0 是 $s(t)$ 通过 $H(\omega)$ 后得到最大输出信噪比的时刻；t_1 是 $s_1(t)$ 通过 $H_1(\omega)$ 后得到最大输出信噪比的时刻。因为 $s_1(t)$ 与 $s(t)$ 相差一个延迟 τ，所以设计与 $s_1(t)$ 匹配的 $H_1(\omega)$ 时，其观测时间 t_1 应较 t_0 推后一段时间 τ，即 $t_1=t_0+\tau$。这样式(4.1.25)变为

$$H_1(\omega)=AH(\omega) \tag{4.1.26}$$

这一结果说明，两个匹配滤波器的传递函数之间，除了一个表示相对放大量的系数 A 之外，它们的频率特性是完全一样的。因此，与信号 $s(t)$ 匹配的滤波器的传递函数对于谱分量无变化，只有一个时间上的平移，对于幅度上变化的信号 $as(t-\tau)$ 来说，仍是匹配的，只不过最大输出信噪比出现的时间延迟了 τ。也就是说，匹配滤波器对波形相同而幅度和时延不同的信号具有适应性，这一性质是有实用意义的。

但匹配滤波器对信号的频移不具有适应性。这是因为频移了 Ω 的信号 $s_2(t)$，其频谱 $S_2(\omega)=S(\omega\pm\Omega)$，与这种信号匹配的滤波器的传递函数

$$H_2(\omega)=KS^*(\omega\pm\Omega)\mathrm{e}^{-\mathrm{j}\omega t_0} \tag{4.1.27}$$

显然，当 $\Omega\neq 0$ 时，$H_2(\omega)$ 的频率特性和 $H(\omega)$ 的频率特性是不一样的。因此匹配滤波器对频移信号没有适应性。

4. 匹配滤波器的物理意义

为了说明匹配滤波器能够获得最大输出信噪比的原因，下面分析一下它的传递函数

$$H(\omega)=KS^{*}(\omega)\mathrm{e}^{-\mathrm{j}\omega t_0} \tag{4.1.28}$$

式中,$S^{*}(\omega)$ 是输入信号频谱的复共轭。

若将输入信号频谱 $S(\omega)$ 表示成

$$S(\omega)=|S(\omega)|\mathrm{e}^{\mathrm{j}\varphi_s(\omega)} \tag{4.1.29}$$

式中,$|S(\omega)|$ 和 $\varphi_s(\omega)$ 分别为信号的幅度谱和相位谱,则 $H(\omega)$ 可写成

$$H(\omega)=K|S(\omega)|\mathrm{e}^{-\mathrm{j}[\omega t_0+\varphi_s(\omega)]}=|H(\omega)|\mathrm{e}^{\mathrm{j}\varphi_H(\omega)} \tag{4.1.30}$$

式中,$|H(\omega)|=K|S(\omega)|$ 和 $\varphi_H(\omega)=-[\omega t_0+\varphi_s(\omega)]$ 分别为传递函数的幅频特性和相频特性。

滤波器输出信号及其频谱分别为

$$S_y(\omega)=H(\omega)S(\omega)=K|S(\omega)|^2\mathrm{e}^{-\mathrm{j}\omega t_0} \tag{4.1.31a}$$

$$s_y(t)=\frac{1}{2\pi}\int_{-\infty}^{\infty}S_y(\omega)\mathrm{e}^{\mathrm{j}\omega t}\mathrm{d}\omega=\frac{1}{2\pi}\int_{-\infty}^{\infty}K|S(\omega)|^2\mathrm{e}^{-\mathrm{j}\omega t_0}\mathrm{e}^{\mathrm{j}\omega t}\mathrm{d}\omega \tag{4.1.31b}$$

从式(4.1.31)可以看出,当 $t=t_0$ 时,$s_y(t)$ 的各频率分量的幅度同相叠加,使输出信号达到最大值 $s_y(t_0)$,而输入噪声是随机的,各频率分量与 $H(\omega)$ 无确定关系,其输出功率是统计平均的结果。这是匹配滤波器能得到最大信噪比的原因。

5. 匹配滤波器与相关器的关系

相关器可分为自相关器和互相关器。自相关器对输入信号作自相关函数运算,如图4.1.4所示。

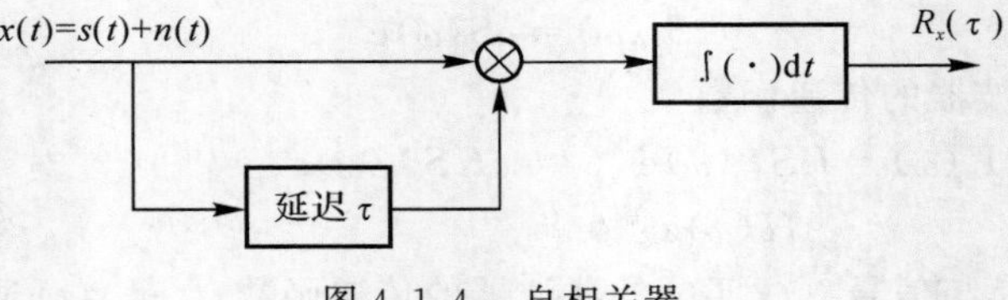

图 4.1.4　自相关器

对于平稳输入信号 $x(t)=s(t)+n(t)$,自相关器的输出是输入信号的自相关函数,即

$$\begin{aligned}R_x(\tau)&=\int_{-\infty}^{\infty}x(t)x(t+\tau)\mathrm{d}t=\int_{-\infty}^{\infty}[s(t)+n(t)][s(t+\tau)+n(t+\tau)]\mathrm{d}t=\\&R_s(\tau)+R_n(\tau)+R_{sn}(\tau)+R_{ns}(\tau)\end{aligned} \tag{4.1.32}$$

通常,信号 $s(t)$ 与噪声 $n(t)$ 是互不相关的,噪声的均值为零,即 $R_{sn}(\tau)=R_{ns}(\tau)=0$。

互相关器是对两个输入信号 $x_1(t)$ 和 $x_2(t)$ 作互相关函数运算,如图 4.1.5 所示。

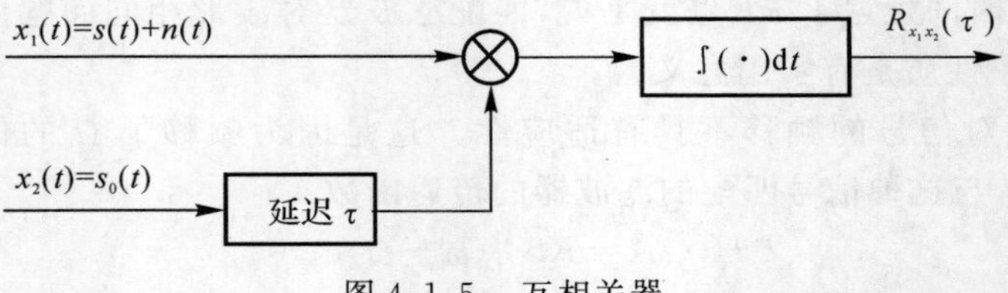

图 4.1.5　互相关器

对于平稳输入信号 $x_1(t)=s(t)+n(t)$,如果信号 $x_2(t)=s_0(t)$,其中,信号 $s(t)$ 通常是确知的,信号 $s_0(t)$ 是本地信号,则互相关器的输出为

$$R_{x_1x_2}(\tau)=\int_{-\infty}^{\infty}x_1(t)x_2(t+\tau)\mathrm{d}t=\int_{-\infty}^{\infty}[s(t)+n(t)]s_0(t+\tau)\mathrm{d}t=$$
$$R_{ss_0}(\tau)+R_{ns_0}(\tau) \tag{4.1.33}$$

如果噪声 $n(t)$ 与信号 $s(t)$ 不相关，噪声的均值为零，取本地信号 $s_0(t)=s(t)$，则有

$$R_{x_1x_2}(\tau)=R_s(\tau)$$

现在讨论匹配滤波器和相关器的关系。设信号为 $s(t)$，$0\leqslant t\leqslant T$，相关器的输入信号

$$x(t)=s(t)+n(t),\quad 0\leqslant t\leqslant T$$

若噪声 $n(t)$ 为零均值白噪声，本地信号为 $s(t)$，$0\leqslant t\leqslant T$，相关器将 $x(t)$ 与 $s(t)$ 相乘后进行积分运算，则相关器的输出信号

$$y_c(t)=\int_0^t x(u)s(u)\mathrm{d}u$$

当 $t\geqslant T$ 时，有

$$y_c(t\geqslant T)=\int_0^T x(u)s(u)\mathrm{d}u$$

在零均值白噪声情况下，与信号 $s(t)$ $(0\leqslant t\leqslant T)$ 相匹配的滤波器的冲激响应 $h(t)=s(T-t)$，这里取 $K=1$，并认为信号 $s(t)$ 是实信号。于是，匹配滤波器的输出信号

$$y_f(t)=\int_0^t x(t-\tau)h(\tau)\mathrm{d}\tau=\int_0^t x(t-\tau)s(T-\tau)\mathrm{d}\tau \tag{4.1.34}$$

当 $t=T$ 时，有

$$y_f(t=T)=\int_0^T x(T-\tau)s(T-\tau)\mathrm{d}\tau=\int_0^T x(u)s(u)\mathrm{d}u \tag{4.1.35}$$

显然，在 $t=T$ 时刻，在零均值白噪声条件下，匹配滤波器的输出与相关器的输出是相等的。例如，对于已知的正弦信号 $s(t)$，为了使互相关最强，本地信号 $s_0(t-\tau)$ 将选择为 $s(t)$，在不考虑噪声 $n(t)$ 的情况下，相关器随时间的输出信号

$$y_c(t)=\int_0^t s(u)s(u)\mathrm{d}u$$

在 $0\leqslant t\leqslant t_0$ 范围内它是一条线性增长的直线，而相应的匹配滤波器的输出信号

$$y_f(t)=\int_0^t s(t_0-\tau)s(t-\tau)\mathrm{d}\tau$$

在 $0\leqslant t\leqslant t_0$ 范围内它是线性增长的调幅正弦波。如果 $\omega_0 t_0=2m\pi$，其中，ω_0 是正弦信号的角频率，m 是正整数，则在 $t=t_0$ 时刻，匹配滤波器的输出信号与相关器的输出信号相等(见图4.1.6)。

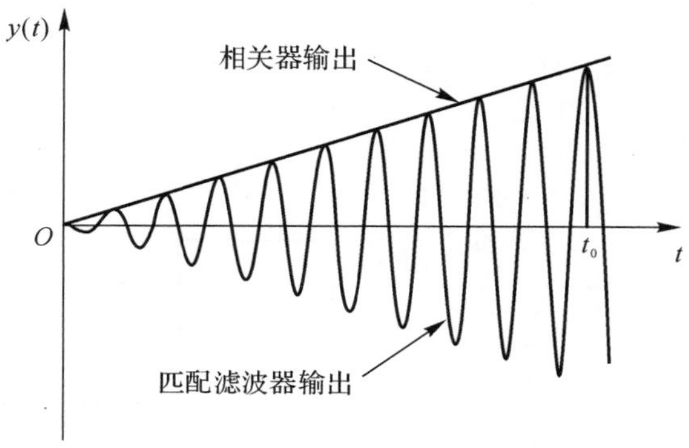

图 4.1.6　输入为正弦信号时，相关器和匹配滤波器的输出波形

例 4.1.1 单矩形脉冲信号的匹配滤波器。设脉冲信号

$$s(t)=\begin{cases}A, & 0\leqslant t\leqslant T\\ 0, & \text{其他}\end{cases}$$

如图 4.1.7 所示。求匹配滤波器 $H(\omega)$ 与输出信号。

解 先计算信号 $s(t)$ 的频谱

$$S(\omega)=\int_{-\infty}^{\infty}s(t)\mathrm{e}^{-\mathrm{j}\omega t}\,\mathrm{d}t=\int_{0}^{T}A\mathrm{e}^{-\mathrm{j}\omega t}\,\mathrm{d}t=\frac{A}{\mathrm{j}\omega}(1-\mathrm{e}^{-\mathrm{j}\omega T})$$

取观测时刻 t_0 等于信号结束的时刻 T(即 $t_0=T$),则得匹配滤波器的传递函数

$$H(\omega)=KS^{*}(\omega)\mathrm{e}^{-\mathrm{j}\omega t_0}=-K\frac{A}{\mathrm{j}\omega}(1-\mathrm{e}^{\mathrm{j}\omega T})\mathrm{e}^{-\mathrm{j}\omega T}=\frac{KA}{\mathrm{j}\omega}(1-\mathrm{e}^{-\mathrm{j}\omega T})$$

由式(4.1.15)知,匹配滤波器的冲激响应函数

$$h(t)=Ks(t_0-t)=Ks(T-t)$$

即

$$h(t)=\begin{cases}KA, & 0\leqslant t\leqslant T\\ 0, & \text{其他}\end{cases}$$

如图 4.1.8 所示,匹配滤波器的输出信号

$$s_y(t)=h(t)*s(t)=\int_{-\infty}^{\infty}s(\tau)h(t-\tau)\mathrm{d}\tau=$$

$$\begin{cases}\displaystyle\int_{0}^{t}AKA\,\mathrm{d}\tau=KA^2t, & 0\leqslant t<T\\ \displaystyle\int_{t-T}^{T}AKA\,\mathrm{d}\tau=KA^2(2T-t), & T\leqslant t\leqslant 2T\\ 0, & t<0,\ t>2T\end{cases}$$

波形如图 4.1.9 所示。匹配滤波器的输出波形的形状变成自相关积分的形状,且关于 $t=t_0$ 对称,对称点 t_0 是输出信号的峰点。该匹配滤波器可以用积分器、延迟器和加法器来实现,这是频域实现法,其结构如图 4.1.10 所示。

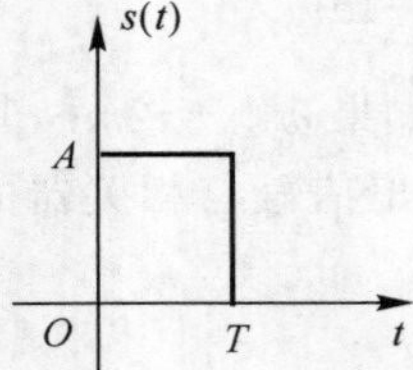

图 4.1.7 单个矩形脉冲信号图

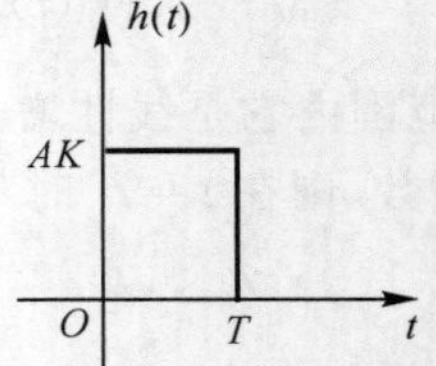

图 4.1.8 匹配滤波器的冲激响应

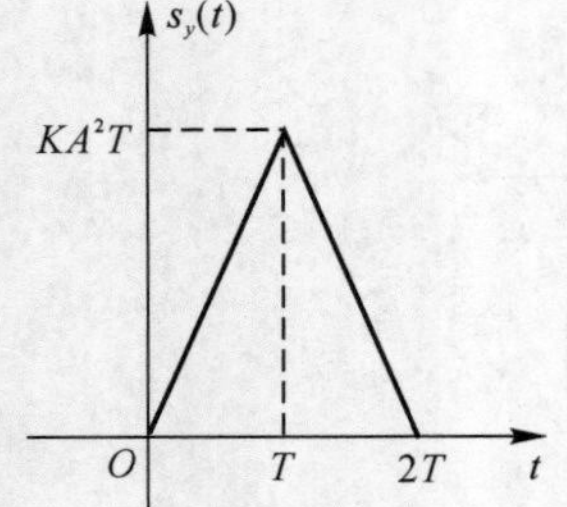

图 4.1.9 匹配滤波器的输出波形

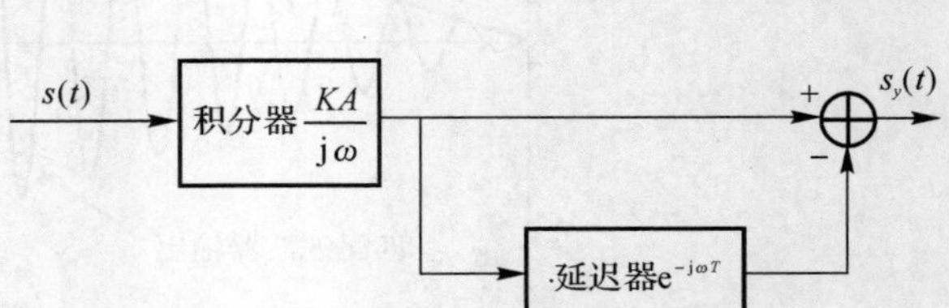

图 4.1.10 匹配滤波器结构框图

例 4.1.2　单个矩形射频脉冲信号的匹配滤波器。设信号 $s(t)$ 的表达式为

$$s(t)=\begin{cases}\cos\omega_0 t, & 0\leqslant t\leqslant T\\ 0, & 其他\end{cases}$$

式中，$\omega_0=m\dfrac{2\pi}{T}$，$m\gg 0$，且为整数。白噪声的功率谱密度为$\dfrac{N_0}{2}$。求匹配滤波器的冲激响应函数、输出波形和输出最大信噪比。

解　若选择 $t_0=T$，则匹配滤波器的冲激响应函数

$$h(t)=K\cos\omega_0(T-t),\quad 0\leqslant t\leqslant T$$

匹配滤波器的输出为

$$s_y(t)=\int_{-\infty}^{\infty}h(\tau)s(t-\tau)\mathrm{d}\tau$$

因为

$$\int_0^t K\cos\omega_0(T-\tau)\cos\omega_0(t-\tau)\mathrm{d}\tau=$$

$$\frac{K}{2}\int_0^t[\cos\omega_0(T-t)+\cos\omega_0(T+t-2\tau)]\mathrm{d}\tau\approx$$

$$\frac{1}{2}Kt\cos\omega_0(T-t)$$

$$\int_{t-T}^{T}K\cos\omega_0(T-\tau)\cos\omega_0(t-\tau)\mathrm{d}\tau\approx\frac{1}{2}K(2T-t)\cos\omega_0(T-t)$$

若考虑到 $\omega_0 T=2\pi m$，则

$$s_y(t)=\begin{cases}\dfrac{Kt}{2}\cos\omega_0 t, & 0\leqslant t\leqslant T\\ \dfrac{K}{2}(2T-t)\cos\omega_0 t, & T\leqslant t\leqslant 2T\\ 0, & 其他\end{cases}$$

图 4.1.11 为该信号的冲激响应函数和匹配滤波器的输出信号波形。

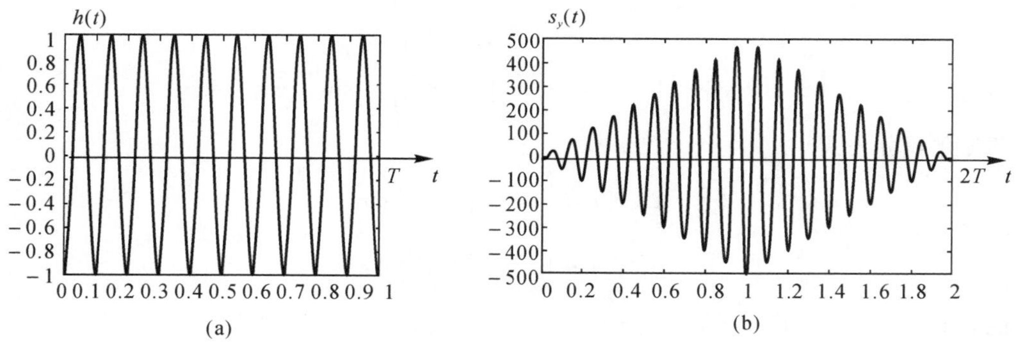

图 4.1.11　输入信号的冲激响应函数和输出信号波形

(a) 输入信号的冲激响应函数；(b) 输出信号波形

为了求得输出最大信噪比，先计算信号的能量

$$E_s=\int_{-\infty}^{\infty}s^2(t)\mathrm{d}t=\int_0^T\cos^2\omega_0 t\mathrm{d}t=\frac{T}{2}$$

故

$$r_{\max}=\frac{2E_s}{N_0}=\frac{T}{N_0}$$

例 4.1.3 求矩形线性调频脉冲信号的匹配滤波器。设信号 $s(t)$ 为

$$s(t)=\begin{cases}A\cos\left(\omega_0 t\pm\frac{1}{2}\beta t^2\right), & |t|\leqslant\frac{T}{2}\\ 0, & \text{其他}\end{cases}$$

式中，β 是调频指数，$\beta=\frac{2\pi W}{T}$（单位时间内的频移量）；T 是信号的持续时间，也称时宽；W 是在时间 T 内的最大频移，即信号的频带宽度。

对相位进行微分可得这种信号的瞬时频率

$$f(t)=f_0\pm\beta t/(2\pi)$$

$f(t)$ 随时间线性变化。等式右边第二项若取正号则为正调频，若取负号则为负调频。以正调频信号$\left(f_0-\frac{W}{2},\ f_0+\frac{W}{2}\right)$为例来说明。

由于这个信号比较复杂，讨论 $s(t)$ 的解析信号 $s_a(t)$，即

$$s_a(t)=A\mathrm{e}^{\mathrm{j}\omega_0 t+\mathrm{j}\frac{1}{2}\beta t^2}$$

其频谱函数

$$S_a(\omega)=\int_{-\frac{T}{2}}^{\frac{T}{2}}A\exp\left[\mathrm{j}\omega_0 t+\mathrm{j}\frac{1}{2}\beta t^2\right]\mathrm{e}^{-\mathrm{j}\omega t}\mathrm{d}t=A\mathrm{e}^{-\mathrm{j}\frac{(\omega-\omega_0)^2}{2\beta}}\int_{-\frac{T}{2}}^{\frac{T}{2}}\mathrm{e}^{\mathrm{j}\frac{\beta}{2}\left(t-\frac{\omega-\omega_0}{\beta}\right)^2}\mathrm{d}t$$

令$\sqrt{\frac{\pi}{2}}x=\sqrt{\frac{\beta}{2}}\left(t-\frac{\omega-\omega_0}{\beta}\right)$，则

$$S_a(\omega)=A\sqrt{\frac{\pi}{\beta}}\mathrm{e}^{-\mathrm{j}\frac{(\omega-\omega_0)^2}{2\beta}}\int_{-x_1}^{x_2}\mathrm{e}^{\mathrm{j}\frac{\pi}{2}x^2}\mathrm{d}x$$

式中

$$x_1=\frac{T}{2}\sqrt{\frac{\beta}{\pi}}+\frac{\omega-\omega_0}{\sqrt{\pi\beta}}$$

$$x_2=\frac{T}{2}\sqrt{\frac{\beta}{\pi}}-\frac{\omega-\omega_0}{\sqrt{\pi\beta}}$$

因为

$$\int_{-x_1}^{x_2}\mathrm{e}^{\mathrm{j}\frac{\pi}{2}x^2}\mathrm{d}x=\int_{-x_1}^{x_2}\cos\left(\frac{\pi}{2}x^2\right)\mathrm{d}x+\mathrm{j}\int_{-x_1}^{x_2}\sin\left(\frac{\pi}{2}x^2\right)\mathrm{d}x$$

采用菲涅尔积分公式

$$C(x_i)=\int_0^{x_i}\cos\left(\frac{\pi}{2}x^2\right)\mathrm{d}x$$

$$S(x_i)=\int_0^{x_i}\sin\left(\frac{\pi}{2}x^2\right)\mathrm{d}x$$

且考虑到 $C(-x_i)=-C(x_i)$，$S(-x_i)=-S(x_i)$，故 $S_a(\omega)$ 可以写成

$$S_a(\omega)=A\sqrt{\frac{\pi}{\beta}}\mathrm{e}^{-\mathrm{j}\frac{(\omega-\omega_0)^2}{2\beta}}[C(x_1)+\mathrm{j}S(x_1)+C(x_2)+\mathrm{j}S(x_2)]$$

其振幅谱为

$$|S_a(\omega)|=A\sqrt{\frac{\pi}{\beta}}\{[C(x_1)+C(x_2)]^2+[S(x_1)+S(x_2)]^2\}^{\frac{1}{2}}$$

相位谱为

$$\varphi_{S_a(\omega)} = -\frac{(\omega-\omega_0)^2}{2\beta} + \arctan\frac{S(x_1)+S(x_2)}{C(x_1)+C(x_2)}$$

当 $TW > 20$ 时，有下面的近似关系：

$$\frac{S(x_1)+S(x_2)}{C(x_1)+C(x_2)} \approx 1$$

且在频带范围内

$$\arctan\frac{S(x_1)+S(x_2)}{C(x_1)+C(x_2)} \approx \frac{\pi}{4}$$

故线性调频信号在 $TW > 20$ 时，可用下式表示：

$$S_a(\omega) \approx A\sqrt{\frac{\pi}{\beta}}\,\mathrm{e}^{-\mathrm{j}\frac{(\omega-\omega_0)^2}{2\beta}}$$

要对这样的频谱完全匹配是很困难的，考虑到这种信号的主要特征是相位的变化，故用近似的方法进行匹配滤波，其传递函数

$$H_a(\omega) \approx \mathrm{e}^{\mathrm{j}\frac{(\omega-\omega_0)^2}{2\beta}}$$

下面求匹配滤波器的输出信号。因为 $S_{ya}(\omega) = S_a(\omega)H_a(\omega)$，故

$$\begin{aligned}
s_{ya}(t) &= \frac{1}{2\pi}\int_{-\infty}^{\infty} S_a(\omega)H_a(\omega)\mathrm{e}^{\mathrm{j}\omega t}\,\mathrm{d}\omega = \\
&\frac{1}{2\pi}\int_{-\infty}^{\infty} \mathrm{e}^{\mathrm{j}\frac{(\omega-\omega_0)^2}{2\beta}}\left[\int_{-\frac{T}{2}}^{\frac{T}{2}} A\mathrm{e}^{\mathrm{j}\left(\omega_0\tau+\frac{1}{2}\beta\tau^2\right)}\,\mathrm{e}^{-\mathrm{j}\omega\tau}\,\mathrm{d}\tau\right]\mathrm{e}^{\mathrm{j}\omega t}\,\mathrm{d}\omega = \\
&\frac{A}{2\pi}\int_{-\frac{T}{2}}^{\frac{T}{2}} \exp\left\{\mathrm{j}\left(\frac{\beta}{2}\tau^2 + \omega_0 t - \frac{\beta}{2}(t-\tau)^2\right)\right\}\mathrm{d}\tau \cdot \\
&\int_{-\infty}^{\infty} \exp\left\{\mathrm{j}\left[\frac{\omega-\omega_0}{\sqrt{2\beta}} + \sqrt{\frac{\beta}{2}}(\tau - t)\right]^2\right\}\mathrm{d}\omega
\end{aligned} \tag{4.1.36}$$

利用特殊函数积分公式

$$\int_0^{\infty} \sin x^2\,\mathrm{d}x = \int_0^{\infty} \cos x^2\,\mathrm{d}x = \frac{1}{2}\sqrt{\frac{\pi}{2}}$$

得式(4.1.36)末行的积分为

$$\begin{aligned}
&\int_{-\infty}^{\infty} \exp\left\{\mathrm{j}\left[\frac{\omega-\omega_0}{\sqrt{2\beta}} + \sqrt{\frac{\beta}{2}}(t-\tau)\right]^2\right\}\mathrm{d}\omega = \\
&\sqrt{2\beta}\int_{-\infty}^{\infty} \exp\left\{\mathrm{j}\left[\frac{\omega-\omega_0}{\sqrt{2\beta}} + \sqrt{\frac{\beta}{2}}(t-\tau)\right]^2\right\}\mathrm{d}\left[\frac{\omega-\omega_0}{\sqrt{2\beta}} + \sqrt{\frac{\beta}{2}}(t-\tau)\right] = \\
&\sqrt{2\beta}\left[2\int_0^{\infty} \cos\mu^2\,\mathrm{d}\mu + 2\mathrm{j}\int_0^{\infty} \sin\mu^2\,\mathrm{d}\mu\right] = \\
&\sqrt{2\beta}\left(\sqrt{\frac{\pi}{2}} + \mathrm{j}\sqrt{\frac{\pi}{2}}\right) = \sqrt{2\beta\pi}\,\mathrm{e}^{\mathrm{j}\frac{\pi}{4}}
\end{aligned}$$

故

$$\begin{aligned}
s_{ya}(t) &= \frac{A}{2\pi}\int_{-\frac{T}{2}}^{\frac{T}{2}} \mathrm{e}^{\mathrm{j}\left(\omega_0 t - \frac{\beta}{2}t^2 + \beta t\tau\right)}\,\sqrt{2\pi\beta}\,\mathrm{e}^{\mathrm{j}\frac{\pi}{4}}\,\mathrm{d}\tau = \\
&A\sqrt{\frac{\beta}{2\pi}}\,\mathrm{e}^{\mathrm{j}\left(\omega_0 t - \frac{\beta}{2}t^2 + \frac{\pi}{4}\right)}\,\frac{2\sin\frac{\beta t T}{2}}{\beta t} =
\end{aligned}$$

$$A\sqrt{TW}\ \frac{\sin \pi Wt}{\pi Wt}\mathrm{e}^{\mathrm{j}(\omega_0 t-\frac{1}{2}\beta t^2+\frac{\pi}{4})}$$

可见，系统输出最大幅度为 $A\sqrt{TW}$，是输入信号幅度的$\sqrt{TW}$ 倍。当 TW 很大时，输出幅度就比输入大得多，其峰值功率大了 TW 倍。若取峰值的 0.707 倍作为脉宽标准，则输出脉宽为$\frac{0.886}{W}\approx\frac{1}{W}$，即输出脉宽大约是输入脉宽的$\frac{1}{TW}$倍。由于线性调频脉冲信号经过匹配滤波器之后，输出信号的包络是 sinc 函数，其幅度增加、脉宽变窄，故常将这种处理方法称为脉冲压缩。这对于在强干扰中检测弱信号以及提高目标距离分辨率都是有利的。

如果将输出信号表示为实信号形式，则

$$s_y(t)=\sqrt{TW}A\ \frac{\sin \pi Wt}{\pi Wt}\cos\left(\omega_0 t-\frac{1}{2}\beta t^2+\frac{\pi}{4}\right)$$

图 4.1.12 表示线性调频脉冲信号的输入及经过匹配滤波器后的输出信号波形。

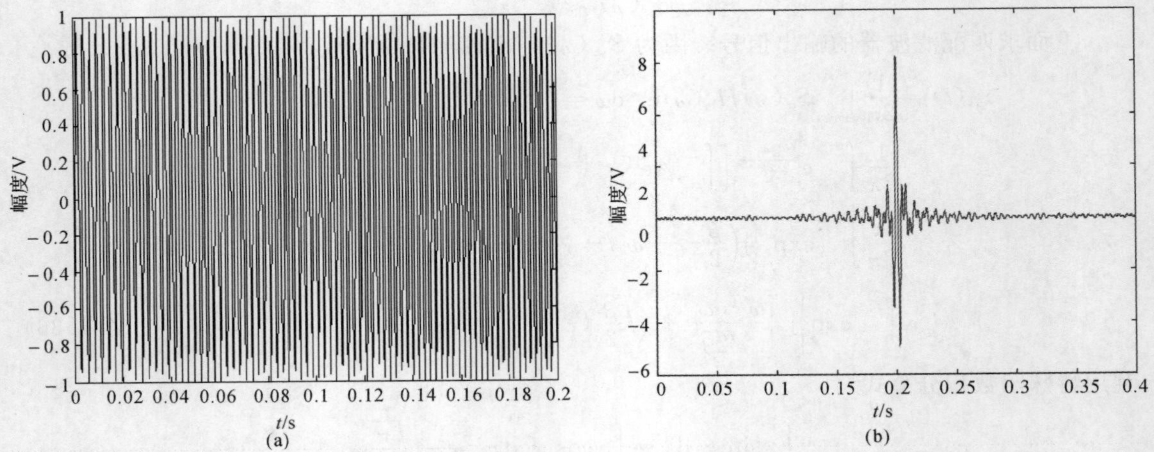

图 4.1.12　线性调频信号及通过匹配滤波器后得到的脉冲压缩信号

(a) 输入的线性调频信号波形；(b) 线性调频信号通过匹配滤波器后的输出

4.1.5　匹配滤波器的实现

匹配滤波器的传递函数是输入信号频谱的复共轭，其冲激响应函数是输入信号时间表达式的镜像函数，因此要设计匹配滤波器必须预先知道输入信号的形式。

匹配滤波器既可用模拟的方法也可用数字方法来实现，既可在时域也可在频域实现。早期匹配滤波器常采用模拟的方法在频域实现，现在采用数字方法来实现匹配滤波器。

1. 数字匹配滤波器的时域实现

匹配滤波器的输出信号为

$$s_y(t)=\int_{-\infty}^{\infty}h(\tau)s(t-\tau)\mathrm{d}\tau \tag{4.1.37}$$

式中，$h(t)=s(t_0-t)$。若用数字滤波器来实现，设输入序列为 $s(n)$，则输出序列

$$y(n)=\sum_{i=0}^{N-1}h_i s(n-i) \tag{4.1.38}$$

式中，h_i 为数字滤波器的权系数。当 $h_i=s(N-i)$，即 $h_0=s(N)$，$h_1=s(N-1)$，…，$h_N=s(0)$ 时就成为匹配滤波器。它是直接实现线性卷积求和的 FIR(Finite Impulse Response) 滤波器，其结构如图 4.1.13 所示。输入序列经延迟线（其延迟单元的延迟时间为 Δt，等于采样间隔）以及与相应的加权系数相乘并求和输出。输出序列 $y(n)$ 是输入序列的自相关函数：

$$y(n)=\sum_{i=0}^{N-1}s(N-i)s(n-i) \tag{4.1.39}$$

当 $n=N$ 时，即输入序列结束时，输出 $y(n)$ 达到最大值。对主动信号检测系统（雷达、声呐），可由发射信号经采样量化来得到加权系数。

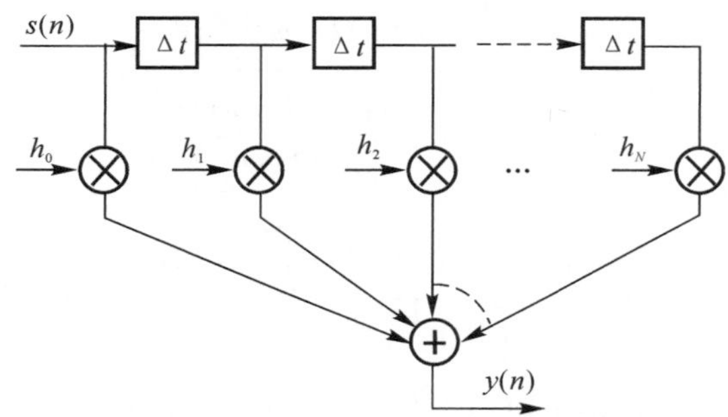

图 4.1.13　数字匹配滤波器的时域结构

2. 数字匹配滤波器的频域实现（用 FFT 法来实现）

设输入序列 $s(n)$，输出序列 $y(n)$ 和加权系数 $h(n)$ 的傅里叶变换分别为 $S(k)$，$Y(k)$ 和 $H(k)$，则

$$Y(k)=S(k)H(k) \tag{4.1.40}$$

实现匹配滤波器必须满足

$$h(n)=s(N-n) \tag{4.1.41}$$

故输出序列可以表示为

$$y(n)=\text{IFFT}[H(k)\cdot S(k)]=\text{IFFT}\{\text{FFT}[s(N-n)]\text{FFT}[s(n)]\} \tag{4.1.42}$$

其原理结构如图 4.1.14 所示。

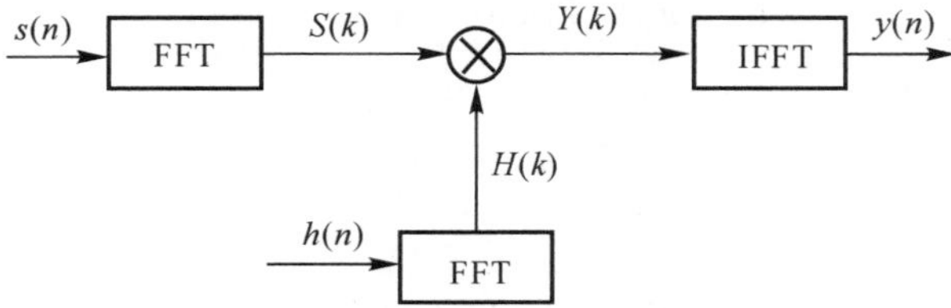

图 4.1.14　数字匹配滤波器的频域结构

4.1.6 有色噪声背景下的匹配滤波器

前面讨论了在白噪声干扰下的匹配滤波器问题。如果噪声的频带有限，且功率谱密度在频带内不是常数，常称这种噪声为非白噪声或有色噪声。

假定输入信号 $s(t)$ 的频谱为 $S(\omega)$，噪声的功率谱密度为 $P_n(\omega)$。经过滤波器之后，其输出信号和输出噪声的平均功率分别为

$$s_y(t)=\frac{1}{2\pi}\int_{-\infty}^{\infty}S(\omega)H(\omega)\mathrm{e}^{\mathrm{j}\omega t}\mathrm{d}\omega \tag{4.1.43}$$

$$E[n_y^2(t)]=\frac{1}{2\pi}\int_{-\infty}^{\infty}P_n(\omega)\ |H(\omega)|^2\mathrm{d}\omega \tag{4.1.44}$$

设 $t=t_0$ 时，输出信噪比 r 为

$$r=\frac{\left|\dfrac{1}{2\pi}\displaystyle\int_{-\infty}^{\infty}S(\omega)H(\omega)\mathrm{e}^{\mathrm{j}\omega t_0}\mathrm{d}\omega\right|^2}{\dfrac{1}{2\pi}\displaystyle\int_{-\infty}^{\infty}P_n(\omega)\ |H(\omega)|^2\mathrm{d}\omega} \tag{4.1.45}$$

利用施瓦兹不等式，可知

$$r\leqslant\frac{\dfrac{1}{2\pi}\displaystyle\int_{-\infty}^{\infty}\left|S(\omega)/\sqrt{P_n(\omega)}\right|^2\mathrm{d}\omega\int_{-\infty}^{\infty}\left|H(\omega)\sqrt{P_n(\omega)}\right|^2\mathrm{d}\omega}{\displaystyle\int_{-\infty}^{\infty}P_n(\omega)\ |H(\omega)|^2\mathrm{d}\omega} \tag{4.1.46}$$

根据施瓦兹不等式取等号(即 r 取最大值)的条件，可得匹配滤波器的传递函数 $H(\omega)$ 为

$$H(\omega)=K\frac{S^*(\omega)}{P_n(\omega)}\mathrm{e}^{-\mathrm{j}\omega t_0} \tag{4.1.47}$$

此时，输出的最大信噪比

$$r_{\max}=\frac{1}{2\pi}\int_{-\infty}^{\infty}\frac{|S(\omega)|^2}{P_n(\omega)}\mathrm{d}\omega \tag{4.1.48}$$

式(4.1.47)是非白噪声背景下的匹配滤波器的传递函数，它不仅与信号的波形有关，还与噪声的功率谱密度有关。下面介绍怎样用白化(将有色噪声变为白噪声称为白化)处理的方法来求得物理可实现滤波器的 $H(\omega)$。

假定 $H(\omega)$ 由两部分组成，即

$$H(\omega)=H_1(\omega)H_2(\omega) \tag{4.1.49}$$

式中，$H_1(\omega)$ 表示白化滤波器的传递函数；$H_2(\omega)$ 是匹配滤波器的传递函数，如图 4.1.15 所示。

设白化滤波器输出的噪声为 $n_1(t)$，信号为 $s_1(t)$。若令 $P_{n_1}(\omega)=1$，则根据

$$P_{n_1}(\omega)=P_n(\omega)\ |H_1(\omega)|^2=1 \tag{4.1.50}$$

可求得

$$|H_1(\omega)|^2=\frac{1}{P_n(\omega)} \tag{4.1.51}$$

而

$$S_1(\omega)=H_1(\omega)S(\omega) \tag{4.1.52}$$

故 $H_2(\omega)$ 为

$$H_2(\omega)=KS_1^*(\omega)\mathrm{e}^{-\mathrm{j}\omega t_0}=KH_1^*(\omega)S^*(\omega)\mathrm{e}^{-\mathrm{j}\omega t_0} \tag{4.1.53}$$

设 $P_n(\omega)$ 可表示成(近似于)有理分式

$$P_n(\omega)=a^2\frac{(\omega^2+c_1^2)(\omega^2+c_2^2)\cdots(\omega^2+c_m^2)}{(\omega^2+b_1^2)(\omega^2+b_2^2)\cdots(\omega^2+b_n^2)}=$$
$$\left[a\frac{(\mathrm{j}\omega+c_1)(\mathrm{j}\omega+c_2)\cdots(\mathrm{j}\omega+c_m)}{(\mathrm{j}\omega+b_1)(\mathrm{j}\omega+b_2)\cdots(\mathrm{j}\omega+b_n)}\right]\left[a\frac{(-\mathrm{j}\omega+c_1)(-\mathrm{j}\omega+c_2)\cdots(-\mathrm{j}\omega+c_m)}{(-\mathrm{j}\omega+b_1)(-\mathrm{j}\omega+b_2)\cdots(-\mathrm{j}\omega+b_n)}\right] \tag{4.1.54}$$

根据功率谱密度的性质及特点，可将 $P_n(\omega)$ 分解为

$$P_n(\omega)=P_n^+(\omega)P_n^-(\omega) \tag{4.1.55}$$

式中，$P_n^+(\omega)$ 表示零极点均在复平面 $P(P=\sigma+\mathrm{j}\omega)$ 左半平面的部分，对应于正时间函数；$P_n^-(\omega)$ 表示零极点均在复平面 $P(P=\sigma+\mathrm{j}\omega)$ 右半平面的部分，对应于负时间函数。$P_n^+(\omega)$ 和 $P_n^-(\omega)$ 是共轭的。

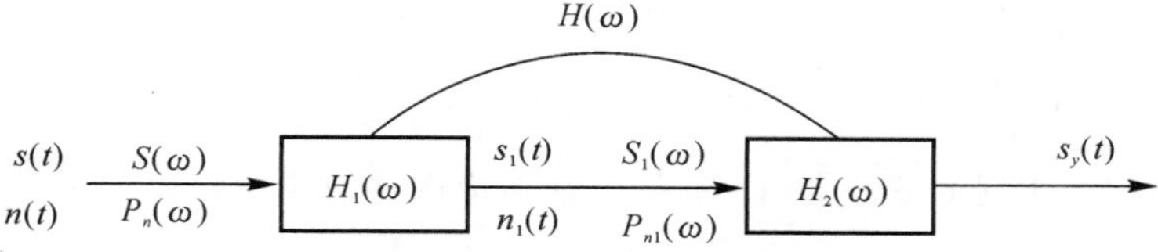

图 4.1.15　非白噪声中滤波器实现示意图

考虑到物理可实现性，可以导出白化滤波器 $H_1(\omega)$ 的表达式为

$$H_1(\omega)=\frac{1}{P_n^+(\omega)} \tag{4.1.56}$$

它的零极点全在左半平面上，因而是物理可实现的。

由式(4.1.53)可见，经过白化之后，对信号进行匹配滤波的 $H_2(\omega)$ 为

$$H_2(\omega)=KH_1^*(\omega)S^*(\omega)\mathrm{e}^{-\mathrm{j}\omega t_0}=K\frac{1}{P_n^-(\omega)}S(-\omega)\mathrm{e}^{-\mathrm{j}\omega t_0} \tag{4.1.57}$$

它所对应的冲激响应 $h_2(t)$ 在负时间域不全为零，是物理不可实现系统。为了得到物理可实现的匹配滤波器，应当取 $h_2(t)$ 在正时间域的那部分作为系统的冲激响应函数，即取 $H_2(\omega)$ 中零极点分布在左半平面的部分 $H_{2c}(\omega)$，故

$$H(\omega)=H_1(\omega)H_{2c}(\omega)=\frac{K}{P_n^+(\omega)}\left[\frac{S(-\omega)}{P_n^-(\omega)}\mathrm{e}^{-\mathrm{j}\omega t_0}\right]^+ \tag{4.1.58}$$

例 4.1.4　指数信号在非白噪声背景下匹配滤波器。设信号

$$s(t)=\begin{cases}\mathrm{e}^{-t/2}-\mathrm{e}^{-t}, & t\geqslant 0\\ 0, & t<0\end{cases}$$

如图 4.1.16 所示。

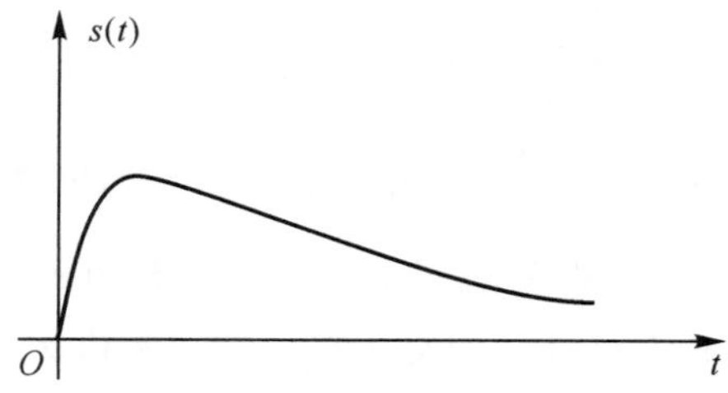

图 4.1.16　输入信号波形

解 噪声的功率谱密度

$$P_n(\omega)=\frac{1}{1+\omega^2}$$

首先分解 $P_n(\omega)$ 为

$$P_n(\omega)=P_n^+(\omega)P_n^-(\omega)=\frac{1}{1+\mathrm{j}\omega}\frac{1}{1-\mathrm{j}\omega}$$

则

$$H_1(\omega)=\frac{1}{P_n^+(\omega)}=1+\mathrm{j}\omega$$

经过白化滤波之后,输出信号的频谱

$$S_1(\omega)=H_1(\omega)S(\omega)=(1+\mathrm{j}\omega)\left[\frac{2}{1+\mathrm{j}2\omega}-\frac{1}{1+\mathrm{j}\omega}\right]=\frac{1}{1+\mathrm{j}2\omega}$$

故对 $S_1(\omega)$ 进行匹配滤波的 $H_2(\omega)$ 为

$$H_2(\omega)=KS_1^*(\omega)\mathrm{e}^{-\mathrm{j}\omega t_0}=K\frac{1}{1-\mathrm{j}2\omega}\mathrm{e}^{-\mathrm{j}\omega t_0}$$

为了导出物理可实现的滤波器,计算 $H_2(\omega)$ 对应的冲激响应函数

$$h_2(t)=\frac{1}{2\pi}\int_{-\infty}^{\infty}\frac{K}{1-\mathrm{j}2\omega}\mathrm{e}^{-\mathrm{j}\omega t_0}\mathrm{e}^{\mathrm{j}\omega t}\mathrm{d}\omega=\frac{K}{2}\mathrm{e}^{\frac{1}{2}(t-t_0)},\quad t<t_0$$

取 $h_2(t)$ 的正时间域部分 $h_{2c}(t)$ 作为系统的冲激响应,并求得对应的传递函数 $H_{2c}(\omega)$,即

$$h_{2c}(t)=\frac{K}{2}\mathrm{e}^{(t-t_0)/2},\quad 0\leqslant t\leqslant t_0$$

$$H_{2c}(\omega)=\int_0^{t_0}\frac{K}{2}\mathrm{e}^{(t-t_0)/2}\mathrm{e}^{-\mathrm{j}\omega t}\mathrm{d}t=\frac{K}{1-\mathrm{j}2\omega}(\mathrm{e}^{-\mathrm{j}\omega t_0}-\mathrm{e}^{-t_0/2})$$

因此,总的物理可实现匹配滤波器的传递函数为

$$H(\omega)=H_1(\omega)H_{2c}(\omega)=K\frac{1+\mathrm{j}\omega}{1-\mathrm{j}2\omega}(\mathrm{e}^{-\mathrm{j}\omega t_0}-\mathrm{e}^{-t_0/2})$$

4.2 确知信号的检测

本节将讨论确知信号的检测问题,即被检测的信号波形包括它们的幅度、频率、相位、到达时间等全是已知的。与这些信号相联系的假设将是简单假设。既然这是一种理想情况,但却正好可以用作检测理论的入门,同时也有不少实际系统能够逼近这种理想情况。此外,理想系统的性能还可以作为非理想系统的比较标准。更复杂的情况,包括含有随机或未知参量信号的检测将在后面各节讨论。

假定接收机的任务是对目标存在与不存在做出判决。即观测到的输入波形可以是

$$\begin{cases}H_1:x(t)=n(t)+s(t)\\H_0:x(t)=n(t)\end{cases}$$

式中,$n(t)$ 是均值为零、功率谱密度为 $\frac{N_0}{2}$ 的高斯白噪声。如果噪声的功率谱在足够宽的频带(是信号频带的 5 ~ 10 倍以上)上是均匀的,就可以看作是白噪声。

设观测时间为 $0\sim T$。先对 $x(t)$ 在时域采样。在实际检测中,仅有一次取样是不能得到良好性能的。一般都是在时间间隔$(0,T)$内取 N 个样本,确定它的似然函数和似然比,与门限

值比较，得出离散系统的结构，当 $N \to \infty$ 时，便连续取样，其判决准则也就 d 为用连续函数来表示。这样就可充分利用连续输入波形 $x(t)$ 所提供的信息。

4.2.1　独立样本的获取

若在观测时间 T 内，以 Δt 为采样间隔对 $x(t)$ 进行采样，得到 N 个观测值 $x_1, x_2, \cdots, x_N$。Δt 应怎样选择才能使各观测值之间相互独立呢？

假定噪声 $n(t)$ 是窄带高斯白噪声，其功率谱密度

$$P_n(\omega)=\begin{cases}\dfrac{N_0}{2}, & |\omega| \leqslant \Omega \\ 0, & \text{其他}\end{cases} \tag{4.2.1}$$

其自相关函数

$$R_n(\tau)=\frac{1}{2\pi}\int_{-\Omega}^{\Omega} P_n(\omega)\mathrm{e}^{\mathrm{j}\omega\tau}\mathrm{d}\omega=\frac{N_0\Omega}{2\pi}\frac{\sin \Omega\tau}{\Omega\tau} \tag{4.2.2}$$

如图 4.2.1(a)(b) 所示。

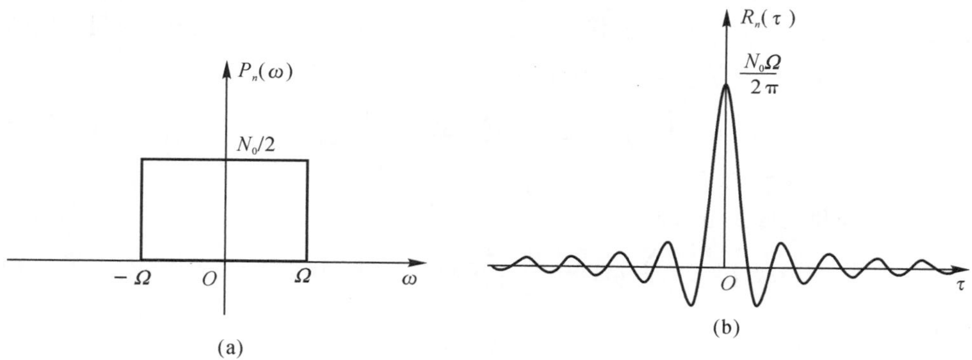

图 4.2.1　窄带白噪声的 $P_n(\omega)$ 与 $R_n(\tau)$

(a) 窄带白噪声的功率谱密度；(b) 窄带白噪声自相关函数

由式(4.2.2)可见，$R_n(\tau)$ 的第一个零点出现在 $\tau=\pi/\Omega$ 处，因此，如果以时间间隔 $\Delta t=\pi/\Omega$ 进行采样，所得各样本是不相关的。对于高斯分布的噪声，也是独立的。若设 $\Omega=2\pi F$，则 $\Delta t=\dfrac{1}{2F}$。

4.2.2　接收机的设计(求检验统计量的过程)

下面分别求当 H_0 和 H_1 为真时的似然函数。当 H_0 为真时，有

$$E[x_k \mid H_0]=E[n_k]=0$$

$$D[x_k \mid H_0]=D[n_k \mid H_0]=E[n_k^2]-E^2[n_k]=R_n(0)=N_0\Omega/(2\pi)=\sigma_n^2$$

当 H_1 为真时，有

$$E[x_k \mid H_1]=E[s_k+n_k]=s_k$$

$$D[x_k \mid H_1]=D[(s_k+n_k)]=\sigma_n^2$$

因此似然函数分别为

$$p(\boldsymbol{x} \mid H_0)=\left(\frac{1}{2\pi\sigma_n^2}\right)^{N/2}\exp\left[-\frac{\sum_{k=1}^{N}x_k^2}{2\sigma_n^2}\right] \tag{4.2.3}$$

$$p(\boldsymbol{x} \mid H_1)=\left(\frac{1}{2\pi\sigma_n^2}\right)^{N/2}\exp\left[-\frac{\sum_{k=1}^{N}(x_k-s_k)^2}{2\sigma_n^2}\right] \tag{4.2.4}$$

从而得到似然比

$$\lambda(\boldsymbol{x})=\frac{p(\boldsymbol{x} \mid H_1)}{p(\boldsymbol{x} \mid H_0)}=\exp\left\{\frac{1}{2\sigma_n^2}\sum_{k=1}^{N}(2x_ks_k-s_k^2)\right\}\underset{H_0}{\overset{H_1}{\gtrless}}\lambda_0 \tag{4.2.5}$$

这样就可以按照规定的准则，选出合适的门限，用似然比检验原则构成似然比接收机。判决规则是

$$\sum_{k=1}^{N}x_ks_k\underset{H_0}{\overset{H_1}{\gtrless}}\sigma_n^2\ln\lambda_0+\frac{1}{2}\sum_{k=1}^{N}s_k^2 \tag{4.2.6}$$

不等式左边为检验统计量，不等式右边是检测门限，其中 λ_0 可根据不同的判决准则确定。

这个结果可以推广到一般白噪声的情况，由于带宽不再是有限的，即 $\Omega\to\infty$，考虑到 $\Delta t=\pi/\Omega$，因此只要让 $\Delta t\to 0, N\to\infty$ 而保持 $N\Delta t=T$ 不变，就得到连续观测下的判决规则。

由于噪声的方差 $\sigma_n^2=N_0/(2\Delta t)$，因此

$$\lim_{\substack{\Delta t\to 0\\ N\to\infty\\ N\Delta t=T}}\left(\sum_{k=1}^{N}x_ks_k\Delta t\underset{H_0}{\overset{H_1}{\gtrless}}\frac{N_0}{2}\ln\lambda_0+\frac{1}{2}\sum_{k=1}^{N}s_k^2\Delta t\right) \tag{4.2.7}$$

在极限情况下，求和变成积分，即

$$\int_0^T x(t)s(t)\mathrm{d}t\underset{H_0}{\overset{H_1}{\gtrless}}\frac{N_0}{2}\ln\lambda_0+\frac{1}{2}\int_0^T s^2(t)\mathrm{d}t=\frac{N_0}{2}\ln\lambda_0+\frac{1}{2}E_s=V_T \tag{4.2.8}$$

判决规则为

$$\int_0^T x(t)s(t)\mathrm{d}t\underset{H_0}{\overset{H_1}{\gtrless}}V_T \tag{4.2.9}$$

检验统计量为

$$G=\int_0^T x(t)s(t)\mathrm{d}t \tag{4.2.10}$$

接收机结构如图4.2.2所示。可见，只要对观测到的 $x(t)$ 进行互相关处理，就可以得到检验统计量，并与门限 V_T 进行比较，做出判决。

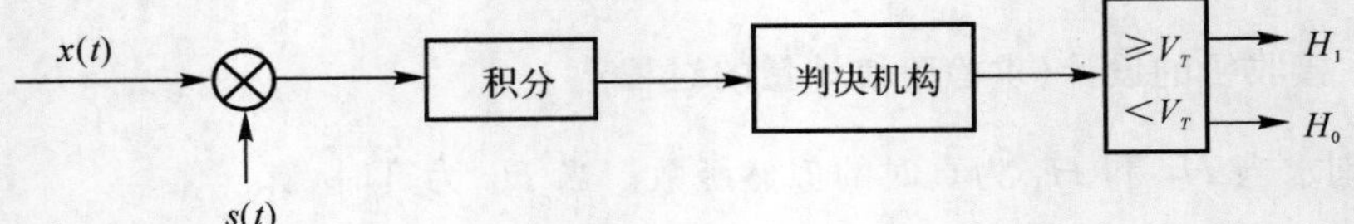

图 4.2.2　相关接收机

也可用匹配滤波器实现。由于匹配滤波器在 $t=t_0$ 时刻输出信号达到最大值，如果选 $t_0=T$，则匹配滤波器的冲激响应函数为

$$h(t)=\begin{cases}s(T-t), & 0\leqslant t\leqslant T\\ 0, & \text{其他}\end{cases} \tag{4.2.11}$$

则输入波形 $x(t)$ 经匹配滤波后，在 $t=T$ 时刻的输出为

$$y(T)=\int_0^T h(\lambda)x(T-\lambda)\mathrm{d}\lambda=\int_0^T s(T-\lambda)x(T-\lambda)\mathrm{d}\lambda \xlongequal{T-\lambda=t} \int_0^T s(t)x(t)\mathrm{d}t \tag{4.2.12}$$

可见，只要对匹配滤波器的输出在 $t=T$ 时刻进行取样，所得结果与相关器的输出是等效的。检测确知信号的接收机是互相关处理器或匹配滤波器。接收机的设计过程就是求得检验统计量的过程。

4.2.3　接收机的性能

为了得到接收机的性能，必须先讨论检验统计量 G 的统计特性。因为 G 是对 $x(t)$ 进行线性运算，$x(t)$ 是高斯随机过程，所以 G 也是高斯随机过程。为了求出 G 的条件概率密度，必须先求出它的条件均值与方差。

当 H_0 为真时，均值

$$E_0[G]=E_0\left[\int_0^T x(t)s(t)\mathrm{d}t\right]=\int_0^T E[n(t)]s(t)\mathrm{d}t=0$$

方差

$$\begin{aligned}D_0[G]&=E_0[G^2]-E_0^2[G]=E_0[G^2]=E_0\left[\left(\int_0^T x(t)s(t)\mathrm{d}t\right)^2\right]=\\&E\left\{\left[\int_0^T n(t)s(t)\mathrm{d}t\right]^2\right\}=\\&E\left[\int_0^T\int_0^T n(t_1)n(t_2)s(t_1)s(t_2)\mathrm{d}t_1\mathrm{d}t_2\right]=\\&\int_0^T\int_0^T E[n(t_1)n(t_2)]s(t_1)s(t_2)\mathrm{d}t_1\mathrm{d}t_2=\\&\int_0^T\int_0^T \frac{N_0}{2}\delta(t_2-t_1)s(t_1)s(t_2)\mathrm{d}t_1\mathrm{d}t_2=\\&\frac{N_0}{2}\int_0^T s^2(t)\mathrm{d}t=\frac{N_0E_s}{2}\end{aligned}$$

式中，E_s 为信号的能量。

当 H_1 为真时，有

$$E_1[G]=E\int_0^T[s(t)+n(t)]s(t)\mathrm{d}t=E_s$$

$$\begin{aligned}D_1[G]&=E_1[G^2]-E_1^2[G]=E\left[\left(\int_0^T[s(t)+n(t)]s(t)\mathrm{d}t\right)^2\right]-E_s^2=\\&E\left\{\int_0^T\int_0^T[s(t_1)+n(t_1)]s(t_1)[s(t_2)+n(t_2)]s(t_2)\mathrm{d}t_1\mathrm{d}t_2\right\}-E_s^2=\\&E\left\{\int_0^T\int_0^T[s^2(t_1)s^2(t_2)+n(t_1)n(t_2)s(t_1)s(t_2)]\mathrm{d}t_1\mathrm{d}t_2\right\}-E_s^2=\\&E_s^2+\int_0^T\int_0^T E[n(t_1)n(t_2)s(t_1)s(t_2)\mathrm{d}t_1\mathrm{d}t_2]-E_s^2=\frac{N_0E_s}{2}\end{aligned}$$

则检验统计量 G 的条件概率密度函数分别为

$$p(G\,|\,H_0)=\frac{1}{\sqrt{N_0E_s\pi}}\mathrm{e}^{-\frac{G^2}{N_0E_s}} \tag{4.2.13}$$

$$p(G|H_1)=\frac{1}{\sqrt{N_0E_s\pi}}e^{-\frac{(G-E_s)^2}{N_0E_s}} \tag{4.2.14}$$

接收机的虚警概率和检测概率分别为

$$P_F=\int_{V_T}^{\infty}p(G|H_0)dG=\int_{V_T}^{\infty}\frac{1}{\sqrt{N_0E_s\pi}}e^{-\frac{G^2}{N_0E_s}}dG=$$

$$\int_{V_T\sqrt{\frac{2}{N_0E_s}}}^{\infty}\frac{1}{\sqrt{2\pi}}e^{-\frac{t^2}{2}}dt=1-\Phi\left(V_T\sqrt{\frac{2}{N_0E_s}}\right) \tag{4.2.15}$$

$$P_D=\int_{V_T}^{\infty}p(G|H_1)dG=\int_{V_T}^{\infty}\frac{1}{\sqrt{N_0E_s\pi}}e^{-\frac{(G-E_s)^2}{N_0E_s}}dG=$$

$$\int_{V_T\sqrt{\frac{2}{N_0E_s}}-\sqrt{\frac{2E_s}{N_0}}}^{\infty}\frac{1}{\sqrt{2\pi}}e^{-\frac{t^2}{2}}dt=$$

$$1-\Phi\left(V_T\sqrt{\frac{2}{N_0E_s}}-\sqrt{\frac{2E_s}{N_0}}\right) \tag{4.2.16}$$

式中，$\Phi(x)=\int_{-\infty}^{x}\frac{1}{\sqrt{2\pi}}e^{-t^2/2}dt$ 是标准正态分布，可以查表求得。

由式(4.2.16)可以看出，P_F 和 P_D 都与接收机的输出信噪比 r 和 λ_0 有关，而 λ_0 决定于所用判决准则。如以 r 为参量，称 P_F 和 P_D 的关系曲线为接收机工作特性曲线(ROC，Receiver Operating Characteristic)，如图4.2.3所示。

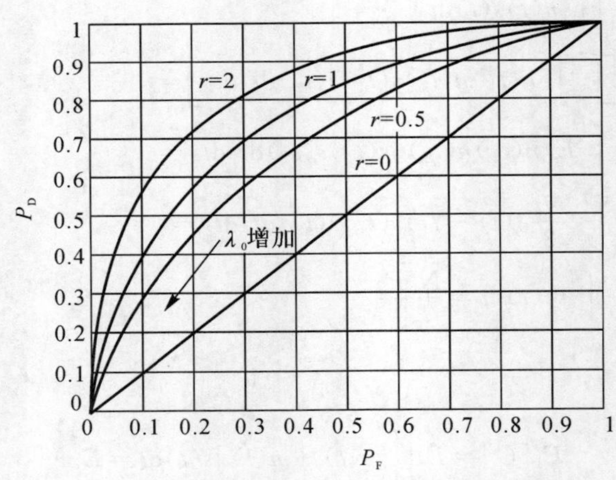

图 4.2.3　接收机工作特性曲线(ROC)

观察 P_D-P_F 曲线可以发现，对于不同的信噪比 r 有不同的 P_D-P_F 曲线，但它们都通过 $(P_D,P_F)=(0,0)$ 和 $(P_D,P_F)=(1,1)$ 两点，这两点分别对应着检测门限 $\lambda_0=+\infty$ 和 $\lambda_0=0$ 时的判决概率 P_D 和 P_F。这是因为似然比函数 $\lambda(\boldsymbol{x})$ 超过无穷大门限($\lambda_0=+\infty$)是不可能事件，所以判决概率 P_D 和 P_F 都等于零；而似然比函数 $\lambda(\boldsymbol{x})\geqslant 0$，因此，$\lambda(\boldsymbol{x})$ 超过检测门限 $\lambda_0=0$ 是必然事件，且判决概率 P_D 和 P_F 都等于1。

如果似然比函数 $\lambda(\boldsymbol{x})$ 是连续随机变量，则当 λ_0 变化时，P_D 和 P_F 都会随之而变，其规律为随着 λ_0 增大，这两种判决概率将会减小。

当信噪比 r 取不同值时，P_D-P_F 曲线都是通过(0,0)，(1,1)两点且位于直线 $P_D=P_F$($r=$

0）曲线左上方的上凸曲线，r 越大，曲线位置就越高。

信噪比 r 在信号检测中占有非常重要的地位，是接收机的主要技术指标之一，因此常把图 4.2.3 所示的接收机工作特性改画成 P_D-r 曲线，而以 P_F 作参变量，结果如图 4.2.4 所示的检测特性曲线。

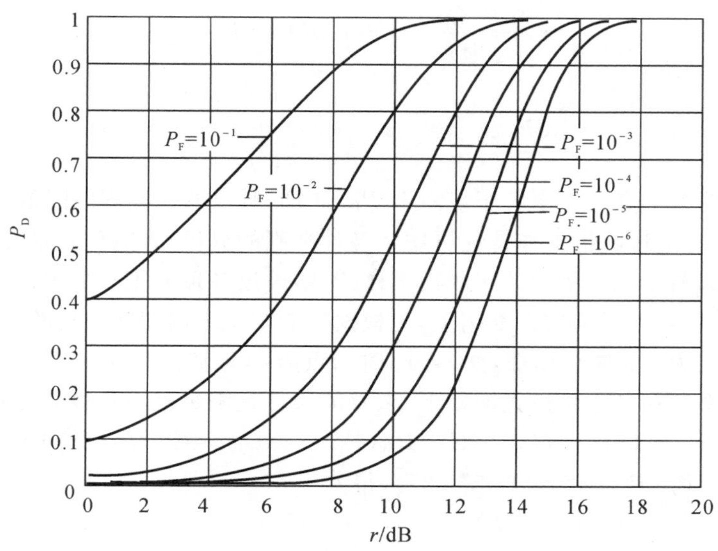

图 4.2.4　检测概率 P_D 与信噪比 r 的关系

虽然在不同的问题中，观测空间中的随机观测量 $\boldsymbol{x}$ 的统计特性 $p(\boldsymbol{x}\mid H_j)$会有所不同，但接收机的工作特性却是有大致相同的形状。如果似然比函数 $\lambda(\boldsymbol{x})$ 是 $\boldsymbol{x}$ 的连续函数，则接收机工作特性有如下共同特点：

(1) 所有连续似然比检验的接收机工作特性都是上凸的。

(2) 所有连续似然比检验的接收机工作特性均位于对角线 $P_D=P_F$ 之上。

(3) 接收机工作特性在某点处的斜率等于该点 P_D 和 P_F 所要求的检测门限值 λ_0。证明如下：

因为

$$P_D=\int_{\lambda_0}^{\infty}p[\lambda(\boldsymbol{x})\mid H_1]\mathrm{d}\lambda(\boldsymbol{x})=P_D(\lambda_0) \tag{4.2.17}$$

$$P_F=\int_{\lambda_0}^{\infty}p[\lambda(\boldsymbol{x})\mid H_0]\mathrm{d}\lambda(\boldsymbol{x})=P_F(\lambda_0) \tag{4.2.18}$$

它们分别对 λ_0 求导数，则得

$$\frac{\mathrm{d}P_D(\lambda_0)}{\mathrm{d}\lambda_0}=-p(\lambda_0\mid H_1) \tag{4.2.19}$$

$$\frac{\mathrm{d}P_F(\lambda_0)}{\mathrm{d}\lambda_0}=-p(\lambda_0\mid H_0) \tag{4.2.20}$$

所以

$$\frac{\mathrm{d}P_D(\lambda_0)}{\mathrm{d}P_F(\lambda_0)}=\frac{-p(\lambda_0\mid H_1)}{-p(\lambda_0\mid H_0)}=\frac{p(\lambda_0\mid H_1)}{p(\lambda_0\mid H_0)} \tag{4.2.21}$$

因为

$$P_D(\lambda_0)=\int_{\lambda_0}^{\infty}p[\lambda(\boldsymbol{x})\mid H_1]\mathrm{d}\lambda(\boldsymbol{x})=\int_{z_1}p(\boldsymbol{x}\mid H_1)\mathrm{d}\boldsymbol{x}=$$
$$\int_{z_1}\lambda(\boldsymbol{x})p(\boldsymbol{x}\mid H_0)\mathrm{d}\boldsymbol{x}=\int_{\lambda_0}^{\infty}\lambda(\boldsymbol{x})p[\lambda(\boldsymbol{x})\mid H_0]\mathrm{d}\lambda(\boldsymbol{x}) \tag{4.2.22}$$

所以

$$\frac{\mathrm{d}P_D(\lambda_0)}{\mathrm{d}\lambda_0}=-\lambda_0 p(\lambda_0\mid H_0) \tag{4.2.23}$$

则

$$\frac{\mathrm{d}P_D(\lambda_0)}{\mathrm{d}P_F(\lambda_0)}=\frac{-\lambda_0 p(\lambda_0\mid H_0)}{-p(\lambda_0\mid H_0)}=\lambda_0 \tag{4.2.24}$$

即接收机工作特性上某点的斜率等于该点上 P_D 和 P_F 所要求的检测门限值 λ_0。

总之，检测系统的接收机工作特性可用于各种准则的分析和计算，它描述了似然比检验的性能。下面借助如图 4.2.5 所示的接收机工作特性，讨论各种准则下的解。

在贝叶斯准则、最小平均错误准则下，先根据先验知识求出似然比检验门限 λ_0，以 λ_0 为斜率的直线与信噪比为 r 的曲线相切，如 $r=r_1$ 时切点为 a，该切点所对应的 P_D 和 P_F 就是 $r=r_1$ 时的两种判决概率。在极小化极大准则下，求解的条件是满足极小化极大方程，即

$$(C_{11}-C_{00})+(C_{01}-C_{11})P_M(P_{1g}^*)-(C_{10}-C_{00})P_F(P_{1g}^*)=0 \tag{4.2.25}$$

将 $P_M(P_{1g}^*)=1-P_D(P_{1g}^*)$ 代入式(4.2.25)，得方程

$$(C_{01}-C_{11})P_D(P_{1g}^*)+(C_{11}-C_{00})P_F(P_{1g}^*)-C_{10}+C_{00}=0 \tag{4.2.26}$$

它是 P_D-P_F 平面上的一条直线，当 $r=r_1$ 时，该直线与 $r=r_1$ 的工作特性曲线相交于点 b，则 b 点所对应的 P_D 和 P_F，就是 $r=r_1$ 时极小化极大准则的两种判决概率。对于奈曼-皮尔逊准则，给定了约束条件 $P_F=\alpha$，则其解为 $P_F=\alpha$ 的直线与 $r=r_1$ 工作特性曲线的交点 c，该点对应的 P_D 就是 $P_F=\alpha$ 约束下，信噪比为 $r=r_1$ 时的判决概率。

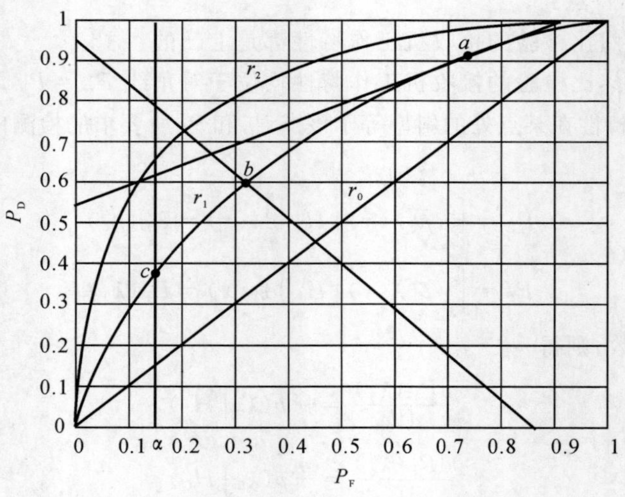

图 4.2.5　接收机工作特性在不同准则下的解

因此，检测系统的接收机工作特性是似然比检测信号的完整描述。

4.3　参量信号的检测——贝叶斯方法

4.2 节讨论的信号统计检测方法，是把信号作为确知信号看待的，此时，在假定 H_0 和 H_1 条件下的概率密度函数是完全已知的，统计学中称之为简单假设检验，这时可以设计最佳接收机。下面，考虑更接近实际的概率密度函数不完全已知的情况。例如，雷达或主动声呐系统，由于信号通过介质有一定的传播时间，目标回波到达的时间被延迟，因此它的到达时间通常是未知的。另外，回波信号的相位也是随机的，振幅是起伏的，频率也可能是变化的，等等，这样信号中将含有一个或一个以上的未知参量，这些未知参量可能是未知非随机的，也可能是随机参量。因此，当接收信号的概率密度函数含有未知参量时，最佳检测系统的设计在实际应用中是非常常见和重要的。这就要求把简单假设检验的概念做进一步推广，使其适用于参量信号的情况，这就是统计学中的复合假设检验。复合假设检验有两种主要的方法。第一种方法是把未知参数看作随机变量的一个现实，并给它指定一个先验的概率密度函数，称为贝叶斯方法。第二种方法是首先用最大似然估计方法估计未知参量，再用似然比检验的方法，称为广义似然比检验(GLRT，Generalized Likelihood Ratio Test)。贝叶斯方法要求未知参数的先验知识，而广义似然比检验则不需要。在实际中，由于广义似然比检验实现起来容易且严格的假定较少，因此其应用也更广泛。而贝叶斯方法则要求多重积分，闭合形式的解通常是不可能的。本节讨论贝叶斯方法，4.4 节将讨论广义似然比检验方法。

4.3.1　贝叶斯方法原理

所谓参量信号统计检测的贝叶斯方法，就是在未知参数 θ_i 为参数的观测量 $\boldsymbol{x}$ 的概率密度函数 $p(\boldsymbol{x}|\theta_i,H_i)$ 的基础上，根据未知参数 θ_i 的概率密度函数 $p(\theta_i)(i=0,1)$ 完成参量信号的统计检测。此时，θ_i 为在观测时间内不随时间变化的随机参量，检测的信号为随机参量信号。因为对于信号检测问题，关心的是判决假设 H_0 成立，还是判决 H_1 成立，而对于信号参量 θ_0 和 θ_1 具体取何值并不感兴趣，所以在已知随机信号参量 θ_0 和 θ_1 的先验概率密度函数 $p(\theta_0)$ 和 $p(\theta_1)$ 的情况下，可以采用统计平均的方法去掉随机参量信号的随机性。具体地说，用 $p(\boldsymbol{x},\theta_i \mid H_i)$ 表示 H_i 为真，信号含随机参量 θ_i 时，接收信号 $x(t)$ 与 θ_i 的联合概率密度函数。根据贝叶斯公式，有

$$p(\boldsymbol{x},\theta_i \mid H_i)=p(\boldsymbol{x} \mid H_i,\theta_i)p(\theta_i \mid H_i) \tag{4.3.1}$$

因为 $p(\theta_i \mid H_i)=p(\theta_i)$，所以式(4.3.1)可写成

$$p(\boldsymbol{x},\theta_i \mid H_i)=p(\boldsymbol{x} \mid H_i,\theta_i)p(\theta_i) \tag{4.3.2}$$

式中，$p(\boldsymbol{x} \mid H_i,\theta_i)$ 表示当 H_i 为真，且 θ_i 给定时，$x(t)$ 的条件概率密度函数。

当 H_i 为真时，$x(t)$ 的似然函数

$$p(\boldsymbol{x} \mid H_i)=\int_{\theta_i} p(\boldsymbol{x},\theta_i \mid H_i)\mathrm{d}\theta_i=\int_{\theta_i} p(\boldsymbol{x} \mid H_i,\theta_i)p(\theta_i)\mathrm{d}\theta_i \tag{4.3.3}$$

这样，通过求 $p(\boldsymbol{x} \mid H_i,\theta_i)$ 统计平均的方法去掉了 θ_i 的随机性，使 $p(\boldsymbol{x} \mid H_i)$ 的统计特性相当于确知信号的情况。于是随机信号参量下的似然比为

$$\lambda(\boldsymbol{x})=\frac{p(\boldsymbol{x} \mid H_1)}{p(\boldsymbol{x} \mid H_0)}=\frac{\int_{\theta_1} p(\boldsymbol{x} \mid H_1,\theta_1)p(\theta_1)\mathrm{d}\theta_1}{\int_{\theta_0} p(\boldsymbol{x} \mid H_0,\theta_0)p(\theta_0)\mathrm{d}\theta_0} \tag{4.3.4}$$

式(4.3.4)等号右边的分子与分母是两种假设下的平均(对参量而言)似然函数,因此式(4.3.4)叫作平均似然比,似然比门限可根据所采用的判决准则确定。这种情况也可以退化为假设 H_1 是复合的,而假设 H_0 是简单的,如判断信号有无的二元假设检验。在这种情况下,似然比

$$\lambda(\boldsymbol{x})=\frac{p(\boldsymbol{x}\mid H_1)}{p(\boldsymbol{x}\mid H_0)}=\frac{\int_{\theta}p(\boldsymbol{x}\mid H_1,\theta)p(\theta)\mathrm{d}\theta}{p(\boldsymbol{x}\mid H_0)}\tag{4.3.5}$$

注意,统计平均要求的积分可能是多重积分,这取决于未知参量的维数。可见,当随机参量的先验概率密度已知时,即在统计平均的意义上去掉了参量的随机性,复合假设检验可以化为简单假设检验,其区别在于似然函数的求法不同。

4.3.2 高斯白噪声中随机相位信号波形检测

下面讨论高斯白噪声背景中随机相位信号波形的检测,这不仅是因为随机相位信号是最常遇到的一种随机参量信号,而且在研究信号的其他参量的随机性问题时,都把相位作为随机参量来处理,这通常也是符合实际情况的。

设信号是雷达或声呐系统目标的回波。两种假设下的接收信号 $x(t)$ 分别为

$$\left.\begin{aligned}&H_0:x(t)=n(t), && 0\leqslant t\leqslant T\\&H_1:x(t)=A\sin(\omega t+\theta)+n(t), && 0\leqslant t\leqslant T\end{aligned}\right\}\tag{4.3.6}$$

式中,振幅 A 和频率 ω 已知,并满足 $\omega T=2m\pi$,m 为正整数;相位 θ 是随机变量,它服从均匀分布

$$p(\theta)=\begin{cases}\dfrac{1}{2\pi}, & 0\leqslant\theta\leqslant 2\pi\\0, & \text{其他}\end{cases}\tag{4.3.7}$$

噪声 $n(t)$ 是均值为零、功率谱密度为 $N_0/2$ 的高斯白噪声。

1. 判决表示式

为了设计接收机,先求似然函数和似然比。

当 H_0 为真时,只有噪声,采用4.2节的方法,首先假定 $n(t)$ 是限带白噪声,并以 $\Delta t=\dfrac{1}{2F}$ 采样,得 N 个独立样本,求得观测值的多维条件概率密度函数

$$p(\boldsymbol{x}\mid H_0)=\left(\frac{1}{\sqrt{2\pi}\,\sigma_n}\right)^N\exp\left(-\frac{1}{2\sigma_n^2}\sum_{k=1}^{N}x_k^2\right)\tag{4.3.8}$$

因为 $\sigma_n^2=\dfrac{N_0}{2\Delta t}$,令 $\Delta t\to 0,N\to\infty,N\Delta t=T$,得连续观测的似然函数

$$p(\boldsymbol{x}\mid H_0)=\left(\frac{1}{\sqrt{2\pi}\,\sigma_n}\right)^N\exp\left(-\frac{1}{N_0}\int_0^T x^2(t)\mathrm{d}t\right)\tag{4.3.9}$$

当 H_1 为真时,由式(4.3.3)可知,为了求出 $p(\boldsymbol{x}\mid H_1)$,必须先求 $p(\boldsymbol{x}\mid H_1,\theta)$,当 θ 给定时,$A\sin(\omega t+\theta)$ 就变成确知信号,这样 $E[x(t)\mid\theta]=A\sin(\omega t+\theta)$,$D[x(t)\mid\theta]=\sigma_n^2=\dfrac{N_0}{2\Delta t}$,因而

$$p(\boldsymbol{x}\mid H_1,\theta)=\left(\frac{1}{\sqrt{2\pi}\,\sigma_n}\right)^N\exp\left(-\frac{1}{2\sigma_n^2}\sum_{k=1}^{N}[x_k-A\sin(\omega k\Delta t+\theta)]^2\right)\xlongequal{\text{连续观测}}$$

$$\left(\frac{1}{\sqrt{2\pi}\,\sigma_n}\right)^N\exp\left(-\frac{1}{N_0}\int_0^T[x(t)-A\sin(\omega t+\theta)]^2\mathrm{d}t\right)\tag{4.3.10}$$

所以

$$p(\boldsymbol{x} \mid H_1) = \int_\theta p(\boldsymbol{x} \mid H_1, \theta) p(\theta) \mathrm{d}\theta =$$

$$\left(\frac{1}{\sqrt{2\pi}\sigma_n}\right)^N \int_0^{2\pi} \exp\left(-\frac{1}{N_0}\int_0^T [x(t) - A\sin(\omega t + \theta)]^2 \mathrm{d}t\right) \frac{1}{2\pi} \mathrm{d}\theta \tag{4.3.11}$$

对于窄带信号，射频正弦波的周期远小于持续时间，即 $T \gg 2\pi/\omega$，则

$$\int_0^T A^2 \sin^2(\omega t + \theta) \mathrm{d}t = \frac{A^2 T}{2} - \frac{\sin 2(\omega T + \theta) - \sin 2\theta}{4\omega} = \frac{A^2 T}{2}$$

最后有

$$p(\boldsymbol{x} \mid H_1) = \left(\frac{1}{\sqrt{2\pi}\sigma_n}\right)^N \exp\left(-\frac{A^2 T}{2N_0}\right) \exp\left(-\frac{1}{N_0}\int_0^T x^2(t) \mathrm{d}t\right) \cdot$$

$$\frac{1}{2\pi}\int_0^{2\pi} \exp\left(\frac{2A}{N_0}\int_0^T x(t)\sin(\omega t + \theta) \mathrm{d}t\right) \mathrm{d}\theta \tag{4.3.12}$$

其似然比判决式

$$\lambda(\boldsymbol{x}) = \frac{p(\boldsymbol{x} \mid H_1)}{p(\boldsymbol{x} \mid H_0)} = \frac{1}{2\pi}\exp\left[-\frac{A^2 T}{2N_0}\right]\int_0^{2\pi} \exp\left\{\frac{2A}{N_0}\int_0^T x(t)\sin(\omega t + \theta)\mathrm{d}t\right\} \mathrm{d}\theta \underset{H_0}{\overset{H_1}{\gtrless}} \lambda_0 \tag{4.3.13}$$

将式(4.3.13)积分号内的指数项化简，得

$$\int_0^T x(t)\sin(\omega t + \theta)\mathrm{d}t = \int_0^T x(t)\sin\omega t\cos\theta \mathrm{d}t + \int_0^T x(t)\cos\omega t\sin\theta \mathrm{d}t$$

令

$$\int_0^T x(t)\sin\omega t \mathrm{d}t = q\cos\theta_0 \tag{4.3.14}$$

$$\int_0^T x(t)\cos\omega t \mathrm{d}t = q\sin\theta_0 \tag{4.3.15}$$

则

$$\int_0^T x(t)\sin(\omega t + \theta)\mathrm{d}t = q\cos(\theta - \theta_0)$$

代入式(4.3.13)，得出似然比

$$\lambda(\boldsymbol{x}) = \exp\left(-\frac{A^2 T}{2N_0}\right)\frac{1}{2\pi}\int_0^{2\pi} \exp\left[\frac{2A}{N_0}q\cos(\theta - \theta_0)\right]\mathrm{d}\theta$$

利用第一类零阶修正贝塞尔函数的定义式，可

$$\mathrm{I}_0(x) = \frac{1}{2\pi}\int_0^{2\pi} \exp[x\cos(\theta - \theta_0)]\mathrm{d}\theta, \quad x \geqslant 0$$

得

$$\lambda(\boldsymbol{x}) = \exp\left(-\frac{A^2 T}{2N_0}\right)\mathrm{I}_0\left(\frac{2Aq}{N_0}\right) \tag{4.3.16}$$

判决式为

$$\lambda(\boldsymbol{x}) = \exp\left(-\frac{A^2 T}{2N_0}\right)\mathrm{I}_0\left(\frac{2Aq}{N_0}\right) \underset{H_0}{\overset{H_1}{\gtrless}} \lambda_0 \tag{4.3.17}$$

或改写成

$$\mathrm{I}_0\left(\frac{2Aq}{N_0}\right) \underset{H_0}{\overset{H_1}{\gtrless}} \lambda_0 \exp\left(\frac{A^2 T}{2N_0}\right)$$

由于修正的零阶贝塞尔函数 $\mathrm{I}_0(x)$ 为 x 的单调增函数,因此可选择 q 作为检验统计量,其判决式

$$q \underset{H_0}{\overset{H_1}{\gtrless}} \frac{N_0}{2A}\mathrm{arcI}_0\left(\lambda_0 \mathrm{e}^{\frac{A^2T}{2N_0}}\right)=\eta,\quad q\geqslant 0 \tag{4.3.18}$$

或者

$$q^2 \underset{H_0}{\overset{H_1}{\gtrless}} \eta^2,\quad q\geqslant 0$$

其中

$$q^2=\left(\int_0^T x(t)\sin\ \omega t\,\mathrm{d}t\right)^2+\left(\int_0^T x(t)\cos\ \omega t\,\mathrm{d}t\right)^2 \tag{4.3.19}$$

可见,q 是 $x(t)$ 的非线性函数。只要对输入信号进行处理,计算出 q,并与门限 η 比较,就构成最佳检测系统。

2. 接收机结构

式(4.3.19)表示为了得到检验统计量 q^2,接收机应当完成的运算。完成这种运算的接收机如图 4.3.1 所示,它由两路相互正交的相关器构成,通常这种检测系统称为正交接收机。正交接收机的结构可以这样解释:把随机相位信号 $\sin(\omega t+\theta)=\cos\theta\sin\omega t+\sin\theta\cos\omega t$ 看成是两个随机幅度的正交信号之和。由于在观测期间,θ 是恒定值,所以两个正交信号可以用两个相关器来接收,相关器的本地信号分别是 $\sin\omega t$ 和 $\cos\omega t$。另外,由于相关器的输出与随机相位 θ 有关,所以不应在相关器之后立即采用门限比较。但若将两个相关器的输出平方之后再相加,得到的 q^2 就与 θ 无关,就可以进行门限比较。

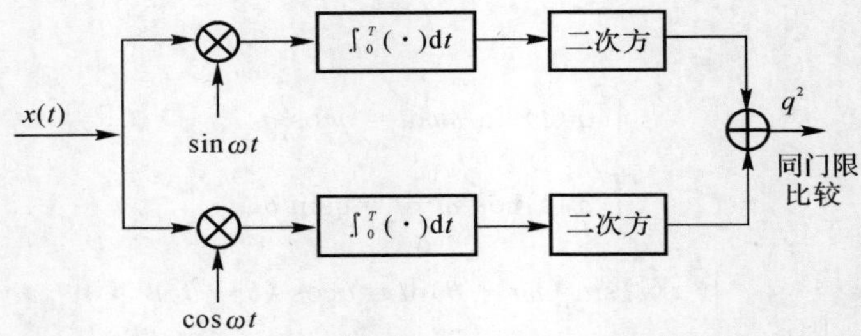

图 4.3.1　正交接收机结构

现在可以导出正交接收机的两种等效形式。第一种等效形式是以匹配滤波器代替相关器得到的。通过上面的讨论知道,对于参考信号为 $s(t)(0\leqslant t\leqslant T)$ 的相关器,可以由冲激响应函数为 $h(t)=s(T-t)(0\leqslant t\leqslant T)$ 并在 $t=T$ 时刻对输出抽样的匹配滤波器来代替。现在的情况是两个相关器的本地参考信号分别为 $\sin\omega t$ 和 $\cos\omega t(0\leqslant t\leqslant T)$。因此图 4.3.1 的正交接收机可用图 4.3.2 的等效接收机来代替。

正交接收机的另一种等效形式更为重要。假定有一个与信号 $\sin(\omega t+\theta)$ 相匹配的滤波器,其冲激响应 $h(t)=\sin[\omega(T-t)+\theta](0\leqslant t\leqslant T)$,当观测波形 $x(t)$ 输入该滤波器时,其输出 $y(t)$ 为

$$y(t)=\int_0^t x(\lambda)h(t-\lambda)\mathrm{d}\lambda=\int_0^t x(\lambda)\sin[\omega(T-t+\lambda)+\theta]\mathrm{d}\lambda=$$
$$\sin[\omega(T-t)+\theta]\int_0^t x(\lambda)\cos\ \omega\lambda\,\mathrm{d}\lambda+\cos[\omega(T-t)+\theta]\int_0^t x(\lambda)\sin\ \omega\lambda\,\mathrm{d}\lambda \tag{4.3.20}$$

当 $t=T$ 时，$y(t)$ 的包络值为

$$|y(T)|=\left[\left(\int_0^T x(\lambda)\cos\omega\lambda\,\mathrm{d}\lambda\right)^2+\left(\int_0^T x(\lambda)\sin\omega\lambda\,\mathrm{d}\lambda\right)^2\right]^{1/2} \tag{4.3.21}$$

这正好就是式(4.3.19)中的 q，$y(t)$ 的包络与 θ 无关。因此滤波器可设成与具有任意相位（如 $\theta=0$）的信号相匹配，其后接一个包络检波器，它在 $t=T$ 时刻的输出就是检验统计量 q。这种匹配滤波器加包络检波器的组合常称为非相干匹配滤波器，如图 4.3.3 所示。因为相位匹配是任意的，所以在图 4.3.3 中可以使用对 $\sin\omega t$ 或 $\cos\omega t$ 的匹配滤波器。

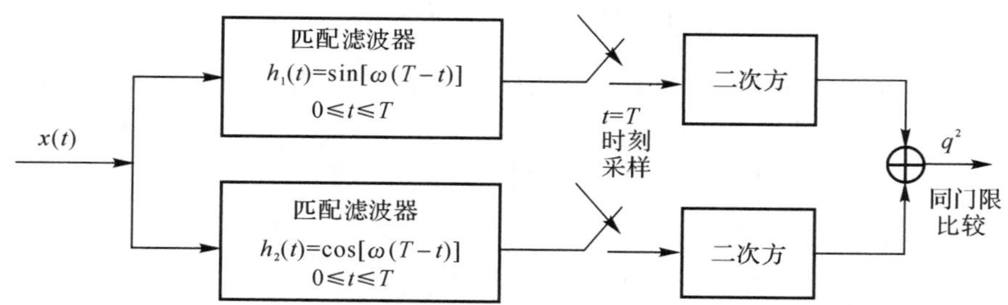

图 4.3.2　正交接收机的等效形式 —— 两路匹配滤波器

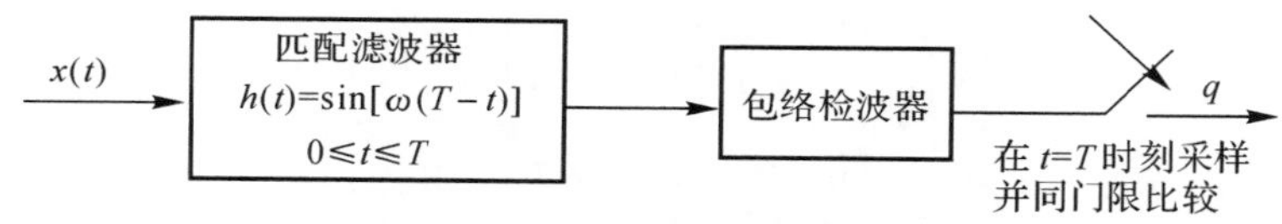

图 4.3.3　非相干匹配滤波器结构

在讨论匹配滤波器性质中曾指出，匹配滤波器对于信号的延迟时间有适应性。对于频率为 ω 的正（余）弦信号，频率 ω 乘时延就是相位量，因此在此等效为对任意相位的信号有适应性，即上述滤波器对于任何相位的信号都是匹配的。虽然在 T 时刻输出的信号峰值随 θ 的不同有些前后移动，但是观测时间远大于射频周期，即 $T\gg 2\pi/\omega$，其包络值在一个信号射频周期内增加量是很小的。因此，可用除相位外与信号相匹配的滤波器后接包络检波器，在 $t=T$ 时输出 q，进行检测。

3. 接收机性能

在获得检验统计量和接收机结构以后，来计算正交接收机的工作特性，也就是求接收机的检测概率和虚警概率及其相互关系。因为检验统计量 $q=(q_c^2+q_s^2)^{1/2}$，则

$$q_c=\int_0^T x(t)\sin\omega t\,\mathrm{d}t=q\cos\theta_0$$

$$q_s=\int_0^T x(t)\cos\omega t\,\mathrm{d}t=q\sin\theta_0$$

要确定 q 的概率密度函数，必须先知道 q_c 和 q_s 概率密度函数。因为噪声是高斯分布的，所以 q_c 和 q_s 也是高斯分布的随机变量。由第 2 章的内容可以预料，q 具有莱斯(Rice)分布密度函数。由于 q_c 和 q_s 服从高斯分布，其密度函数可由各自的均值和方差唯一地确定。现在先来计算在 H_0 和 H_1 假定条件下它们的均值和方差。

在 H_0 假设下 $x(t)=n(t)$，q_c 和 q_s 的均值

$$E_0[q_c]=E_0[q_s]=E_0\left[\int_0^T x(t)\sin\omega t\,\mathrm{d}t\right]=E_0\left[\int_0^T x(t)\cos\omega t\,\mathrm{d}t\right]=$$

$$\int_0^T E_0[x(t)]\cos \omega t\,\mathrm{d}t=\int_0^T E_0[n(t)]\cos \omega t\,\mathrm{d}t=0 \tag{4.3.22}$$

q_c 的方差

$$\begin{aligned}D_0[q_c]&=E[q_c^2]-E^2[q_c]=E\left[\left(\int_0^T n(t)\sin \omega t\,\mathrm{d}t\right)^2\right]=\\&E\left[\int_0^T\int_0^T n(t_1)n(t_2)\sin \omega t_1\sin \omega t_2\,\mathrm{d}t_1\mathrm{d}t_2\right]=\\&\left[\int_0^T\int_0^T R(t_2-t_1)\sin \omega t_1\sin \omega t_2\,\mathrm{d}t_1\mathrm{d}t_2\right]\end{aligned}$$

由于噪声是高斯白噪声，其自相关函数 $R(t_2-t_1)=\dfrac{N_0}{2}\delta(t_2-t_1)$，代入上式得

$$D_0[q_c]=\frac{N_0}{2}\int_0^T \sin^2 \omega t\,\mathrm{d}t \xlongequal{\omega T=k\pi} \frac{N_0 T}{4}=\sigma_T^2 \tag{4.3.23}$$

同理，可得

$$D_0[q_s]=\frac{N_0 T}{4}=\sigma_T^2 \tag{4.3.24}$$

所以 q_c 和 q_s 的概率密度函数

$$\left.\begin{aligned}p(q_c\,|\,H_0)&=\frac{1}{\sqrt{2\pi}\,\sigma_T}\exp\left[-\frac{q_c^2}{2\sigma_T^2}\right]\\p(q_s\,|\,H_0)&=\frac{1}{\sqrt{2\pi}\,\sigma_T}\exp\left[-\frac{q_s^2}{2\sigma_T^2}\right]\end{aligned}\right\} \tag{4.3.25}$$

因为 q_c 和 q_s 相互正交，且服从高斯分布，相互正交即统计独立，所以 q_c 和 q_s 的联合概率密度函数为

$$p[q_c,q_s\,|\,H_0]=p(q_c\,|\,H_0)p(q_s\,|\,H_0)=\frac{1}{2\pi\sigma_T^2}\exp\left[-\frac{q_c^2+q_s^2}{2\sigma_T^2}\right] \tag{4.3.26}$$

现在由变量 (q_c,q_s) 变换到变量 (q,θ_0)，二者之间的关系为

$$\begin{cases}q_c=q\cos\theta_0\\q_s=q\sin\theta_0\end{cases}$$

变换的雅可比式是

$$|J|=\begin{vmatrix}\dfrac{\partial q_c}{\partial q} & \dfrac{\partial q_c}{\partial \theta_0}\\ \dfrac{\partial q_s}{\partial q} & \dfrac{\partial q_s}{\partial \theta_0}\end{vmatrix}=\begin{vmatrix}\cos\theta_0 & -q\sin\theta_0\\ \sin\theta_0 & q\cos\theta_0\end{vmatrix}=q \tag{4.3.27}$$

故 q 和 θ_0 的联合概率密度函数

$$p(q,\theta_0\,|\,H_0)=\frac{q}{2\pi\sigma_T^2}\exp\left(-\frac{q^2}{2\sigma_T^2}\right) \tag{4.3.28}$$

对 θ_0 从 0 到 2π 积分，得到 q 的条件概率密度函数

$$p(q\,|\,H_0)=\int_0^{2\pi}p(q,\theta_0\,|\,H_0)\mathrm{d}\theta_0=\frac{q}{\sigma_T^2}\exp\left(-\frac{q^2}{2\sigma_T^2}\right),\quad q\geqslant 0 \tag{4.3.29}$$

此时，q 是瑞利分布。

在 H_1 假设下 $x(t)=A\sin(\omega t+\theta)+n(t)$，可用与上面相同的方法求得 q_c 和 q_s 的均值和方差。

$$E_1[q_c\mid H_1,\theta]=E\left\{\int_0^T[A\sin(\omega t+\theta)+n(t)]\sin\omega t\,\mathrm{d}t\right\}=\frac{AT}{2}\cos\theta$$

同理,可得

$$E_1[q_s\mid H_1,\theta]=\frac{AT}{2}\sin\theta$$

$$D_1[q_c\mid H_1,\theta]=D_1[q_s\mid H_1,\theta]=\frac{N_0T}{4}=\sigma_T^2$$

因为 q_s,q_c 相互独立,得

$$p[q_s,q_c\mid H_1,\theta]=$$

$$\frac{1}{2\pi\sigma_T^2}\exp\left\{-\frac{1}{2\sigma_T^2}\left[\left(q_c-\frac{AT}{2}\cos\theta\right)^2+\left(q_s-\frac{AT}{2}\sin\theta\right)^2\right]\right\}=$$

$$\frac{1}{2\pi\sigma_T^2}\exp\left\{-\frac{1}{2\sigma_T^2}\left[q^2+\left(\frac{AT}{2}\right)^2\right]\right\}\exp\left[\frac{ATq}{2\sigma_T^2}\cos(\theta-\theta_0)\right]\tag{4.3.30}$$

由变量(q_c,q_s)变换到变量(q,θ_0),得

$$p(q,\theta_0\mid H_1,\theta)=$$

$$\frac{q}{2\pi\sigma_T^2}\exp\left\{-\frac{1}{2\sigma_T^2}\left[q^2+\left(\frac{AT}{2}\right)^2\right]\right\}\exp\left[\frac{ATq}{2\sigma_T^2}\cos(\theta-\theta_0)\right]\tag{4.3.31}$$

求其边缘分布:

$$p[q\mid H_1,\theta]=\int_0^{2\pi}p[q,\theta_0\mid H_1,\theta]\mathrm{d}\theta_0=$$

$$\frac{q}{\sigma_T^2}\exp\left\{-\frac{1}{2\sigma_T^2}\left[q^2+\left(\frac{AT}{2}\right)^2\right]\right\}\frac{1}{2\pi}\int_0^{2\pi}\exp\left[\frac{ATq}{2\sigma_T^2}\cos(\theta-\theta_0)\right]\mathrm{d}\theta_0=$$

$$\frac{q}{\sigma_T^2}\exp\left\{-\frac{1}{2\sigma_T^2}\left[q^2+\left(\frac{AT}{2}\right)^2\right]\right\}\mathrm{I}_0\left(\frac{ATq}{2\sigma_T^2}\right)\tag{4.3.32}$$

它与 θ 无关,因此 $p(q\mid H_1)$ 就是 $p(q\mid H_1,\theta)$:

$$p[q\mid H_1]=\frac{q}{\sigma_T^2}\exp\left\{-\frac{1}{2\sigma_T^2}\left[q^2+\left(\frac{AT}{2}\right)^2\right]\right\}\mathrm{I}_0\left(\frac{ATq}{2\sigma_T^2}\right)\tag{4.3.33}$$

现在可以计算虚警概率和检测概率,从而导出接收机工作特性。

$$P_\mathrm{F}=\int_\eta^\infty p(q\mid H_0)\mathrm{d}q=\int_\eta^\infty\frac{q}{\sigma_T^2}\exp\left(-\frac{q^2}{2\sigma_T^2}\right)\mathrm{d}q=\exp\left(-\frac{\eta^2}{2\sigma_T^2}\right)\tag{4.3.34}$$

检测门限 η 由采用的判决准则来决定。若采用奈曼-皮尔逊准则,应根据给定的 P_F,由式(4.3.34)确定门限 η。检测概率

$$P_\mathrm{D}=\int_\eta^\infty p(q\mid H_1)\mathrm{d}q=\int_\eta^\infty\frac{q}{\sigma_T^2}\exp\left(-\frac{q^2+(AT/2)^2}{2\sigma_T^2}\right)\mathrm{I}_0\left(\frac{ATq}{2\sigma_T^2}\right)\mathrm{d}q\tag{4.3.35}$$

令 $Z=\dfrac{q}{\sigma_\mathrm{T}},\sigma_T^2=\dfrac{N_0T}{4}$,得

$$\left(\frac{AT}{2}\right)^2\Big/\sigma_T^2=\frac{A^2T}{N_0}=\frac{2E_\mathrm{s}}{N_0}$$

上式中 E_s 为信号 $A\sin(\omega t+\theta)$ 的能量。即

$$E_\mathrm{s}=\int_0^TA^2\sin^2(\omega t+\theta)\mathrm{d}t=\frac{A^2T}{2}$$

代入式(4.3.35),可得

$$P_{\mathrm{D}}=\int_{\frac{\eta}{\sigma_T}}^{\infty} Z\exp\left\{-\frac{1}{2}\left[Z^2+\left(\sqrt{\frac{2E_{\mathrm{s}}}{N_0}}\right)^2\right]\right\}\mathrm{I}_0\left(\sqrt{\frac{2E_{\mathrm{s}}}{N_0}}Z\right)\mathrm{d}Z \tag{4.3.36}$$

这是个马库姆（Marcum）函数，它的表达形式为

$$Q(\alpha,\beta)=\int_{\beta}^{\infty} Z\exp\left(-\frac{Z^2+\alpha^2}{2}\right)\mathrm{I}_0(\alpha Z)\mathrm{d}Z \tag{4.3.37}$$

其值可查表得出，则 P_{D} 用马库姆函数可表示为

$$P_{\mathrm{D}}=Q\left(\sqrt{\frac{2E_{\mathrm{s}}}{N_0}},\frac{\eta}{\sigma_T}\right) \tag{4.3.38}$$

如果用虚警概率 P_{F} 来表示，由式(4.3.34)得到

$$\frac{\eta}{\sigma_T}=\sqrt{-2\ln P_{\mathrm{F}}}$$

故

$$P_{\mathrm{D}}=Q\left(\sqrt{\frac{2E_{\mathrm{s}}}{N_0}},\sqrt{-2\ln P_{\mathrm{F}}}\right)=Q(\sqrt{r},\sqrt{-2\ln P_{\mathrm{F}}}) \tag{4.3.39}$$

式中，$r=\frac{2E_{\mathrm{s}}}{N_0}$ 是接收机的输出信噪比，如果给出不同的 r 和 P_{F} 可查表得 P_{D} 值。

以信噪比 r 为参量，做出 P_{D} 随 P_{F} 变化的曲线，就是正交接收机的工作特性，如图4.3.4所示。为了比较，图中还画出了确知信号的相应曲线。由图可看出，在相同的 P_{D} 和 P_{F} 下，检测随机相位信号所需的输出信噪比大于检测确知信号所需信噪比，这是由于随机相位信号相位的随机性，它是统计平均意义上的最佳处理，因而在某个固定的 P_{F} 下，与确知信号相比，为获得相同的 P_{D}，随机相位检测时，信噪比需要增加，但增加量不大。

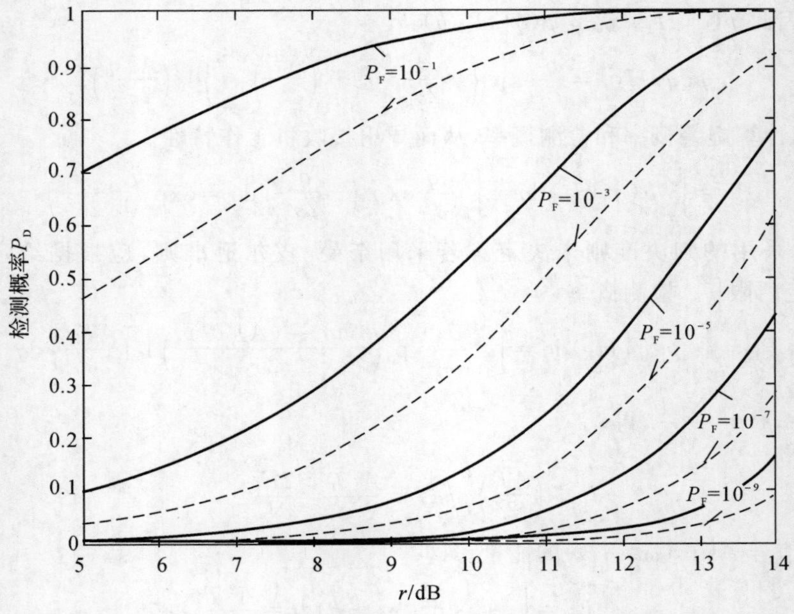

图 4.3.4　随机相位信号的接收机工作特性曲线

———:确知信号；------:随机相位信号

4.3.3　高斯白噪声中振幅和相位信号波形检测

在雷达或声呐中，固定目标反射的回波，不但相位是随机的，而且振幅也是一个随机变量。由于回波是许多振幅和相位随机的散射正弦波的矢量和，可以看作是高斯随机过程，其包络服从瑞利分布，常称为瑞利衰落信号，用 $s(t,A,\theta)$ 表示。

假定 $s(t,A,\theta)=A\sin(\omega t+\theta)$，其中 A 和 θ 是相互独立的随机变量，ω 为已知的常量。

作两种假设：

$$\left.\begin{aligned} &H_0: x(t)=n(t) \\ &H_1: x(t)=A\sin(\omega t+\theta)+n(t), \quad 0\leqslant t\leqslant T \end{aligned}\right\} \tag{4.3.40}$$

式中，噪声 $n(t)$ 是均值为零、功率谱密度为 $N_0/2$ 的高斯白噪声。θ,A 的先验概率密度函数分别为

$$p(\theta)=\begin{cases} \dfrac{1}{2\pi}, & 0\leqslant\theta\leqslant 2\pi \\ 0, & \text{其他} \end{cases} \tag{4.3.41}$$

$$p(A)=\frac{A}{A_0^2}\exp\left[-\frac{A^2}{2A_0^2}\right], \quad A\geqslant 0 \tag{4.3.42}$$

式中，A_0 是由衰落特性决定的常数。

1. 判决表示式

由于 H_1 是复合假设，H_0 为简单假设，A,θ 相互独立，其似然比

$$\lambda(\boldsymbol{x})=\frac{\int_A\int_\theta p(\boldsymbol{x}\mid H_1,A,\theta)p(\theta)p(A)\mathrm{d}\theta\mathrm{d}A}{p(\boldsymbol{x}\mid H_0)} \tag{4.3.43}$$

采用与随机相位信号检测相同的方法，可以得到条件似然比

$$\lambda(\boldsymbol{x}\mid A)=\frac{\int_\theta p(\boldsymbol{x}\mid H_1,A,\theta)p(\theta)\mathrm{d}\theta}{p(\boldsymbol{x}\mid H_0)}=\exp\left(-\frac{A^2T}{2N_0}\right)\mathrm{I}_0\left(\frac{2Aq}{N_0}\right) \tag{4.3.44}$$

其似然比

$$\begin{aligned} \lambda(\boldsymbol{x})&=\int_A\lambda(\boldsymbol{x}\mid A)p(A)\mathrm{d}A= \\ &\int_0^\infty\exp\left(-\frac{A^2T}{2N_0}\right)\mathrm{I}_0\left(\frac{2Aq}{N_0}\right)\frac{A}{A_0^2}\exp\left(-\frac{A^2}{2A_0^2}\right)\mathrm{d}A= \\ &\int_0^\infty\frac{A}{A_0^2}\exp\left[-\left(\frac{T}{2N_0}+\frac{1}{2A_0^2}\right)A^2\right]\mathrm{I}_0\left(\frac{2Aq}{N_0}\right)\mathrm{d}A \end{aligned} \tag{4.3.45}$$

利用特殊积分公式

$$\int_0^\infty x\exp(-\nu x^2)\mathrm{I}_0(\mu x)\mathrm{d}x=\frac{1}{2\nu}\exp\left(\frac{\mu^2}{4\nu}\right) \tag{4.3.46}$$

可得

$$\lambda(\boldsymbol{x})=\frac{N_0}{N_0+A_0^2T}\exp\left[\frac{2A_0^2q^2}{N_0(N_0+A_0^2T)}\right] \tag{4.3.47}$$

对式(4.3.47)取对数，可得判决式

$$\ln\frac{N_0}{N_0+A_0^2T}+\frac{2A_0^2q^2}{N_0(N_0+A_0^2T)}\underset{H_0}{\overset{H_1}{\gtrless}}\ln\lambda_0 \tag{4.3.48}$$

用 q 作为检验统计量，可写成

$$q \underset{H_0}{\overset{H_1}{\gtrless}} \left\{\frac{N_0(N_0+A_0^2T)}{2A_0^2}\ln\left[\frac{\lambda_0(N_0+A_0^2T)}{N_0}\right]\right\}^{1/2}=\eta \tag{4.3.49}$$

可见，最佳接收机的结构与随机相位信号的检测系统是一样的，仍可用上面讨论的三种结构中的任意一种来实现，区别在于检测门限不同。这表示信号振幅的随机性不影响最佳检测系统的结构，从而不影响检验统计量的获取，但影响检测门限，因而两种情况下的检测性能将是不一样的。

2. 接收机的工作性能

利用随机相位信号检测时接收机工作性能讨论的结果，可以得到 H_0 条件下检验统计量的条件概率密度函数[见式(4.3.29)]

$$p(q|H_0,A)=\frac{q}{\sigma_T^2}\exp\left(-\frac{q^2}{2\sigma_T^2}\right)$$

因为此式与 A 无关，所以

$$p(q|H_0)=p(q|H_0,A)=\frac{q}{\sigma_T^2}\exp\left(-\frac{q^2}{2\sigma_T^2}\right) \tag{4.3.50}$$

由式(4.3.33) 可得 H_1 条件下检验统计量的条件概率密度函数

$$p(q|H_1,A)=\frac{q}{\sigma_T^2}\exp\left(-\frac{q^2+(AT/2)^2}{2\sigma_T^2}\right)\mathrm{I}_0\left(\frac{ATq}{2\sigma_T^2}\right) \tag{4.3.51}$$

则

$$p(q|H_1)=\int_0^\infty p(q|H_1,A)p(A)\mathrm{d}A \tag{4.3.52}$$

虚警概率为

$$P_\mathrm{F}=\int_\eta^\infty p(q|H_0)\mathrm{d}q=\exp\left(-\frac{\eta^2}{2\sigma_T^2}\right) \tag{4.3.53}$$

检测概率为

$$\begin{aligned}P_\mathrm{D}&=\int_\eta^\infty p(q|H_1)\mathrm{d}q=\\&\int_\eta^\infty\int_0^\infty \frac{q}{\sigma_T^2}\exp\left(-\frac{q^2+(AT/2)^2}{2\sigma_T^2}\right)\mathrm{I}_0\left(\frac{ATq}{2\sigma_T^2}\right)\frac{A}{A_0^2}\exp\left[-\frac{A^2}{2A_0^2}\right]\mathrm{d}A\mathrm{d}q=\\&\exp\left(-\frac{2\eta^2}{T(N_0+A_0^2T)}\right)\end{aligned} \tag{4.3.54}$$

因为信号的幅度是随机变量，其能量也是随 A 变化的，在(0，T) 内信号的能量为 $\frac{A^2T}{2}$，其平均能量为

$$E_{AV}=\int_0^\infty \frac{A^2T}{2}p(A)\mathrm{d}A=\int_0^\infty \frac{A^2T}{2}\,\frac{A}{A_0^2}\exp\left[-\frac{A^2}{2A_0^2}\right]\mathrm{d}A=A_0^2T \tag{4.3.55}$$

所以检测概率可表示为

$$P_\mathrm{D}=\exp\left[-\frac{2\eta^2}{T(N_0+E_{AV})}\right]$$

由式(4.3.53) 和 $\sigma_T^2=\frac{N_0T}{4}$，可以得出 P_D 和 P_F 的关系式

$$P_D = \exp\left[-\frac{2\eta^2}{T(N_0 + E_{AV})}\right] = \exp\left[-\frac{\frac{\eta^2}{2\sigma_T^2}}{1+\frac{E_{AV}}{N_0}}\right] =$$

$$(e^{-\eta^2/2\sigma_T^2})^{\frac{1}{1+r/2}} = P_F^{\frac{1}{1+r/2}} \tag{4.3.56}$$

式中，$r=\frac{2E_{AV}}{N_0}$。

将上述 P_D，P_F 和 r 的关系绘成曲线，可以得到其检测曲线，如图 4.3.5 中所示。

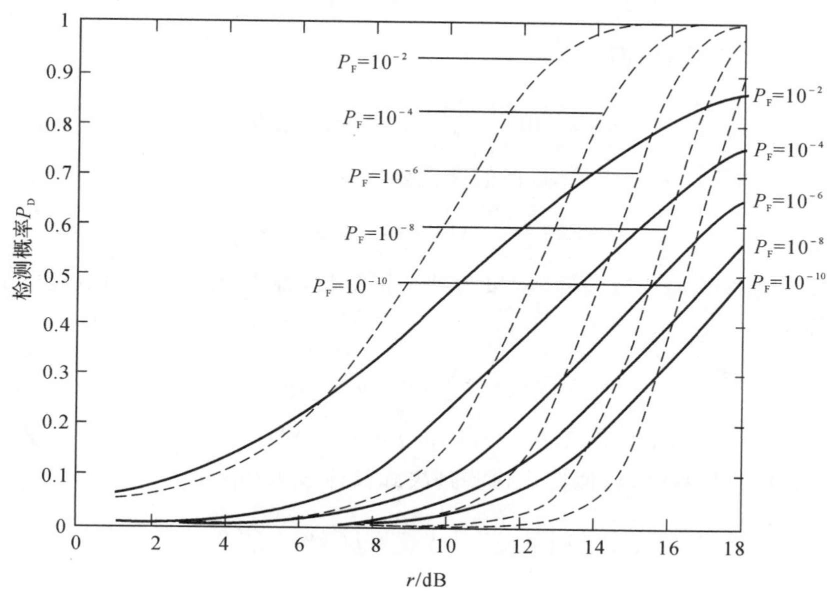

图 4.3.5　随机相位和振幅信号的接收机工作特性曲线

——————：随机振幅和随机相位信号；------：随机相位信号

从图中可以看出，在小的输出信噪比下，随机振幅和相位信号的检测特性和随机相位信号差别不是很大，由于信号幅度的起伏还会稍好些。但在大功率信噪比情况下，随机振幅和相位信号的检测概率比仅是相位随机信号的检测概率小很多，这说明信号包含的随机参量越多，检测效果越差。

4.3.4　高斯白噪声中随机到达频率信号波形检测

从运动目标反射或者转发回来的信号，其频率与发射信号的频率相差一个多普勒频率 $f_d = 2v_r/\lambda$，其中 v_r 为目标运动的径向速度；λ 为系统的工作波长，即 $\lambda = c/f_0$，这里 f_0 为发射信号的频率，声在水中传播的速度 $c = 1\ 500$ m/s，电磁波在自由空间中传播的速度 $c = 3\times 10^8$ m/s。当目标向着雷达或声呐运动时，多普勒频率为正值，接收信号频率高于发射信号频率；而当目标背离雷达或声呐运动时，多普勒频率为负值，接收信号频率低于发射信号频率。由于运动目标的径向速度是未知的，且往往是时变的，所以多普勒频率不仅未知，而且往往是随机变化的，因此需要讨论随机频率信号波形的检测问题，同时，认为信号的相位也是随机的。假定

$$\left.\begin{aligned} H_0 &: x(t) = n(t), & 0 \leqslant t \leqslant T \\ H_1 &: x(t) = A\sin(\omega_s t + \theta) + n(t), & 0 \leqslant t \leqslant T \end{aligned}\right\} \tag{4.3.57}$$

式中，信号 $A\sin(\omega_s t+\theta)$ 的频率 ω_s 是随机的，假定分布在(ω_1,ω_M)之间，其概率密度函数为 $P(\omega_s)$，$\omega_1\leqslant\omega_s\leqslant\omega_M$；信号的相位 θ 是在$(0,2\pi)$上均匀分布的；加性噪声 $n(t)$ 是均值为零、功率谱密度 $P_n(\omega)=N_0/2$ 的高斯白噪声。

首先研究信号检测的判决表示式。在给定的某个信号频率 ω_s 下，利用均匀分布随机相位信号时的似然比表示式，可得出随机频率（相位也随机，且服从均匀分布，下同）信号时的条件似然比为

$$\lambda(\boldsymbol{x}\mid\omega_s)=\exp\left(-\frac{E_s}{N_0}\right)\mathrm{I}_0\left(\frac{2A}{N_0}q\right),\quad q\geqslant 0 \tag{4.3.58}$$

式中，$E_s=\dfrac{A^2T}{2}$ 是信号能量；而

$$q=\left\{\left[\int_0^T x(t)\cos\omega_s t\,\mathrm{d}t\right]^2+\left[\int_0^T x(t)\sin\omega_s t\,\mathrm{d}t\right]^2\right\}^{1/2},\quad q\geqslant 0 \tag{4.3.59}$$

将式(4.3.58)对 ω_s 求统计平均，得似然比函数为

$$\lambda(\boldsymbol{x})=\int_{\omega_1}^{\omega_2}\lambda(\boldsymbol{x}\mid\omega_s)p(\omega_s)\mathrm{d}\omega_s \tag{4.3.60}$$

如果以 $\Delta\omega=(\omega_M-\omega_1)/M$ 为间隔，M 为某个正整数，将式(4.3.60)写成离散形式，积分号变为求和号，则有

$$\lambda(\boldsymbol{x})=\sum_{i=1}^{M}\lambda(\boldsymbol{x}\mid\omega_i)P(\omega_i) \tag{4.3.61}$$

式中，$\omega_i=\omega_1+(i-1)\Delta\omega$，$i=1,2,\cdots,M$；$P(\omega_i)=p(\omega_i)\Delta\omega$。

为了设计信号检测系统，将似然比检测判决式具体表示如下：

$$\lambda(\boldsymbol{x})=\sum_{i=1}^{M}\exp\left(-\frac{E}{N_0}\right)\mathrm{I}_0\left(\frac{2A}{N_0}q_i\right)P(\omega_i)\underset{H_0}{\overset{H_1}{\gtrless}}\eta,\quad q_i\geqslant 0 \tag{4.3.62}$$

式中

$$q_i=\left\{\left[\int_0^T x(t)\cos\omega_i t\,\mathrm{d}t\right]^2+\left[\int_0^T x(t)\sin\omega_i t\,\mathrm{d}t\right]^2\right\}^{1/2}\geqslant 0 \tag{4.3.63}$$

如果直接按式(4.3.62)的判决表示式设计检测系统，则需要 M 条支路，其中第 i 条支路非相干匹配滤波器的中心频率为 ω_i，其包络检波器的输出为 q_i；获得 q_i 后完成对 $\exp\left(-\dfrac{E_s}{N_0}\right)\mathrm{I}_0\left(\dfrac{2A}{N_0}q_i\right)$ 的运算并乘以 $P(\omega_i)$；将各条支路的输出求和得检验统计量 $\lambda(\boldsymbol{x})$；把 $\lambda(\boldsymbol{x})$ 与门限 η 进行比较，从而完成信号状态的判决。显然，这样的检测系统结构是很复杂的。

为了使检测系统的结构比较简单，设计另一种方案。如果随机频率 ω_s 在(ω_1,ω_M)范围内具有 M 个离散的可能值之一，或 ω_s 是连续的随机变量，那么则将其等频率间隔的离散化为 M 个离散频率。这样，对每个离散频率 $\omega_i(i=1,2,\cdots,M)$ 对应地安排一个假设 H_i，没有信号时对应的假设为 H_0，于是做出假设

$$\left.\begin{aligned}&H_0:x(t)=n(t),0\leqslant t\leqslant T\\&H_1:x(t)=a\cos(\omega_1 t+\theta)+n(t),0\leqslant t\leqslant T\\&H_2:x(t)=a\cos(\omega_2 t+\theta)+n(t),0\leqslant t\leqslant T\\&\cdots\cdots\\&H_M:x(t)=a\cos(\omega_M t+\theta)+n(t),0\leqslant t\leqslant T\end{aligned}\right\} \tag{4.3.64}$$

当随机相位 θ 在 $(0,2\pi)$ 上均匀分布，且各离散频率 ω_i 等概率出现时，假设 H_i 对假设 H_0 的似然比

$$\lambda_i(\boldsymbol{x}) = \exp\left(-\frac{E_s}{N_0}\right) I_0\left(\frac{2A}{N_0}q_i\right), \quad q_i \geqslant 0, \quad i=1,2,\cdots,M \tag{4.3.65}$$

设似然比检测门限为 η，如果没有一个 $\lambda_i(\boldsymbol{x})$ 超过门限 η，则判决假设 H_0 成立；否则，判决对应的最大 $\lambda_i(\boldsymbol{x})$ 的假设 H_i 成立。由于 $I_0(u)$ 是 u 的单调函数，所以可等效地用检验统计量 $q_i(i=1,2,\cdots,M)$ 进行门限检测。检验统计量 $q_i(i=1,2,\cdots,M)$ 由匹配滤波器串接包络检波器，并在 $t=T$ 时刻采样获得。如果 M 条支路中最大的 q_i 超过门限

$$\gamma = \frac{N_0}{2A} I_0^{-1}\left[\eta\exp\left(\frac{E_s}{N_0}\right)\right] \tag{4.3.66}$$

则判决对应的假设 H_i 成立；否则如果没有一个 q_i 超过门限 γ，则判决假设 H_0 成立。因此，这种检测系统的结构如图 4.3.6 所示。该检测系统不仅能完成随机频率信号波形的检测，而且可同时对信号的频率进行估计。

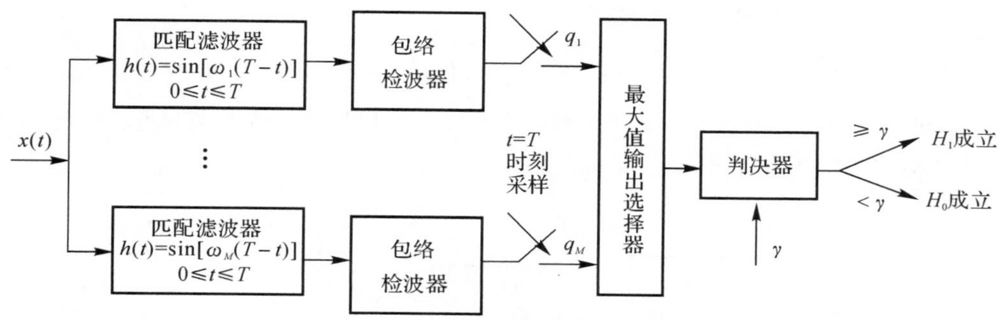

图 4.3.6　随机频率信号检测系统结构

如果信号参量除频率与相位随机外，其振幅还是瑞利衰落的，则最佳检测系统的结构是相同的，但由于要对随机振幅再进行统计平均，所以检测门限将发生变化，参见随机振幅与随机相位信号波形的检测。

最后简要说明随机频率信号的最佳检测系统的性能。如果信号的随机频率 ω_s 随机地取 M 个离散值之一，由于检测系统中的第 i 条支路是对信号频率为 ω_i 的均匀分布随机相位信号的最佳处理，所以，如果某次观测接收信号的频率为 $\omega_i(i=1,2,\cdots,M)$，则 q_i 是 M 条支路中的最佳处理结果，因而最终判决假设 H_i 成立。这样，随机频率信号波形（相位也随机）的检测就检测性能而言，相当于随机相位信号波形检测时的检测性能。如果信号的频率 ω_s 在 (ω_1,ω_M) 范围内是连续的随机变量，则其检测性能与频率离散化间隔 $\Delta\omega=(\omega_M-\omega_1)/M$ 等因素有关，当 $\Delta\omega$ 很小时，其检测性能将接近随机相位信号波形时的结果。

4.3.5　高斯白噪声中随机到达时间信号波形检测

回波的到达时间反映了目标的距离，在探测范围内，目标是否出现以及在什么位置出现都是未知的，因而把回波到达时间作为随机变量来处理是合理的。假设

$$\left.\begin{aligned} H_1: x(t) &= s(t-\tau)+n(t) \\ H_0: x(t) &= n(t) \end{aligned}\quad, \quad 0\leqslant t\leqslant T\right\} \tag{4.3.67}$$

式中，$s(t)=A\sin(\omega t+\theta)$，$0\leqslant t\leqslant T$，$A$ 和 ω 是已知的，θ 在 $(0,2\pi)$ 上均匀分布。到达时间 τ 在 $0\leqslant\tau\leqslant\tau_M$ 的范围内服从均匀分布。

利用均匀分布随机相位信号时的结果，以随机到达时间 τ 为条件的似然比

$$\lambda(\boldsymbol{x}\mid\tau)=\exp\left(-\frac{E_s}{N_0}\right)\mathrm{I}_0\left[\frac{2A}{N_0}q(\tau+T)\right],\quad q(\tau+T)\geqslant 0 \tag{4.3.68}$$

式中，$E_s=\dfrac{A^2T}{2}$ 是信号的能量；$q(\tau+T)$ 是与信号 $\sin\omega(t-\tau)$ 相匹配的滤波器输出包络在 $(\tau+T)$ 时刻的值，且

$$q^2(\tau+T)=\left[\int_{\tau}^{\tau+T}x(t)\cos\omega_0(t-\tau)\mathrm{d}t\right]^2+\left[\int_{\tau}^{\tau+T}x(t)\sin\omega_0(t-\tau)\mathrm{d}t\right]^2,\quad q(\tau+T)\geqslant 0 \tag{4.3.69}$$

将式(4.3.68)对 τ 求统计平均，得似然比为

$$\lambda(\boldsymbol{x})=\int_0^{\tau_M}\lambda(\boldsymbol{x}\mid\tau)p(\tau)\mathrm{d}\tau=\int_T^{\tau_M+T}\exp\left(-\frac{E_s}{N_0}\right)\mathrm{I}_0\left[\frac{2A}{N_0}q(u)\right]p(u-T)\mathrm{d}u \tag{4.3.70}$$

式中，$u=\tau+T$。于是，判决表示式为

$$\lambda(\boldsymbol{x})=\int_T^{\tau_M+T}\exp\left(-\frac{E_s}{N_0}\right)\mathrm{I}_0\left[\frac{2A}{N_0}q(u)\right]p(u-T)\mathrm{d}u\underset{H_0}{\overset{H_1}{\gtrless}}\eta,\quad q(u)\geqslant 0 \tag{4.3.71}$$

式中，$q(u)$ 可由除相位外与信号 $s(t-\tau)$ 相匹配的滤波器加包络检波器来获得。因此，最佳检测系统的结构如图 4.3.7 所示。

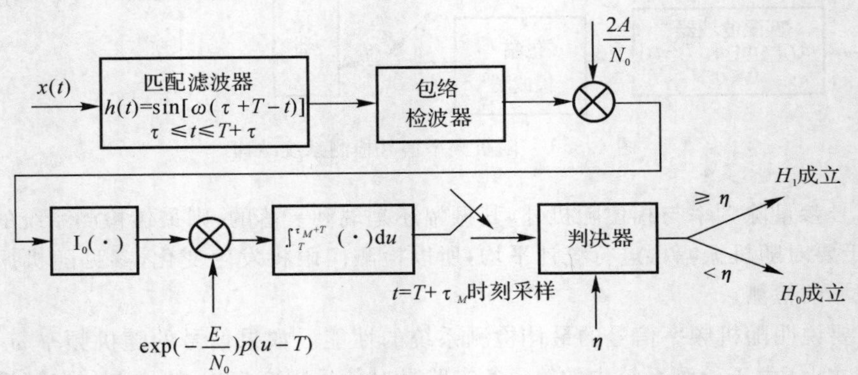

图 4.3.7　随机到达时间信号检测系统结构(Ⅰ)

由上述内容可见，用计算似然比的方法来构成随机时延信号的检测系统是比较复杂的，采用类似于随机频率信号检测时的处理方法，将观测时间 $0\sim\tau_M$ 划分为若干个等间隔的时延 $\tau_i(i=1,2,\cdots,M)$，并给每一个可能的时延安排相应的假设 H_i，没有信号时假设为 H_0，这样，信号模型为采用"多择一"假设检验方法，来确定回波的到达时间。信号模型为

$$
\begin{aligned}
&H_0:x(t)=n(t), && 0\leqslant t\leqslant T\\
&H_1:x(t)=s(t-\tau_1)+n(t), && \tau_1\leqslant t\leqslant\tau_1+T\\
&H_2:x(t)=s(t-\tau_2)+n(t), && \tau_2\leqslant t\leqslant\tau_2+T\\
&\cdots\cdots\\
&H_M:x(t)=s(t-\tau_M)+n(t), && \tau_M\leqslant t\leqslant\tau_M+T
\end{aligned}
$$

对于信号 $s(t)=A\sin(\omega t+\theta)(0\leqslant t\leqslant T)$，随机相位 θ 在 $(0,2\pi)$ 上服从均匀分布，如果各离散到达时间是等概率出现的，则最佳检测系统如图 4.3.8 所示。该检测系统选择 M 条支路中最大的 $q(\tau_i+T)(i=1,2,\cdots,M)$ 与检测门限 γ 进行比较，如果它大于等于检测门限 γ，则判决相应的假设 H_i 成立；否则，若没有一个大于等于门限 γ，则判决假设 H_0 成立。

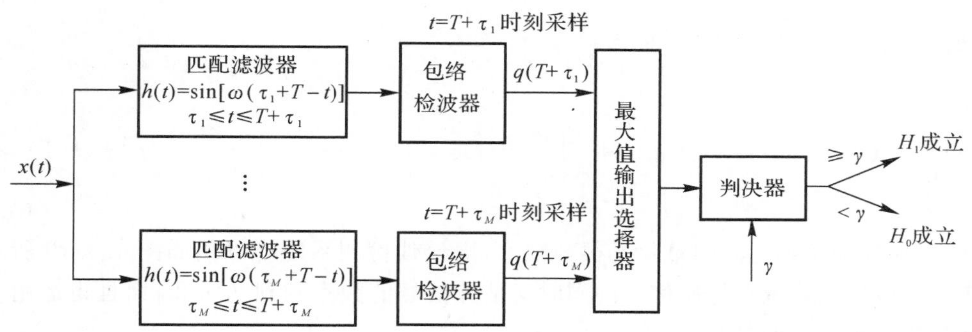

图 4.3.8　随机到达时间信号检测系统结构(Ⅱ)

如果信号到达时间划分得很精细，并且依然保持均匀分布，考虑到匹配滤波器对时延的适应性，即信号到达时间延迟 τ，则匹配滤波器的输出峰值也相应地延迟 τ，那么最佳检测系统也可以用如图 4.3.9 所示的单通道检测系统来实现，并且也适用于信号振幅同时是瑞利衰落的情况。该检测系统既可检测信号又可估计信号到达时间。

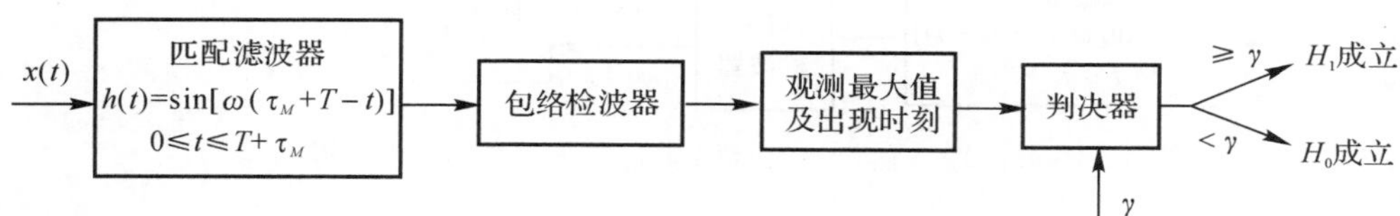

图 4.3.9　随机到达时间信号单通道检测系统结构

现在简要说明随机到达时间信号的最佳检测系统的性能。如果信号的到达时间 τ 随机地取 M 个离散值之一，由于检测系统中的第 i 条支路是对信号时延为 τ_i 的均匀分布随机相位信号的最佳处理，所以，如果某次观测接收信号的时延为 $\tau_i(i=1,2,\cdots,M)$，则 q_i 是 M 条支路中的最佳处理结果，因而最终判决假设 H_i 成立。这样，随机到达时延信号波形(相位也随机)的检测就检测性能而言，相当于随机相位信号波形检测时的检测性能。如果信号的时延 τ_i 在 $(0,\tau_M)$ 范围内是连续的随机变量，则其检测性能与时间离散化间隔 $\Delta\tau=\tau_M/M$ 等因素有关，当 $\Delta\tau$ 很小时，其检测性能将相当于或接近随机相位信号波形时的检测性能。

4.3.6　高斯白噪声中随机频率和到达时间信号波形检测

在实际接收系统中，信号的相位、频率、时延可能同时都是随机参量，这种情况下，可利用离散化频率 ω_j 和到达时间 τ_i 的多元假设方法，假设是

$$\left.\begin{aligned}H_0&:x(t)=n(t), && 0\leqslant t\leqslant\tau_M+T\\ H_{ij}&:x(t)=s(t-\tau_i;\omega_j)+n(t), && 0\leqslant t\leqslant\tau_M+T\end{aligned}\right\}\tag{4.3.72}$$

式中，信号 $s(t)=A\sin(\omega t+\theta)(0\leqslant t\leqslant T)$；$0\leqslant\tau_i\leqslant\tau_M$，$\omega_1\leqslant\omega_j\leqslant\omega_N$；相位 θ 在 $(0,2\pi)$ 范

围内均匀分布；加性噪声 $n(t)$ 是均值为零、功率谱密度为 $P_n(\omega)=N_0/2$ 的高斯白噪声。

若随机频率 ω_j 和随机到达时间 τ_i 都是均匀分布的，且相互统计独立，利用均匀分布随机相位信号的检测结果，条件似然比为

$$\lambda(\boldsymbol{x}\mid\tau_i,\omega_j)=\exp\left(-\frac{E_s}{N_0}\right)\mathrm{I}_0\left[\frac{2A}{N_0}q_j(\tau_i+T)\right],\quad q_j(\tau_i+T)\geqslant 0 \tag{4.3.73}$$

式中，$E_s=\dfrac{A^2T}{2}$ 是信号的能量；而

$$q_j(\tau_i+T)=$$
$$\left\{\left[\int_{\tau_i}^{\tau_i+T}x(t)\cos\omega_j(t-\tau_i)\mathrm{d}t\right]^2+\left[\int_{\tau_i}^{\tau_i+T}x(t)\sin\omega_j(t-\tau_i)\mathrm{d}t\right]^2\right\}^{1/2},\quad q_j(\tau_i+T)\geqslant 0 \tag{4.3.74}$$

这样，如果随机到达时间量化是很精细的，则最佳检测系统可以用如图 4.3.10 所示的结构来实现。该检测系统在检测信号的同时又估计信号的频率和到达时间，而且也适用于振幅是瑞利衰落信号波形的检测。

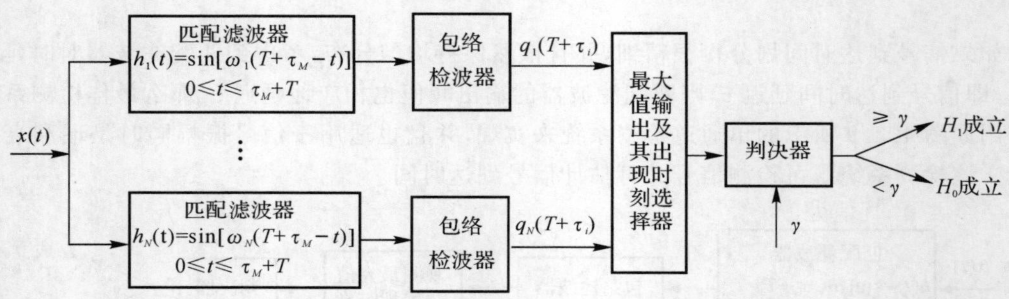

图 4.3.10　随机相位、频率和时延信号检测系统结构

理论上，随机频率与随机到达时间（相位也随机）信号波形的检测性能能够达到或接近随机相位信号波形的检测性能，而实际上，如果频率和/或时间离散化间隔较大，检测性能将有所降低。

4.4　参量信号的检测——广义似然比方法

4.3 节讨论的是随机参量的概率密度函数已知时的贝叶斯检测方法，当未知参量是非随机时，该方法就不适用了。本节介绍一种适用于参量是未知非随机的，也可以是随机参量但不知道概率密度函数的参量信号检测方法。这种方法就是首先用最大似然估计方法估计未知参量，再采用似然比检验的广义似然比检验方法。

4.4.1　广义似然比方法原理

在假设 H_0 下，可以得出以未知参量 $\boldsymbol{\theta}_0$ 为参数的观测矢量 $\boldsymbol{x}$ 的概率密度函数为 $p(\boldsymbol{x}\mid\boldsymbol{\theta}_0,H_0)$，在假设 H_1 下以未知参量 $\boldsymbol{\theta}_1$ 为参数的观测矢量 $\boldsymbol{x}$ 的概率密度函数为 $p(\boldsymbol{x}\mid\boldsymbol{\theta}_1,H_1)$。首先由概率密度函数 $p(\boldsymbol{x}\mid\boldsymbol{\theta}_j,H_j)$，利用最大似然估计方法求出信号参量 $\boldsymbol{\theta}_j$ 的最大似然估计。所谓参量的最大似然估计，就是使似然函数 $p(\boldsymbol{x}\mid\boldsymbol{\theta}_j,H_j)$ 达到最大的 $\boldsymbol{\theta}_j$ 作为该参量的估计量，记为 $\hat{\boldsymbol{\theta}}_{j\mathrm{ml}}$；

然后用求得的估计量 $\hat{\boldsymbol{\theta}}_{j\mathrm{ml}}$ 代替似然函数中的未知参量 $\boldsymbol{\theta}_j(j=0,1)$，使问题转化为确知信号的统计检测。它是一种把信号参量的最大似然估计与确知信号的检测相结合的一种方法。与确知信号的最佳接收机相比，除了以参量的最大似然估计值代替参量的真值外都相同。这样，广义似然比检验为

$$\lambda_G(\boldsymbol{x})=\frac{p(\boldsymbol{x}\mid\hat{\boldsymbol{\theta}}_{1\mathrm{ml}},H_1)}{p(\boldsymbol{x}\mid\hat{\boldsymbol{\theta}}_{0\mathrm{ml}},H_0)}\underset{H_0}{\overset{H_1}{\gtrless}}\lambda_0 \tag{4.4.1}$$

如果假设 H_0 是简单的，而 H_1 是复合的，则广义似然比检验为

$$\lambda_G(\boldsymbol{x})=\frac{p(\boldsymbol{x}\mid\hat{\boldsymbol{\theta}}_{\mathrm{ml}},H_1)}{p(\boldsymbol{x}\mid H_0)}\underset{H_0}{\overset{H_1}{\gtrless}}\lambda_0 \tag{4.4.2}$$

广义似然比也可用另一种表示：由于$\hat{\boldsymbol{\theta}}_j$ 是在H_j 条件下，使似然函数 $p(\boldsymbol{x}\mid\boldsymbol{\theta}_j,H_j)$ 最大，或者 $p(\boldsymbol{x}\mid\hat{\boldsymbol{\theta}}_{j\mathrm{ml}},H_j)=\max\limits_{\boldsymbol{\theta}_j}p(\boldsymbol{x}\mid\boldsymbol{\theta}_j,H_j)$，因此有

$$\lambda_G(\boldsymbol{x})=\frac{\max\limits_{\boldsymbol{\theta}_1}p(\boldsymbol{x}\mid\boldsymbol{\theta}_1,H_1)}{\max\limits_{\boldsymbol{\theta}_0}p(\boldsymbol{x}\mid\boldsymbol{\theta}_0,H_0)} \tag{4.4.3}$$

对于 H_0 条件下概率密度函数完全已知的这种特殊情况，有

$$\lambda_G(\boldsymbol{x})=\frac{\max\limits_{\boldsymbol{\theta}_1}p(\boldsymbol{x}\mid\boldsymbol{\theta}_1,H_1)}{p(\boldsymbol{x}\mid H_0)}=\max_{\boldsymbol{\theta}_1}\frac{p(\boldsymbol{x}\mid\boldsymbol{\theta}_1,H_1)}{p(\boldsymbol{x}\mid H_0)} \tag{4.4.4}$$

广义似然比检验用最大似然估计取代了未知参数，它只是一种“合理”的替代方式，并没有任何“最佳”含义。但是当估计的信噪比很高时，估计值$\hat{\boldsymbol{\theta}}_j$ 尽管是随机变量，但其分布将几乎是一个在 $\boldsymbol{\theta}_j$ 真值处的冲击函数 $\delta(\boldsymbol{\theta}_j-\hat{\boldsymbol{\theta}}_j)$，因此该方法是一准最佳或渐进最佳检测器，在估计信噪比很高时它接近最佳检测器。由于这种方法在求 $\lambda_G(\boldsymbol{x})$ 的第一步时就是求最大似然估计，所以也提供了有关未知参数的信息。

4.4.2　高斯白噪声中幅度未知信号波形检测

考虑在高斯白噪声中除了幅度以外已知的确定性信号检测问题。此时，两种假设下的接收信号 $x(t)$ 分别为

$$\left.\begin{aligned}&H_0:x(t)=n(t), && 0\leqslant t\leqslant T\\&H_1:x(t)=As(t)+n(t), && 0\leqslant t\leqslant T\end{aligned}\right\} \tag{4.4.5}$$

式中，$s(t)$ 是已知的；幅度 A 是未知的；噪声 $n(t)$ 是均值为零、功率谱密度为 $N_0/2$ 的高斯白噪声。

1. 判决表示式

为了求得广义似然比检验的判决式，首先需要求出 A 的最大似然估计。若在$[0,T]$ 观测时间内，采用与4.2.1节中相同的方法，得到N个独立的观测样本$x_1,x_2,\cdots,x_N$，则假设H_1 条件下的似然函数为

$$p(\boldsymbol{x}\mid A,H_1)=\frac{1}{(2\pi\sigma_n^2)^{\frac{N}{2}}}\exp\left[-\frac{1}{2\sigma_n^2}\sum_{n=1}^{N}(x_n-As_n)^2\right] \tag{4.4.6}$$

可以求得 A 的最大似然估计(具体见第 10 章中相关内容)

$$\hat{A}_{\mathrm{ml}}=\frac{\sum_{n=1}^{N}x_n s_n}{\sum_{n=1}^{N}s_n^2} \tag{4.4.7}$$

代入式(4.4.2)，得广义似然比判决式

$$\lambda_G(\boldsymbol{x})=\frac{p(\boldsymbol{x}\mid\hat{A}_{\mathrm{ml}},H_1)}{p(\boldsymbol{x}\mid H_0)}=\frac{\frac{1}{(2\pi\sigma_n^2)^{\frac{N}{2}}}\exp\left[-\frac{1}{2\sigma_n^2}\sum_{n=1}^{N}(x_n-\hat{A}_{\mathrm{ml}}s_n)^2\right]}{\frac{1}{(2\pi\sigma_n^2)^{\frac{N}{2}}}\exp\left[-\frac{1}{2\sigma_n^2}\sum_{n=1}^{N}x_n^2\right]}=$$

$$\exp\left[-\frac{1}{2\sigma_n^2}\sum_{n=1}^{N}(-2\hat{A}_{\mathrm{ml}}s_n x_n+\hat{A}_{\mathrm{ml}}^2 s_n^2)\right]\underset{H_0}{\overset{H_1}{\gtrless}}\lambda_0 \tag{4.4.8}$$

利用式(4.4.7)，并化简得判决式

$$\left(\sum_{n=1}^{N}x_n s_n\right)^2\underset{H_0}{\overset{H_1}{\gtrless}}2\sigma_n^2\ln\lambda_0\sum_{n=1}^{N}s_n^2=\eta \tag{4.4.9}$$

因为$\sigma_n^2=\dfrac{N_0}{2\Delta t}$，$\Delta t$是采样间隔，当$\Delta t\to 0$时，可得连续观测时的判决式

$$\left(\int_0^T x(t)s(t)\mathrm{d}t\right)^2\underset{H_0}{\overset{H_1}{\gtrless}}N_0\ln\lambda_0\int_0^T s^2(t)\mathrm{d}t=\gamma,\quad \gamma>0 \tag{4.4.10}$$

或者

$$\left|\int_0^T x(t)s(t)\mathrm{d}t\right|\underset{H_0}{\overset{H_1}{\gtrless}}\sqrt{N_0\ln\lambda_0\int_0^T s^2(t)\mathrm{d}t}=\gamma',\quad \gamma'>0 \tag{4.4.11}$$

检测器刚好是相关器，取绝对值是由于A的符号未知的缘故。式(4.4.11)的检测器结构如图4.4.1所示。

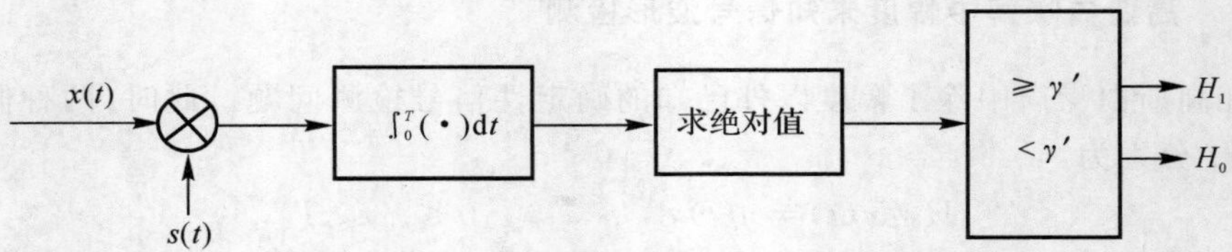

图4.4.1　幅度未知信号的广义似然比检测系统结构

2. 检测性能

幅度知识的缺乏将使检测性能降低，但从相关器的性能来看只有轻微的下降。为了求得检测性能，设$G=\int_0^T x(t)s(t)\mathrm{d}t$，则在$G>\gamma'$和$G<-\gamma'$时$H_1$成立，在$-\gamma'<G<\gamma'$时$H_0$成立。由4.2节讨论确知信号检测性能得

$$G=\int_0^T x(t)s(t)\mathrm{d}t\sim\begin{cases}N\left(0,\dfrac{N_0E_s'}{2}\right), & \text{在 } H_0 \text{ 条件下}\\ N\left(AE_s,\dfrac{N_0E_s'}{2}\right), & \text{在 } H_1 \text{ 条件下}\end{cases} \tag{4.4.12}$$

式中，$E_s'=\int_0^T s^2(t)\mathrm{d}t$。接收机的虚警概率和检测概率分别为

$$P_F=\int_{-\infty}^{-\gamma'}p(G|H_0)\mathrm{d}G+\int_{\gamma'}^{\infty}p(G|H_0)\mathrm{d}G=$$

$$2\int_{\gamma'}^{\infty}p(G|H_0)\mathrm{d}G=2\int_{\gamma'}^{\infty}\left(\frac{1}{\pi N_0E_s'}\right)^{1/2}\mathrm{e}^{-G^2/(N_0E_s')}\mathrm{d}G=$$

$$2\left[1-\Phi(\gamma'\sqrt{2/(N_0E_s')})\right] \tag{4.4.13}$$

$$P_D=\int_{-\infty}^{-\gamma'}p(G|H_1)\mathrm{d}G+\int_{\gamma'}^{\infty}p(G|H_1)\mathrm{d}G=$$

$$\int_{-\infty}^{-\gamma'}\left(\frac{1}{\pi N_0E_s'}\right)^{1/2}\mathrm{e}^{-(G-AE_s')^2/(N_0E_s')}\mathrm{d}G+\int_{\gamma'}^{\infty}\left(\frac{1}{\pi N_0E_s'}\right)^{1/2}\mathrm{e}^{-(G-AE_s')^2/(N_0E_s')}\mathrm{d}G=$$

$$\Phi\left[(-\gamma'-AE_s')\sqrt{2/(N_0E_s')}\right]+\left\{1-\Phi\left[(\gamma'-AE_s')\sqrt{2/(N_0E_s')}\right]\right\} \tag{4.4.14}$$

由式(4.4.13)和式(4.4.14)可得虚警概率 P_F 和检测概率 P_D 之间的关系式为

$$P_D=2-\Phi[\Phi^{-1}(1-P_F/2)-\sqrt{r}]-\Phi[\Phi^{-1}(1-P_F/2)+\sqrt{r}] \tag{4.4.15}$$

式中，$r=(2A^2E_s')/N_0=2E_s/N_0$ 是匹配滤波器的输出信噪比；$E_s=A^2E_s'$ 是信号的能量。

将上述 P_D，P_F 和 r 的关系绘成曲线，可以得到其检测曲线，如图4.4.2中实线所示。为了比较，图中还画出了已知幅度 A 情况的性能曲线。由图中可以看出，在相同的 P_D 和 P_F 下，检测幅度未知信号所需的输出信噪比大于检测幅度已知信号所需的信噪比，这是由于对幅度知识的缺乏造成的。

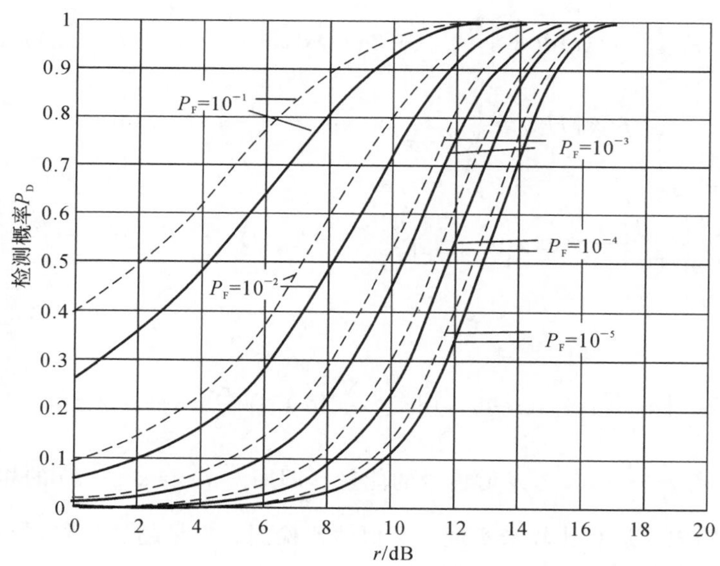

图4.4.2　幅度未知信号的接收机工作特性曲线

————：幅度未知信号；------：幅度已知信号

4.4.3　高斯白噪声中未知到达时间信号波形检测

在雷达或声呐系统等情况下，希望检测信号的到达时间(或者等效才它的延迟是未知的信号)。期望在时间区间[0,T]内的任何时刻回波信号出现，而该时间比回波信号本身的持续时间长得多。到达时间的任何先验分布都是一个很宽的函数，以至于平均似然比的值基本上决定于其峰值，即参量的估计值。因此，广义似然比检验可以作为一个检测器或估计器。

两种假设下的接收信号 $x(t)$ 分别为

$$\begin{cases}H_0: x(t)=n(t), & 0\leqslant t\leqslant T\\ H_1: x(t)=s(t-\tau)+n(t), & 0\leqslant t\leqslant T\end{cases}$$

式中，$s(t)$ 是一个已知的确定性信号，它在间隔 $[0,T_s]$ 上是非零的；τ 是未知延迟，如果可能的最大延迟时间是 $\tau_{\max}$，则 $T=T_s+\tau_{\max}$；噪声 $n(t)$ 是均值为零、功率谱密度为 $N_0/2$ 的高斯白噪声。很清楚，观测间隔 $[0,T]$ 应该包括所有可能延迟的信号。

为了求得广义似然比检验的判决式，首先需要求出 τ 的最大似然估计。在第 10 章中讨论将得出 τ 的最大似然估计 $\hat{\tau}_{\rm ml}$，是通过对所有可能的 τ 使

$$\int_{\tau}^{\tau+T_s} x(t)s(t-\tau)\mathrm{d}t \tag{4.4.16}$$

最大而求得的，也就是将接收信号与可能的延迟信号相关，选择使式(4.4.16)最大的 τ 作为 $\hat{\tau}_{\rm ml}$。为了获得广义似然比判决式，假设在 $[0,T]$ 观测时间内，得到 N 个独立的观测样本 x_1，$x_2,\cdots,x_N$，可得在假设 H_1 和 H_0 条件下连续观测的似然函数

$$\begin{aligned}&p(\boldsymbol{x}\mid\hat{\tau}_{\rm ml},H_1)=\\&\left(\frac{1}{\sqrt{2\pi}\sigma}\right)^N\exp\left\{-\frac{1}{N_0}\left[\int_0^{\hat{\tau}_{\rm ml}}x^2(t)\mathrm{d}t+\int_{\hat{\tau}_{\rm ml}}^{T_s+\hat{\tau}_{\rm ml}}(x(t)-s(t-\hat{\tau}_{\rm ml}))^2\mathrm{d}t+\int_{T_s+\hat{\tau}_{\rm ml}}^{T}x^2(t)\mathrm{d}t\right]\right\}=\\&\left(\frac{1}{\sqrt{2\pi}\sigma}\right)^N\left\{-\frac{1}{N_0}\left[\int_0^{T}x^2(t)\mathrm{d}t+\int_{\hat{\tau}_{\rm ml}}^{T_s+\hat{\tau}_{\rm ml}}(-2x(t)s(t-\hat{\tau}_{\rm ml})+s^2(t-\hat{\tau}_{\rm ml}))\mathrm{d}t\right]\right\}\end{aligned} \tag{4.4.17}$$

$$p(\boldsymbol{x}\mid H_0)=\left(\frac{1}{\sqrt{2\pi}\sigma}\right)^N\exp\left[-\frac{1}{N_0}\int_0^T x^2(t)\mathrm{d}t\right] \tag{4.4.18}$$

广义似然比判决式为

$$\lambda_G(\boldsymbol{x})=\frac{p(\boldsymbol{x}\mid\hat{\tau}_{\rm ml},H_1)}{p(\boldsymbol{x}\mid H_0)}=\exp\left\{-\frac{1}{N_0}\left[\int_{\hat{\tau}_{\rm ml}}^{T_s+\hat{\tau}_{\rm ml}}(-2x(t)s(t-\hat{\tau}_{\rm ml})+s^2(t-\hat{\tau}_{\rm ml}))\mathrm{d}t\right]\right\}\underset{H_0}{\overset{H_1}{\gtrless}}\lambda_0 \tag{4.4.19}$$

化简得判决式

$$\int_{\hat{\tau}_{\rm ml}}^{T_s+\hat{\tau}_{\rm ml}}x(t)s(t-\hat{\tau}_{\rm ml})\mathrm{d}t\underset{H_0}{\overset{H_1}{\gtrless}}\frac{N_0}{2}\ln\lambda_0+\frac{E_s}{2}=\gamma,\quad \gamma>0 \tag{4.4.20}$$

式中，$E_s=\int_{\hat{\tau}_{\rm ml}}^{T_s+\hat{\tau}_{\rm ml}}s^2(t-\hat{\tau}_{\rm ml})\mathrm{d}t$ 为发射信号的能量。即用 $x(t)$ 与 $s(t-\tau)$ 的相关以及当 $\tau=\hat{\tau}_{\rm ml}$ 得到的最大值与门限 γ 进行比较来实现广义似然比检测。如果超过门限，判决信号存在，它的延迟估计为 $\hat{\tau}_{\rm ml}$；否则判决只有噪声。判决式也可以写为

$$\max_{\tau\in[0,T-T_s]}\int_{\tau}^{\tau+T_s}x(t)s(t-\tau)\mathrm{d}t\underset{H_0}{\overset{H_1}{\gtrless}}\gamma,\quad \gamma>0 \tag{4.4.21}$$

图 4.4.3 给出了式(4.4.21)的实现框图。

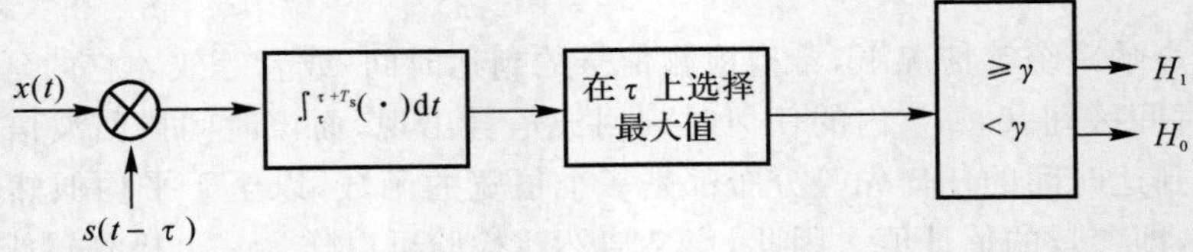

图 4.4.3　未知到达时间信号的广义似然比检测器结构

广义似然比的检测性能的确定是很困难的，根据式(4.4.21)，需要计算相关高斯随机变量的最大值的概率密度函数，对此不做进一步深究，读者可以参考文献[2]。

4.4.4　高斯白噪声中正弦信号波形检测

在高斯白噪声中的正弦信号检测是许多领域中常见的问题。由于其应用的广泛性，因此对检测器的结构和性能作详细的讨论。其结果形成了许多实际领域如雷达、声呐和通信系统的理论基础。一般的检测器是

$$\left.\begin{aligned} &H_0: x(t)=n(t), && 0\leqslant t\leqslant T \\ &H_1: x(t)=\begin{cases} n(t), & 0\leqslant t\leqslant \tau, T_s+\tau<t<T \\ A\cos(2\pi f_0 t+\varphi)+n(t), & \tau\leqslant t\leqslant T_s+\tau \end{cases} \end{aligned}\right\} \tag{4.4.22}$$

噪声 $n(t)$ 是均值为零、功率谱密度为 $N_0/2$ 的高斯白噪声，参数集 (A,f_0,φ) 的任意子集是未知的。正弦信号假定在区间 $[\tau,\tau+T_s]$ 是非零的，T_s 表示信号的长度，τ 是回波延迟时间。在开始时假定 τ 是已知的，且 $\tau=0$。那么，观测区间正好是信号区间或者 $[0,T]=[0,T_s]$，后面考虑未知时延的情况。现在考虑

$$\left.\begin{aligned} &H_0: x(t)=n(t), && 0\leqslant t\leqslant T \\ &H_1: x(t)=A\cos(2\pi f_0 t+\varphi)+n(t), && 0\leqslant t\leqslant T \end{aligned}\right\} \tag{4.4.23}$$

其中未知参数是确定性的。对于下列情况将使用广义似然比检测：

(1) A 未知；

(2) A,φ 未知；

(3) A,φ,f_0 未知；

(4) A,φ,f_0,τ 未知。

1. 幅度未知

信号为 $As(t)$，其中 $s(t)=\cos(2\pi f_0 t+\varphi)$，$s(t)$ 是已知的。这是 4.4.2 节中研究的情况，由式(4.4.11)得广义似然比判决式为

$$\left|\int_0^T x(t)s(t)\mathrm{d}t\right| \underset{H_0}{\overset{H_1}{\gtrless}} \gamma', \quad \gamma'>0 \tag{4.4.24}$$

检测器的性能由式(4.4.15)给出。检测器的结构如图 4.4.4(a)所示，图 4.4.5(a)绘出了检测器的性能曲线。这里信号的能量 $E=A^2T/2$。

2. 幅度和相位未知

当 A 和 φ 是未知的时，必须假定 $A>0$，否则，A 和 φ 的两个集将产生相同的信号。这样，参数将无法辨认。如果

$$\frac{p(\boldsymbol{x}\mid\hat{A},\hat{\varphi},H_1)}{p(\boldsymbol{x}\mid H_0)}\geqslant\lambda_0 \tag{4.4.25}$$

广义似然比判决 H_1 成立，其中 $\hat{A},\hat{\varphi}$ 是最大似然估计，可以证明最大似然估计近似为

$$\hat{A}=\sqrt{\hat{\alpha}_1^2+\hat{\alpha}_2^2}, \quad \hat{\varphi}=\arctan\left(-\frac{\hat{\alpha}_2}{\hat{\alpha}_1}\right) \tag{4.4.26}$$

其中

$$\hat{\alpha}_1=\frac{2}{T}\int_0^T x(t)\cos(2\pi f_0 t)\mathrm{d}t, \quad \hat{\alpha}_2=\frac{2}{T}\int_0^T x(t)\sin(2\pi f_0 t)\mathrm{d}t \tag{4.4.27}$$

因此判决式为 $(f_0\neq 0)$

$$\lambda_G(\boldsymbol{x})=\frac{\dfrac{1}{(2\pi\sigma^2)^{\frac{N}{2}}}\exp\left\{-\dfrac{1}{N_0}\displaystyle\int_0^T[x(t)-\hat{A}\cos(2\pi f_0 t+\hat{\varphi})]^2\mathrm{d}t\right\}}{\dfrac{1}{(2\pi\sigma^2)^{\frac{N}{2}}}\exp\left[-\dfrac{1}{N_0}\displaystyle\int_0^T x^2(t)\mathrm{d}t\right]} \underset{H_0}{\overset{H_1}{\gtrless}} \lambda_0 \tag{4.4.28}$$

化简并整理得

$$\ln\lambda_G(\boldsymbol{x})=\frac{T}{2N_0}\hat{A}^2\underset{H_0}{\overset{H_1}{\gtrless}}\ln\lambda_0 \tag{4.4.29}$$

即判决式为

$$\left[\int_0^T x(t)\sin\ (2\pi f_0 t)\mathrm{d}t\right]^2+\left[\int_0^T x(t)\cos\ (2\pi f_0 t)\mathrm{d}t\right]^2\underset{H_0}{\overset{H_1}{\gtrless}}\frac{N_0 T}{2}\ln\lambda_0 \tag{4.4.30}$$

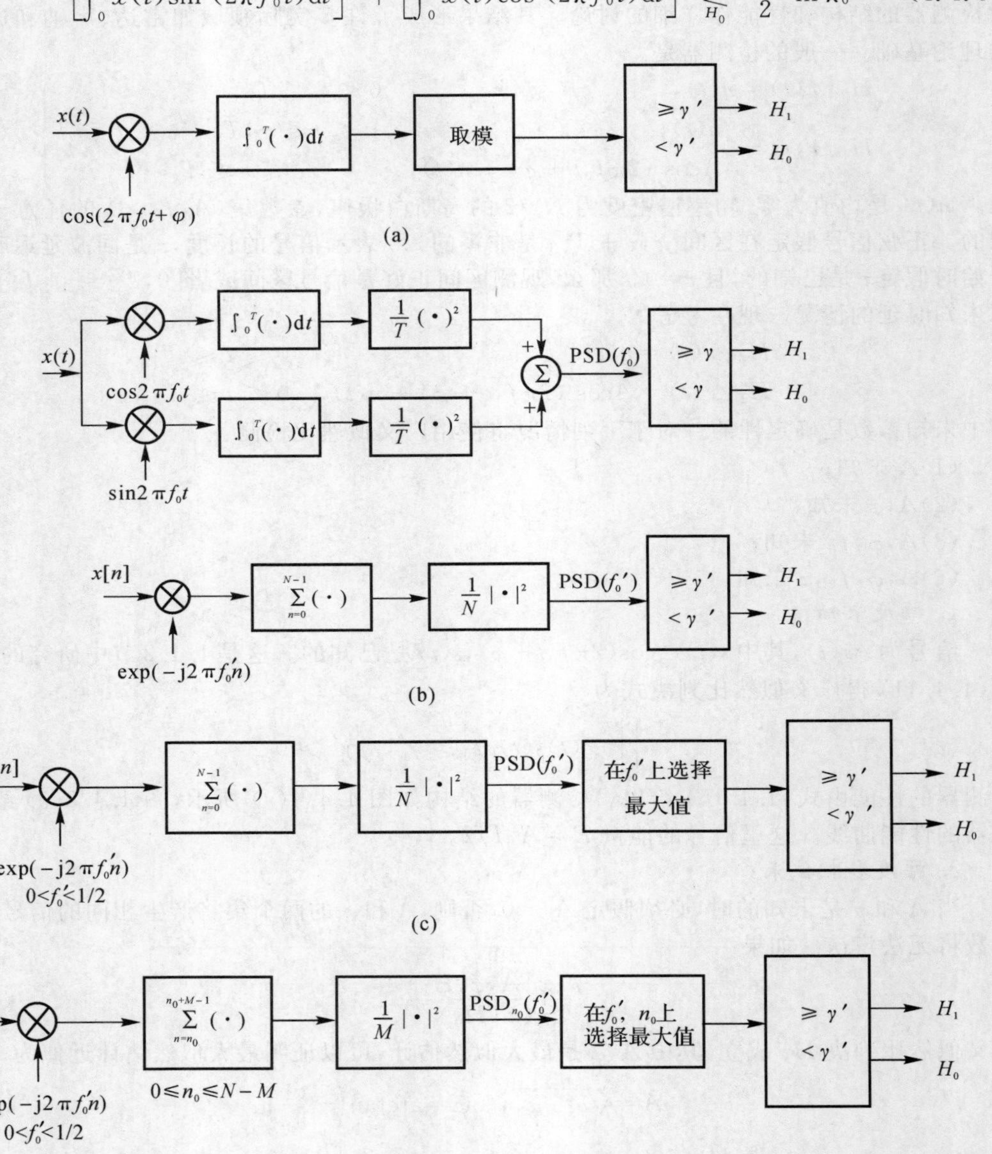

图 4.4.4　正弦信号的广义似然比检测器结构

(a) 未知幅度正弦信号的广义似然比检测器结构；

(b) 未知幅度和相位正弦信号的广义似然比检测器结构；

(c) 未知幅度、相位和频率正弦信号的广义似然比检测器结构；

(d) 未知幅度、相位、频率和到达时间正弦信号的广义似然比检测器结构

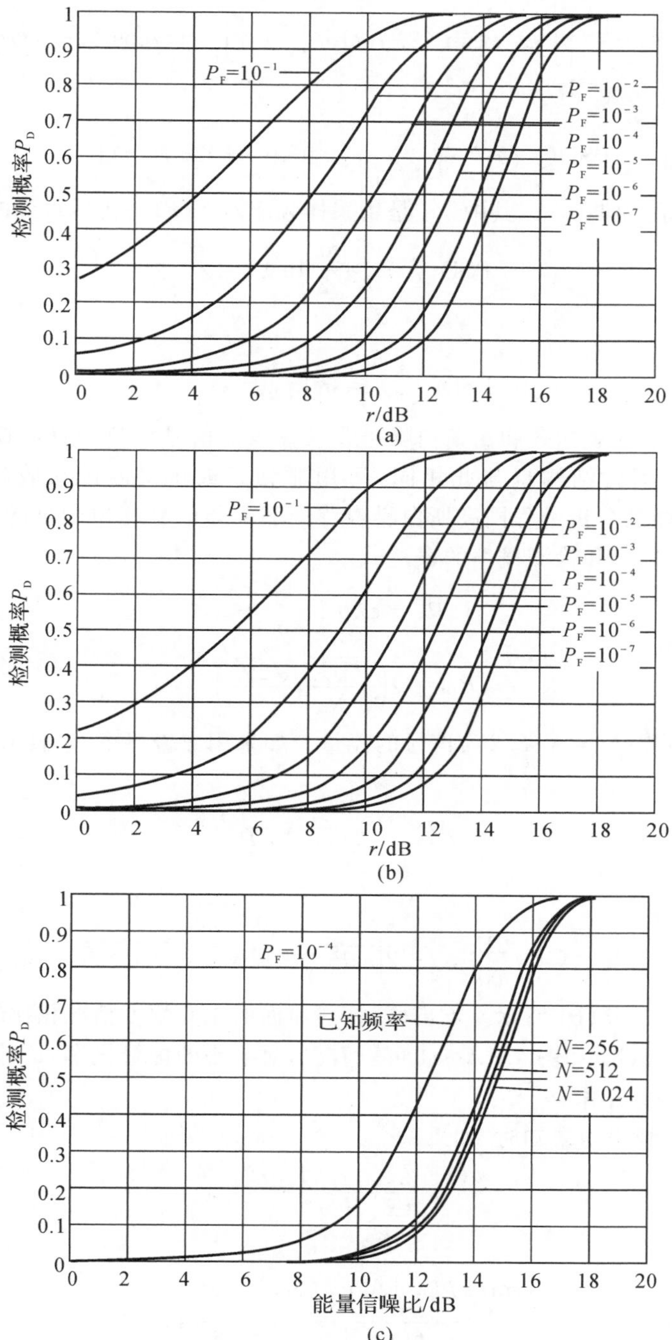

图 4.4.5　正弦信号的广义似然比检测器特性曲线

(a) 未知幅度正弦信号的广义似然比检测器特性曲线；

(b) 未知幅度和相位正弦信号的广义似然比检测器特性曲线；

(c) 未知幅度、相位和频率正弦信号的广义似然比检测器特性曲线

如果设

$$\mathrm{PSD}(f_0)=\frac{1}{T}\left\{\left[\int_0^T x(t)\sin(2\pi f_0 t)\mathrm{d}t\right]^2+\left[\int_0^T x(t)\cos(2\pi f_0 t)\mathrm{d}t\right]^2\right\} \tag{4.4.31}$$

则其离散情况下的表达式

$$\mathrm{PSD}(f'_0)=\frac{1}{N}\left|\sum_{n=1}^{N}x[n]\exp(-\mathrm{j}2\pi f'_0 n)\right|^2 \tag{4.4.32}$$

是在 $f=f'_0$ 处计算的周期图[5]，其中 f'_0 是用采样频率对 f_0 归一化后得到的。最后得判决式

$$\mathrm{PSD}(f_0)\underset{H_0}{\overset{H_1}{\gtrless}}\frac{N_0}{2}\ln\lambda_0=\gamma \tag{4.4.33}$$

或

$$\mathrm{PSD}(f'_0)\underset{H_0}{\overset{H_1}{\gtrless}}\sigma_n^2\ln\lambda_0=\gamma'$$

可见，检验统计量的表达式和高斯白噪声背景下未知信号相位的贝叶斯方法获得的检验统计量一致，则检测器的结构也与此相同，可用非相干或正交匹配接收机实现，具体见图 4.4.4(b)。检测性能的分析过程同高斯白噪声背景下未知信号相位的贝叶斯方法，本书不再赘述，在此给出虚警概率和检测概率的表达式

$$P_{\mathrm{F}}=\exp\left(-\frac{\gamma'}{\sigma^2}\right) \tag{4.4.34}$$

$$P_{\mathrm{D}}=Q\left(\sqrt{\frac{2E_{\mathrm{s}}}{N_0}},\frac{\sqrt{2\gamma'}}{\sigma}\right) \tag{4.4.35}$$

式中，Q 是马库姆函数；$E_{\mathrm{s}}=A^2T/2$ 为信号的能量。如果用虚警概率 P_{F} 表示，由式(4.4.34)得到

$$\frac{\sqrt{2\gamma'}}{\sigma}=\sqrt{-2\ln P_{\mathrm{F}}}$$

故

$$P_{\mathrm{D}}=Q\left(\sqrt{\frac{2E_{\mathrm{s}}}{N_0}},\sqrt{-2\ln P_{\mathrm{F}}}\right)=Q(\sqrt{r},\sqrt{-2\ln P_{\mathrm{F}}}) \tag{4.4.36}$$

检测曲线如图 4.4.5(b) 所示。不出所料，与前面的未知幅度情况相比较检测性能有轻微的衰减，比较图 4.4.5(b) 和图 4.4.5(a) 可以看出，对于小的虚警概率，这种衰减小于 1 dB。

3. 幅度、相位和频率未知

当幅度、相位和频率均未知时，如果

$$\frac{p(\boldsymbol{x}\mid\hat{A},\hat{\varphi},\hat{f}_0,H_1)}{p(\boldsymbol{x}\mid H_0)}\geqslant\lambda_0 \tag{4.4.37}$$

或

$$\frac{\max\limits_{f_0}p(\boldsymbol{x}\mid\hat{A},\hat{\varphi},f_0,H_1)}{p(\boldsymbol{x}\mid H_0)}\geqslant\lambda_0 \tag{4.4.38}$$

广义似然比检验判决 H_1 成立。由于在 H_0 条件下的概率密度函数并不依赖于 f_0，而且是非负的，有

$$\max_{f_0}\frac{p(\boldsymbol{x}\mid\hat{A},\hat{\varphi},f_0,H_1)}{p(\boldsymbol{x}\mid H_0)}\geqslant\lambda_0 \tag{4.4.39}$$

另外，因为对数是单调函数，因此有等效的检验

$$\ln \max_{f_0} \frac{p(\boldsymbol{x} \mid \hat{A}, \hat{\varphi}, f_0, H_1)}{p(\boldsymbol{x} \mid H_0)} \geqslant \ln \lambda_0 \tag{4.4.40}$$

又由于单调性，有

$$\max_{f_0} \ln \frac{p(\boldsymbol{x} \mid \hat{A}, \hat{\varphi}, f_0, H_1)}{p(\boldsymbol{x} \mid H_0)} \geqslant \ln \lambda_0 \tag{4.4.41}$$

而由式(4.4.29)，有

$$\ln \frac{p(\boldsymbol{x} \mid \hat{A}, \hat{\varphi}, f_0, H_1)}{p(\boldsymbol{x} \mid H_0)} = \frac{T}{2N_0}\hat{A}^2 =$$

$$\frac{2}{TN_0}\left[\left(\int_0^T x(t)\sin(2\pi f_0 t)\mathrm{d}t\right)^2 + \left(\int_0^T x(t)\cos(2\pi f_0 t)\mathrm{d}t\right)^2\right] \tag{4.4.42}$$

所以在连续信号情况下有判决式

$$\max_{f_0} \mathrm{PSD}(f_0) \underset{H_0}{\overset{H_1}{\gtrless}} \frac{N_0}{2}\ln \lambda_0 = \gamma \tag{4.4.43}$$

或离散情况下得判决式

$$\max_{f_0} \mathrm{PSD}(f'_0) \underset{H_0}{\overset{H_1}{\gtrless}} \sigma_n^2 \ln \lambda_0 = \gamma' \tag{4.4.44}$$

如果周期图的峰值超过门限，检测器判存在正弦信号，此时，峰值处的频率就是频率的最大似然估计。检测器结构如图 4.4.4(c) 所示，检测性能可以利用类似于前面幅度和相位未知的情况求得。唯一的差别是虚警概率随搜索的频率数的增加而增加。在离散情况下假定用 N 点 FFT 来计算周期图，那么有[2]

$$P_{\mathrm{D}} = Q_{\chi_2'^2\left(\frac{NA^2}{2\sigma_n^2}\right)}\left(2\ln \frac{N/2-1}{P_F}\right) \tag{4.4.45}$$

式中，$Q_{\chi_2'^2\left(\frac{NA^2}{2\sigma_n^2}\right)}$ 为自由度为 2、非中心参量为 $\frac{NA^2}{2\sigma_n^2}$(能量信噪比)、自变量为 $2\ln \frac{N/2-1}{P_F}$ 的非中心化 chi 二次方概率密度函数的右尾概率，可参见第 2 章中相关内容。检测器性能如图 4.4.5(c) 所示。

4. 幅度、相位、频率和到达时间未知

考虑式(4.4.22) 所述情形，利用前面类似的方法，如果

$$\frac{p(\boldsymbol{x} \mid \hat{A}, \hat{\varphi}, \hat{f}_0, \hat{\tau}, H_1)}{p(\boldsymbol{x} \mid H_0)} \geqslant \lambda_0 \tag{4.4.46}$$

广义似然比判决 H_1 成立，其中的 A, φ, f_0 的最大似然估计是与已知到达时间 τ 的情况相同的，除了数据区间修改为与信号区间$[\tau, \tau + T_s]$一致以外。因此，对于已知的 τ 有

$$\hat{A} = \sqrt{\hat{\alpha}_1^2 + \hat{\alpha}_2^2}$$

$$\hat{\varphi} = \arctan\left(-\frac{\hat{\alpha}_2}{\hat{\alpha}_1}\right)$$

$$\hat{\alpha}_1 = \frac{2}{T_s}\int_\tau^{T_s+\tau} x(t)\cos\left(2\pi \hat{f}_0(t-\tau)\right)\mathrm{d}t$$

$$\hat{\alpha}_2 = \frac{2}{T_s}\int_\tau^{T_s+\tau} x(t)\sin\left(2\pi \hat{f}_0(t-\tau)\right)\mathrm{d}t$$

$\hat{f}_0$ 是周期图达到最大值时的频率，代入式(4.4.42) 有

$$\ln \frac{p(\boldsymbol{x} \mid \hat{A}, \hat{\varphi}, \hat{f}_0, \tau, H_1)}{p(\boldsymbol{x} \mid H_0)} =$$

$$\frac{2}{TN_0}\left[\left(\int_{\tau}^{T_s+\tau}x(t)\sin(2\pi\hat{f}_0t)\mathrm{d}t\right)^2+\left(\int_{\tau}^{T_s+\tau}x(t)\cos(2\pi\hat{f}_0t)\mathrm{d}t\right)^2\right] \tag{4.4.47}$$

最后，为了求时延 τ 的最大似然估计，需要在 τ 上使 $p(\boldsymbol{x}|\hat{A},\hat{\varphi},\hat{f}_0,\tau,H_1)$ 最大，或者等价于使式(4.4.47)最大。因此，判决式为

$$\max_{\tau}\mathrm{PSD}(\hat{f}_0)\underset{H_0}{\overset{H_1}{\gtrless}}\frac{N_0}{2}\ln\lambda_0$$

或者

$$\max_{\tau,f_0}\mathrm{PSD}(f_0)\underset{H_0}{\overset{H_1}{\gtrless}}\frac{N_0}{2}\ln\lambda_0$$

离散情形下判决式为

$$\max_{n_0,f'_0}\mathrm{PSD}n_0(f'_0)\underset{H_0}{\overset{H_1}{\gtrless}}\sigma_n^2\ln\lambda_0$$

其中

$$\mathrm{PSD}_{n_0}(f'_0)=\frac{1}{M}\left|\sum_{n=n_0}^{n_0+M-1}x[n]\exp(-\mathrm{j}2\pi f'_0n)\right|^2$$

称为短时周期图或谱图，n_0 为离散后时延，M 为信号长度。这样，广义似然比对所有延迟计算周期图，最后将最大值与门限进行比较。如果超过门限，延迟和频率的最大似然估计就是最大值的位置。检测器结构如图 4.4.4(d) 所示。这种检测器是主动式声呐和雷达的标准形式。图 4.4.6 给出了谱图的一个例子，其中 $A=1$，$f'_0=0.25$，$\varphi=0$，$M=128$，$n_0=128$，$N=512$，$\sigma_n^2=0.5$。信噪比 $A^2/(2\sigma_n^2)=1$ 或 0 dB。图 4.4.6(a) 给出了在 H_1 条件下的一个现实，信号在区间上[128,255]中出现，由于低信噪比，故不能清楚看到；图 4.4.6(b) 给出了数据的谱图，最大值很清楚地显示出信号的存在，并且在正确的频率和时延上出现。

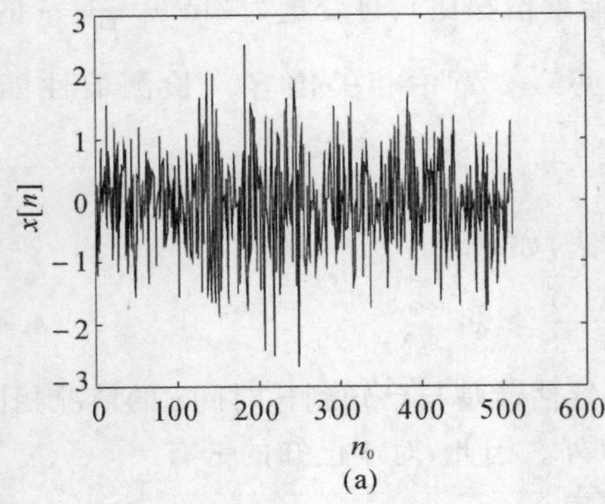

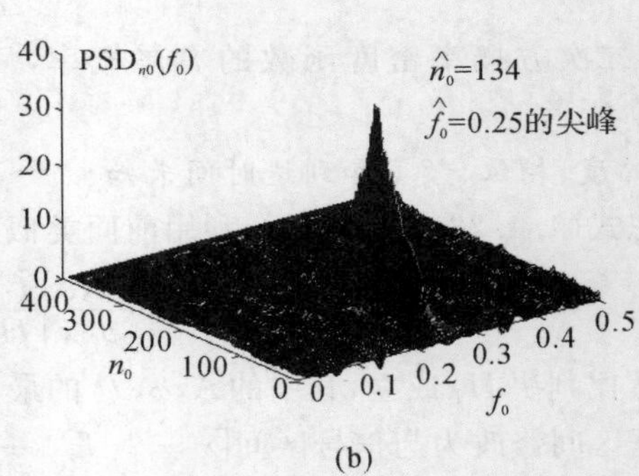

图 4.4.6　谱图

(a) 时间序列数据；(b) 数据谱图

4.5　一致最大势检测器

前面讨论的信号统计检测的贝叶斯方法，是把未知参数看作随机变量的一个现实，并给它指定一个先验的概率密度函数，再进行似然比判决的；而广义似然比检验是将未知参数看作为确定性的，首先用最大似然估计方法估计未知参量，再用似然比检验的一种方法。两种方法应

用的基本原理是不同的，因此直接的比较也是不可能的。本节讨论另一种典型的未知确定性参数的最佳检测器，即一致最大势（UMP，Uniformly Most Powerful）检测器，该检测对于未知参数的所有值以及给定的虚警概率 P_F 产生最高的检测概率 P_D，但该检测器并不总是存在的。

一致最大势检测器的设计。所谓一致最大势检验是指最佳检测器与未知参数 $\boldsymbol{\theta}$ 无关的检验。在设计该检测器时，第一步就好像 $\boldsymbol{\theta}$ 是已知的那样来设计奈曼-皮尔逊准则下的检测器，接着，如果可能，应求得检验统计量和门限，使判决与 $\boldsymbol{\theta}$ 无关。由于这是奈曼-皮尔逊检测器，所以设计的检测器将是最佳的。下面给出一个例子来说明一致最大势检测器的设计。

例 4.5.1　考虑一个高斯白噪声中的直流电平检测问题。

$$\left.\begin{aligned} &H_0: x(t)=n(t), && 0\leqslant t\leqslant T \\ &H_1: x(t)=A+n(t), && 0\leqslant t\leqslant T \end{aligned}\right\} \tag{4.5.1}$$

式中，A 的值未知，$A>0$；噪声 $n(t)$ 是均值为零、功率谱密度为 $N_0/2$ 的高斯白噪声。与前面的讨论相同，先获得独立离散样本，再考虑连续观测情形，得似然比判决式。

如果

$$\frac{p(\boldsymbol{x}\mid A,H_1)}{p(\boldsymbol{x}\mid H_0)}=\frac{\dfrac{1}{(2\pi\sigma_n^2)^{\frac{N}{2}}}\exp\left[-\dfrac{1}{N_0}\displaystyle\int_0^T(x(t)-A)^2\mathrm{d}t\right]}{\dfrac{1}{(2\pi\sigma_n^2)^{\frac{N}{2}}}\exp\left[-\dfrac{1}{N_0}\displaystyle\int_0^T x^2(t)\mathrm{d}t\right]}\underset{H_0}{\overset{H_1}{\gtrless}}\lambda_0 \tag{4.5.2}$$

取对数，化简得

$$A\int_0^T x(t)\mathrm{d}t\underset{H_0}{\overset{H_1}{\gtrless}}\frac{N_0}{2}\ln\lambda_0+\frac{A^2T}{2} \tag{4.5.3}$$

因为 $A>0$，有检验统计量

$$T(\boldsymbol{x})=\frac{1}{T}\int_0^T x(t)\mathrm{d}t\underset{H_0}{\overset{H_1}{\gtrless}}\frac{N_0}{2AT}\ln\lambda_0+\frac{A}{2}=\gamma \tag{4.5.4}$$

现在问题的关键是如果没有 A 的精确值，是否能够实现这个检测器。显然检验统计量与 A 无关，但似乎门限与 A 有关。下面将说明这只是一种假象。可以证明在 H_0 条件下，检验统计量 $T(\boldsymbol{x})$ 服从均值为零、方差为 $N_0/(2T)$（此处 T 为信号持续时间）的高斯分布，因此虚警概率

$$\begin{aligned} P_F=&\int_\gamma^\infty\frac{1}{\sqrt{2\pi N_0/(2T)}}\exp\left(-\frac{T^2(\boldsymbol{x})}{2N_0/(2T)}\right)\mathrm{d}T(\boldsymbol{x})= \\ &1-\Phi\left(\frac{\gamma}{\sqrt{N_0/(2T)}}\right) \end{aligned} \tag{4.5.5}$$

所以门限

$$\gamma=\sqrt{\frac{N_0}{2T}}\Phi^{-1}(1-P_F) \tag{4.5.6}$$

与 A 无关。因为在 H_0 条件下 $T(\boldsymbol{x})$ 的概率密度函数与 A 无关，从而根据给定的虚警概率计算出的门限值也与 A 无关。另外，检验实际上是奈曼-皮尔逊准则下的检测器，它是在给定虚警概率 P_F 产生最大检测概率 P_D 的最佳检测器。但是，注意到 P_D 与 A 有关，因为在 H_1 条件下检验统计量 $T(\boldsymbol{x})$ 服从均值为 A，方差为 $N_0/(2T)$ 的高斯分布，因此检测概率

$$P_{\mathrm{D}}=\int_{\gamma}^{\infty}\frac{1}{\sqrt{2\pi N_0/(2T)}}\exp\left(-\frac{(T(\boldsymbol{x})-A)^2}{2N_0/(2T)}\right)\mathrm{d}T(\boldsymbol{x})=$$

$$1-\Phi\left(\frac{\gamma-A}{\sqrt{N_0/(2T)}}\right)=1-\Phi\left(\Phi^{-1}(1-P_{\mathrm{F}})-\sqrt{\frac{2A^2T}{N_0}}\right) \tag{4.5.7}$$

可见 P_{D} 随 A 的增加而增加。可以说在所有可能的具有给定 P_{F} 的检测器里，如果

$$T(\boldsymbol{x})>\sqrt{\frac{N_0}{2T}}\Phi^{-1}(1-P_{\mathrm{F}}) \tag{4.5.8}$$

则判决 H_1 的那个检测器里，对于任意的 A，只要 $A>0$，都有最高的 P_{D}。当检验统计量存在的时候，此类检验称为一致最大势(UMP) 检验，任何其他检验的性能都要比 UMP 检验差。遗憾的是，UMP 很少存在。例如，如果 A 可以取任何值，即 $-\infty<A<\infty$，那么对于 A 为正和 A 为负，将得到不同的检验。对于 $A>0$，有式(4.5.8)，但是对于 $A<0$，应该有

$$T(\boldsymbol{x})<\sqrt{\frac{N_0}{2T}}\Phi^{-1}(1-P_{\mathrm{F}}) \tag{4.5.9}$$

判决 H_1 成立。由于 A 的值是未知的，奈曼-皮尔逊方法并不会导出唯一的检验。

本例所给出的假设检验问题可以重写为参数检验问题

$$\begin{cases}H_0:A=0\\H_1:A>0\end{cases}$$

这样的检验称为单边检验。与此相反的是，对于

$$\left.\begin{aligned}H_0:A=0\\H_1:A\neq 0\end{aligned}\right\} \tag{4.5.10}$$

的检验称为双边检验。对于存在 UMP 的参数检验必定是单边检验，而双边检验永远也不会产生 UMP 检验，但单边检验是可能的。

当一致最大势检验不存在时，可根据实际情况采用前面介绍的贝叶斯方法或广义似然比检验方法进行信号检测。

4.6 高斯白噪声中高斯分布随机信号的检测

在实际的被动信号检测中，常遇到根据目标本身发出的噪声来判断目标是否存在的问题。此时，假定信号是方差为 σ_s^2 的零均值高斯随机过程；噪声是均值为零、方差为 σ_n^2、功率谱密度为 $N_0/2$ 的高斯白噪声，且信号与噪声是相互独立的。检测问题就是要区分下面两种不同的假设：

$$\left.\begin{aligned}&H_0:x(t)=n(t), &0\leqslant t\leqslant T\\&H_1:x(t)=s(t)+n(t), &0\leqslant t\leqslant T\end{aligned}\right\} \tag{4.6.1}$$

4.6.1 检测的判决表示式

假定对观测到的信号 $x(t)$ 进行采样，得到 N 个独立的样本 $x_1,x_2,\cdots,x_N$，在 H_0 条件下的似然函数由噪声决定；在 H_1 条件下的似然函数是由信号和噪声之和决定，它们分别为

$$p(\boldsymbol{x}\mid H_0)=\left(\frac{1}{\sqrt{2\pi}\,\sigma_n}\right)^N\exp\left(-\frac{1}{2\sigma_n^2}\sum_{k=1}^{N}x_k^2\right) \tag{4.6.2}$$

$$p(\boldsymbol{x} \mid H_1)=\left(\frac{1}{\sqrt{2\pi(\sigma_n^2+\sigma_s^2)}}\right)^N \exp\left(-\frac{1}{2(\sigma_n^2+\sigma_s^2)}\sum_{k=1}^N x_k^2\right) \tag{4.6.3}$$

其似然比和判决准则为

$$\lambda(\boldsymbol{x})=\left(\frac{\sigma_n^2}{\sigma_s^2+\sigma_n^2}\right)^{N/2} \exp\left[\frac{\sigma_s^2}{2\sigma_n^2(\sigma_s^2+\sigma_n^2)}\sum_{k=1}^N x_k^2\right] \underset{H_0}{\overset{H_1}{\gtrless}} \lambda_0 \tag{4.6.4}$$

取对数，化简得

$$\frac{1}{\sigma_n^2}\sum_{k=1}^N x_k^2 \underset{H_0}{\overset{H_1}{\gtrless}} \frac{2(\sigma_s^2+\sigma_n^2)}{\sigma_s^2}\ln\left[\lambda_0\left(\frac{\sigma_s^2+\sigma_n^2}{\sigma_n^2}\right]^{N/2}\right)=\gamma \tag{4.6.5}$$

将 $\sigma_n^2=\dfrac{N_0}{2\Delta t}$ 代入式(4.6.5)得连续观测的判决式为

$$\int_0^T x^2(t)\mathrm{d}t \underset{H_0}{\overset{H_1}{\gtrless}} \frac{N_0}{2}\gamma=\gamma' \tag{4.6.6}$$

4.6.2　接收机结构

由式(4.6.6)可得接收机的结构如图 4.6.1 所示。可见检验统计量是信号 $x(t)$ 的能量，因此检测高斯信号的最佳接收机也称为能量接收机。直观地理解，如果目标信号出现，那么接收数据的能量将会增加。

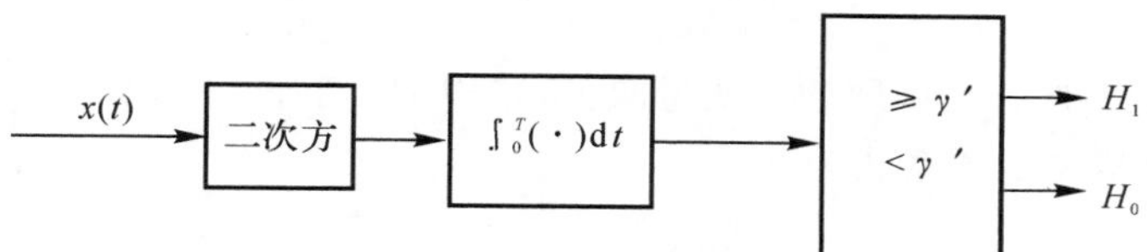

图 4.6.1　高斯噪声中检测高斯信号的最佳接收机结构

4.6.3　接收机的性能分析

为了求得接收机的虚警概率、检测概率表达式，需要讨论式(4.6.6)左边检验统计量 $\int_0^T x^2(t)\mathrm{d}t$ 分别在 H_0 和 H_1 条件下的概率分布，由于该概率分布难于求得，可以考虑利用式(4.6.5)得到的离散情况下的检验统计量

$$T(\boldsymbol{x})=\sum_{k=1}^N x_k^2 \underset{H_0}{\overset{H_1}{\gtrless}} \sigma_n^2\gamma=\eta \tag{4.6.7}$$

来分析得出虚警概率和检测概率表达式。注意参见第 2 章。

$$\left.\begin{aligned}&\frac{T(\boldsymbol{x})}{\sigma_n^2}\sim\chi_N^2, &&\text{在 } H_0 \text{ 条件下}\\ &\frac{T(\boldsymbol{x})}{\sigma_s^2+\sigma_n^2}\sim\chi_N^2, &&\text{在 } H_1 \text{ 条件下}\end{aligned}\right\} \tag{4.6.8}$$

由此可以确定检测性能，统计量是 N 个独立同分布高斯随机变量的二次方和。为了求得虚警概率 P_{F} 和检测概率 P_{D}，回忆一下 χ_ν^2 随机变量的右尾概率

$$Q_{\chi_\nu^2}(x)=\int_x^\infty p(t)\mathrm{d}t$$

是

$$Q_{\chi_\nu^2}(x)=\begin{cases}2(1-\Phi(\sqrt{x})), & \nu=1\\ 2(1-\Phi(\sqrt{x}))+\dfrac{\exp(-\frac{1}{2}x)}{\sqrt{\pi}}\sum_{k=1}^{\frac{\nu-1}{2}}\dfrac{(k-1)!\,(2x)^{k-\frac{1}{2}}}{(2k-1)!}, & \nu>1 \text{ 且 } \nu \text{ 为奇数}\\ \exp(-\frac{1}{2}x)\sum_{k=0}^{\frac{\nu}{2}-1}\dfrac{(\frac{x}{2})^k}{k!}, & \nu \text{ 为偶数}\end{cases}$$

因此，根据式(4.6.7)，有

$$P_F=\int_\eta^\infty p(T(\boldsymbol{x})\,|\,H_0)\mathrm{d}T(\boldsymbol{x})=\int_{\eta/\sigma_n^2}^\infty p\left(\frac{T(\boldsymbol{x})}{\sigma_n^2}\,\Big|\,H_0\right)\mathrm{d}(T(\boldsymbol{x})/\sigma_n^2)=Q_{\chi_N^2}\left(\frac{\eta}{\sigma_n^2}\right) \tag{4.6.9}$$

$$P_D=\int_\eta^\infty p(T(\boldsymbol{x})\,|\,H_1)\mathrm{d}T(\boldsymbol{x})=\int_{\eta/(\sigma_n^2+\sigma_s^2)}^\infty p\left(\frac{T(\boldsymbol{x})}{\sigma_s^2+\sigma_n^2}\,\Big|\,H_1\right)\mathrm{d}(T(\boldsymbol{x})/(\sigma_n^2+\sigma_s^2))=$$

$$Q_{\chi_N^2}\left(\frac{\eta}{\sigma_s^2+\sigma_n^2}\right) \tag{4.6.10}$$

门限可由式(4.6.9)求出。另外，检测性能随信噪比(SNR)单调递增，其中SNR定义为σ_s^2/σ_n^2。为了证明这一点，假定对于给定的P_F，式(4.6.9)的自变量为$\eta/\sigma_n^2=\eta'$。那么由式(4.6.10)有

$$P_D=Q_{\chi_N^2}\left(\frac{\eta/\sigma_n^2}{\sigma_s^2/\sigma_n^2+1}\right)=Q_{\chi_N^2}\left(\frac{\eta'}{\sigma_s^2/\sigma_n^2+1}\right) \tag{4.6.11}$$

随着σ_s^2/σ_n^2的增加，$Q_{\chi_N^2}$函数的自变量减少，这样P_D增加。可以证明能量检测器的性能，即虚警概率和检测概率的关系式为[2]

$$P_D=1-\Phi\left(\frac{\Phi^{-1}(1-P_F)-\sqrt{N/2}\,(\sigma_s^2/\sigma_n^2)}{\sigma_s^2/\sigma_n^2+1}\right) \tag{4.6.12}$$

图4.6.2给出了$N=25$时能量检测器的性能曲线。

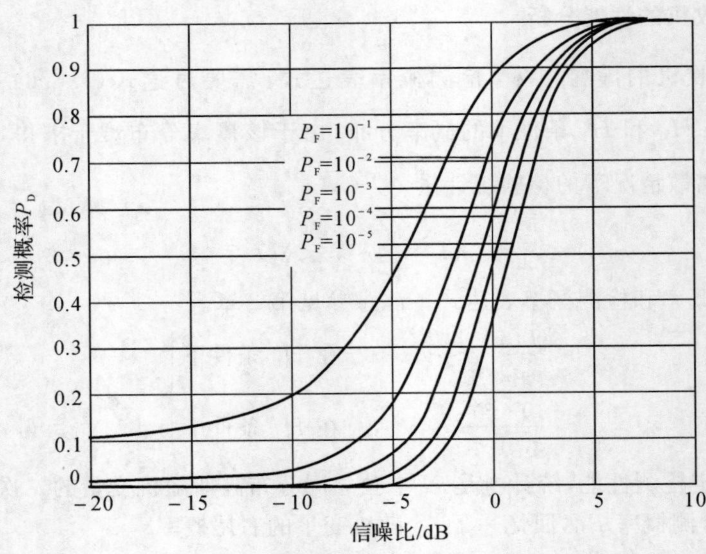

图4.6.2　能量检测器的性能($N=25$)

4.7　奈曼-皮尔逊准则下利用蒙特卡洛方法分析接收机性能

前面讨论了各种情况下接收机的设计、接收机的组成框图及接收机的性能，可以看出在分析接收机性能时，对于一些表达式比较简单的检验统计量，可以先求出其概率密度函数，进而可以求出虚警概率、检测概率及信噪比之间的关系表达式。但是更多的情况是检验统计量表达式比较复杂，无法求出其概率密度函数，更无法求出虚警概率、检测概率及信噪比之间关系的显式表达式，在这种情况下为了分析接收机的性能，可以采用 Monte Carlo 仿真实验来获得接收机的工作特性曲线。本节主要介绍奈曼-皮尔逊准则下，利用 Monte Carlo 仿真实验方法得到给定虚警概率时，检测概率与输入信噪比之间的关系曲线。

假设观测数据 $x(n)$ 为独立的随机变量，计算似然比，采用合适的判决准则，得到检验统计量 $T(\boldsymbol{x})$ 及相应的判决门限 γ。以 $T(\boldsymbol{x})\underset{H_0}{\overset{H_1}{\gtrless}}\gamma$ 为例，可以通过下面的步骤确定奈曼-皮尔逊准则下的判决门限 γ、检测概率与信噪比之间的关系曲线：

(1) 设定输入信噪比；

(2) 获取该信噪比条件下的 H_0 成立时的观测数据 $x(n)$；

(3) 计算检验统计量 $T(\boldsymbol{x})$ ；

(4) 重复(2) ～ (3) 过程 M 次(M 的确定参见 2.5 节)，产生 M 个 $T(\boldsymbol{x})$ 的实现，并按降序排列$\{T_1(\boldsymbol{x}),T_2(\boldsymbol{x}),\cdots,T_M(\boldsymbol{x})\}$；

(5) 根据 $P_F=\alpha$ 确定门限，通常取 $\gamma=T_{\mathrm{FIX}(M\alpha+1)}(\boldsymbol{x})$；

(6) 获取该信噪比条件下的 H_1 成立时的观测数据 $x(n)$；

(7) 计算检验统计量 $T(\boldsymbol{x})$；

(8) 重复(6) ～ (7) 过程 N 次(N 的确定参见 2.5 节)，求得 N 个 $T(\boldsymbol{x})$ 的实现，

(9) 计算 $T_i(\boldsymbol{x})(i=1,\cdots,N)$ 超过 γ 的次数，记为 N_γ；

(10) 用 $\hat{P}=N\gamma/N$ 来估计检测概率 P_D；

(11) 改变信噪比，重复(2) ～ (10)，可以得到虚警概率给定时，检测概率与输入信噪比之间的关系曲线。

习　题

4.1　考虑一个匹配滤波器，输入信号

$$s(t)=\begin{cases}A, & 0\leqslant t\leqslant T\\ 0, & \text{其他}\end{cases}$$

高斯白噪声的功率谱密度为 $N_0/2$。试问

(1) 最大输出信噪比是多少？

(2) 若不用匹配滤波器，而用滤波器

$$h(t)=\begin{cases}\mathrm{e}^{-\alpha t}, & 0\leqslant t\leqslant T\\ 0, & \text{其他}\end{cases}$$

则最大的输出信噪比是多少？你认为 α 的最佳值是多少？

(3) 如果采用滤波器

$$h(t)=\mathrm{e}^{-at},\quad t\geqslant 0$$

则最大的输出信噪比是多少？证明这种情况的信噪比总是小于等于(2) 的结果。

4.2　设信号 $s(t)=1-\sin\omega_0 t, 0\leqslant t\leqslant T=2\pi/\omega_0$，叠加高斯白噪声的均值为 0、功率谱密度为 $N_0/2$。求匹配滤波器的冲激响应函数 $h(t)$ 和最大输出信噪比 r，并画出 $h(t)$ 的草图。

4.3　设信号 $s(t)=1-\cos\omega_0 t, 0\leqslant t\leqslant 2\pi/\omega_0$，若噪声为非白噪声，其功率谱密度为

$$P_n(\omega)=\frac{\omega_1^2}{\omega^2+\omega_1^2}$$

式中，ω_1 为常数。试求匹配滤波器的传递函数和冲激响应函数。

4.4　设有 9 个独立的观测值

$$x_i=s+n_i,\quad i=1,2,\cdots,9$$

式中

$$s=\begin{cases}\dfrac{1}{3}, & \text{在 } H_1 \text{ 假设下}\\ 0, & \text{在 } H_0 \text{ 假设下}\end{cases}$$

n_i 为相互独立的高斯随机变量，其均值为零，方差 $\sigma^2=0.09$。现知虚警概率 $P_{\mathrm{F}}=10^{-3}$，如判决规则为当 $G=\sum\limits_{i=1}^{9}x_i\geqslant G_T$ 时，判决 H_1 成立。试求 G_T 的值和相应的检测概率 P_{D}。

4.5　在雷达中常用到相参脉冲串信号，其包络可以表示为

$$x(t)=\sum_{n=0}^{N}s(t-nT)=s(t)*\sum_{n=0}^{N}\delta(t-nT)$$

式中，$s(t)$ 是幅度为 A、宽度为 τ 的矩形脉冲

$$s(t)=\begin{cases}A, & 0\leqslant t\leqslant\tau\\ 0, & \text{其他}\end{cases}$$

$x(t)$ 的波形如图题 4.1 所示。试求

(1) 与 $x(t)$ 相匹配的滤波器的传递函数 $H(\omega)$；

(2) 画出实现 $H(\omega)$ 的框图。

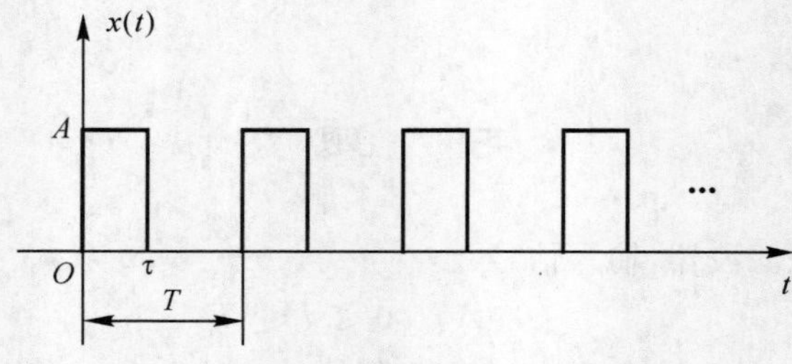

图题 4.1　相参脉冲串信号

4.6　有两个假设

$$\begin{cases}H_1: x(t)=s_1(t)+n(t)\\ H_0: x(t)=s_0(t)+n(t)\end{cases}$$

式中，$n(t)$ 是均值为零、功率谱密度为 $N_0/2$ 的高斯白噪声。设先验概率 $P(H_0)=P(H_1)$。试按最小错误概率准则设计一个接收机，并画出接收机的结构框图。

4.7　在高斯白噪声中检测确知信号、随机相位信号与随机振幅和相位信号，如果要求虚警概率 $P_F=10^{-4}$，检测概率 $P_D=0.5$，分别求出这三种检测系统所需的输出信噪比 r，并加以讨论。

4.8　设二元通信系统在两个假设下的接收信号分别为

$$\begin{cases} H_1: x(t)=a\cos(\omega_1 t)+b\cos(\omega_0 t+\theta)+n(t), & 0\leqslant t\leqslant T \\ H_0: x(t)=b\cos(\omega_0 t+\theta)+n(t), & 0\leqslant t\leqslant T \end{cases}$$

式中，信号的振幅 a 和 b、频率 ω_0 和 ω_1 及相位 θ 均为已知的确定量，$\omega_0 T=2m\pi$，$\omega_1 T=2n\pi$，m 和 n 均为正整数；噪声 $n(t)$ 是均值为零、功率谱密度为 $N_0/2$ 的高斯白噪声。试问

(1) 设计似然比门限为 λ_0 的最佳检测系统；

(2) 研究其检测性能，说明信号 $b\cos(\omega_0 t+\theta)$ 对检测性能有无影响。

4.9　考虑如下形式的窄带信号检测问题。设信号

$$s(t;f,\theta)=Af(t)\cos(\omega_0 t+\theta),\quad 0\leqslant t\leqslant T$$

式中，A 和 ω_0 已知，$\omega_0 T=2m\pi$，m 为正整数；信号的包络 $f(t)$ 是慢变化的；随机相位 θ 在 $(0,2\pi)$ 范围内服从均匀分布；加性噪声 $n(t)$ 是均值为零、功率谱密度为 $N_0/2$ 的高斯白噪声。证明最佳检测系统的非相干匹配滤波器由脉冲响应为

$$h(t)=f(T-t)\cos[\omega_0(T-t)],\quad 0\leqslant t\leqslant T$$

的线性滤波器后接一个包络检波器组成。

4.10　考虑下面的假设：

$$\begin{cases} H_1: x(t)=A\cos(\omega_0 t+\theta)+n(t), & 0\leqslant t\leqslant T \\ H_0: x(t)=n(t), & 0\leqslant t\leqslant T \end{cases}$$

式中，ω_0 已知，$\omega_0 T=2m\pi$，m 为正整数；随机相位 θ 在 $(0,2\pi)$ 范围内服从均匀分布；噪声 $n(t)$ 是均值为零、功率谱密度为 $N_0/2$ 的高斯白噪声。

(1) 若振幅 A 是离散随机变量，且与随机相位 θ 相互统计独立，概率分布为 $P(A=0)=1-p$，$P(A=A_0)=p(0\leqslant p\leqslant 1)$。请设计奈曼-皮尔逊准则的检测系统。

(2) 证明信号检测概率 $P_D=(1-p)P_F+pP_D(A_0)$。其中 P_F 为虚警概率，$P_D(A_0)$ 是 $A=A_0$ 的恒定振幅信号波形检测的检测概率。

4.11　对于上述的检测问题，假定幅度具有如下分布：

$$p(A)=(1-p)\delta_A+p\frac{A}{\sigma_A^2}\exp\left(-\frac{A^2}{2\sigma_A^2}\right),\quad A\geqslant 0,\quad p\neq 0$$

式中，p 是常数，且满足 $0<p<1$。

(1) 采用奈曼-皮尔逊准则，推导信号检测的判决表示式。

(2) 证明信号检测的检测概率为

$$P_D=(1-p)P_F+pP_F^{\frac{1}{1+\sigma_A^2 T/N_0}}$$

4.12　考虑二元参量信号的广义似然比检验问题。若两个假设下的观测信号分别为

$$\begin{cases} H_0: x_k=n_k, & k=1,2,\cdots \\ H_1: x_k=a+n_k, & k=1,2,\cdots \end{cases}$$

式中，参数 a 为未知参量；噪声 $n_k\sim N(0,\sigma_n^2)$，且 $n_k(k=1,2,\cdots,N)$ 之间相互统计独立。若似然比门限 λ_0 已知，求采用广义似然比检验的判决表达式（提示：未知参量 a 的最大似然估计量

$\hat{a}_{\mathrm{ml}}=\dfrac{1}{N}\sum_{k=1}^{N}x_k$)。

4.13　对于如下两种假设检测问题：

$$\begin{cases}H_0:x(n)=n(n), & 0\leqslant n\leqslant N\\ H_1:x(n)=Ar^n+n(n), & 0\leqslant n\leqslant N\end{cases}$$

式中，r是已知的($0<r<1$)；A未知；$n(t)$是均值为零、功率谱密度为$N_0/2$的高斯白噪声。如采样所得的N个样本相互独立，试根据这N个样本，证明如果$\hat{A}^2>\gamma$，则广义似然比检验判决H_1成立，其中$\hat{A}$是A的最大似然估计。

4.14　对于如下两种假设检测问题：

$$\begin{cases}H_0:x(t)=n(t), & 0\leqslant t\leqslant T\\ H_1:x(t)=As(t)+n(t), & 0\leqslant t\leqslant T\end{cases}$$

式中，$s(t)$是已知的；A未知且$A>0$；$n(t)$是均值为零、功率谱密度为$N_0/2$的高斯白噪声。证明一致最大势检验存在，并求检测性能。

第 5 章　高斯色噪声中信号的检测

由第 3 章所讨论的信号检测的基本理论可知，无论是何种准则下的信号检测，均需要已知噪声的概率密度函数。第 4 章讨论了加性高斯白噪声中信号波形的检测问题。但高斯白噪声是一种理想的噪声模型，实际的噪声可能是功率谱密度 $P_n(\omega)$ 不平坦的有色噪声。本章讨论加性高斯有色噪声背景中信号波形的检测问题。

5.1　高斯色噪声中信号检测的思路

如果噪声的功率谱密度在整个频带内的分布是非均匀的，则称为色噪声。色噪声的自相关函数不再是 δ 函数，故色噪声在任意两个不同时刻的取值不再是不相关的。如果色噪声服从高斯分布，则称为高斯色噪声。

信号检测的关键问题之一就是要找到能够保持信号信息不丢失而又相互统计独立的样本，从而使所有样本的联合概率密度等于各个样本概率密度的乘积。对于$(0,T)$时间内信号加高斯白噪声的观测波形，由 4.2.1 节可知，可以根据采样定理，在均匀时间间隔上对它进行幅度采样，由于高斯白噪声在任意不同时刻采样所得的样本都是不相关的，这种采样所得的样本也是统计独立的，其似然函数能够通过观测到的各个样本的概率密度的连乘得出，进而建立似然比检测。对于高斯色噪声，在任意两个不同时刻的取值是相关的，根据采样定理，在均匀时间间隔上对它进行幅度采样所得的样本是相关的，这种采样所得的样本并不是统计独立的，因而难以直接用各个样本的概率密度求出其多维联合概率密度。

高斯色噪声中信号检测的基本方法通常有两种：一种是白化处理方法，另一种是卡亨南-洛维(Karhunen - Loeve) 展开方法。

白化处理方法采用匹配滤波器中讨论的白化处理方法，先将含有高斯色噪声的接收信号通过一个白化滤波器，使输入白化滤波器的色噪声在输出端变为白噪声，然后再按白噪声中信号检测的方法进行处理，具体见 4.1.6 节。

对于含有高斯色噪声的信号，因为不能通过在时域对幅度进行采样得到统计独立的样本，人们寻求一种正交级数展开的方式，以便使展开式的各项展开系数之间是互不相关的。随机过程可以用傅里叶级数表示，但只有当观测时间 T 趋于无穷大时，展开式各项系数才是不相关的，而实际观测时间 T 不可能无穷大，所以不宜采用傅里叶级数展开的表示形式，而是采用卡亨南-洛维(Karhunen - Loeve) 展开式。卡亨南-洛维展开方法就是把含有高斯色噪声的信号表示成正交展开的形式，将正交展开的系数作为样本，从而使样本是相互统计独立的。即根据噪声的自相关函数 $R_n(t-u)$ 选择合适的正交函数集 $\{f_k(t)\}$ 的坐标函数

$f_k(t)$ $(k=1,2,\cdots)$，将接收信号 $x(t)$ 展开成正交级数，其展开系数 $x_k(k=1,2,\cdots)$ 是互不相关的高斯随机变量，也是统计独立的。通过求取卡亨南-洛维展开系数的概率密度函数，并将它们相乘，得到所有卡亨南-洛维展开系数的概率密度函数（即含有高斯色噪声的信号的多维概率密度）；再由卡亨南-洛维展开系数的联合概率密度得到不同假设下的似然函数，从而就可以进行似然比检测。

随机过程的卡亨南-洛维展开是研究信号检测的一种有力的数学工具。本章主要讨论高斯色噪声中信号检测的卡亨南-洛维展开方法。

5.2 卡亨南-洛维展开

卡亨南-洛维展开就是一种将随机信号表示成正交展开的方法。

5.2.1 随机过程的正交展开

如果函数集 $\{f_k(t),k=1,2,\cdots\}$ 在时间 $(0,T)$ 内满足

$$\int_0^T f_k(t)f_j^*(t)\mathrm{d}t=\begin{cases}1, & k=j\\ 0, & k\neq j\end{cases} \tag{5.2.1}$$

则函数集 $\{f_k(t)\}$ 构成相互正交的函数集，其中 $f_k(t)$ 称为第 k 个坐标函数。如果在二次方可积或能量有限的函数空间中，不存在另一个函数 $g(t)$，使

$$\int_0^T f_k(t)g^*(t)\mathrm{d}t=0,\quad k=1,2,\cdots \tag{5.2.2}$$

则正交函数集 $\{f_k(t),k=1,2,\cdots\}$ 称为完备的正交函数集。

在时间 $(0,T)$ 上的任意二次方可积随机过程 $x(t)$ 的正交展开表示为

$$x(t)=\lim_{N\to\infty}\sum_{k=1}^{N}x_kf_k(t)=\sum_{k=1}^{\infty}x_kf_k(t) \tag{5.2.3}$$

其展开系数为

$$x_k=\int_0^T x(t)f_k^*(t)\mathrm{d}t,\quad k=1,2,\cdots \tag{5.2.4}$$

对于随机过程 $x(t)$，由于每个样本函数是不同的时间函数，因此展开系数 x_k 是随机变量，而且这种展开应在平均意义上满足

$$\lim_{N\to\infty}E\left\{\left[x(t)-\sum_{k=1}^{N}x_kf_k(t)\right]^2\right\}=0 \tag{5.2.5}$$

即正交展开的均方误差等于零，或者说正交展开均方收敛于 $x(t)$。

式(5.2.3)所示的随机过程 $x(t)$ 的正交展开说明，$x(t)$ 可以由式(5.2.4)求得的 x_k 来恢复，也就是说，随机过程 $x(t)$ 完全由其展开系数 x_k 确定。注意，在这里对随机过程 $x(t)$ 进行正交展开所用的正交函数集 $\{f_k(t)\}$，并没有提出特殊的要求，所以正交展开系数 x_k 可能是相关的。如果在随机过程 $x(t)$ 正交展开的基础上，进一步要求正交展开系数 x_k 是不相关的，还需要进一步寻找使正交函数集 $\{f_k(t),k=1,2,\cdots\}$ 满足这一要求的条件，也就是，要找到使展开系数 x_k 不相关的正交函数集 $\{f_k(t),k=1,2,\cdots\}$。

5.2.2 随机过程的卡亨南-洛维展开

卡亨南-洛维展开的基本出发点是，根据噪声干扰的特性，正确选择随机过程展开所用的

正交函数集$\{f_k(t)\}$，以使展开系数x_k是互不相关的随机变量。用根据随机过程统计特性选择的正交函数集$\{f_k(t)\}$和展开系数x_k构成的正交展开称亨南-洛维展开。也就是说，卡亨南-洛维展开就是使展开系数互不相关的展开。

设接收信号$x(t)$是确知信号$s(t)$噪声$n(t)$之和，即

$$x(t)=s(t)+n(t),\quad 0\leqslant t\leqslant T \tag{5.2.6}$$

噪声$n(t)$是均值为0、自相关函数为$R_n(\tau)$的平稳随机过程。因此，$x(t)$也是一平稳随机过程。

由式(5.2.4)知，$x(t)$的展开系数x_k是随机变量。当随机过程$x(t)$满足

$$\int_0^T x^2(t)\mathrm{d}t<\infty$$

时，其展开系数x_k的均值为

$$E[x_k]=E\left[\int_0^T x(t)f_k^*(t)\mathrm{d}t\right]=\int_0^T s(t)f_k^*(t)\mathrm{d}t \tag{5.2.7}$$

因为

$$x_k-E[x_k]=\int_0^T x(t)f_k^*(t)\mathrm{d}t-\int_0^T s(t)f_k^*(t)\mathrm{d}t=\int_0^T n(t)f_k^*(t)\mathrm{d}t \tag{5.2.8}$$

展开系数x_j与x_k的协方差为

$$\begin{aligned}E[(x_j-E[x_j])(x_k^*-E[x_k^*])]&=E\left[\int_0^T n(t)f_j^*(t)\mathrm{d}t\int_0^T n^*(t)f_k(t)\mathrm{d}t\right]=\\&E\left[\int_0^T\int_0^T f_j^*(t)f_k(u)n(t)n^*(u)\mathrm{d}t\mathrm{d}u\right]=\\&\int_0^T\int_0^T f_j^*(t)f_k(u)R_n(t-u)\mathrm{d}t\mathrm{d}u\end{aligned} \tag{5.2.9}$$

要使展开系数x_k互不相关，应使x_j与x_k的协方差为$\lambda_k\delta_{jk}$。即当$j\neq k$时，x_j与x_k的协方差为0；当$j=k$时，x_k的方差为λ_k。要使式(5.2.9)的结果等于$\lambda_k\delta_{jk}$，应使正交函数集$\{f_k(t)\}$中的每一个函数都满足下列齐次积分方程

$$\int_0^T f_k(u)R_n(t-u)\mathrm{d}u=\lambda_k f_k(t),\quad 0\leqslant t\leqslant T \tag{5.2.10}$$

式中，$R_n(t-u)$称为积分方程的核；$f_k(t)$称为积分方程的特征函数；λ_k称为积分方程的特征值。由式(5.2.10)解得的特征函数$f_k(t)$就是所求的正交函数集$\{f_k(t)\}$的第k个坐标函数。用这样的坐标函数构成的正交函数集$\{f_k(t)\}$对接收信号$x(t)$ $(0\leqslant t\leqslant T)$进行正交级数展开，展开式的各项系数$x_k(k=1,2,\cdots)$是互不相关。这就是卡亨南-洛维展开。

将式(5.2.10)代入式(5.2.9)可得

$$E[(x_j-E[x_j])(x_k^*-E[x_k^*])]=\int_0^T\lambda_k f_j^*(t_1)f_k(t_1)\mathrm{d}t_1=\begin{cases}\lambda_k, & k=j\\0, & k\neq j\end{cases} \tag{5.2.11}$$

总结一下对接收信号进行卡亨南-洛维展开的过程：根据平稳噪声$n(t)$的自相关函数$R_n(\tau)$，通过求解式(5.2.10)所示的积分方程得到的所有特征函数$f_k(t)$构成正交函数集$\{f_k(t)\}$，由该$\{f_k(t)\}$对接收信号$x(t)$求得展开系数x_k，再由x_k和$\{f_k(t)\}$按式(5.2.3)构成的展开式就是接收信号的卡亨南-洛维展开。

5.2.3　白噪声情况下正交函数集的任意性

设接收信号$x(t)$是确知信号$s(t)$和噪声$n(t)$之和，即$x(t)=s(t)+n(t)$，接收时间为

$0 \leqslant t \leqslant T$。噪声 $n(t)$ 是均值为 0、功率谱密度为 $P_n(\omega)=N_0/2$ 的白噪声，其自相关函数为 $R_n(\tau)=N_0\delta(\tau)/2$。设正交函数集 $\{f_k(t)\}$，接收信号 $x(t)$ 的展开系数为 x_j 与 x_k 的协方差为

$$E[(x_j-E[x_j])(x_k^*-E[x_k^*])]=\int_0^T\int_0^T f_j^*(t)f_k(u)R_n(t-u)\mathrm{d}t\mathrm{d}u=$$
$$\frac{N_0}{2}\int_0^T\int_0^T f_j^*(t)f_k(u)\delta(t-u)\mathrm{d}t\mathrm{d}u=$$
$$\frac{N_0}{2}\int_0^T f_j^*(t)f_k(t)\mathrm{d}t_1=\frac{N_0}{2}\delta_{jk} \tag{5.2.12}$$

这说明，在噪声 $n(t)$ 是白噪声的条件下，取任意正交函数集 $\{f_k(t)\}$ 对平稳随机信号 $x(t)$ 进行展开，其展开系数 $x_k(k=1,2,\cdots)$ 之间都是互不相关的。这就是白噪声情况下正交函数集的任意性。

5.2.4 随机参量信号情况下接收信号的正交展开

设接收信号 $x(t)$ 是随机参量信号 $s(t,\theta)$ 和噪声 $n(t)$ 之和，即

$$x(t)=s(t,\theta)+n(t),\quad 0\leqslant t\leqslant T \tag{5.2.13}$$

式中，θ 是随机参量信号 $s(t,\theta)$ 的随机参量或未知参量；噪声 $n(t)$ 是均值为 0、自相关函数为 $R_n(\tau)$ 的平稳随机过程。

在有用信号是随机参量信号 $s(t,\theta)$ 的情况下，如果把随机参量 θ 看作确知量，$s(t,\theta)$ 看作以 θ 为条件的信号，接收信号 $x(t)$ 的展开系数 x_k 是以 θ 为条件的展开系数 $x_k(\theta)$。对于由式(5.2.10) 得到的正交函数集 $\{f_k(t)\}$，以 θ 为条件的展开系数 $x_k(\theta)$ 仍能够使式(5.2.11) 成立，故此，以 θ 为条件的展开系数 $x_k(\theta)$ 之间都是互不相关的。因此，在有用信号是随机参量信号的情况下，接收信号 $x(t)$ 的正交展开仍然可以采用有用信号是确知信号情况下的卡亨南-洛维展开，展开系数只不过是以 θ 为条件的展开系数 $x_k(\theta)$。至于以随机参量 θ 为条件正交展开时，以 θ 为条件的展开系数的处理问题，需要结合具体情况再讨论。

5.3 高斯色噪声中确知信号的检测

卡亨南-洛维展开能够将含有平稳噪声的接收信号表示为正交展开的形式，为研究高斯色噪声中确知信号的检测问题提供了有力工具。利用卡亨南-洛维展开处理高斯色噪声中确知信号的检测问题就是通过求取接收信号的卡亨南-洛维展开的展开系数，利用展开系数的不相关性，获得展开系数的联合概率密度，再利用似然比检测方法做出判决。

5.3.1 检测的判决表示式

对于高斯色噪声中二元确知信号的检测，相应的两种假设表示为

$$\left.\begin{aligned}H_0: x(t)=s_0(t)+n(t),\quad 0\leqslant t\leqslant T\\ H_1: x(t)=s_1(t)+n(t),\quad 0\leqslant t\leqslant T\end{aligned}\right\} \tag{5.3.1}$$

式中，$s_0(t)$ 和 $s_1(t)$ 是确知信号；噪声 $n(t)$ 是均值为 0、自相关函数为 $R_n(\tau)$ 的高斯色噪声。

根据式(5.2.10)，由高斯色噪声的自相关函数 $R_n(\tau)$ 求出正交函数集 $\{f_k(t)\}$。因为自相关函数 $R_n(t_1-t_2)$ 为实对称函数，则式(5.2.10) 的特征函数 $f_k(t)$ 是实函数。根据正交函数集 $\{f_k(t)\}$，得到展开系数

$$x_k = \int_0^T x(t) f_k(t) \mathrm{d}t, \quad k = 1, 2, \cdots \tag{5.3.2}$$

由 x_k 和 $\{f_k(t)\}$ 得到卡亨南-洛维展开为

$$x(t) = \sum_{k=1}^{\infty} x_k f_k(t) \tag{5.3.3}$$

由于 x_k 是对高斯过程 $x(t)$ 做线性运算后得到的，所以 x_k 也是高斯分布的。又因为它们不相关，所以 x_k 是统计独立的。因此，为确定 x_k 的联合概率密度，只需求出它们的均值和方差，就能够得到其概率密度。所有展开系数 x_k 的联合概率密度等于各个展开系数 x_k 概率密度的乘积。

在假设 H_0 下，展开系数 x_k 的均值为

$$E[x_k \mid H_0] = E\left\{\int_0^T [s_0(t) + n(t)] f_k(t) \mathrm{d}t\right\} = \int_0^T s_0(t) f_k(t) \mathrm{d}t = s_{0k} \tag{5.3.4}$$

在假设 H_0 下，展开系数 x_k 的方差为

$$\mathrm{Var}[x_k \mid H_0] = E[(x_k - s_{0k})^2] = E\left[\int_0^T n(t) f_k(t) \mathrm{d}t \int_0^T n(u) f_k(u) \mathrm{d}u\right] = \lambda_k \tag{5.3.5}$$

在假设 H_0 下，将前 N 个展开系数 x_k 构成 N 维随机向量 $\boldsymbol{X} = [x_1, x_2, \cdots, x_N]^{\mathrm{T}}$，则随机向量 $\boldsymbol{X}$ 的似然函数为

$$p(\boldsymbol{X} \mid H_0) = \prod_{k=1}^{N} \left(\frac{1}{2\pi\lambda_k}\right)^{1/2} \exp\left[-\frac{(x_k - s_{0k})^2}{2\lambda_k}\right] \tag{5.3.6}$$

同理，在假设 H_1 下，展开系数 x_k 的均值和方差分别为

$$E[x_k \mid H_1] = \int_0^T s_1(t) f_k(t) \mathrm{d}t = s_{1k} \tag{5.3.7}$$

$$\mathrm{Var}[x_k \mid H_1] = E[(x_k - s_{1k})^2] = \lambda_k \tag{5.3.8}$$

在假设 H_1 下，随机向量 $\boldsymbol{X}$ 的似然函数为

$$p(\boldsymbol{X} \mid H_1) = \prod_{k=1}^{N} \left(\frac{1}{2\pi\lambda_k}\right)^{1/2} \exp\left[-\frac{(x_k - s_{1k})^2}{2\lambda_k}\right] \tag{5.3.9}$$

随机向量 $\boldsymbol{X}$ 的似然比为

$$\begin{gathered}\lambda(\boldsymbol{X}) = \frac{p(\boldsymbol{X} \mid H_1)}{p(\boldsymbol{X} \mid H_0)} = \exp\left[\sum_{k=1}^{N} -\frac{(x_k - s_{1k})^2}{2\lambda_k} + \frac{(x_k - s_{0k})^2}{2\lambda_k}\right] = \\ \exp\left[\frac{1}{2}\sum_{k=1}^{N} \frac{s_{1k}(2x_k - s_{1k})}{\lambda_k} - \frac{1}{2}\sum_{k=1}^{N} \frac{s_{0k}(2x_k - s_{0k})}{\lambda_k}\right]\end{gathered} \tag{5.3.10}$$

相应的对数似然比为

$$\ln\lambda(\boldsymbol{X}) = \frac{1}{2}\sum_{k=1}^{N} \frac{s_{1k}(2x_k - s_{1k})}{\lambda_k} - \frac{1}{2}\sum_{k=1}^{N} \frac{s_{0k}(2x_k - s_{0k})}{\lambda_k} \tag{5.3.11}$$

为了方便，令式(5.3.11) 第一项为

$$\begin{gathered}G_1(\boldsymbol{X}) = \frac{1}{2}\sum_{k=1}^{N} \frac{s_{1k}(2x_k - s_{1k})}{\lambda_k} = \frac{1}{2}\sum_{k=1}^{N} \frac{s_{1k}}{\lambda_k}\left[2\int_0^T x(t) f_k(t) \mathrm{d}t - \int_0^T s_1(t) f_k(t) \mathrm{d}t\right] = \\ \int_0^T \left[x(t) - \frac{1}{2}s_1(t)\right] \sum_{k=1}^{N} \frac{s_{1k}}{\lambda_k} f_k(t) \mathrm{d}t = \int_0^T \left[x(t) - \frac{1}{2}s_1(t)\right] h_{1N}(t) \mathrm{d}t\end{gathered} \tag{5.3.12}$$

式中

$$h_{1N}(t) = \sum_{k=1}^{N} \frac{s_{1k}}{\lambda_k} f_k(t) \tag{5.3.13}$$

当 $N\to\infty$ 时，有

$$G_1[x(t)]=\lim_{N\to\infty}G_1(X)=\int_0^T\left[x(t)-\frac{1}{2}s_1(t)\right]h_1(t)\mathrm{d}t \tag{5.3.14}$$

式中

$$h_1(t)=\sum_{k=1}^{\infty}\frac{s_{1k}}{\lambda_k}f_k(t) \tag{5.3.15}$$

同理，令式(5.3.11)第二项为

$$G_0(\boldsymbol{X})=\frac{1}{2}\sum_{k=1}^{N}\frac{s_{0k}(2x_k-s_{0k})}{\lambda_k} \tag{5.3.16}$$

当 $N\to\infty$ 时，有

$$G_0[x(t)]=\lim_{N\to\infty}G_0(\boldsymbol{X})=\int_0^T\left[x(t)-\frac{1}{2}s_0(t)\right]h_0(t)\mathrm{d}t \tag{5.3.17}$$

式中

$$h_0(t)=\sum_{k=1}^{\infty}\frac{s_{0k}}{\lambda_k}f_k(t) \tag{5.3.18}$$

下面分析式(5.3.15)和式(5.3.18)中的 $h_1(t)$ 和 $h_0(t)$。

若级数

$$\sum_{k=1}^{\infty}\frac{|s_{jk}|^2}{\lambda_k}<\infty,\quad j=0,1$$

则级数

$$h_j(t)=\sum_{k=1}^{\infty}\frac{s_{jk}}{\lambda_k}f_k(t),\quad j=0,1$$

收敛。在 $h_j(t)$ 的表示式中，λ_k 和 $f_k(t)$ 分别是以噪声 $n(t)$ 的自相关函数 $R_n(t-u)$ 为核函数的齐次积分方程

$$\int_0^T f_k(u)R_n(t-u)\mathrm{d}u=\lambda_k f_k(t),\quad 0\leqslant t\leqslant T,\quad k=1,2,\cdots$$

的特征值和特征函数，而 s_{jk} 是信号 $s_j(t)$ 的第 k 个展开系数。因此，可以期望直接用 $R_n(t-u)$ 和 $s_j(t)$ 来表示 $h_j(t)$。为此，用噪声的自相关函数 $R_n(t-u)$ 乘式(5.3.15)的两端，并在区间 $0\leqslant u\leqslant T$ 内对 u 积分，得

$$\int_0^T R_n(t-u)h_1(u)\mathrm{d}u=\sum_{k=1}^{\infty}\frac{s_{1k}}{\lambda_k}\int_0^T R_n(t-u)f_k(u)\mathrm{d}u=\sum_{k=1}^{\infty}s_{1k}f_k(t)=s_1(t)$$

所以，$h_1(t)$ 是积分方程

$$\int_0^T R_n(t-u)h_1(u)\mathrm{d}u=s_1(t) \tag{5.3.19}$$

的解，该积分方程是以噪声自相关函数 $R_n(t-u)$ 为核函数的，因而 $h_1(t)$ 是确定的函数。

同样地，$h_0(t)$ 是积分方程

$$\int_0^T R_n(t_1-t_2)h_0(t_2)\mathrm{d}t_2=s_0(t) \tag{5.3.20}$$

的解。

这样，令 $G=G_1[x(t)]-G_0[x(t)]$，即

$$G=\lim_{N\to\infty}\ln\lambda(\boldsymbol{X}) \tag{5.3.21}$$

于是，高斯色噪声中二元确知信号检测的判决式为

$$G=\int_0^T\left[x(t)-\frac{1}{2}s_1(t)\right]h_1(t)\mathrm{d}t-\int_0^T\left[x(t)-\frac{1}{2}s_0(t)\right]h_0(t)\mathrm{d}t\underset{H_0}{\overset{H_1}{\gtrless}}\ln\lambda_0 \tag{5.3.22}$$

其等效判决式为

$$\int_0^T x(t)h_1(t)\mathrm{d}t-\int_0^T[x(t)h_0(t)\mathrm{d}t\underset{H_0}{\overset{H_1}{\gtrless}}\ln\lambda_0+\frac{1}{2}\int_0^T s_1(t)h_1(t)\mathrm{d}t-\frac{1}{2}\int_0^T s_0(t)h_0(t)\mathrm{d}t=\gamma \tag{5.3.23}$$

式中，λ_0 为似然比检测门限，根据选用的准则而定；γ 为对应最终检验统计量的检测门限。

5.3.2　接收机的结构

根据高斯色噪声中二元确知信号检测的判决式，可以得到相应检测系统的结构，如图 5.3.1 所示。图 5.3.1 中的本地信号是 $h_0(t)$ 和 $h_1(t)$，它们分别是积分方程(5.3.20) 和积分方程(5.3.19) 的解。

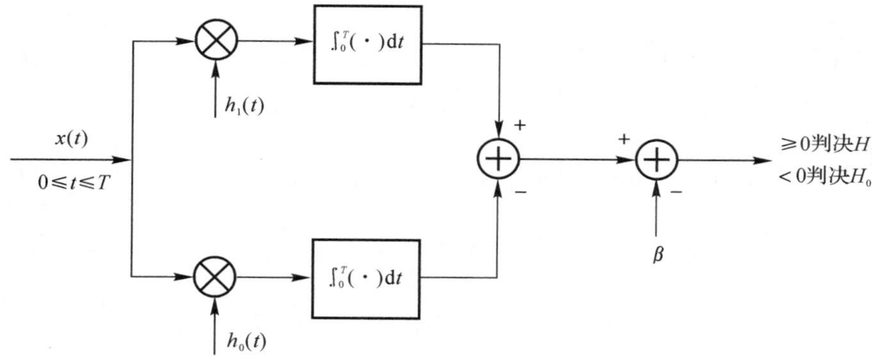

图 5.3.1　高斯色噪声中二元确知信号的最佳检测系统

因为相关运算可以用匹配滤波来实现，图 5.3.1 中接收信号 $x(t)$ 对 $h_0(t)$ 和 $h_1(t)$ 的相关运算用两个分别对 $h_0(t)$ 和 $h_1(t)$ 匹配的匹配滤波器来实现，所以得到匹配滤波器形式的高斯色噪声中二元确知信号的最佳检测系统，如图 5.3.2 所示。

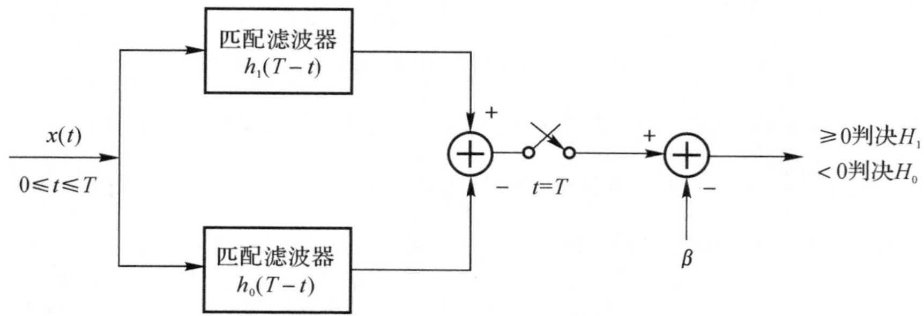

图 5.3.2　匹配滤波器形式的高斯色噪声中二元确知信号的最佳检测系统

图 5.3.2 中的 $h_1(T-t)$ 和 $h_0(T-t)$ 实际上是分别与 $s_1(t)$ 和 $s_0(t)$ 相匹配的广义匹配滤波器的冲激响应。令 $\eta_1(t)=h_1(T-t)$，$\eta_1(T-t)=h_1(t)$，则式(5.3.19) 可以写成

$$\int_0^T R_n(t-\tau)\eta_1(T-\tau)\mathrm{d}\tau = s_1(t) \tag{5.3.24}$$

再令 $T-x=t, T-\tau=z$，则式(5.3.24) 变为

$$s_1(T-x)=\int_0^T R_n(x-z)\eta_1(z)\mathrm{d}z, \quad 0\leqslant x\leqslant T \tag{5.3.25}$$

式(5.3.25) 给出了使信噪比达到最大的广义匹配滤波器冲激响应函数应满足的积分方程。由此可见，$\eta_1(t)=h_1(T-t)$ 是与 $s_1(t)$ 相匹配的广义匹配滤波器的冲激响应。同理，$\eta_0(t)=h_0(T-t)$ 是与 $s_0(t)$ 相匹配的广义匹配滤波器的冲激响应。

5.3.3 接收机的性能分析

对于高斯色噪声中信号的检测，为了求出检测性能，首先必须确定检验统计量 G 在两种假设下的概率密度。因为 G 是对高斯随机信号 $x(t)$ 进行式(5.3.22) 所示的线性运算得到的，所以 G 也是高斯随机变量。只要求出 G 在两种假设下的均值和方差，就可以得到 G 在两种假设下的概率密度函数。

G 在两种假设下的均值分别为

$$\begin{aligned} E[G\mid H_1] &= E\left\{\int_0^T\left[s_1(t)+n(t)-\frac{1}{2}s_1(t)\right]h_1(t)\mathrm{d}t-\int_0^T\left[s_1(t)+n(t)-\frac{1}{2}s_0(t)\right]h_0(t)\mathrm{d}t\right\} \\ &= \frac{1}{2}\int_0^T s_1(t)h_1(t)\mathrm{d}t-\frac{1}{2}\int_0^T[2s_1(t)-s_0(t)]h_0(t)\mathrm{d}t \end{aligned} \tag{5.3.26}$$

$$\begin{aligned} E[G\mid H_0] &= E\left\{\int_0^T\left[s_0(t)+n(t)-\frac{1}{2}s_1(t)\right]h_1(t)\mathrm{d}t-\int_0^T\left[s_0(t)+n(t)-\frac{1}{2}s_0(t)\right]h_0(t)\mathrm{d}t\right\} \\ &= -\frac{1}{2}\int_0^T s_0(t)h_0(t)\mathrm{d}t+\frac{1}{2}\int_0^T[2s_0(t)-s_1(t)]h_1(t)\mathrm{d}t \end{aligned} \tag{5.3.27}$$

式中，$h_0(t)$ 和 $h_1(t)$ 是积分方程

$$\int_0^T R_n(t-\tau)h_i(\tau)\mathrm{d}\tau = s_i(t), \quad i=0,1 \tag{5.3.28}$$

的解。

为了分析方便，引入积分方程逆核 $R_n^{-1}(t-\tau)$ 的概念，可解得 $h_0(t)$ 和 $h_1(t)$ 的显式表达式。逆核(或色噪声自相关函数的逆)$R_n^{-1}(t-\tau)$ 定义为

$$\int_0^T R_n^{-1}(t-\tau)R_n(\tau-u)\mathrm{d}\tau = \delta(t-u), \quad 0\leqslant t,u\leqslant T \tag{5.3.29}$$

将 $R_n^{-1}(u-\tau)$ 乘以(5.3.28)，再在区间($0\leqslant t\leqslant T$) 上对 t 积分，得到

$$\int_0^T\left[\int_0^T R_n^{-1}(u-t)R_n(t-\tau)\mathrm{d}t\right]h_i(\tau)\mathrm{d}\tau = \int_0^T R_n^{-1}(u-t)s_i(t)\mathrm{d}t \tag{5.3.30}$$

式(5.3.30) 中等号左边的内积分等于 $\delta(u-\tau)$，则有

$$h_i(u)=\int_0^T R_n^{-1}(u-t)s_i(t)\mathrm{d}t, \quad i=0,1 \tag{5.3.31}$$

将式(5.3.31) 中变量互换，得

$$h_i(t)=\int_0^T R_n^{-1}(t-u)s_i(u)\mathrm{d}u, \quad i=0,1 \tag{5.3.32}$$

将式(5.3.32) 代入式(5.3.26) 和式(5.3.27) 中，得

$$E[G \mid H_1]=\frac{1}{2}\int_0^T\int_0^T R_n^{-1}(t-u)s_1(u)s_1(t)\mathrm{d}t\mathrm{d}u-\frac{1}{2}\int_0^T\int_0^T R_n^{-1}(t-u)s_0(u)[2s_1(t)-s_0(t)]\mathrm{d}t\mathrm{d}u=$$
$$\frac{1}{2}\int_0^T\int_0^T[s_1(t)-s_0(t)]R_n^{-1}(t-u)[s_1(u)-s_0(u)]\mathrm{d}t\mathrm{d}u \tag{5.3.33}$$

$$E[G \mid H_0]=-\frac{1}{2}\int_0^T\int_0^T R_n^{-1}(t-u)s_0(u)s_0(t)\mathrm{d}t\mathrm{d}u+\frac{1}{2}\int_0^T\int_0^T R_n^{-1}(t-u)s_1(u)[2s_0(t)-s_1(t)]\mathrm{d}t\mathrm{d}u=$$
$$-\frac{1}{2}\int_0^T\int_0^T[s_1(t)-s_0(t)]R_n^{-1}(t-u)[s_1(u)-s_0(u)]\mathrm{d}t\mathrm{d}u \tag{5.3.34}$$

在假设 H_1 为真的情况下，G 的方差为

$$\begin{aligned}\mathrm{Var}[G \mid H_1]&=E\{\{G \mid H_1-E[G \mid H_1]\}^2\}=\\&E\left\{\left\{\int_0^T n(t)[h_1(t)-h_0(t)]\mathrm{d}t\right\}^2\right\}=\\&\int_0^T\int_0^T E[n(t)n(u)][h_1(t)-h_0(t)][h_1(u)-h_0(u)]\mathrm{d}t\mathrm{d}u=\\&\int_0^T\int_0^T R_n(t-u)[h_1(t)-h_0(t)][h_1(u)-h_0(u)]\mathrm{d}t\mathrm{d}u=\\&\int_0^T[s_1(t)-s_0(t)][h_1(t)-h_0(t)]\mathrm{d}t=\\&\int_0^T\int_0^T[s_1(t)-s_0(t)]R_n^{-1}(t-u)[h_1(t)-h_0(t)][s_1(t)-s_0(t)]\mathrm{d}t\mathrm{d}u\overset{\text{def}}{=}\sigma_G^2\end{aligned} \tag{5.3.35}$$

同理，在假设 H_0 为真的情况下，G 的方差为

$$\mathrm{Var}[G \mid H_0]=E(\{G \mid H_0-E[G \mid H_0]\}^2)=E\left(\left\{\int_0^T n(t)[h_1(t)-h_0(t)]\mathrm{d}t\right\}^2\right)=\sigma_G^2 \tag{5.3.36}$$

G 在两种假设下的均值可以进一步表示为

$$E[G \mid H_1]=-E[G \mid H_0]=\sigma_G^2/2 \tag{5.3.37}$$

G 在两种假设下的概率密度为

$$p(G \mid H_1)=\frac{1}{\sqrt{2\pi}\sigma_G}\exp\left[-\frac{(G-\sigma_G^2/2)^2}{2\sigma_G^2}\right] \tag{5.3.38}$$

$$p(G \mid H_0)=\frac{1}{\sqrt{2\pi}\sigma_G}\exp\left[-\frac{(G+\sigma_G^2/2)^2}{2\sigma_G^2}\right] \tag{5.3.39}$$

因为检验统计量 G 服从高斯分布，所以虚警概率和检测概率由偏移系数 d^2 决定。偏移系数 d^2 为

$$d^2=\frac{(E[G \mid H_1]-E[G \mid H_0])^2}{\mathrm{Var}[G \mid H_0]}=\frac{(\sigma_G^2/2+\sigma_G^2/2)^2}{\sigma_G^2}=\sigma_G^2 \tag{5.3.40}$$

这样，虚警概率和检测概率分别为

$$P_{\mathrm{F}}=P(D_1 \mid H_0)=\int_0^\gamma\frac{1}{\sqrt{2\pi}\sigma_G}\exp\left[-\frac{(G+\sigma_G^2/2)^2}{2\sigma_G^2}\right]\mathrm{d}G=$$
$$Q[\ln\lambda_0/d+d/2]=Q[\ln\lambda_0/\sigma_G+\sigma_G/2] \tag{5.3.41}$$

$$P_{\mathrm{D}}=P(D_1 \mid H_1)=Q[\ln\lambda_0/d-d/2]=$$

$$Q[Q^{-1}(P_F)-d]=Q[Q^{-1}(P_F)-\sigma_G] \tag{5.3.42}$$

如果采用最小平均错误概率准则，并假定两种假设的先验概率相等，则检测门限$\lambda_0=1$，高斯色噪声中二元确知信号检测的判决表示式为

$$G \underset{H_0}{\overset{H_1}{\gtrless}} \ln\lambda_0=0 \tag{5.3.43}$$

于是，平均错误概率等于某种假设下的错误概率，即

$$P_e=P(D_1 \mid H_0)=P(D_0 \mid H_1)=\int_0^{\gamma}\frac{1}{\sqrt{2\pi}\sigma_G}\exp\left[-\frac{(G+\sigma_G^2/2)^2}{2\sigma_G^2}\right]dG=$$

$$\int_{\sigma_G/2}^{\infty}\frac{1}{\sqrt{2\pi}}\exp\left[-\frac{z^2}{2}\right]dz=Q\left(\frac{\sigma_G}{2}\right) \tag{5.3.44}$$

由式(5.3.44)可见，平均错误概率随σ_G增大而单调的减小，其原因是

$$E[G \mid H_1]-E[G \mid H_0]=\sigma_G^2 \tag{5.3.45}$$

上面讨论了高斯色噪声中二元确知信号的检测方法，其出发点是用卡亨南-洛维展开将接收信号展开为正交分量，利用高斯分布条件下正交展开系数的不相关性得到接收信号的似然函数，最终得到检验统计量与门限比较的检测判决式。其关键是根据给定的信号和噪声的相关函数求解积分方程，解得$h_0(t)$和$h_1(t)$。

例 5.3.1 对于如下的二元信号检测问题：

$$\begin{cases} H_0: x(t)=n(t), & 0\leqslant t\leqslant T \\ H_1: x(t)=s(t)+n(t), & 0\leqslant t\leqslant T \end{cases}$$

式中，$s(t)$为确知信号；$n(t)$为高斯色噪声，其相关函数为$R_n(\tau)=\alpha e^{-\beta|\tau|}$。如果似然比检测门限为$\lambda_0$，试求检测判决式。

解 对于该题所属的二元信号检测问题，需要求出在假设H_1下相关接收的信号$h(t)$。为求近似解$h(t)$，把观测区间扩展为$(-\infty,\infty)$，可得如下卷积积分

$$\int_{-\infty}^{\infty}R_n(t-\tau)h(\tau)d\tau=s(t)$$

两边取傅里叶变换，得

$$H(\omega)P_n(\omega)=S(\omega)$$

式中，$P_n(\omega)$为噪声功率谱密度，即

$$P_n(\omega)=\int_{-\infty}^{\infty}R_n(\tau)e^{-j\omega\tau}d\tau=\frac{2\alpha\beta}{\omega^2+\beta^2}$$

故$h(t)$的傅里叶变换为

$$H(\omega)=\frac{S(\omega)}{P_n(\omega)}=\frac{\omega^2+\beta^2}{2\alpha\beta}S(\omega)$$

则

$$h(t)=\frac{1}{2\alpha\beta}\left(-\frac{d^2}{dt^2}+\beta^2\right)s(t)$$

因此，检测判决式为

$$\int_0^T x(t)h(t)dt \underset{H_0}{\overset{H_1}{\gtrless}} \ln\lambda_0+\frac{1}{2}\int_0^T s(t)h(t)dt=\gamma$$

5.4　高斯色噪声中随机相位信号的检测

对于高斯色噪声中随机相位信号的检测问题，假设信号的初始相位随机，并在 $(0,2\pi)$ 上均匀分布，似然函数是随机变量。当按照似然比检验方法进行信号检测时，其步骤与高斯白噪声中参量信号检测的贝叶斯方法类似。考虑窄带信号和窄带噪声情形，用复包络表示比较方便。

5.4.1　信号及噪声的复包络

尽管现实世界中的信号都是实信号，但实信号用复信号形式来表示，可对含有相位信息的信号的运算及相位信息的分析与提取带来方便。

对于实信号 $x(t)$，相应的复信号就是其解析信号，即

$$x_p(t)=x(t)+\mathrm{j}H[x(t)] \tag{5.4.1}$$

式中，$x_p(t)$ 是与 $x(t)$ 对应的解析信号；$H[x(t)]$ 表示 $x(t)$ 的希尔伯特变换，它是信号 $x(t)$ 与 $1/\pi t$ 的卷积。解析信号的实部就是原信号。解析信号的频谱是原信号频谱正频率部分的 2 倍。

复信号除了式(5.4.1) 的直角坐标形式外，还有常用的极坐标形式表示的复指数形式，即

$$x_p(t)=|x_p(t)|\exp\{\mathrm{j}\arg[x_p(t)]\} \tag{5.4.2}$$

式中，$|x_p(t)|$ 是 $x_p(t)$ 的模；$\arg[x_p(t)]$ 表示 $x_p(t)$ 的幅角。解析信号 $x_p(t)$ 的模与幅角的表示式为

$$|x_p(t)|=\sqrt{x^2(t)+\{H[x(t)]\}^2} \tag{5.4.3}$$

$$\arg[x_p(t)]=\arctan\left\{\frac{H[x(t)]}{x(t)}\right\} \tag{5.4.4}$$

对于正弦或余弦形式的窄带信号 $s(t)=A(t)\cos[\omega t+\varphi(t)]$，可以不通过先求出解析信号，再转换为复指数信号的过程，直接写成复指数信号的形式，即

$$s_p(t)=A(t)\exp\{\mathrm{j}[\omega t+\varphi(t)]\}=\tilde{A}(t)\exp(\mathrm{j}\omega t) \tag{5.4.5}$$

式中，$A(t)$ 是信号 $s(t)$ 的幅度函数；ω 是信号 $s(t)$ 载波的角频率；$\varphi(t)$ 是信号 $s(t)$ 的相位函数；$\tilde{A}(t)=A(t)\exp[\mathrm{j}\varphi(t)]$ 称为信号 $s(t)$ 的复包络。

窄带噪声可表示为

$$n(t)=u(t)\cos\omega t-v(t)\sin\omega t \tag{5.4.6}$$

式中，$u(t)$ 和 $v(t)$ 是噪声 $n(t)$ 的两个正交分量。噪声 $n(t)$ 的希尔伯特变换为

$$H[n(t)]=u(t)\cos\omega t+v(t)\sin\omega t \tag{5.4.7}$$

对应噪声 $n(t)$ 的解析信号为

$$n_p(t)=n(t)+\mathrm{j}H[n(t)]=[u(t)+\mathrm{j}v(t)]\exp(\mathrm{j}\omega t) \tag{5.4.8}$$

噪声 $n(t)$ 的复包络为

$$\tilde{n}(t)=u(t)+\mathrm{j}v(t) \tag{5.4.9}$$

噪声复包络的相关函数为

$$E[\tilde{n}(t)\tilde{n}^*(t-\tau)]=E\{[u(t)+\mathrm{j}v(t)][u(t-\tau)-\mathrm{j}v(t-\tau)]\}= R_u(\tau)+R_v(\tau)-\mathrm{j}R_{uv}(\tau)+\mathrm{j}R_{vu}(\tau) \tag{5.4.10}$$

可以证明两个正交分量的相关函数相等，即 $R_u(\tau)=R_v(\tau)$。由于 $u(t)$ 和 $v(t)$ 是实函数，则有

$$R_{vu}(\tau)=R_{uv}(-\tau)=-R_{uv}(\tau) \tag{5.4.11}$$

故噪声复包络的相关函数为

$$E[\tilde{n}(t)\tilde{n}^*(t-\tau)]=2[R_u(\tau)-\mathrm{j}R_{uv}(\tau)] \tag{5.4.12}$$

噪声 $n(t)$ 的相关函数为

$$R_n(\tau)=R_u(\tau)\cos\omega\tau+R_{uv}(\tau)\sin\omega\tau \tag{5.4.13}$$

利用上述求复包络的方法，可以证明 $R_n(\tau)$ 的复包络为

$$\tilde{R}_n(\tau)=R_u(\tau)-\mathrm{j}R_{uv}(\tau) \tag{5.4.14}$$

由上述分析可见：窄带噪声复包络的自相关函数等于噪声自相关函数复包络的 2 倍，即

$$E[\tilde{n}(t)\tilde{n}^*(t-\tau)]=2\tilde{R}_n(\tau) \tag{5.4.15}$$

5.4.2 随机相位信号的检测

对于简单二元随机相位信号的检测，设发送设备发送的二元信号为

$$\left.\begin{aligned} &s_0(t)=0, && 0\leqslant t\leqslant T\\ &s_1(t,\theta)=A(t)\sin(\omega t+\theta), && 0\leqslant t\leqslant T \end{aligned}\right\} \tag{5.4.16}$$

式中，$A(t)$ 为振幅；ω 为频率；θ 为相位，是随机变量，其先验概率密度 $p(\theta)$ 在区间 $(0,2\pi)$ 上为均匀分布，即

$$p(\theta)=\begin{cases}\dfrac{1}{2\pi}, & 0\leqslant\theta\leqslant 2\pi\\ 0, & \text{其他}\end{cases} \tag{5.4.17}$$

相位均匀分布意味着完全缺乏相位信息，是一种最不利的分布。

接收设备检测信号对应的两种假设为

$$\left.\begin{aligned} &H_0: x(t)=s_0(t)+n(t)=n(t), && 0\leqslant t\leqslant T\\ &H_1: x(t)=s_1(t,\theta)+n(t)=A(t)\sin(\omega t+\theta)+n(t), && 0\leqslant t\leqslant T \end{aligned}\right\} \tag{5.4.18}$$

式中，$n(t)$ 是窄带高斯色噪声，其均值为 0，相关函数为 $R_n(\tau)$。由于信号的信息完全由其复包络携带，载波仅起到载体的作用，所以只需用复包络就可以进行信号检测问题的研究。

基于复包络的简单二元随机相位信号检测的假设为

$$\left.\begin{aligned} &H_0: \tilde{x}(t)=\tilde{n}(t), && 0\leqslant t\leqslant T\\ &H_1: \tilde{x}(t)=\tilde{A}(t)+\tilde{n}(t)=A(t)\exp(\mathrm{j}\theta)+\tilde{n}(t), && 0\leqslant t\leqslant T \end{aligned}\right\} \tag{5.4.19}$$

式中，$\tilde{x}(t)$ 是接收信号 $x(t)$ 的复包络；$\tilde{A}(t)=A(t)\exp(\mathrm{j}\theta)$ 是随机相位信号 $s_1(t,\theta)$ 的复包络；$\tilde{n}(t)$ 是窄带高斯色噪声 $n(t)$ 的复包络。

1. 似然函数

在假设 H_1 下，接收信号 $x(t)$ 的复包络 $\tilde{x}(t)$ 的卡亨南-洛维展开为

$$\tilde{x}(t)=\sum_{k=1}^{\infty}x_k f_k(t) \tag{5.4.20}$$

式中，$f_k(t)$ 满足以下积分方程

$$\int_0^T \tilde{R}_n(t-\tau)f_k(\tau)\mathrm{d}\tau=\lambda_k f_k(t) \tag{5.4.21}$$

式中，$\tilde{R}_n(\tau)$ 为噪声自相关函数 $R_n(\tau)$ 的复包络。展开系数为

$$x_k=\alpha_k+\mathrm{j}\beta_k=\int_0^T \tilde{x}(t)f_k^*(t)\mathrm{d}t \tag{5.4.22}$$

用类似于证明式(5.2.11)所用的方法，并且利用式(5.4.15)和式(5.4.21)，可以证明

$$E\{\{x_k-E[x_k]\}\{x_i-E[x_i]\}^*\}=2\lambda_k\delta_{ki} \tag{5.4.23}$$

这表明复包络 $\tilde{x}(t)$ 的展开系数 x_k 是不相关的，由于它们又是高斯的，因此它们是统计独立的。这样，复包络 $\tilde{x}(t)$ 的卡亨南-洛维展开的前 N 个展开系数的联合概率密度就等于各个展开系数概率密度的乘积。展开系数包含实部 α_k 和虚部 β_k 两个变量，故展开系数是二元高斯随机变量。要得到展开系数的概率密度，就需要求出实部 α_k 和虚部 β_k 的均值、方差及相关系数。现在来求这些参量的数值。

可以证明 $E[\tilde{n}(t)\tilde{n}(\xi)]=R_u(t-\xi)-R_v(t-\xi)+\mathrm{j}R_{uv}(t-\xi)+\mathrm{j}R_{vu}(t-\xi)=0$，并由此得到

$$E(\{x_k-E[x_k]\}\{x_i-E[x_i]\})=0 \tag{5.4.24}$$

当 $k=i$ 时，由式(5.4.23)得到

$$E(\{\alpha_k-E[\alpha_k]\}^2+\{\beta_k-E[\beta_k]\}^2)=2\lambda_k \tag{5.4.25}$$

由式(5.4.24)得到

$$E(\{\alpha_k-E[\alpha_k]\}^2-\{\beta_k-E[\beta_k]\}^2)=0 \tag{5.4.26}$$

$$E(\{\alpha_k-E[\alpha_k]\}\{\beta_k-E[\beta_k]\})=0 \tag{5.4.27}$$

再由式(5.4.25)和式(5.4.26)联立求解，得到

$$E(\{\alpha_k-E[\alpha_k]\}^2)=E(\{\beta_k-E[\beta_k]\}^2)=\lambda_k \tag{5.4.28}$$

式(5.4.27)意味着展开系数 x_k 的实部和虚部是不相关的。式(5.4.28)表示 x_k 的实部和虚部的方差都等于特征值 λ_k。于是，只需求出实部和虚部的均值，就可以写出 x_k 的概率密度函数。

在假设 H_1 下，复包络 $\tilde{x}(t)$ 的展开系数 x_k 的均值为

$$E[x_k\mid H_1,\theta]=E\left[\int_0^T \tilde{x}(t)f_k^*(t)\mathrm{d}t\right]=E\left[\int_0^T [A(t)\exp(\mathrm{j}\theta)+\tilde{n}(t)]f_k^*(t)\mathrm{d}t\right]=$$
$$\left[\int_0^T A(t)f_k^*(t)\mathrm{d}t\right]\exp(\mathrm{j}\theta)=A_k\exp(\mathrm{j}\theta) \tag{5.4.29}$$

式中，A_k 为振幅 $A(t)$ 的展开系数。

由于 $x_k=\alpha_k+\mathrm{j}\beta_k$，所以有

$$E[\alpha_k\mid H_1,\theta]=\mathrm{Re}[A_k\exp(\mathrm{j}\theta)] \tag{5.4.30}$$

$$E[\beta_k\mid H_1,\theta]=\mathrm{Im}[A_k\exp(\mathrm{j}\theta)] \tag{5.4.31}$$

式中，Re 和 Im 表示取实部和虚部。

在假设 H_1 下,复包络 $\tilde{x}(t)$ 的展开系数 x_k 的概率密度为

$$p(x_k \mid H_1,\theta)=\frac{1}{2\pi\lambda_k}\exp\left\{-\frac{\{\alpha_k-\mathrm{Re}[A_k\exp(\mathrm{j}\theta)]\}^2}{2\lambda_k}-\frac{\{\beta_k-\mathrm{Im}[A_k\exp(\mathrm{j}\theta)]\}^2}{2\lambda_k}\right\} \tag{5.4.32}$$

将复包络 $\tilde{x}(t)$ 的前 N 个展开系数 x_k 构成 N 维随机向量 $\boldsymbol{x}=[x_1,x_2,\cdots,x_N]^T$,则 $\boldsymbol{x}$ 的似然函数为

$$\begin{aligned}p(\boldsymbol{x} \mid H_1,\theta)=&\prod_{k=1}^{N}\frac{1}{2\pi\lambda_k}\exp\left\{-\frac{\{\alpha_k-\mathrm{Re}[A_k\exp(\mathrm{j}\theta)]\}^2}{2\lambda_k}-\frac{\{\beta_k-\mathrm{Im}[A_k\exp(\mathrm{j}\theta)]\}^2}{2\lambda_k}\right\}=\\&\prod_{k=1}^{N}\frac{1}{2\pi\lambda_k}\exp\left[-\frac{|x_k-A_k\exp(\mathrm{j}\theta)|^2}{2\lambda_k}\right]\end{aligned} \tag{5.4.33}$$

当 $N\to\infty$ 时,式(5.4.33)有

$$\begin{aligned}p(\boldsymbol{x} \mid H_1,\theta)=&C\exp\left[-\sum_{k=1}^{\infty}\frac{|x_k-A_k\exp(j\theta)|^2}{2\lambda_k}\right]=\\&C\exp\left\{-\sum_{k=1}^{\infty}\frac{|x_k|^2+|A_k|^2-2\mathrm{Re}[x_kA_k^*\exp(-\mathrm{j}\theta)]}{2\lambda_k}\right\}=\\&C\exp\left[-\sum_{k=1}^{\infty}\frac{|x_k|^2+|A_k|^2}{2\lambda_k}\right]\exp\left\{\sum_{k=1}^{\infty}\mathrm{Re}\left[\frac{x_kA_k^*\exp(-\mathrm{j}\theta)}{\lambda_k}\right]\right\}\end{aligned} \tag{5.4.34}$$

式中,C 是常数。

定义两个实统计量 D 和 η,分别表示为

$$D\exp(\mathrm{j}\eta)=\sum_{k=1}^{\infty}\frac{x_kA_k^*}{\lambda_k} \tag{5.4.35}$$

$$D=\left|\sum_{k=1}^{\infty}\frac{x_kA_k^*}{\lambda_k}\right| \tag{5.4.36}$$

则有

$$\sum_{k=1}^{\infty}\mathrm{Re}\left[\frac{x_kA_k^*\exp(-\mathrm{j}\theta)}{\lambda_k}\right]=\mathrm{Re}[D\exp[\mathrm{j}(\eta-\theta)]]=D\cos(\eta-\theta) \tag{5.4.37}$$

于是,在假设 H_1 下,复包络 $\tilde{x}(t)$ 的展开系数的似然函数为

$$p(\boldsymbol{x} \mid H_1,\theta)=C\exp\left[-\sum_{k=1}^{\infty}\frac{|x_k|^2+|A_k|^2}{2\lambda_k}\right]\exp[D\cos(\eta-\theta)] \tag{5.4.38}$$

由于 $p(\boldsymbol{x} \mid H_1,\theta)$ 是随机变量 θ 的函数,需要将 $p(\boldsymbol{x} \mid H_1,\theta)$ 对 θ 进行统计平均得到平均似然函数,其中利用熟知的公式 $I_0(D)=\frac{1}{2\pi}\int_0^{2\pi}\exp[D\cos(\eta-\theta)]\mathrm{d}\theta$,得

$$p(\boldsymbol{x} \mid H_1)=\frac{1}{2\pi}\int_0^{2\pi}p(\boldsymbol{x} \mid H_1,\theta)\mathrm{d}\theta=C\exp\left[-\sum_{k=1}^{\infty}\frac{|x_k|^2+|A_k|^2}{2\lambda_k}\right]I_0(D) \tag{5.4.39}$$

为了看清统计量 D 如何产生,可以推导它的积分表达式。由式(5.4.35)得

$$D\exp(\mathrm{j}\eta)=\int_0^T x(t)\left[\sum_{k=1}^{\infty}\frac{A_k^*f_k^*(t)}{\lambda_k}\right]\mathrm{d}t=\int_0^T x(t)\tilde{h}^*(t)\mathrm{d}t \tag{5.4.40}$$

式中

$$h^*(t)=\sum_{k=1}^{\infty}\frac{A_k^*f_k^*(t)}{\lambda_k} \tag{5.4.41}$$

于是

$$D=\left|\int_0^T \tilde{x}(t)\tilde{h}^*(t)\mathrm{d}t\right| \tag{5.4.42}$$

为了确定滤波器冲激响应的复包络 $\tilde{h}(t)$ 的等效表示式，由式(5.4.41)得

$$\tilde{h}(t)=\sum_{k=1}^{\infty}\frac{A_k f_k(t)}{\lambda_k} \tag{5.4.43}$$

将式(5.4.43)两边乘以 $\tilde{R}_n(t-\tau)$，并对 τ 积分，得

$$\int_0^T \tilde{R}_n(t-\tau)\tilde{h}(\tau)\mathrm{d}\tau=\sum_{k=1}^{\infty}\frac{A_k}{\lambda_k}\int_0^T \tilde{R}_n(t-\tau)f_k(\tau)\mathrm{d}\tau=\sum_{k=1}^{\infty}A_k f_k(t)=A(t) \tag{5.4.44}$$

由式(5.4.44)可见，滤波器冲激响应的复包络 $\tilde{h}(t)$ 是积分方程(5.4.44)的解。

总之，平均似然函数由式(5.4.39)给出，其中统计量 D 由式(5.4.42)给出，而滤波器冲激响应的复包络 $\tilde{h}(t)$ 是式(5.4.44)所示积分方程的解。

在假设 H_0 下，相当于信号振幅 $A(t)=0$ 的情况，统计量 $D=0$，$I_0(D)=1$，滤波器冲激响应的复包络 $\tilde{h}(t)=0$，故复包络 $\tilde{x}(t)$ 的似然函数为

$$p(\boldsymbol{x}\mid H_0)=C\exp\left(-\sum_{k=1}^{\infty}\frac{|x_k|^2}{2\lambda_k}\right) \tag{5.4.45}$$

2. 检验统计量

高斯色噪声中简单二元随机相位信号的检测仍采用似然比检验的方法。似然比为

$$\lambda(\boldsymbol{x})=\frac{p(\boldsymbol{x}\mid H_1)}{p(\boldsymbol{x}\mid H_0)}=\exp\left(-\sum_{k=1}^{\infty}\frac{|A_k|^2}{2\lambda_k}\right)I_0(D) \tag{5.4.46}$$

设检测门限为 λ_0，高斯色噪声中随机相位信号检测的判决式为

$$\lambda(\boldsymbol{x})=\exp\left(-\sum_{k=1}^{\infty}\frac{|A_k|^2}{2\lambda_k}\right)I_0(D)\underset{H_0}{\overset{H_1}{\gtrless}}\lambda_0 \tag{5.4.47}$$

其等效检测判决式为

$$I_0(D)\underset{H_0}{\overset{H_1}{\gtrless}}\lambda_0\exp\left(\sum_{k=1}^{\infty}\frac{|A_k|^2}{2\lambda_k}\right) \tag{5.4.48}$$

由于 $I_0(D)$ 是统计量 D 的单调增函数，故检测判决式可以写成

$$D\underset{H_0}{\overset{H_1}{\gtrless}}\gamma \tag{5.4.49}$$

式中，γ 为对应检测统计量 D 的检测门限。

3. 检测系统结构

由高斯色噪声中随机相位信号检测的判决式(5.4.49)可知，检测系统需要提取检验统计量 D。由式(5.4.36)和(5.4.42)看出，对接收信号复包络 $\tilde{x}(t)$ 与函数 $\tilde{h}^*(t)$ 进行相关运算，再取绝对值即可。由相关器与匹配滤波器的等效性看出，可以由接收信号复包络 $\tilde{x}(t)$ 通过等效低通冲激响应为 $\tilde{h}^*(T-t)$ 的滤波器而在时刻 $t=T$ 采样得到滤波器输出的复包络，取其绝

对值就是包络，所以 D 是滤波器输出的包络。再由窄带信号与窄带滤波器的等效低频表示法可知，产生 D 的过程相当于：让接收信号 $x(t)$ 通过一个冲激响应函数为 $h(T-t)$ 的滤波器后接包络检波器，则包络检波器的输出就是统计量 D，而 $h(t)$ 为

$$h(t)=\mathrm{Re}[\tilde{h}^*(t)\exp(\mathrm{j}\omega t)] \tag{5.4.50}$$

最终得到相应检测系统的结构，如图 5.4.1 所示。

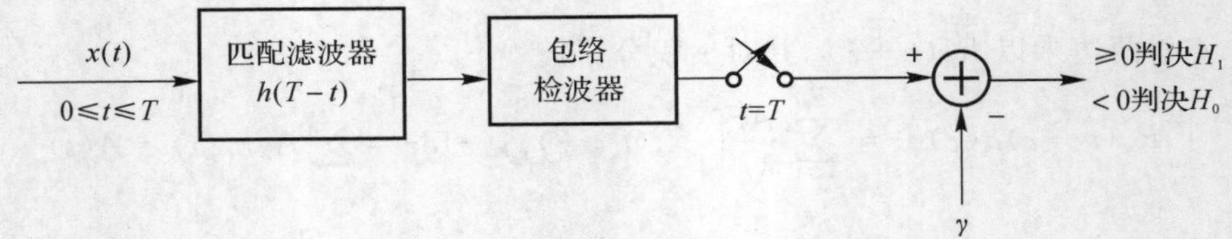

图 5.4.1　高斯色噪声中随机相位信号的最佳检测系统

习　题

5.1　对于如下的二元信号检测问题：

$$\begin{cases}H_0:x(t)=n(t), & 0\leqslant t\leqslant T\\ H_1:x(t)=m(t)+n(t), & 0\leqslant t\leqslant T\end{cases}$$

式中，$m(t)$ 是均值为 0、自相关函数为 $R_m(\tau)$ 的高斯色噪声；$n(t)$ 是均值为 0、自相关函数为 $(N_0/2)\delta(\tau)$ 的高斯白噪声，且 $m(t)$ 与 $n(t)$ 统计独立。

(1) 证明可以用下式作为检验统计量：

$$G_T=\sum_{k=1}^{M}\frac{\lambda_k x_k^2}{2\lambda_k+N_0}$$

式中，λ_k 是与核 $R_m(\tau)$ 有关的特征值。

(2) 求各假设下 G_T 的均值和方差。

5.2　对于在白噪声和色噪声的混合背景中检测二元确知信号的检测问题：

$$\begin{cases}H_0:x(t)=m(t)+n(t), & 0\leqslant t\leqslant T\\ H_1:x(t)=s(t)+m(t)+n(t), & 0\leqslant t\leqslant T\end{cases}$$

式中，$s(t)$ 是确知信号；$m(t)$ 是均值为 0、自相关函数为 $R_m(\tau)$ 的高斯色噪声；$n(t)$ 是均值为 0、自相关函数为 $(N_0/2)\delta(\tau)$ 的高斯白噪声，且 $m(t)$ 与 $n(t)$ 统计独立。

证明可以用 $\int_0^T[2x(t)-s(t)]h(t)\,\mathrm{d}t$ 作为检验统计量，而 $h(t)$ 是下面积分方程的解：

$$h(t)+\frac{N_0}{2}\int_0^T h(\tau)R_m(t-\tau)\mathrm{d}\tau=\frac{1}{N_0}s(t),\quad 0\leqslant t\leqslant T$$

5.3　二元假设为

$$\begin{cases}H_0:x(t)=n(t), & 0\leqslant t\leqslant T\\ H_1:x(t)=s(t)+n(t), & 0\leqslant t\leqslant T\end{cases}$$

式中，$s(t)$ 是确知信号；$n(t)$ 是均值为 0、自相关函数为 $R_n(\tau)=\sigma_0^2\exp(-\alpha|\tau|)$ 的高斯色噪声。若采用卡亨南-洛维展开和奈曼-皮尔逊准则进行检测，求最佳检测器的检测性能。

5.4　假设接收设备接收的信号为窄带信号，对应的两种假设为

$$\begin{cases} H_0: x(t) = s_0(t,\theta_0) + n(t) = b(t)\sin(\omega_0 t + \theta_0) + n(t), & 0 \leqslant t \leqslant T \\ H_1: x(t) = s_1(t,\theta_1) + n(t) = a(t)\sin(\omega_1 t + \theta_1) + n(t), & 0 \leqslant t \leqslant T \end{cases}$$

式中，$a(t)$ 和 $b(t)$ 为振幅，是已知的实函数；ω_0 和 ω_1 为频率，且频差 $\omega_1 - \omega_0$ 很小；θ_0 和 θ_1 为相位，相互统计独立，其先验概率密度 $p(\theta_0)$ 和 $p(\theta_1)$ 在区间 $(0,2\pi)$ 上均匀分布。$n(t)$ 是窄带高斯色噪声，其均值为 0，相关函数为 $R_n(\tau)$。试按最大似然准则设计接收机，并画出接收机的结构框图。

第6章 序列检测

第3～5章所讨论的信号检测都是对于固定的观测样本数完成的，或者是在预先确定好的观测时间内完成的，这样的信号检测称为固定观测样本数检测或固定观测时间检测，也称为常规检测。在大信噪比情况下，较少的观测样本数或较短的观测时间，就可以满足检测的需要；在小信噪比情况下，需要较多的观测样本数或较长的观测时间，才能达到检测准确度的要求；在信噪比不稳定的情况下，需要的观测样本数或观测时间应随着实际情况不断变化，才能满足检测的需要。这就说明观测样本数或观测时间是影响检测性能的因素。在有些固定观测样本数检测或固定观测时间检测中，如果信噪比较大，只需要较少的观测样本数或较短的观测时间就可做出满意的判决，而事先规定的观测样本数或观测时间就显得过多或过长了；如果信噪比较小，就需要较多的观测样本数或较长的观测时间才能做出满意的判决，而事先规定的观测样本数或观测时间可能不够多或不够长。针对固定观测样本数检测或固定观测时间检测中观测样本数或观测时间不能自动适应检测性能或接收信号信噪比的不足，可以采用序列检测。

在通常情况下，观测是顺序进行的，即各次观测信号 x_i 是顺序得到的。这样，事先不规定观测次数，而视实际情况，采用边观测边判决的方式，如果观测到 i 次还不能做出满意的判决，则可以不作判决，而继续进行第 $i+1$ 次观测。把这种信号检测方式称为信号的序列检测。即序列检测是指那种事先不规定观测样本数或观测时间，而是留待检测过程中确定的检测，也就是观测样本数或观测时间不是事先规定的，而是根据观测过程中实际判决情况来决定的信号检测。第3～5章所讨论的固定观测样本数检测或固定观测时间检测都是采用先观测后判决的方式，而序列检测采用边观测边判决的方式。序列检测也称为序贯检测。本章主要讨论二元序列检测。

6.1 序列检测的基本原理

在进行信号的序列检测时，若不预先规定信号的观测次数 N，而是在获得第一个观测样本 x_1 时就开始研究判决所能达到的指标，如果在满足性能指标要求的前提下能做出判决，则信号检测过程结束；否则进行第二次观测，得到观测样本 x_2，然后利用两次观测样本 x_1 和 x_2 进行处理和判决，以决定是否需要进行下一次观测。依次进行，逐步增加观测次数，提高功率信噪比，改善信号检测性能，直到能做出满足性能指标要求的判决为止。序列检测的最大优点是，在给定的检测性能指标要求下，它所用的平均观测次数最少，即平均检测时间最短。

对于二元序列检测，两种假设表示为

$$\left.\begin{aligned} H_0: x_i &= s_{0i} + n_i, \quad i=1,2,\cdots \\ H_1: x_i &= s_{1i} + n_i, \quad i=1,2,\cdots \end{aligned}\right\} \tag{6.1.1}$$

式中，x_i 和 n_i 是对接收信号和噪声的第 i 次观测值；s_{0i} 和 s_{1i} 是对有用信号 $s_0(t)$ 和 $s_1(t)$ 的第 i 次观测值。前 i 次观测值组成的序列表示为向量 $\boldsymbol{x}_i = [x_1, x_2, \cdots, x_i]^{\mathrm{T}}$。

信号检测的各种判决准则可以统一到似然比检测方法，故采用似然比检测方法讨论二元序列检测问题。前 i 次观测值的似然比为

$$\lambda(\boldsymbol{x}_i) = \frac{p(\boldsymbol{x}_i \mid H_1)}{p(\boldsymbol{x}_i \mid H_0)} = \frac{p(x_1, x_2, \cdots, x_i \mid H_1)}{p(x_1, x_2, \cdots, x_i \mid H_0)} \tag{6.1.2}$$

与固定观测次数检测或固定观测时间检测不同，序列检测需要设置两个门限：上门限 λ_1 和下门限 λ_0，当似然比 $\lambda(\boldsymbol{x}_i)$ 大于或等于 λ_1 时，判决为假设 H_1 成立；当 $\lambda(\boldsymbol{x}_i)$ 小于或等于 λ_0 时，判决为假设 H_0 成立；当 $\lambda(\boldsymbol{x}_i)$ 处于上、下门限之间时，不做判决，顺序再增加一次观测，再计算相应的似然比，按照类似规则与门限做比较，直到做出判决为止。可见，做出判决时，序列检测的观测次数或观测时间不是固定的。序列检测的似然比检测判决准则为

$$\left.\begin{aligned} &\lambda(\boldsymbol{x}_i) \geqslant \lambda_1, && \text{判决 } H_1 \text{ 成立} \\ &\lambda(\boldsymbol{x}_i) \leqslant \lambda_0, && \text{判决 } H_0 \text{ 成立} \\ &\lambda_0 < \lambda(\boldsymbol{x}_i) < \lambda_1, && \text{增加一次观测，重新判决} \end{aligned}\right\} \tag{6.1.3}$$

二元序列检测问题实质上是对观测空间 $R = \{\boldsymbol{x}_i\}$ 进行划分，将其划分为 3 个相邻但不重叠的区域：R_0，R_1 和 R_2。如果 $\boldsymbol{x}_i \in R_0$，则判决 H_0 为真；如果 $\boldsymbol{x}_i \in R_1$，则判决 H_1 为真；如果 $\boldsymbol{x}_i \in R_2$，则不做出判决，继续进行第 $i+1$ 次观测，重新进行判决。对于二元序列检测，$R = \{\boldsymbol{x}_i\}$ 划分的示意图如图 6.1.1 所示。

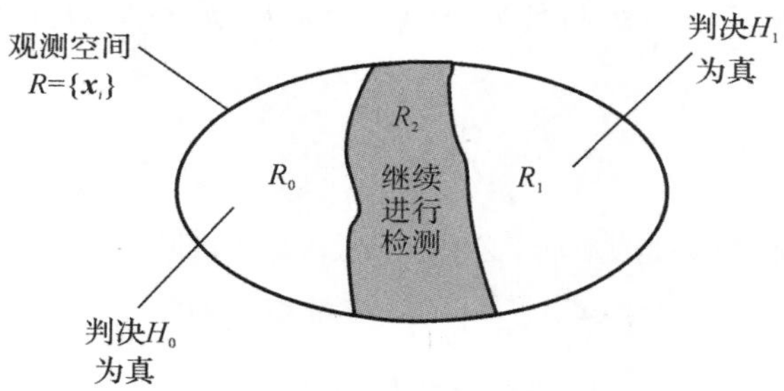

图 6.1.1　二元序列检测的判决域

6.2　修正的奈曼-皮尔逊准则的序列检测

在雷达和声呐等许多应用领域中，序列检测常采用修正的奈曼-皮尔逊准则。修正的奈曼-皮尔逊准则是在给定虚警概率和漏报概率的条件下，确定似然比双门限值，通过逐步观测并进行似然比检验，以达到检测性能的准则。采用修正的奈曼-皮尔逊准则的序列检测称为沃尔德(A. Wald)序列检测。沃尔德序列检测就是在给定虚警概率和漏报概率的条件下，从第一个观测数据开始就进行似然比检测，直至能做出判决为止。似然比检测的两个门限值可以由虚警概率和漏报概率来计算得到。

1. 似然比计算

设 N 次观测信号样本 $x_i(i=1,2,\cdots,N)$ 所构成的 N 维随机观测矢量 $\boldsymbol{x}_N=[x_1,x_2,\cdots,x_N]^{\mathrm{T}}$，假设观测数据满足独立同分布条件，其似然比函数为

$$\lambda(\boldsymbol{x}_N)=\frac{p(\boldsymbol{x}_N\mid H_1)}{p(\boldsymbol{x}_N\mid H_0)}=\frac{p(x_1,x_2,\cdots,x_N\mid H_1)}{p(x_1,x_2,\cdots,x_N\mid H_0)}=\prod_{k=1}^{N}\frac{p(x_k\mid H_1)}{p(x_k\mid H_0)}=$$

$$\frac{p(x_N\mid H_1)}{p(x_N\mid H_0)}\prod_{k=1}^{N-1}\frac{p(x_k\mid H_1)}{p(x_k\mid H_0)}=\lambda(x_N)\lambda(\boldsymbol{x}_{N-1})\tag{6.2.1}$$

其起始条件为

$$\lambda(\boldsymbol{x}_1)=\lambda(x_1)\tag{6.2.2}$$

沃尔德序列检测的似然比判决准则如式(6.1.3)所示。

2. 检测门限确定

沃尔德序列检测的两个门限可根据虚警概率和漏报概率来确定。

设虚警概率 $P(D_1\mid H_0)$ 和漏报概率 $P(D_0\mid H_1)$ 的给定值分别为 α 和 β，则有

$$P_{\mathrm{F}}=P(D_1\mid H_0)=\int_{R_1}p(\boldsymbol{x}_N\mid H_0)\mathrm{d}\boldsymbol{x}_N=\alpha\tag{6.2.3}$$

$$P_{\mathrm{D}}=P(D_1\mid H_1)=\int_{R_1}p(\boldsymbol{x}_N\mid H_1)\mathrm{d}\boldsymbol{x}_N=\int_{R_1}\lambda(\boldsymbol{x}_N)p(\boldsymbol{x}_N\mid H_0)\mathrm{d}\boldsymbol{x}_N=$$

$$1-P(D_0\mid H_1)=1-\beta\tag{6.2.4}$$

式中，D_1 表示判决假设 H_1 成立的判决；D_0 表示判决假设 H_0 成立的判决。

当假设 H_1 为真并且判决是 D_1 时，必有 $\lambda(\boldsymbol{x}_N)\geqslant\lambda_1$。根据式(6.2.4)，可得

$$1-\beta=\int_{R_1}\lambda(\boldsymbol{x}_N)p(\boldsymbol{x}_N\mid H_0)\mathrm{d}\boldsymbol{x}_N\geqslant\lambda_1\int_{R_1}p(\boldsymbol{x}_N\mid H_0)\mathrm{d}\boldsymbol{x}_N=\lambda_1\alpha\tag{6.2.5}$$

则有

$$\lambda_1\leqslant\frac{1-\beta}{\alpha}\tag{6.2.6}$$

当假设 H_1 为真并且判决是 D_0 时，必有 $\lambda(\boldsymbol{x}_N)\leqslant\lambda_0$，即

$$p(\boldsymbol{x}_N\mid H_1)\leqslant\lambda_0 p(\boldsymbol{x}_N\mid H_0)\tag{6.2.7}$$

在区域 R_0 积分，可得

$$\int_{R_0}p(\boldsymbol{x}_N\mid H_1)\mathrm{d}\boldsymbol{x}_N\leqslant\lambda_0\int_{R_0}p(\boldsymbol{x}_N\mid H_0)\mathrm{d}\boldsymbol{x}_N=\lambda_0(1-\alpha)\tag{6.2.8}$$

则有

$$\lambda_0\geqslant\frac{\beta}{1-\alpha}\tag{6.2.9}$$

式(6.2.6)和式(6.2.9)给出的只是 λ_1 的上界和 λ_0 的下界。准确地确定 λ_1 和 λ_0 还是困难的，因为似然比是随观测次数 N 变化的函数，在检测终止时，通常不可能恰好等于门限值，而很可能要越过门限值，这种现象称为越界。通常假设越界不大，特别当观测次数 N 较大时，越界可忽略，即假定检测终止时，似然比恰好等于门限值 λ_1 和 λ_0，而不发生越界。在观测间隔选取得很小时，这种假定是完全可信的，因为第 $N-1$ 次观测未越界，而第 N 次观测后检测终止，两次观测的似然比相差甚微，便可认为与边界重合。在此假定下，式(6.2.6)和式(6.2.9)中等号成立，即

$$\lambda_1 = \frac{1-\beta}{\alpha} \tag{6.2.10}$$

$$\lambda_0 = \frac{\beta}{1-\alpha} \tag{6.2.11}$$

式(6.2.10)和式(6.2.11)就是根据虚警概率和漏报概率确定门限的公式。

应该指出,虚警概率和漏报概率的取值还必须满足$\alpha \leqslant 0.5$,$\beta \leqslant 0.5$,否则,两个门限λ_1和λ_0要倒置,检测过程无法正常进行。不过在实际中,这个条件一般都是满足的。

3. 平均观测次数

信号序列检测的平均观测样本数是序列检测的一个重要参数。总平均观测次数是两种假设下做出判决所需要的平均观测次数的平均,设H_0为真时的平均观测次数为$E[N \mid H_0]$,H_1为真时的平均观测次数为$E[N \mid H_1]$,就可以得到序列检测总的平均观测次数为:

$$E[N] = P(H_0)E[N \mid H_0] + P(H_1)E[N \mid H_1] \tag{6.2.12}$$

式中,$P(H_0)$和$P(H_1)$分别为H_0假设为真时和H_1假设为真时的先验概率。先求出两种假设下做出判决所需要的平均观测次数。

为了便于分析,采用对数似然比的形式。序列检测的对数似然比及相应的门限为

$$\ln\lambda(\boldsymbol{x}_N) = \ln\lambda(x_N) + \ln\lambda(\boldsymbol{x}_{N-1}) \tag{6.2.13}$$

$$\ln\lambda_1 = \ln\left(\frac{1-\beta}{\alpha}\right) \tag{6.2.14}$$

$$\ln\lambda_0 = \ln\left(\frac{\beta}{1-\alpha}\right) \tag{6.2.15}$$

如果序列检测到第N次观测时终止,即满足$\ln\lambda(\boldsymbol{x}_N) \geqslant \ln\lambda_1$或$\ln\lambda(\boldsymbol{x}_N) \leqslant \ln\lambda_0$,对于前者则判决假设$H_1$成立,对于后者则判决假设$H_0$成立,二者必有其一。由此可以求出,当假设$H_1$为真时,有

$$P[\ln\lambda(\boldsymbol{x}_N) \leqslant \ln\lambda_0 \mid H_1] = \beta \tag{6.2.16}$$

$$P[\ln\lambda(\boldsymbol{x}_N) \geqslant \ln\lambda_1 \mid H_1] = 1-\beta \tag{6.2.17}$$

当假设H_0为真时,有

$$P[\lambda(\boldsymbol{x}_N) \leqslant \ln\lambda_0 \mid H_0] = 1-\alpha \tag{6.2.18}$$

$$P[\lambda(\boldsymbol{x}_N) \geqslant \ln\lambda_1 \mid H_0] = \alpha \tag{6.2.19}$$

由于随着观测次数的增加,$\ln\lambda(\boldsymbol{x}_N)$的每一步增量都很小,所以可以认为最终样本$\boldsymbol{x}_N$的似然函数$\lambda(\boldsymbol{x}_N)$只取两个值,或者等于$\ln\lambda_0$,或者等于$\ln\lambda_1$,因此在两种假设下,对数似然比$\ln\lambda(\boldsymbol{x}_N)$的数学期望分别为

$$E[\ln\lambda(\boldsymbol{x}_N) \mid H_1] = \beta\ln\lambda_0 + (1-\beta)\ln\lambda_1 \tag{6.2.20}$$

$$E[\ln\lambda(\boldsymbol{x}_N) \mid H_0] = \alpha\ln\lambda_1 + (1-\alpha)\ln\lambda_0 \tag{6.2.21}$$

若在每一个假设下,观测量x_i都是独立同分布的,则

$$\ln\lambda(\boldsymbol{x}_N) = \ln\left[\prod_{i=1}^{N}\lambda(x_i)\right] = \sum_{i=1}^{N}\ln\lambda(x_i) = N\ln\lambda(x) \tag{6.2.22}$$

式中,$\lambda(x)$表示任意一次观测样本的对数似然比。

在假设H_1为真的条件下,有

$$E[\ln\lambda(\boldsymbol{x}_N) \mid H_1] = E[N\ln\lambda(x) \mid H_1] = E[N \mid H_1]E[\ln\lambda(x) \mid H_1] \tag{6.2.23}$$

于是,在假设H_1下,所需的平均观测次数为

$$E[N \mid H_1] = \frac{E[\ln\lambda(\boldsymbol{x}_N) \mid H_1]}{E[\ln\lambda(x) \mid H_1]} = \frac{\beta\ln\lambda_0 + (1-\beta)\ln\lambda_1}{E[\ln\lambda(x) \mid H_1]} \tag{6.2.24}$$

同理,在假设 H_0 为真的条件下,所需的平均观测次数为

$$E[N \mid H_0] = \frac{E[\ln\lambda(\boldsymbol{x}_N) \mid H_0]}{E[\ln\lambda(x) \mid H_0]} = \frac{\alpha\ln\lambda_1 + (1-\alpha)\ln\lambda_0}{E[\ln\lambda(x) \mid H_0]} \tag{6.2.25}$$

将式(6.2.24)和式(6.2.25)代入式(6.2.12),可求出总平均观测次数为

$$E[N] = (1-P)\frac{\alpha\ln\lambda_1 + (1-\alpha)\ln\lambda_0}{E[\ln\lambda(x) \mid H_0]} + P\frac{\beta\ln\lambda_0 + (1-\beta)\ln\lambda_1}{E[\ln\lambda(x) \mid H_1]} \tag{6.2.26}$$

式中,$P(H_0) = 1-P$,$P(H_1) = P$。

对于序列检测,如果 $\ln\lambda_0 < \ln\lambda(\boldsymbol{x}_N) < \ln\lambda_1$,则不能做出判决,需要进行下一次观测,再做处理。一般情况下,$\ln\lambda(x)$ 落在 $\ln\lambda_0$ 和 $\ln\lambda_1$ 之间的概率应小于1,即

$$P[\ln\lambda_0 < \ln\lambda(x) < \ln\lambda_1] = q < 1 \tag{6.2.27}$$

在 N 次观测中,$\ln\lambda(\boldsymbol{x}_N)$ 落在 $\ln\lambda_0$ 和 $\ln\lambda_1$ 之间的概率为

$$P[\ln\lambda_0 < \ln\lambda(\boldsymbol{x}_N) < \ln\lambda_1] = q^N \tag{6.2.28}$$

当 $N \to \infty$ 时,$\ln\lambda(\boldsymbol{x}_N)$ 全部落在 $\ln\lambda_0$ 和 $\ln\lambda_1$ 之间而不能做出判决的概率等于0,即序列检测肯定是有终止的,或者说序列检测以概率1结束。

虽然序列检测是会终止的,但可能有时会需要很多的观测次数才能做出判决,这在实际应用中是不希望的。因此,在使用序列检测时,通常规定一个观测次数的上限 N^*。当观测次数达到 N^*,而仍不能做出判决时,就转为固定观测次数检测的方式,强迫做出假设 H_1 或假设 H_0 成立的判决。进行这样处理的这类序列检测称为可截断的序列检测。

例 6.2.1 在二元数字通信系统中,两种假设下的观测信号分别为

$$H_0: x_i = n_i, \qquad i = 1,2,\cdots$$

$$H_1: x_i = 1 + n_i, \quad i = 1,2,\cdots$$

式中,观测噪声 n_i,是均值为0、方差为1的高斯噪声;各次观测统计独立,且观测是顺序进行的。设虚警概率 $\alpha = 0.1$,漏报概率 $\beta = 0.1$,两种假设的先验概率相等。试确定序列检测判决式,并计算在各个假设下观测次数的平均值。

解 在假设 H_1 和假设 H_0 下,第 i 次观测样本的似然函数为

$$p(x_i \mid H_1) = \frac{1}{\sqrt{2\pi}}\exp\left[-\frac{(x_i-1)^2}{2}\right]$$

$$p(x_i \mid H_0) = \frac{1}{\sqrt{2\pi}}\exp\left(-\frac{x_i^2}{2}\right)$$

序列检测到第 N 次观测后,前 N 次观测样本的似然比函数为

$$\lambda(\boldsymbol{x}_N) = \frac{p(\boldsymbol{x}_N \mid H_1)}{p(\boldsymbol{x}_N \mid H_0)} = \prod_{i=1}^{N}\frac{p(x_i \mid H_1)}{p(x_i \mid H_0)} = \prod_{i=1}^{N}\exp\left[-\frac{(x_i-1)^2}{2} + \frac{x_i^2}{2}\right] =$$

$$\exp\left(\sum_{i=1}^{N}x_i - \frac{N}{2}\right)$$

对数检测似然比为

$$\ln\lambda(\boldsymbol{x}_N) = \sum_{i=1}^{N}x_i - \frac{N}{2}$$

两个检测门限分别为

$$\ln\lambda_1 = \ln\left(\frac{1-\beta}{\alpha}\right) = \ln 9 = 2.197$$

$$\ln\lambda_0 = \ln\left(\frac{\beta}{1-\alpha}\right) = -\ln 9 = -2.197$$

所以检测判决式为

如果 $\sum_{i=1}^{N} x_i \geqslant 2.197 + \frac{N}{2}$，判决 H_1 成立；

如果 $\sum_{i=1}^{N} x_i \leqslant -2.197 + \frac{N}{2}$，判决 H_0 成立；

如果 $-2.197 + \frac{N}{2} < \sum_{i=1}^{N} x_i < 2.197 + \frac{N}{2}$，需要再进行一次观测后，再进行检验。

在假设 H_1 和 H_0 下，任意一次观测样本的对数似然比的数学期望为

$$E[\ln\lambda(x_i) \mid H_1] = E[(x_i - 1/2) \mid H_1] = E[(1 + n_i - 1/2) \mid H_1] = 1/2$$

$$E[\ln\lambda(x_i) \mid H_0] = E[(x_i - 1/2) \mid H_0] = E[(n_i - 1/2) \mid H_0] = -1/2$$

在假设 H_1 和 H_0 下，所需的平均观测次数为

$$E[N \mid H_1] = \frac{\beta\ln\lambda_0 + (1-\beta)\ln\lambda_1}{E[\ln\lambda(x_i) \mid H_1]} = 3.5$$

$$E[N \mid H_0] = \frac{\alpha\ln\lambda_1 + (1-\alpha)\ln\lambda_0}{E[\ln\lambda(x_i) \mid H_0]} = 3.5$$

由于两种假设的先验概率相等，即 $P(H_0) = P(H_1) = 1/2$，则总平均观测次数为

$$E[N] = P(H_0)E[N \mid H_0] + P(H_1)E[N \mid H_1] = 3.5$$

因此，取样本数为 4 就可以得到预期的检测性能。

6.3 序列检测与固定观测样本检测的比较

本节通过一个例子来说明序列检测相对于固定观测样本检测的优越性，二者比较的条件是每次采样的信噪比相同，表征检测性能的虚警概率和检测概率相同。

设在高斯噪声干扰下，恒定电压信号的序列检测问题，其两种假设为

$$\left.\begin{aligned} H_0: x_i &= n_i, & i &= 1,2,\cdots \\ H_1: x_i &= a + n_i, & i &= 1,2,\cdots \end{aligned}\right\} \tag{6.3.1}$$

式中，a 表示电压信号；高斯噪声样本 n_i 的均值为 0、方差为 σ_n^2，并且各样本 n_i 相互统计独立。

在假设 H_1 和假设 H_0 下，第 i 次观测样本 x_i 的似然函数为

$$p(x_i \mid H_1) = \frac{1}{\sqrt{2\pi}\,\sigma_n}\exp\left[-\frac{(x_i - a)^2}{2\sigma_n^2}\right] \tag{6.3.2}$$

$$p(x_i \mid H_0) = \frac{1}{\sqrt{2\pi}\,\sigma_n}\exp\left(-\frac{x_i^{\ 2}}{2\sigma_n^2}\right) \tag{6.3.3}$$

第 i 次观测样本的对数似然比为

$$\ln\lambda(x_i) = \ln\left[\frac{p(x_i \mid H_1)}{p(x_i \mid H_0)}\right] = \frac{a x_i}{\sigma_n^2} - \frac{a^2}{2\sigma_n^2} = \frac{a x_i}{\sigma_n^2} - \frac{d}{2} \tag{6.3.4}$$

式中，$d = a^2/\sigma_n^2$ 为信噪比。

在假设 H_1 和假设 H_0 下，任意一次观测样本的对数似然比的数学期望为

$$E[\ln\lambda(x_i) \mid H_1] = d/2 \tag{6.3.5}$$

$$E[\ln\lambda(x_i) \mid H_0] = -d/2 \tag{6.3.6}$$

于是，在假设 H_1 和假设 H_0 下，所需的平均观测样本数为

$$E[N \mid H_1] = \frac{\beta\ln\lambda_0 + (1-\beta)\ln\lambda_1}{E[\ln\lambda(x_i) \mid H_1]} = \frac{\beta\ln\lambda_0 + (1-\beta)\ln\lambda_1}{d/2} \tag{6.3.7}$$

$$E[N \mid H_0] = \frac{\alpha\ln\lambda_1 + (1-\alpha)\ln\lambda_0}{E[\ln\lambda(x_i) \mid H_0]} = \frac{\alpha\ln\lambda_1 + (1-\alpha)\ln\lambda_0}{-d/2} \tag{6.3.8}$$

在等取样间隔 Δt 条件下，有信号和无信号时，序列检测的平均检测时间分别为 $E[N \mid H_1]\Delta t$ 和 $E[N \mid H_0]\Delta t$。

下面推导相同检测性能要求下，固定取样检测方法所需的样本数 M。

在相同条件下，对于固定观测样本检测，设观测次数为 M，M 个独立的观测样本组成的向量 $\boldsymbol{x}_M = [x_1, x_2, \cdots, x_M]^{\mathrm{T}}$。当有信号时，似然函数

$$p(\boldsymbol{x}_M \mid H_1) = \left(\frac{1}{\sqrt{2\pi}\,\sigma_n}\right)^M \exp\left[-\sum_{i=1}^{M}\frac{(x_i - a)^2}{2\sigma_n^2}\right] \tag{6.3.9}$$

当无信号时，似然函数

$$p(\boldsymbol{x}_M \mid H_0) = \left(\frac{1}{\sqrt{2\pi}\,\sigma_n}\right)^M \exp\left(-\sum_{i=1}^{M}\frac{x_i^2}{2\sigma_n^2}\right) \tag{6.3.10}$$

对数似然比为

$$\ln\lambda(\boldsymbol{x}_M) = \ln\left[\frac{p(\boldsymbol{x}_M \mid H_1)}{p(\boldsymbol{x}_M \mid H_0)}\right] = \frac{a}{\sigma_n^2}\sum_{i=1}^{M}x_i - \frac{Ma^2}{2\sigma_n^2} \tag{6.3.11}$$

对数似然比判决式为

$$\frac{a}{\sigma_n^2}\sum_{i=1}^{M}x_i - \frac{Ma^2}{2\sigma_n^2} \underset{H_0}{\overset{H_1}{\gtrless}} \ln\lambda_0 \tag{6.3.12}$$

或等效为

$$y_M = \sum_{i=1}^{M}x_i \underset{H_0}{\overset{H_1}{\gtrless}} \frac{\sigma_n^2}{a}\ln\lambda_0 + \frac{Ma}{2} = \beta_0 \tag{6.3.13}$$

式中，y_M 为检测统计量。因为 x_i 是独立同分布的高斯随机变量，所以 y_M 也是高斯随机变量。

在假设 H_1 和假设 H_0 下，y_M 的数学期望为

$$E[y_M \mid H_1] = Ma \tag{6.3.14}$$

$$E[y_M \mid H_0] = 0 \tag{6.3.15}$$

在假设 H_1 和假设 H_0 下，检测统计量 y_M 的方差相同且

$$\mathrm{Var}[y_M \mid H_1] = \mathrm{Var}[y_M \mid H_0] = M\sigma_n^2 \tag{6.3.16}$$

在假设 H_1 和假设 H_0 下，y_M 的概率密度为

$$p(y_M \mid H_1) = \frac{1}{\sqrt{2\pi M}\sigma_n}\exp\left[-\frac{(y_M - Ma)^2}{2M\sigma_n^2}\right] \tag{6.3.17}$$

$$p(y_M \mid H_0) = \frac{1}{\sqrt{2\pi M}\sigma_n}\exp\left(-\frac{y_M^2}{2M\sigma_n^2}\right) \tag{6.3.18}$$

于是虚警概率为

$$P_{\mathrm{F}}=\int_{\beta_0}^{\infty} p(y_M \mid H_0)\mathrm{d}y_M=\alpha=1-\Phi\left(\frac{\beta_0}{\sqrt{M}\sigma_n}\right)=\Phi\left(-\frac{\beta_0}{\sqrt{M}\sigma_n}\right) \tag{6.3.19}$$

检测概率为

$$P_{\mathrm{D}}=\int_{\beta_0}^{\infty} p(y_M \mid H_1)\mathrm{d}y_M=1-\beta=$$

$$1-\Phi\left(\frac{\beta_0-Ma}{\sqrt{M}\sigma_n}\right)=\Phi\left(-\frac{\beta_0-Ma}{\sqrt{M}\sigma_n}\right) \tag{6.3.20}$$

联立以上二式可解得

$$M=\frac{\sigma_n^2[\Phi^{-1}(a)-\Phi^{-1}(1-\beta)]}{a^2} \tag{6.3.21}$$

式中，$\Phi^{-1}(\cdot)$ 是 $\Phi(\cdot)$ 的逆函数。

为了对序列检测与固定观测样本检测进行比较，将序列检测的平均观测样本数与固定观测样本检测的观测样本数之比定义为采样数的缩短因子。在假设 H_1 和假设 H_0 下，采样数缩短因子分别为

$$\frac{E[N \mid H_1]}{M}=2\,\frac{\beta\ln\lambda_0+(1-\beta)\ln\lambda_1}{[\Phi^{-1}(a)-\Phi^{-1}(1-\beta)]^2} \tag{6.3.22}$$

$$\frac{E[N \mid H_0]}{M}=-2\,\frac{\alpha\ln\lambda_1+(1-\alpha)\ln\lambda_0}{[\Phi^{-1}(a)-\Phi^{-1}(1-\beta)]^2} \tag{6.3.23}$$

在 $\alpha=10^{-4}$ 和 $0.1<\beta<0.5$ 的条件下，式(6.3.22) 和式(6.3.23) 可简化成：

$$\frac{E[N \mid H_1]}{M}\approx 2\,\frac{\beta\ln\beta+(1-\beta)\ln\left(\frac{1-\beta}{\alpha}\right)}{[\Phi^{-1}(a)-\Phi^{-1}(1-\beta)]^2} \tag{6.3.24}$$

$$\frac{E[N \mid H_0]}{M}\approx\frac{-2\ln\beta}{[\Phi^{-1}(a)-\Phi^{-1}(1-\beta)]^2} \tag{6.3.25}$$

根据式(6.3.24) 和式(6.3.25)，绘出假设 H_1 和假设 H_0 下采样数缩短因子与检测概率 P_{D} 的函数关系曲线，如图 6.3.1 所示。由图 6.3.1 可以看出：

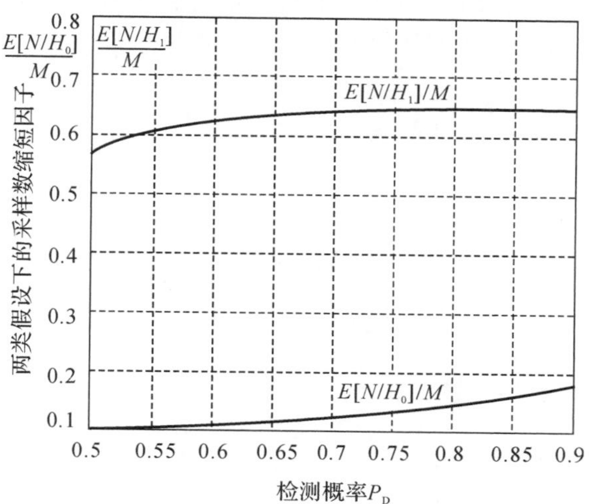

图 6.3.1　采样数缩短因子与检测概率的关系曲线

(1) 在给定条件下,无论 β 为何值,序列检测的平均采样数都比固定观测样本数检测的采样数少,都不超过固定采样数的 70%,尤其是 H_0 假设为真时序列检测的平均样本数仅占固定采样数的 M 的 10% ~ 20%。

(2) 无信号时序列检测相对于固定观测次数检测的采样数缩短因子比有信号时的采样数缩短因子小,即益处更大。

(3) 采样数缩短因子基本上是检测概率的递增函数。检测概率越小,采样数缩短因子也越小,因而序列检测的优越性就越显著。

根据上述结论可以看出,序列检测最好应用于如下场合:① $\alpha \ll \beta$;② 无信号时的先验概率 $P(H_0)$ 远大于有信号时的先验概率 $P(H_1)$。

习　题

6.1　在二元数字通信系统中,两种假设下的观测信号分别为

$$\begin{cases} H_0: x_i = n_i, & i=1,2,\cdots \\ H_1: x_i = 1 + n_i, & i=1,2,\cdots \end{cases}$$

式中,观测噪声 n_i 是均值为 0、方差为 1 的高斯噪声;各次观测统计独立,且观测是顺序进行的。设虚警概率 $\alpha = 10^{-4}$,漏报概率 $\beta = 0.1$,两种假设的先验概率相等。

(1) 求序列似然比检测的检测门限并确定检测判决式。

(2) 确定序列似然比检测的平均观测采样数。

(3) 若采用常规固定样本数的似然比检测,求满足检测性能所要求的采样数。

6.2　在信号的序列检测中,如果两个假设下的观测信号分别为

$$\begin{cases} H_0: x_i = s_{0i}, & i=1,2,\cdots \\ H_1: x_i = s_{1i}, & i=1,2,\cdots \end{cases}$$

式中,s_{0i} 和 s_{1i} 是均值为 0、方差分别为 $\sigma_0^2 = 1$ 和 $\sigma_1^2 = 4$,且相互统计独立的高斯随机信号。已知虚警概率 $P_F = 0.01$,漏报概率 $P_M = 0.2$,两种假设的先验概率分别为 $P(H_0) = 0.8$,$P(H_1) = 0.2$。求序列检测结束所需的平均观测次数。

第7章 信号的非参量检测

在第3～5章中，讨论了在高斯噪声背景下各种信号的检测方法。它们都是以似然比处理器（或对数似然比处理器）为基础的。为了求得某一准则下的最佳接收机，要求知道接收样本统计特性的精确描述，它是以干扰（或噪声）的统计特性已经全部掌握（即干扰或噪声的概率密度函数已知）为前提的。因此，将这种信号检测称为参量检测。

参量检测的特点是依赖于噪声的概率密度函数，也就是已知噪声的全部统计特性或噪声统计特性的精确描述。当噪声的概率密度函数准确获得且恒定时，参量检测的性能最佳。当噪声概率密度函数错误或者变化时，参量检测的检测性能会严重下降。

在许多实际情况中，噪声的统计特性往往事先不能确知，或者噪声的统计特性有时随时间、空间和频率而变化，因而不能用一个固定的概率密度函数来充分描述。对于参量检测，一旦噪声的统计特性偏离了假设情况，即使微小的偏差，也会导致原来设计的最佳检测器性能严重恶化。因此，参量检测对噪声环境的适应性差，有一定的局限性。正是由于参量检测的局限性，自20世纪60—80年代，人们开始研究非参量检测理论。

非参量检测是在噪声概率密度函数未知或噪声概率密度函数部分已知的情况下，采用检测采样单元与邻近采样单元相比较的方法实施的信号检测。

7.1 信号的非参量检测概述

在实际的检测问题中，常遇到的非参量检测有以下几种：①噪声的概率密度函数是未知的；②噪声的概率密度函数是未知的，但知道概率密度函数非常一般的信息或一些定性的了解，例如，只知道噪声概率密度函数的对称性或噪声分布的中位数等；③知道噪声概率密度函数的一般形式，而噪声概率密度函数的一些关键参量是未知的，无法写出噪声概率密度函数的具体形式。例如，即使对于高斯噪声，若其自协方差函数或功率谱密度未知也应属于非参量假设。在上述情况下，由于不知道似然函数的具体形式，所以不能采用似然比检验方法进行统计判决，也就是说，参量检测已无法使用，需要采用非参量检测。因此，参量检测的限制条件是比较严格的，而非参量检测的限制条件是比较宽松的。

对于非参量检测，无论实际噪声的统计特性如何，概率密度函数为何种形式，非参量检测的性能不变，恒虚警性能不变。非参量检测的实质就是把未知统计特性（如概率密度函数）的噪声变成概率密度函数为已知的噪声。非参量检测也称为自由分布检测。

参量检测要求所建立的噪声统计特性模型与噪声环境的统计特性相匹配，针对性强，适应性差。然而，与参量检测相比较，由于非参量检测不知道或没有利用噪声的统计知识，虽然适应性强，但针对性差。因此，对于某种已知统计特性的噪声来说，非参量检测的性能一般低于参量检测的性能。另外，就已经提出的各种非参量检测器来说，其复杂度都比参量检测器的大。

非参量检测是一种数理统计的检测方法，其基本原理是通过检测单元与邻近的若干参考单元相比较，统计地确定有无信号存在。非参量检测的基本方法有符号检测和秩检测。

现在进一步以假设检验的语言来讨论非参量检测。考虑下面的二元假设检验问题：

$$\left.\begin{array}{l} H_0: x_i = n_i \\ H_1: x_i = as_i + n_i \end{array}\right., \quad i=1,2,\cdots,N\right\} \tag{7.1.1}$$

式中，x_i，n_i 和 s_i 分别是观测信号、噪声和有用信号的样本序列。a 是代表有用信号强度的参量。假定诸噪声样本是独立同分布的随机变量，整个观测样本的概率密度函数为 $p(x)$，概率分布函数为 $F(x)$。这样，在非参量假设的情况下，式(7.1.1)可以写成

$$\left.\begin{array}{l} H_0: x_i \text{ 具有已知分布函数 } F(x) \\ H_1: x_i \text{ 具有已知分布函数 } F(x-as_i) \end{array}, \quad i=1,2,\cdots,N\right\} \tag{7.1.2}$$

如果噪声的统计分布未知或不是确知的，譬如，只知道噪声分布的中位数是零，其余都不知道，那么，这种非参量假设检验可表示为

$$\left.\begin{array}{l} H_0: F(0)=1/2,\text{ 其他未知} \\ H_1: F(as_i)=1/2,\text{ 其他未知} \end{array}, \quad i=1,2,\cdots,N\right\} \tag{7.1.3}$$

如果进一步知道噪声的密度函数是对称的，则非参量假设检验可表示为

$$\left.\begin{array}{ll} H_0: p(x_i)=p(-x_i) & \text{其他未知} \\ H_1: p(x_i-as_i)=p(as_i-x_i) & \text{其他未知} \end{array}, \quad i=1,2,\cdots,N\right\} \tag{7.1.4}$$

式(7.1.2)～式(7.1.4)是两类典型的非参量假设检验。非参量检验理论的目的就在于，对于这种非参量假设检验，要寻求性能较好的检测器形式。迄今为止，研究得到的大部分非参量检测器，在某种特定的噪声统计特性下，与相应的最佳检测器相比，其检测性能略差。然而，当噪声统计特性偏离最佳检测器的设计假定时，原先设计的最佳检测器，其性能可能变得很差，而非参量检测器的性能却可能比最佳检测器好很多。非参量检测器的主要缺点是某些非参量检测器结构复杂，难以具体实现；由于没有充分利用噪声统计特性的有用信息，所以一般认为非参量检测器是过于保守的。

为了阐明非参量检测器的工作原理，下面首先介绍基本定义和术语，然后讨论两种基本的非参量检测器。

7.2 非参量检测中常用的公式和性能指标

7.2.1 常用的公式

现在先引入非参量检测中常用的一些公式和术语，它们对第 8 章 Robust 检测也是适用的。

在下面的讨论中，仍然主要关心二元判决问题，即将输入数据进行某些处理后，与一特定门限 C_T 做比较，以判断有用信号是否存在。输入数据用 $\boldsymbol{x}$ 表示，它或者是一个随机过程 $\{x(t), 0\leqslant t\leqslant T\}$，或者是随机变量的有限序列 $\{x_i, i=1,2,\cdots,N\}$。x 的概率分布用 $F(\boldsymbol{x})$ 表

示，$F(\boldsymbol{x})$ 是对 $\boldsymbol{x}$ 的统计特性的完全描述。对于二元判决问题，可以提出两个假设。与前面所用符号相同，令 H_0 代表原假设或无信号假设，在 H_0 为真时，$\boldsymbol{x}$ 表示仅有噪声的数据；令 H_1 代表备择假设或有信号假设，在 H_1 为真时，$\boldsymbol{x}$ 表示信号加噪声的数据。如果假设由具有完全确定形式的概率分布 $F(\boldsymbol{x})$ 表征，则它们称之为简单假设，否则称为复合假设。在复合假设情况下，如果表征假设的概率分布 $F(\boldsymbol{x})$ 不能用有限个实参量来描述，则该复合假设称为非参量复合假设。

用 D 代表检测器，它对输入数据进行处理，以判断两个假设 H_0、H_1 中哪一个为真。因此检测器 D 可用图 7.2.1 表示，其中 $\boldsymbol{x}$ 是 D 的输入数据，而 D 的输出是统计检验量 $T(\boldsymbol{x})$。以 $T(\boldsymbol{x})$ 与门限 C_T 相比较而做出判决，判决规则可以用随机检验函数 $\varphi(\boldsymbol{x})$ 表示为(对于基本的非参量检测方法，如符号检测和秩检测，$T(\boldsymbol{x})$ 常取离散值，所以必须采用随机检验)：

$$\varphi(\boldsymbol{x})=\begin{cases}1, & T(\boldsymbol{x})>C_T\\ r, & T(\boldsymbol{x})=C_T\\ 0, & T(\boldsymbol{x})<C_T\end{cases}$$

即当 $T(\boldsymbol{x})>C_T$ 时以概率 1 判断 H_1 为真，当 $T(\boldsymbol{x})=C_T$ 时以概率 r 判断 H_1 为真，当 $T(\boldsymbol{x})<C_T$ 时以概率 0 判断 H_1 为真(概率 1 判断 H_0 为真)。

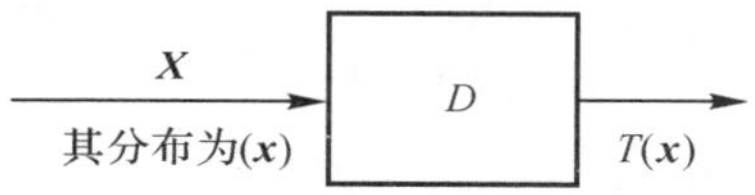

图 7.2.1　检测器图示

在非随机检验的情况下，$\varphi(\boldsymbol{x})$ 且仅取 0 和 1 两个数值。$\varphi(\boldsymbol{x})$ 的数学期望以 $\beta_\varphi(a\,|\,p)$ 表示，则

$$\beta_\varphi(a\,|\,p)=E_a\{\varphi(\boldsymbol{x})\,|\,p\} \tag{7.2.1}$$

式中，$\beta_\varphi(a\mid p)$ 称为检测 φ 的势函数或功效函数，其取值代表判定 H_1 为真的概率，它依赖于检测器的形式和输入数据的概率密度函数。在采用奈曼-皮尔逊准则的情况下，势函数描述了检测器的性能。当 H_0 为真时，$a=0$，$\beta_\varphi(0\mid p)$ 代表虚警概率 α 或 P_F，即

$$\alpha=\beta_\varphi(0\mid p) \tag{7.2.2}$$

当 H_1 为真时，a 代表信号的幅度，$\beta_\varphi(a\mid p)$ 代表检测概率 P_D，即

$$P_\mathrm{D}=\beta_\varphi(a\mid p)_{\,|\,a\neq 0} \tag{7.2.3}$$

如果两个检测器的势函数相同，则称它们是等价的。虚警概率的上确界以 α^* 表示：

$$\sup\beta_\varphi(0\mid p)=\alpha^* \tag{7.2.4}$$

式中，α^* 称为检验的水平、尺度或最大虚警概率。

设 D 代表所有虚警概率不大于 α^* 的检测器类。如果存在检测器 $d^*\in D$，使检测概率达到最大，即满足

$$\beta_\varphi(0\,|\,p)\leqslant\alpha^* \tag{7.2.5}$$

和

$$\beta_{\varphi^*}(a\,|\,p)\geqslant\beta_\varphi(a\mid p) \tag{7.2.6}$$

式中，φ^* 是对应 d^* 的检验函数。这样检测器 d^* 就是奈曼-皮尔逊准则下的最佳检测器。也就是说，d^* 是在 $\alpha\leqslant\alpha^*$ 的约束下，对于所讨论的噪声分布来说，具有最大检测概率的检

测器。

另一种有用的准则是广义奈曼-皮尔逊准则，它适用于检测弱信号的情况。广义奈曼-皮尔逊准则要求在固定虚警概率为 α^* 的条件下，使检测器的势函数在原点的斜率达到最大，即要求（对于二元检测）

$$\beta_{\varphi_1}(0 \mid p) = \beta_{\varphi}(0 \mid p) = \alpha^* \tag{7.2.7a}$$

$$\left.\frac{\partial \beta_{\varphi_1}(a \mid p)}{\partial a}\right|_{a=0} \geqslant \left.\frac{\partial \beta_{\varphi}(a \mid p)}{\partial a}\right|_{a=0} \tag{7.2.7b}$$

在噪声概率密度 $p(x)$ 满足一定正则条件的情况下，上述要求等效于在 $a=0$ 附近足够小的范围内使势函数最大。势函数在 $a=0$ 处的斜率有时称为局部势。所以这种检测器 D_1（对应于检验函数 φ_1）称为局部最大检测器或局部最优势检测器，简称为局部最佳检测器。可以证明，局部最优势检测的判决规则为

$$\left.\frac{\partial \ln\lambda(\boldsymbol{x}, a)}{\partial a}\right|_{a=0} \underset{H_0}{\overset{H_1}{\gtrless}} C_T \tag{7.2.8}$$

式中，$\lambda(\boldsymbol{x}, a)$ 为似然比，门限 C_T 应选择使虚警概率 α（即 P_F）等于给定的检测水平 α^*，在假设检验为式(7.1.4)的情况下

$$\ln\lambda(\boldsymbol{x}, a) = \ln \prod_{i=1}^{N} \frac{p(x_i - as_i)}{p(x_i)} = \sum_{i=1}^{N} \ln \frac{p(x_i - as_i)}{p(x_i)}$$

$$\left.\frac{\partial \ln\lambda(\boldsymbol{x}, a)}{\partial a}\right|_{a=0} = \sum_{i=1}^{N} s_i L(x_i) \tag{7.2.9}$$

式中

$$L(x) = -\frac{p'(x)}{p(x)} \tag{7.2.10}$$

于是判决规则为

$$T(\boldsymbol{x}) = \sum_{i=1}^{N} s_i L(x_i) \underset{H_0}{\overset{H_1}{\gtrless}} C_T \tag{7.2.11}$$

其中 $L(x)$ 由式(7.2.10)给出，是非线性函数的形式，称为局部最佳检测器的非线性函数，简称为局部最佳非线性。

一般说来，一个检测总是具有很多可能的解。即给定假设 H_0 和 H_1，存在很多不等效的检测器，它们都可以实现。所以必须提出一些方法以便比较各种检测器的有用性。在这方面，可能遇到两种最普通的比较方法：

(1) 在同一个假设 H_0 下，对两个非参量检测器进行比较；

(2) 在假设 H_0 或备择假设 H_1 的一个子集下，把非参量检测器与相应的参量检测器进行比较。

现以符号（恒虚警）检测器为例，它是最简单的非参量恒虚警检测器。符号检测器是只利用输入观测样本的"正"与"负"的极性信息的一种检测器。

非参量型符号检测仅仅利用被测信号 x_i 的符号信息来检测信号，其检验统计量 $T(\boldsymbol{x})$ 为

$$T(\boldsymbol{x}) = \sum_{i=1}^{N} u(x_i) \tag{7.2.12}$$

式中

$$u(x_i)=\begin{cases}1, x_i>0 \text{ 或 } x_i=0(i\text{ 为奇数})\\0, x_i<0 \text{ 或 } x_i=0(i\text{ 为偶数})\end{cases} \tag{7.2.13}$$

设检测门限为 n_T，则符号检测的判决规则为

$$T(\boldsymbol{x}) \underset{H_0}{\overset{H_1}{\gtrless}} n_T \tag{7.2.14}$$

这样，非参量型符号检测器由量化器、求和器和判决器组成，如图 7.2.2 所示。其中，量化器也可以看作是一种限幅器。

将检验统计量 $T(\boldsymbol{x})$ 与检测门限 n_T 进行比较，以统计判决哪个假设成立。这就是非参量型符号检测的基本原理。

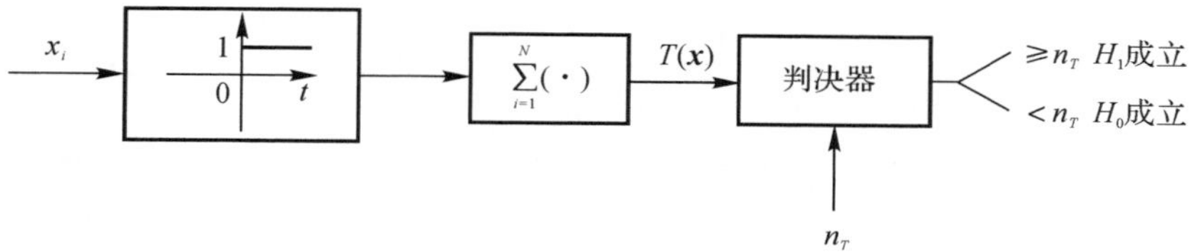

图 7.2.2　非参量型符号检测器

7.2.2　非参量检测虚警概率和检测概率指标的计算

符号检测问题可用如下信号模型来描述：

$$\begin{aligned}&H_0: x_i=n_i, \quad i=1,2,\cdots,N\\&H_1: x_i=s_i+n_i, \quad i=1,2,\cdots,N\end{aligned} \tag{7.2.15}$$

式中，x_i 是观测的样本信号；n_i 是加性观测噪声的样本，N 次观测样本间是相互统计独立的；s_i 是假设 H_1 下的有用信号观测样本，且为大于零的确知信号。

因为符号检测先将观测样本 x_i 按其符号量化为 1 或 0，这相当于以零电平为检测门限对 x_i 进行判决，$x_i>0$，输出 1；$x_i<0$，输出 0；而 $x_i=0$，以等概率输出 1 和 0。在假设 H_0 下，x_i 的概率密度函数 $p(\boldsymbol{x}\mid H_0)$ 是未知的，但从统计意义上讲，一般可以合理地假定 x_i 的分布函数 $F(x_i)$ 的中位数为 1/2，即在假设 H_0 下，$x_i<0$ 和而 $x_i>0$ 的概率（$x_i=0$ 的情况等概率地归于小于零和大于零的情况）各为 1/2，表示为

$$p_{\mathrm{f}}=\int_0^{+\infty} p(x_i \mid H_0)\mathrm{d}x_i=1/2, \quad i=1,2,\cdots,N \tag{7.2.16}$$

在假设 H_1 下，因为 s_i 是大于零的确知信号，所以有

$$p_{\mathrm{d}}=\int_0^{+\infty} p(x_i \mid H_1)\mathrm{d}x_i>1/2, \quad i=1,2,\cdots,N \tag{7.2.17}$$

将 x_i 按其符号量化的结果 1 或 0，在相邻 N 个探测周期求和，得符号检测的检验统计量 $T(\boldsymbol{x})$。$T(\boldsymbol{x})$ 恰好等于 $n_T(0\leqslant n_T\leqslant N)$ 的概率服从二项式分布。这样，在假设 H_0 下，有

$$P[T(\boldsymbol{x})=n_T \mid H_0]=C_N^{n_T} p_{\mathrm{f}}^{n_T}(1-p_{\mathrm{f}})^{N-n_T}=C_N^{n_T}(1/2)^N \tag{7.2.18}$$

而在假设 H_1 下，有

$$P[T(\boldsymbol{x})=n_T \mid H_1]=C_N^{n_T} p_{\mathrm{d}}^{n_T}(1-p_{\mathrm{d}})^{N-n_T} \tag{7.2.19}$$

因为检验统计量 $T(\boldsymbol{x})\geqslant n_T$ 均判决假设 H_1 成立，所以，非参量型符号检测的虚警概率为

$$P_{\mathrm{F}}=P[T(x)\geqslant n_T \mid H_0]=\sum_{h=n_T}^{N}C_N^h\ (1/2)^N \tag{7.2.20}$$

而检测概率为

$$P_{\mathrm{D}}=P[T(\boldsymbol{x})\geqslant n_T \mid H_1]=\sum_{h=n_T}^{N}C_N^h p_{\mathrm{d}}^h\ (1-p_{\mathrm{d}})^{N-h} \tag{7.2.21}$$

由式(7.2.20)可见,在假设 H_0 下,对任何具有零中位数概率密度函数的干扰,非参量型符号检测的虚警概率 P_{F} 与干扰的分布及参数均无关,所以,它是恒虚警率检测器。同时,由要求的 $P_{\mathrm{F}}=\alpha$,利用式(7.2.20)可以确定检测门限 n_T,它是满足该式的最小整数。

事实上,对假设 H_0 下 x_i 的概率密度函数 $p(x_i \mid H_0)$ 的约束(零中位数)可以放宽,只要满足

$$p_{\mathrm{f}}=\int_0^{+\infty}p(x_i \mid H_0)\,\mathrm{d}x_i,\quad i=1,2,\cdots,N \tag{7.2.22}$$

保持不变,非参量型符号检测器就具有恒虚警率性能,即

$$P_{\mathrm{F}}=P(T(\boldsymbol{x})\geqslant n_T \mid H_0)=\sum_{h=n_T}^{N}C_N^h p_{\mathrm{f}}^h\ (1-p_{\mathrm{f}})^{N-h} \tag{7.2.23}$$

只是由于 p_{f} 未知,不便于由 $P_{\mathrm{F}}=\alpha$ 的约束来确定检测门限 n_T。

7.2.3 非参量检测的其他性能指标

下面将引入另外几个比较非参量检测的性能指标:检测器效验、渐近相对效率和渐近相对损失,用来比较同一类检测问题所选不同方案的"优劣"。

1. 检测器的效验(efficacy)ε

对于信号有无的二元假设检验来说,可以采用以下的假设

$$\begin{cases}H_1: x_i=as_i+n_i\\ H_0: x_i=n_i\end{cases}$$

式中,n_i 为噪声样本;s_i 为随机信号样本;a 为信号强度参量,$a>0$。

检测器的校验 ε 定义如下

$$\varepsilon=\lim_{N\to\infty}\frac{1}{N}\frac{\left[\frac{\mathrm{d}^m}{\mathrm{d}a^m}E\{T_N(\boldsymbol{x}) \mid H_1,a\}\big|_{a=0}\right]^{1/(mU)}}{\sigma^2\{T_N(\boldsymbol{x}) \mid H_0\}} \tag{7.2.24}$$

式中,U 是一个常数,$T_N(\boldsymbol{x})$ 是观测样本数为 N 时,检测器的检验统计量;m 是 $E\{T_N(x) \mid H_1,a\}$ 在 $a=0$ 处具有非零导数的最低阶数,$\sigma^2\{T_N(\boldsymbol{x}) \mid H_0\}$ 是在假设 H_0 下检验统计量 $T_N(\boldsymbol{x})$ 的方差。通常取式(7.2.24)中的 $mU=1/2$,$m=1$,则效验的公式成为

$$\varepsilon=\lim_{N\to\infty}\frac{1}{N}\frac{\left[\frac{\mathrm{d}}{\mathrm{d}A}E\{T_N(\boldsymbol{x}) \mid H_1,a\}\big|_{a=0}\right]^2}{\sigma^2\{T_N(\boldsymbol{x}) \mid H_0\}} \tag{7.2.25}$$

由此式可以看出,效验的物理含义是信号增量二次方对噪声功率比,即增量信噪比。

2. 两个检测器的渐近相对效率(ARE)

皮特奈(Pitonam)首先提出了用渐进相对效率(ARE)作为两个检测器相比较的判据。应该指出,渐进相对效率是在弱信号的假设下导出的,以便简化表达式。由于大信号的假设下渐进相对效率的表达式的推导很繁杂,这里只给出结果。

检测器的渐近效验 ε 说明检测器对提供信号的利用率。两个检测器的渐进相对效率是由它们的渐进效验之比定义的，即当检测器的检验统计量满足正则条件时，检测器 D_1 相对检测器 D_2 的渐近相对效率与效验之间存在以下关系

$$\mathrm{ARE}_{12}=\varepsilon_1/\varepsilon_2 \tag{7.2.26}$$

式(7.2.26)所表示的渐近相对效率，是在弱信号检测时做出的，弱信号检测就意味着探测次数 N（或者说积累次数，或者说采样容量）需要特别大。

应当指出，虽然可以用渐近相对效率 ARE 来度量非参量检测器性能，但是在许多实际情况下，ARE 的计算是颇为困难的。因此，对于特定的噪声和干扰环境，目前常常用计算机模拟（Monte - Carlo 模拟）的办法来确定非参量检测器性能。

在工程应用中，检测器的相对效率定义如下：

两个检测器对于同样的假设 H_0 及 H_1，当具有相同的虚警概率 α（或称为相同的“检验水平”）及检测概率，检测器 D_1 所需要的观测样本数是 n_1，检测器 D_2 所需要的观测样本数是 n_2，称检测器 D_1 对于检测器 D_2 的相对效率是

$$\rho=n_2/n_1 \tag{7.2.27}$$

以上定义的相对效率是“有限观测样本”条件下的相对效率，由于实际计算时比较麻烦，因此采用“渐近相对效率”。检测器的渐近相对效率（ARE）定义如下

$$\mathrm{ARE}_{12}=\lim_{\substack{H_1\to H_0\\ n_1\to\infty\\ n_2\to\infty}}(n_2/n_1) \tag{7.2.28}$$

以上定义的 ARE_{12} 即为检测器的渐近相对效率。渐近相对效率是检测器样本数趋于无穷条件下的相对效率。渐近相对效率实际上是在相同的虚警概率及检测概率、相同的 H_0 假设，当 H_1 假设中的信噪比趋于零的条件下比较两种检测器的一种性能指标。

3. 相对渐近损失 L_∞

在工程应用中，检测器 D_1 相对于检测器 D_2 的信噪比的渐近损失 L_∞ 是最有直接意义的。在给定探测次数 N 的情况下，对给定的检测概率 P_D 和虚警概率 P_F 所需要的信噪比为 $\mathrm{SNR}(P_D, P_F, N)$，检测器 D_1 相对于检测器 D_2 的信噪比渐近损失可定义为如下极限形式

$$L_\infty=\lim_{N\to\infty}\frac{SNR_2(P_D,P_F,N)}{SNR_1(P_D,P_F,N)} \tag{7.2.29}$$

在高斯噪声背景中，非参量型检测器对于通常所遇到的目标模型，相对于最优的参量检测器的信噪比渐近损失 L_∞ 可以表示为

$$L_\infty=[\mathrm{ARE}_{12}]^{-1/2} \tag{7.2.30}$$

或者以分贝表示为

$$L_\infty(\mathrm{dB})=-5\lg(\mathrm{ARE}_{12}) \tag{7.2.31}$$

7.3　非参量检测器原理

非参量检测是以数理统计为基础的一种统计检测方法，本节介绍以被检测信号的符号为检验统计量的符号检测和以广义符号为检验统计量的广义符号检测。

7.3.1 符号检测器原理及性能

1. 符号检测器原理

如果噪声为正或为负的概率相等，即分布的中位数为零。那么，信号不存在时，接收信号的正样本和负样本的数目平均说来将是相等的。信号存在时，如果已知它为正，则正样本的平均数目将大于负样本的平均数目。正样本的优势将使人们猜想到信号是存在的，于是，检测器可以作为只简单地对正样本记数，设获取了 N 个样本，它的检验统计量为

$$T_S(\boldsymbol{x})=\sum_{i=1}^{N}u(x_i) \tag{7.3.1}$$

其中为 $u(\cdot)$ 为单位阶跃函数

$$u(x_i)=\begin{cases}1,\ x_i\geqslant 0\\0,\ x_i<0\end{cases} \tag{7.3.2}$$

有时为了得到更合理的结果，将 $u(x_i)$ 表示为

$$u(x_i)=\begin{cases}1,\ x_i>0\ 或\ x_i=0(j\ 为奇数)\\0,\ x_i<0\ 或\ x_i=0(j\ 为偶数)\end{cases} \tag{7.3.3}$$

当正样本数目 N^+ 超过某个判决门限 C_T 时，就判定（信号存在）为真，符号检验的判决规则为

$$T_S(\boldsymbol{x})=N^+\underset{H_0}{\overset{H_1}{\gtrless}}C_T \tag{7.3.4}$$

符号检测器也可采用正样本数与负样本数之差作为检验统计量，

$$T_2(\boldsymbol{x})=\sum_{i=1}^{N}\mathrm{sgn}(x_i) \tag{7.3.5}$$

其判决规则分别为

$$T_2(\boldsymbol{x})\underset{H_0}{\overset{H_1}{\gtrless}}2C_T-N \tag{7.3.6}$$

这里 $\mathrm{sgn}(\cdot)$ 为符号函数，且

$$\mathrm{sgn}(x)=\begin{cases}1,x>0\\0,x=0\\-1,x<0\end{cases} \tag{7.3.7}$$

它表示硬限幅特性。符号检测器的两种构成形式示于图 7.3.1 中。

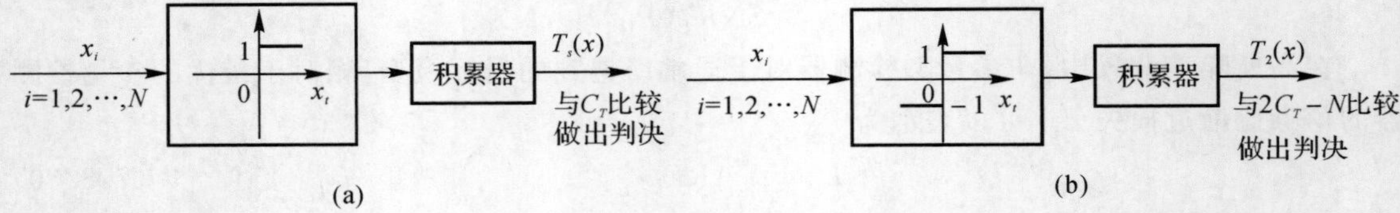

图 7.3.1 符号检测器的两种形式

2. 符号检测器性能

这里所说的非参量符号检测的性能，指的是它的虚警概率和检测概率。

现在，以图 7.3.1(a) 为例，图中判决门限 C_T 由给定的检验水平 α^* 确定，为此需要计算假设 H_0 下 $N^+\geqslant C_T$ 的概率，即虚警概率。注意到统计量 $\sum_{i=1}^{N}u(x_i)$ 是输入数据 $\boldsymbol{x}$ 中正观测值的

个数，是一个随机变量，用 k 表示。

对于二元假设检验，只取 1 和 0 两个数值，其概率分别为 P 和 $(1-P)$。因此，在假设 H_1 下，$N^+ = k = \sum_{i=1}^{N} u(x_i)$，具有二项式分布，其参量为 P。因此，在备择假设 H_1 下，k 的分布可写为

$$b(k;N,P) = \binom{N}{k} P^k (1-P)^{N-k}, \quad k = 0,1,\cdots,N \tag{7.3.8}$$

而在假设 H_0 下，$P=1/2$，k 的分布可写为

$$b\left(k;N,\frac{1}{2}\right) = \binom{N}{k}\left(\frac{1}{2}\right)^k \left(1-\frac{1}{2}\right)^{N-k} = \binom{N}{k}\left(\frac{1}{2}\right)^N, \quad k = 0,1,\cdots,N \tag{7.3.9}$$

式中，$\binom{N}{k}$ 是 N 中取 k 的组合数。

虚警概率 α 应不大于给定的检验水平 α^*，即要求

$$\alpha = \sum_{k=c_T}^{N} \binom{N}{k}\left(\frac{1}{2}\right)^N \leqslant \alpha^* \tag{7.3.10}$$

式中，门限 C_T 应该是满足式(7.3.10)的最小整数。可见，对于固定的样本数 N，虚警概率 α 的最小值为 $(1/2)^N$，因此 N 的选择也要顾及给定的 α^*。在有限样本容量情况下，检测器的性能以给定 α^* 下的检测概率 β 来描述。即

$$\beta = \sum_{k=C_T}^{N} \binom{N}{k} P^k (1-P)^{N-k} \tag{7.3.11}$$

这里 P 是假设 H_1 下样本 $x_i > 0$ 的概率，即

$$P = \int_0^{+\infty} p(x-a)\,\mathrm{d}x \tag{7.3.12}$$

可见 P 是信号强度 a 的单调递增函数。因此，符号检测器的性能，可以在固定 α^* 和 N 的情况下，针对噪声的各种分布，计算出作为信号强度 a 的函数的检测概率 β 来估计。在高斯噪声、拉普拉斯噪声和混合型噪声三种情况下，计算出检测概率作为信号强度 a 的函数曲线，示于图 7.3.2 中。所用的高斯噪声密度函数为 $(\sigma^2=1)$：

$$p(x) = \frac{1}{\sqrt{2\pi}} \exp(-x^2/2) \tag{7.3.13}$$

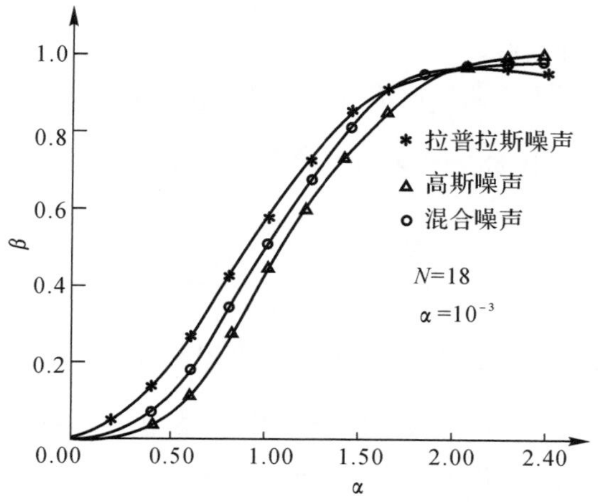

图 7.3.2　符号检测器的检测性能

拉普拉斯噪声密度函数为($\sigma^2=1$)：

$$p(x)=\frac{1}{\sqrt{2\pi}}\exp(-\sqrt{2}\mid x\mid) \tag{7.3.14}$$

混合型噪声的密度函数为($\varepsilon=0.1$)：

$$p(x)=\frac{0.9}{\sqrt{2\pi}}\exp\left(-\frac{x^2}{2}\right)+\frac{0.1}{\sqrt{2}}\exp((-\sqrt{2}\mid x\mid) \tag{7.3.15}$$

由式(7.3.10)看出，门限 C_T 和检验水平 α^* 对于假设 H_0 下的所有噪声分布都是不变的。也就是说，对于任何具有零中位数分布的噪声都是相同的。所以在奈曼-皮尔逊意义下。符号检测器既是一致最优势检测器，也是恒虚警检测器。

下面利用定义的渐近相对效率 ARE，将符号检测器与线性检测器进行比较。按照中心极限定理，独立和同分布的随机变量之和的极限分布，在样本数 N 很大的极限情况下趋于高斯分布，因此，当 N 很大时，式(7.3.8)中的二项式密度函数 $b(k;N,P)$ 趋于如下高斯密度函数

$$\eta(x)=\frac{1}{\sqrt{2\pi\sigma^2}}\exp\left[\frac{-1}{2}\left(\frac{x-a}{\sigma}\right)^2\right] \tag{7.3.16}$$

式中，均值 $a=NP$；方差 $\sigma^2=NP(1-P)$。实际上，当 P 偏离 1/2 不大时，二项式分布收敛到高斯分布的速度是很快的，当 $N\to\infty$ 时，考虑到式(7.3.11)的检测概率趋向于渐近检测概率 β_2，它等于

$$\beta_2=\lim_{N\to\infty}\beta=\int_{C_T}^{+\infty}\eta(x)\mathrm{d}x \tag{7.3.17}$$

利用标准化正态变量的累积分布函数 $\Phi(\cdot)$，上式化为

$$\beta_2=1-\Phi\left[\frac{C_T-NP}{\sqrt{NP(1-P)}}\right]=\Phi\left[\frac{NP-C_T}{\sqrt{NP(1-P)}}\right] \tag{7.3.18}$$

在式(7.3.18)中令 $P=1/2$，便可求得渐近虚警概率 α_2 等于

$$\alpha_2=1-\Phi\left[\frac{2C_T-N}{\sqrt{N}}\right] \tag{7.3.19}$$

联合式(7.3.18)和式(7.3.19)可得

$$\beta_2=\Phi\left[\frac{\sqrt{N}(2P-1)-\Phi^{-1}(1-\alpha_2)}{2\sqrt{P(1-P)}}\right] \tag{7.3.20}$$

式中，$\Phi^{-1}(\cdot)$ 是 $\Phi(\cdot)$ 的逆。容易看出式(7.3.20)中已经消去判决门限 C_T，该式实际上就是渐进情况下的接收机工作特性曲线。

现在考虑在高斯白噪声下检测常值信号的最佳检测器，即线性检测器。设其输入数据为 $x=(x_1,x_2,\cdots,x_M)$，检验统计量为 $T_1(x)=\sum_{i=1}^{M}x_i$，并且工作于假设 H_0,H_1 之下。判决规则为

$$T_1(\boldsymbol{x})=\sum_{i=1}^{M}x_i\underset{H_0}{\overset{H_1}{\gtrless}}T_1 \tag{7.3.21}$$

如果 x_i 是高斯的(在推导奈曼-皮尔逊准下的线性检测器时，进行过这种假设)，则统计量也是高斯的。另一方面，如果诸样本 x_i 仅仅是同分布的(均值为 a，方差为 σ^2)，则 $\sum_{i=1}^{M}x_i$ 是渐近高斯的，均值为 Ma，而方差为 $M\sigma^2$。因此，线性检测器的渐近检测概率为

$$\beta_1 = \Phi\left[\frac{Ma - T_1}{2\sqrt{M\sigma^2}}\right] \tag{7.3.22}$$

虚警概率 α_1 为

$$\alpha_1 = \frac{1}{\sqrt{2\pi M\sigma^2}}\int_{T_1}^{+\infty} \mathrm{e}^{-x^2/(2M\sigma^2)}\,\mathrm{d}x = 1 - \Phi\left[\frac{T_1}{\sqrt{M\sigma^2}}\right] \tag{7.3.23}$$

以上两式中的 T_1 是线性检测器的判决门限。联合式(7.3.22) 和式(7.3.23)，同样可以将 T_1 消去，得到

$$\beta_1 = \Phi\left[\frac{\sqrt{M}a}{\sigma} - \Phi^{-1}(1-\alpha_1)\right] \tag{7.3.24}$$

令 $\beta_1 = \beta_2, \alpha_1 = \alpha_2$，并且令 $N \to \infty, M \to \infty$，由式(7.3.20) 和式(7.3.22) 得到

$$\frac{\sqrt{N}(2P-1)}{2\sqrt{P(1-P)}} = \frac{\sqrt{M}a}{\sigma}$$

这样就可以得到符号检测器相对于线性检测器的渐近相对效率 ARE_{21} 为

$$\mathrm{ARE}_{21} = \lim_{\substack{N\to\infty \\ M\to\infty}} \frac{M}{N} = \sigma^2\,\frac{(P-1/2)^2}{a^2 P(1-P)} \tag{7.3.25}$$

考虑到 $P > 1/2$，噪声分布密度 $p(x \mid H_0)$ 是对称的，以及 a 很小(这就是所谓弱信号条件)，则 P 可以近似表示为

$$P = \frac{1}{2} + \int_0^a p(x \mid H_0)\mathrm{d}x \approx \frac{1}{2} + ap(0 \mid H_0) \tag{7.3.26}$$

于是式(7.3.25) 变为

$$\mathrm{ARE}_{21} \approx \frac{4\sigma^2 p^2(0 \mid H_0)}{1 - 4a^2 p^2(0 \mid H_0)} \tag{7.3.27}$$

当 $a \to 0$ 最后有

$$\mathrm{ARE}_{21} \approx 4\sigma^2 p^2(0 \mid H_0) \tag{7.3.28}$$

式(7.3.28) 就是在具有对称概率密度函数 $p(x \mid H_0)$ 的任何噪声中检测直流信号时，符号检测器相对于线性检测器的渐近相对效率。在概率密度函数 $p(x \mid H_0)$ 给定后，可以求出 ARE_{21} 的具体数值。例如，如果噪声是高斯的，则 $p(0 \mid H_0) = 1/\sqrt{2\pi\sigma^2}$，$\mathrm{ARE}_{21} \approx 2/\pi$ 的值表明，对于检测高斯噪声中的直流信号，符号检测器的有效性大约是最佳线性检测器的 64%。这就是说，为了获得相同的性能(相同的虚警概率和检测概率)，最佳线性检测器所需的输入样本数约为符号检测器输入样本数的 64%。或者说，符号检测器所需样本数是最佳线性检测器的 1.57(即 $\pi/2$) 倍。另一方面，如果假定噪声具有下列双边指数密度函数，即

$$p(x \mid H_0) = \frac{b}{2}\exp(-b \mid x \mid) \tag{7.3.29}$$

这个密度函数相应于噪声观测值 n_i 也具有零均值和方差 $\sigma^2 = 2/b^2$。此时 $p(0 \mid H_0) = b/2$ 而 $\mathrm{ARE}_{21} = 2$，符号检测器的有效性是线性检测器的 2 倍。这种情况下符号检测器显然优于线性检测器(它不再是最佳检测器)，因为这时线性检测器所需的输入样本数多达符号检测器的 2 倍。一般地，由式(7.3.29) 可见，只要

$$\frac{1}{p(0 \mid H_0)} < 2\sigma = 2\left[\int_{-\infty}^{+\infty} x^2 p(x \mid H_0)\, dx\right]^{1/2} \tag{7.3.30}$$

（记住概率密度函数 $p(x \mid H_0)$ 不仅对称，而且均值为零）ARE_{21} 都将大于 1。

总之，符号检测器是简单的非参量检测器，它仅使用输入数据的符号信息来检测信号。它在非常一般的条件下是非参量的，具有恒虚警率特性。在输入数据具有对称概率分布的情况下，符号检测器可以用硬限幅器后装一个积累器组成，因此结构简单，容易实现。它的渐近性能与相应的最佳线性检测器比较也不是太差。对于任何对称的密度函数，只要方差足够大的话，符号检测器性能还可以超过线性检测器的性能。

7.3.2 广义符号检测器原理及性能

结合雷达信号的检测，讨论广义符号检测器的基本原理和构成方法，并给出它的性能。

1. 连续 M 个重复周期内雷达视频信号的输出

在搜索雷达的天线波束范围内（或电扫描雷达的天线波束的某一指定方向上）发射了 M 个探测脉冲，则在 M 个重复周期内，接收机的视频输出如图 7.3.3 所示。图中假定 t_0 处的信号对应距离 R_0 处的目标且在所有的 M 个探测周期内信噪比是相同的。

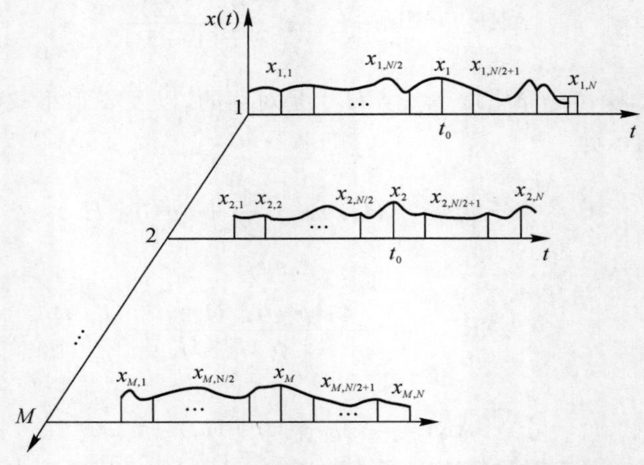

图 7.3.3 M 个连续探测周期内雷达的视频输出

在 M 个探测周期中，检测单元的采样（t_0 时刻的采样）用 x_j 表示（$j=1,2,\cdots,M$），参考单元的采样用 x_{jk} 表示（$j=1,2,\cdots,M$；$k=1,2,\cdots,N$）（有时考虑到目标回波延伸而不仅仅占据一个分辨单元，可以在检测单元两边空开一个或几个单元再取参考单元）。如果把所有这些采样的结果保存下来，如图 7.3.4 所示，这些采样值就成为构造非参量检测统计量的基础。

↓ j					→	k	…	N
	$x_{1,1}$	$x_{1,2}$	…	$x_{1,N/2}$	x_1	$x_{1,(N/2+1)}$	…	$x_{1,(N-1)}, x_{1,N}$
j	$x_{2,1}$	$x_{2,2}$	…	$x_{2,N/2}$	x_2	$x_{2,(N/2+1)}$	…	$x_{2,(N-1)}, x_{1,N}$
⋮	⋮	⋮		⋮	⋮	⋮		⋮
M	$x_{M,1}$	$x_{M,2}$	…	$x_{M,N/2}$	x_M	$x_{M,(N/2+1)}$	…	$x_{M,(N-1)}, x_{M,N}$

图 7.3.4 $M \times N$ 采样存储矩阵

2. 非参量广义符号检测器——秩值求和检测器

非参量广义符号检测的检验统计量是根据图 7.3.4 中的采样矩阵设计的。假定 x_{jk} 是统计独立的，且具有相同的分布（虽然不知道）；当没有信号时，检测单元采样 x_j 与诸参考单元采样 x_{jk} 具有相同的分布，即所谓同分布。

若将被测单元的样本与前后参考单元的样本进行比较，产生 0 或 1 符号，并在相邻 M 个探测周期形成检验统计量，然后与检测门限进行比较，以统计判决哪个假设成立，这就是非参量型广义符号检测。

定义广义符号秩值求和检测器的检测统计量为

$$T_{GS}=\sum_{j=1}^{M}R_j=\sum_{j=1}^{M}\sum_{k=1}^{N}u(x_j-x_{jk}),\quad j=1,2,\cdots,M;\quad k=1,2,\cdots,N \tag{7.3.31}$$

图 7.3.5 示出了对雷达视频输出进行广义符号秩值求和检测器检验的例子。雷达接收机由匹配滤波器与包络检波器级联组成。由于包络检波器损失了雷达中频信号的相位信息，接收机是非相干的。设天线波束扫过目标时雷达发射 M 个探测脉冲，并且 M 次观测的信噪比相同。相应于每一次探测，雷达输出一个视频波形，如图 7.3.3 所示。在距离 R_0 上存在的目标，将产生一个相应的视频信号，其时延为 $t_0=2R_0/c$（c 为光速）。因此，在 t_0 时刻所取的样本 x_1，$x_2,\cdots,x_j,\cdots,x_M$ 代表信号加噪声样本即受检单元的输出。对于每 j 次探测，参考噪声样本为 $x_{j1},x_{j2},\cdots,x_{jk},\cdots,x_{jN}$，$N$ 为参考单元的数目。把 x_j 与 $x_{jk}(k=1,2,\cdots,N)$ 在 N 个相同的比较器中进行比较，然后求和，得式(7.3.31) 中的统计量为

$$R_j=\sum_{k=1}^{N}u(x_j-x_{jk}) \tag{7.3.32}$$

其中

$$u(x_j-x_{jk})=\begin{cases}1, & x_j>x_{jk}\\ 0, & x_j<x_{jk}\end{cases} \tag{7.3.33}$$

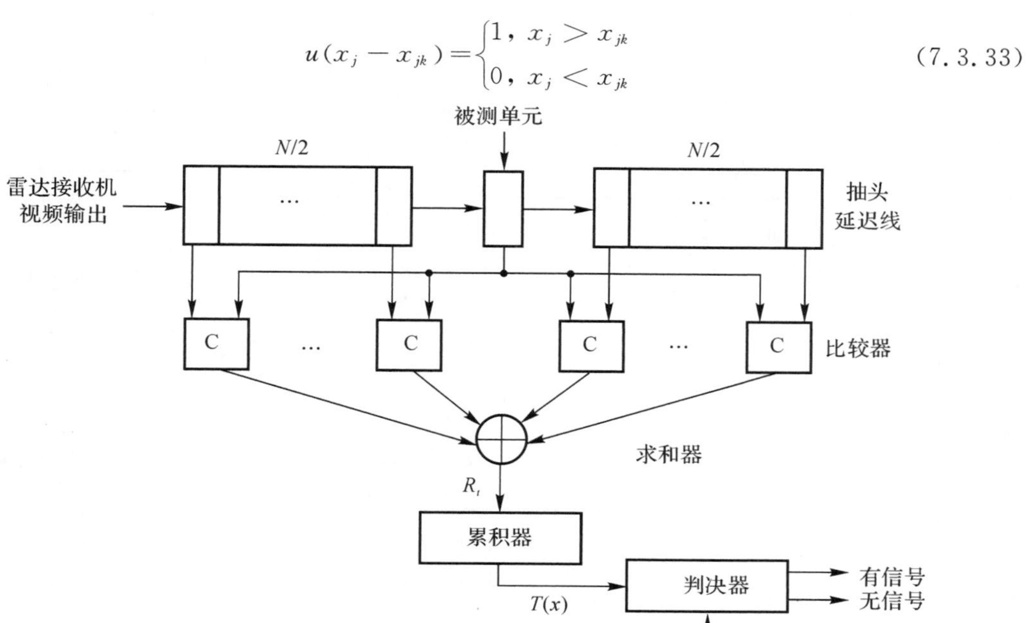

图 7.3.5　广义符号秩值求和检测器框图

这种方法的原理是，把每个 x_j 和与其在同一探测周期的 x_{jk} 按式(7.3.33)原则比较、求和，从而求得 x_j 的秩 R_j。显然，这种方法量化的比较标准为 x_{jk}，而不是真正按 x_{jk} 的符号，故称之为广义符号检测统计，当 $x_j = x_{jk}$ 时，$u(x_j - x_{jk})$ 的取值可以为零，也可以为1。为了使结果更合理的结果，规定当 $x_j = x_{jk}$ 时

$$u(x_j - x_{jk}) = \begin{cases} 1, \ x_j > x_{jk} \ 或 \ x_i = x_{jk} (j-k \ 为奇数) \\ 0, \ x_j < x_{jk} \ 或 \ x_i = x_{jk} (j-k \ 为偶数) \end{cases} \tag{7.3.34}$$

由于 R_j 是检测单元的 x_j 与诸参考单元的值 x_{jk}，$k=1,2,\cdots,N$ 按从小到大的顺序排列时，x_j 值所处的序号，所以称 R_j 为检测单元 j 的秩值。因此也把 T_{GS} 称作秩和检验统计，检测器的判决式可以表示为

$$T_{GS}(\boldsymbol{x}) = \sum_{j=1}^{M} R_j \begin{cases} \geqslant C_T & (信号存在) \\ < C_T & (信号不存在) \end{cases} \tag{7.3.35}$$

式中，C_T 为判决门限，决定于要求的虚警概率。

图 7.3.5 示出了实现上述运算的简化框图。抽头延迟线中央为受检单元，两边对称地配置 $N/2$ 个参考单元。每个单元的延迟线时间应大于杂波的相关时间以保证各个单元杂波采样相互独立。图中 C 代表比较器，$\oplus$ 代表求和器，求和器输出为第 j 次探测的统计量 R_j。诸 R_j 在积累器(例如使用滑窗积累器)中进行积累，便得检验统计量 $T_{GS}(\boldsymbol{x})$。

3. 非参量广义符号检测器 — 量化秩值求和检测器

量化秩值求和检测器如图 7.3.6 所示，它属于广义符号检测器。首先将秩值 R_j 与第一门限 l 进行比较，当 $R_j \geqslant l$ 时输出“1”，否则输出“0”，称为量化秩值；然后，若雷达对目标进行了连续 N 次探测，则积累将 N 次探测量化后的秩值求和；最后，如果量化秩值之和大于等于第二门限 n_T，则判决目标存在，否则判决没有目标，该准则称为 n_T/N 准则。这就是量化秩值求和检测器。其输入是信号的包络。

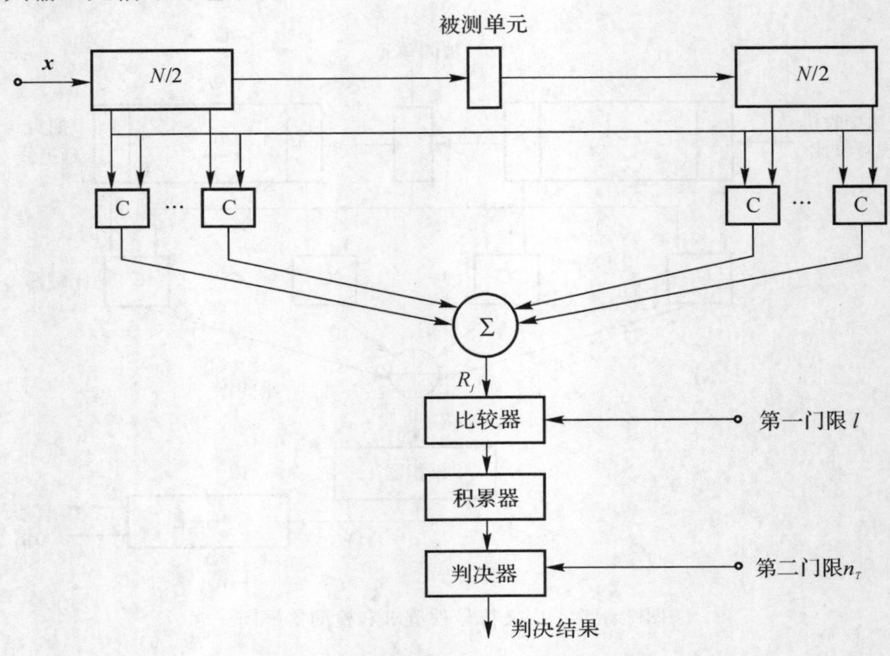

图 7.3.6　量化秩值求和检测原理框图

4. 非参量广义符号检测器——加权秩值求和检测器

加权秩值求和检测器，可以采用性能良好而又比较简单的双极点滤波器来实现。经非参量检测后的秩值 R_j 送入双极点滤波器，实现加权积累，结果与检测门限比较，从而做出目标是否出现的判决。根据目标回波数目，正确设计滤波器的两个极点，以实现最佳加权积累。

5. 马恩-怀特奈(Man - Whitney) 检测器

作为广义符号检验统计的推广，马恩-怀特奈检验统计量为

$$T_{MW}(\boldsymbol{x})=\sum_{j=1}^{M}\sum_{l=1}^{M}\sum_{k=1}^{N}u(x_j-x_{lk}) \tag{7.3.36}$$

这种检验统计量与广义符号检验统计量的差别在于 $T_{GS}(\boldsymbol{x})$ 中 x_j 只与它所在探测周期的参考单元的采样 $x_{jk},k=1,2,\cdots,N$ 比较，而 $T_{MW}(\boldsymbol{x})$ 则是 x_j 与 M 个周期中的所有参考单元的采样 $x_{lk}(l=1,2,\cdots,M;k=1,2,\cdots,N)$ 比较，即

$$R_j=\sum_{l=1}^{M}\sum_{k=1}^{N}u(x_j-x_{lk}) \tag{7.3.37}$$

两种检验统计量相比，由于检验统计量 $T_{MW}(\boldsymbol{x})$ 用了 $T_{GS}(\boldsymbol{x})M$ 倍的样本来获得秩值 R_j，显然 $T_{MW}(\boldsymbol{x})$ 检验统计量的运算量大，相应地设备量也大，但统计量的平稳性比 $T_{GS}(\boldsymbol{x})$ 的好，所以可以预期它的检测性能要优于广义符号检验统计的性能。

6. 广义符号检测器性能

为了简化分析，只研究单次探测($M=1$) 时秩值 R_j[见式(7.3.32)] 的虚警概率和检测概率，即广义符号检测器的性能。对于 M 次积累后的性能，可在单次检测性能的基础上，根据积累检测器的结构作进一步的分析。

假设各参考单元的采样 x_{jk} 是独立同分布的，在 H_0 假设下其概率密度函数都以 $p(x\mid H_0)$ 表示；检测单元的采样 x_j 在不包含信号时，与 x_{jk} 一样，彼此独立，并具有同样的分布 $p(x\mid H_0)$，若 x_j 中有信号，则以 $p(x\mid H_1)$ 表示。

由于各采样点的采样彼此独立，且经过比较量化后只有 0,1 两个值，单次探测中 R_j 为某一个值的概率服从二项分布。这就是说，无论杂波干扰服从什么分布，或不知道其分布规律，都能使检验统计量服从二项分布。

(1) 虚警概率 P_F 的计算。所谓虚警概率是指检测单元中并没有信号存在，而秩值 R_j 超过某一数值 l_j 的概率，l_j 的取值范围为 $0\sim N$。

众所周知，实际上是以参考单元作为比较标准与检波单元比较形成秩值 R_j，但这样做，就有 N 个比较标准(N 个参考单元)，对于计算检测性能很不方便。为此，在不改变式(7.3.33) 的前提下，可以反过来用检测单元作为比较标准。这样一来，N 个参考单元中的任一单元的 x_{jk} 超过检测单元的 x_j 的概率为

$$\int_{x_j}^{\infty}p(x\mid H_0)\,\mathrm{d}x \tag{7.3.38}$$

没有超过检测单元的 x_j 的概率为

$$1-\int_{x_j}^{\infty}p(x\mid H_0)\,\mathrm{d}x \tag{7.3.38a}$$

根据检测单元与各参考单元的采样相互统计独立及同分布，比较结果只有 0,1 两种，在单

次探测中，$R_j=l_j$ 的分布概率为二项分布，即

$$P_j(R_j=l_j\,|\,H_0)=C_N^{l_j}\int_{-\infty}^{\infty}p(x_j\,|\,H_0)\left[1-\int_{x_j}^{\infty}p(x\,|\,H_0)\,\mathrm{d}x\right]^{l_j}\left[\int_{x_j}^{\infty}p(x\,|\,H_0)\,\mathrm{d}x\right]^{N-l_j}\mathrm{d}x_j \tag{7.3.39}$$

这里应注意，由于检测单元中的采样是随机变量，因此要对它的所有取值积分，并且由于假定各次探测所有参考单元的样本具有独立同分布，所以可以取消 R_j，l_j，x_j 的下标。

设 $P=\int_x^{\infty}p(x\,|\,H_0)\,\mathrm{d}x$，再用二项式展开 $(1-P)^l$ 为

$$(1-P)^l=\sum_{n=0}^{l}(-1)^n C_l^n P^n \tag{7.3.40}$$

得

$$\begin{aligned}P_\mathrm{F}(R=l\,|\,H_0)&=C_N^l\int_{-\infty}^{\infty}p(x\,|\,H_0)\left[\int_x^{\infty}p(x\,|\,H_0)\,\mathrm{d}x\right]^{N-l}\left[1-\int_x^{\infty}p(x\,|\,H_0)\,\mathrm{d}x\right]^l\mathrm{d}x=\\&C_N^l\int_{-\infty}^{\infty}p(x\,|\,H_0)\,P^{N-l}\,(1-P)^l\,\mathrm{d}x=\\&C_N^l\sum_{n=0}^{l}(-1)^n C_l^n\int_{-\infty}^{\infty}p(x\,|\,H_0)\,P^{N-l+n}\,\mathrm{d}x=\\&C_N^l\sum_{n=0}^{l}(-1)^n C_l^n\int_0^1 P^{N-l+n}\,\mathrm{d}P\,\Big|_{\mathrm{d}P=-p(x\,|\,H_0)\,\mathrm{d}x}=\\&C_N^l\sum_{n=0}^{l}(-1)^n C_l^n\frac{1}{N-l+n-1}=\frac{1}{N+1}\end{aligned} \tag{7.3.41}$$

R 的取值等于和大于 l 的概率为

$$P_\mathrm{F}(R\geqslant l\,|\,H_0)=\sum_{n=l}^{N}P_\mathrm{F}(R=n)=\frac{1}{N+1}(N+1-l) \tag{7.3.42}$$

从式(7.3.41)、式(7.3.42)可以看出，根据式(7.3.32)

$$R_j=\sum_{k=1}^{N}u(x_j-x_{jk})$$

统计检验的非参量检测器，虚警概率 $P_\mathrm{F}(R=l)$ 或 $P_\mathrm{F}(R\geqslant l)$ 都与干扰的密度函数 $p(x\,|\,H_0)$ 及其参量等无关，只要参考单元数目已确定，再选定 l 之后，则虚警概率 $P_\mathrm{F}(R\geqslant l\,|\,H_0)$ 就是恒定的。因此，在单次探测的情况下，只要满足各次探测是相互独立的，无论干扰的统计特性如何，积累以后检测器仍然会有恒虚警的性能。

另外，非参量检测中的积累次数对虚警率的影响较大，这从式(7.3.42)中很容易看出，即令 $l=N$，则 $P_\mathrm{F}(R\geqslant N)=1/(N+1)$，在 $N=16$ 时，虚警率为6%。一般情况下，这是不允许的，因此非参量检测中后面选择较大的积累数 N 是必要的。

(2) 检测概率 P_D 的计算。当检测单元中有目标时，检测单元采样的概率密度函数假定为 $p(x\,|\,H_1)$ 并且假定信号是不起伏的，仿照式(7.3.39)可以写出 $R=l$ 的检测概率

$$P_\mathrm{D}(R=l\,|\,H_1)=C_N^l\int_{-\infty}^{\infty}p(x\,|\,H_1)\left[\int_x^{\infty}p(x\,|\,H_0)\,\mathrm{d}z\right]^{N-l}\left[1-\int_x^{\infty}p(x\,|\,H_0)\,\mathrm{d}x\right]^l\mathrm{d}x \tag{7.3.43}$$

同样令 $P=\int_x^{\infty}p(x\,|\,H_0)\,\mathrm{d}x$ 和利用式(7.3.40)展开 $(1-P)^l$，得

$$P_{\mathrm{D}}(R=l \mid H_1)=C_N^l \sum_{n=0}^{l}(-1)^n C_l^n \int_{-\infty}^{\infty} p(x \mid H_1) P^{N-l+n} \mathrm{d}x \tag{7.3.44}$$

由式(7.3.44)可得 R 的取值等于和大于 l 的概率为

$$P_{\mathrm{D}}(R \geqslant l \mid H_1)=\sum_{m=l}^{N} P_{\mathrm{D}}(R=m) \tag{7.3.45}$$

从式(7.3.44)和式(7.3.45)可以看出，检测概率 P_{D} 与检测单元有信号时采样的概率密度分布有关。由此推知，它实际上是与干扰的概率密度分布有关(因为 $p(x \mid H_1)$ 与 $p(x \mid H_0)$ 的分布有关)，也与信号是否起伏变化有关。只有把这些都具体地给出来，才能计算出检测概率的具体值。

最后需要指出，本节中虚警概率和检测概率公式的推导都是按单次探测推导的，而且其秩值的计算是按式(7.3.32)进行的。秩值的计算也可以按式(7.3.37)进行，即按

$$R_j=\sum_{l=1}^{M} \sum_{k=1}^{N} u(x_j-x_{lk})$$

进行，在这种情况下，只要把式(7.3.37)等效地写成

$$R_j=\sum_{lk=1}^{MN} u(x_j-x_{lk}) \tag{7.3.46}$$

用此式中的 MN 的积去代替式(7.3.32)中的 N 值，则在式(7.3.37)下的单次探测的虚警概率与检测概率的计算就可应用于式(7.3.41)和式(7.3.45)。

习　　题

7.1　非参量型广义符号检测中，秩值 R_j 为

$$R_j=\sum_{i=1}^{n} u(x_j-x_{ij})$$

式中

$$u(x_j-x_{ij})=\begin{cases}1, x_j>x_{ij} \text{ 或 } x_j=x_{ij}\ (i-j \text{ 为奇数}) \\ 0, x_j<x_{ij} \text{ 或 } x_j=x_{ij}\ (i-j \text{ 为偶数})\end{cases}$$

它是一个检验统计量。当参考单元样本数 N 很大时，根据中心极限定理，该检验统计量将趋于高斯分布。证明在假设 H_0 下，当 N 很大时，此检验统计量的均值和方差分别为

$$E(R_j)=\frac{N}{2}$$

$$\mathrm{Var}(R_j)=\frac{N}{4}$$

7.2　在非参量型马恩-怀特奈检测中，秩值 $\boldsymbol{R}_j$ 为

$$R_j=\sum_{k=1}^{m} \sum_{i=1}^{n} u(x_j-x_{ik})$$

式中

$$u(x_j-x_{ik})=\begin{cases}1, x_j>x_{ik} \text{ 或 } x_j=x_{ik}\ (i-j \text{ 为奇数}) \\ 0, x_j<x_{ik} \text{ 或 } x_j=x_{ik}\ (i-j \text{ 为偶数})\end{cases}$$

在检测单元和所有参考单元仅出现干扰信号(假设 H_0 情况)，且所有采样单元具有独立和相同的分布，求概率 $P(R=l \mid H_0)$ 和 $P(R \geqslant l \mid H_0)$，式中，$R$ 即 R_j，$0 \leqslant l \leqslant mn$。

7.3　假定二元假设检验为

$$\begin{cases}H_1: x_i = m + n_i \\ H_0: x_i = n_i\end{cases},\quad (i=1,2,\cdots,n)$$

式中，n_i 是均值为零，均方差为 σ^2 的统计高斯噪声；m 是大于零的常数，则可写成

$$H_0: p(x \mid H_0) = \frac{1}{\sqrt{2\pi}\,\sigma}\exp\left[-\frac{1}{2}\frac{x^2}{\sigma^2}\right]$$

$$H_1: p(x \mid H_1) = \frac{1}{\sqrt{2\pi}\,\sigma}\exp\left[-\frac{1}{2}\frac{(x-m)^2}{\sigma^2}\right]$$

采用两种不同检测器 $T_2(\boldsymbol{x})$ 与 $T_1(\boldsymbol{x})$，其中 $T_2(\boldsymbol{x})$ 是符号检测器。$T_1(\boldsymbol{x})$ 则是奈曼-皮尔逊检测器。两个检测器具有相同的 α 及 β，即 $\alpha_1=\alpha_2=\alpha$，$\beta_1=\beta_2=\beta$。求 $T_2(\boldsymbol{x})$ 对于 $T_1(\boldsymbol{x})$ 的渐近相对效率。

第 8 章　信号的稳健性(Robust)检测

前面已经介绍了两类统计检测方法：一类是经典的参量检测，它要求准确地掌握干扰的统计特性，从而获得各假设 H_j 下接收信号的统计描述，即概率密度函数 $p(\boldsymbol{x}|H_j)(j=0,1,\cdots,M-1)$，在二元信号检测的情况下，用似然比或对数似然比作检验统计量，实现信号的最佳检测，也可以实现 M 元信号的最佳检测或随机参量信号的最佳检测。另一类是非参量检测(或称自由分布检测)，它可以在完全不了解(或不利用)干扰的统计知识的情况下，设计出不同类型的检测器，如广义符号、符号检测器等。实际上，还可能遇到介于以上两种检测之间的情况，即部分掌握干扰的统计特性知识，但还不足于对其进行确切的统计描述。在这种情况下，如果采用参量检测器，所掌握的输入统计知识不完全知道；采用非参量检测器，又没有利用已知的干扰统计特性知识。因此，需要研究针对这类问题的信号检测的理论和方法。

8.1　稳健性检测的概念

对于部分掌握干扰统计特性的这类问题，大致上可以分成两种主要类型：一种是干扰的分布形式确定，但其参数未知；另一种是干扰的统计特性比较复杂，它的概率密度函数可能是多个密度函数的某种组合，虽然一般地说，其中起主导作用的干扰的概率密度函数是已知的，但整体上不能确切地建立干扰的统计模型。

对于第一种干扰类型，可以采用自适应的检测方法，如雷达信号的自动门限检测、恒虚警率检测等；也可以首先采用参量估计的方法对未知参数进行估计，并用估计量替代未知的参数，然后建立各假设 H_j 下接收信号的概率密度函数，$p(\boldsymbol{x}|H_j)$ $(j=0,1,\cdots,M-1)$，实现信号的检测。特别是对未知参数的高斯分布类干扰，只要估计其一、二阶矩，就可确定其概率密度函数。

对于第二种干扰类型，可以采用信号的非参量检测方法，但由于信号的非参量检测没有利用已知的部分统计特性知识，其检测性能较差，于是人们提出了信号的稳健性(robust)检测方法。该方法的基本思想是针对最常用的二元信号检测，在这类干扰中寻找最小有利分布作为信号的统计模型，然后按似然比检验的方法进行处理，实现信号的检测。稳健性检测方法的特点是利用了干扰中已知的统计特性知识，这样，当实际的干扰不是最小有利分布，但只要它属于这种分布类时，所设计的检测器其性能总能满足某种最低的性能要求，不会因为干扰统计模型小的变化而使检测性能严重恶化，这就是稳健性检测的最基本含义。

如前所述，在干扰的统计特性部分已知，但不能确切统计描述的情况下，参量型的最佳检测器由于信号在各假设下统计模型的不准确性，使其检测性能从最佳状态相当大地变差了。因此，要求所设计的检测器具有如下性能：当信号的统计模型有小的变化时，检测性能只受到较小的影响，而不至于严重变差，即检测器对信号统计模型小的变化不敏感；当实际的统计模型与所假定的理论模型一致时，检测性能良好，但达不到某种准则下的最佳性能，这就是稳健性检测所付出的代价，所以它不是最佳检测；此外，当实际统计模型与假定的理论模型存在较严重偏离时，检测器仍具有一定的检测能力，而不至于完全失效。以上性能，一般就称为信号检测的稳健性。

信号的稳健性检测根据英文字 robust，也被音译为鲁棒检测。这里采用稳健性检测这一名称，使其含义更加直观。

8.2　混合模型的 Robust 检测

在干扰比较复杂的情况下，表征其统计特性的概率密度函数可能是多个概率密度函数的某种组合，其中起主导作用的那部分概率密度函数通常是已知的。例如在雷达、声呐和通信的实际问题中，通常遇到的情况是，噪声的统计特性只是局部已知的，即噪声是接近正态（类高斯）的，但关于分布的尾部几乎没有什么统计信息可以利用。实际中被广泛讨论的模型是 Huber 提出的 ε 混合模型，它是由两个分布的线性组合所构成的，其中一个主分布函数（例如，高斯分布）通常是已知的，另一个是所占比例为 ε 的任意分布的函数。设$\mathbb{F}$ 为一类概率密度函数的集合，则 ε 混合型概率密度函数集合为

$$\mathbb{F}=\{q(x):q(x)=(1-\varepsilon)p(x)+\varepsilon h(x),h(x)\in\mathcal{H}\} \tag{8.2.1}$$

$\mathbb{F}$ 是一类概率密度函数集合。$p(x)$ 是局部已知的一个主概率密度函数，称为名义（标称）概率密度函数，它描述了噪声统计特性中的确定性部分，从而使 Robust 检测带有参量检测的特征，充分利用了噪声分布的先验知识，克服了非参量检测法的保守和盲目性；$h(x)$ 是一个占比例为 ε 的任意的概率密度函数，属于约束很松的或任意的$\mathcal{H}$族，称为污染概率密度函数，它描述了噪声统计特性中的不确定性部分，反映了噪声统计特性的可能变化，它使得 Robust 检测法带有非参量检测法的特征，克服了参量检测法的非随遇性和狭隘性。ε 称为混合参量或污染度。可见由一个标称概率密度函数和一个污染概率密度函数的线性加权和构成了 ε 混合模型，使 Robust 检测法在一定程度上兼有参量法的准确性和非参量法的随遇性这两个优点。

Robust 检测是根据某种准则，在$\mathbb{F}$ 族中寻找一个最不利的概率密度函数，然后针对它用参量检测去设计一种最佳或局部最佳的检测器。求出的这样一对解（最不利概率密度函数及相应的最佳检测器）称为鞍点解或极小极大解。实际上这是在各种检测器中，寻找一种在最坏情况下、性能最好的检测器。当实际遇到的噪声密度不是最不利密度而又属于这一类噪声概率密度函数$\mathbb{F}$的集合时，检测器性能总要比最不利概率密度下的性能优越，即噪声的最不利分布提供了检测器性能的下限。一般说来，噪声统计特性的不精确度越大，最不利情况下的性能下限就越低。对于在检测过程中具体面临的某一种噪声分布（属于$\mathbb{F}$ 集合，但不是最不利分布），设计良好的 Robust 检测器，其检测性能可能比针对该噪声分布而设计的参量检测稍差；然而，当噪声分布发生变化但又不超出$\mathbb{F}$ 集合时，Robust 检测器较之参量检测器的性能要优

越得多。

考虑二元假设的 Robust 检测情况。二元信号的 ε 混合模型可表示为

$$H_1: q(x|H_1) \in \mathbb{F}_1 = \{q(x|H_1): q(x|H_1) = (1-\varepsilon_1)p(x|H_1) + \varepsilon_1 h_1(x)\}, 0 \leqslant \varepsilon_1 \leqslant 1 \tag{8.2.2a}$$

$$H_0: q(x|H_0) \in \mathbb{F}_0 = \{q(x|H_0): q(x|H_0) = (1-\varepsilon_0)p(x|H_0) + \varepsilon_0 h_0(x)\}, 0 \leqslant \varepsilon_0 \leqslant 1 \tag{8.2.2b}$$

式中,$\mathbb{F}_0$和$\mathbb{F}_1$表示不同的概率密度函数集合;其中 $q(x|H_1)$ 和 $q(x|H_0)$[为了书写方便,将 $q_0(\boldsymbol{x})=q(\boldsymbol{x} \mid H_0)$,$q_1(\boldsymbol{x})=q(\boldsymbol{x} \mid H_1)$] 分别是假设 H_1 和 H_0 时信号的概率密度函数;$p(\boldsymbol{x}|H_0)$ 和 $p(\boldsymbol{x}|H_1)$(为了书写方便,将 $p_0(\boldsymbol{x})=p(\boldsymbol{x} \mid H_0)$,$p_1(\boldsymbol{x})=p(\boldsymbol{x} \mid H_1)$)为不同的标称密度函数,是已知的;$0 \leqslant \varepsilon_0 \leqslant 1$,$0 \leqslant \varepsilon_1 \leqslant 1$ 是两种假设下的污染度;$h_0(x) \in \mathcal{H}$,$h_1(x) \in \mathcal{H}$,$\mathcal{H}$ 是任意概率密度函数集合,只知它们属于某一分布类$\mathcal{H}$,这就是说,并不确切知道各假设下信号的概率密度函数 $q(x|H_1)$ 和 $q(x|H_0)$。Robust 检测的基本思路是:将在以上概率密度函数族 $q(x|H_1)$ 和 $q(x|H_0)$ 中,按照某种准则寻找"最不利分布对",然后找出最不利分布下的最佳检测。当观测样本属于规定的污染分布族 $q(x|H_1)$ 和 $q(x|H_0)$ 时,检测器的性能总要比最不利分布下的性能优越。

8.2.1 Robust 似然比检验

1. 判决规则

研究离散观测的情况。设 N 维观测样本 $\boldsymbol{x}=(x_1,x_2,\cdots,x_N)^{\mathrm{T}}$,它们彼此统计独立分布。对于式(8.2.2) 并不确切知道干扰(或噪声) 的概率密度分布,目的是寻找一个最不利分布来代替实际干扰(或噪声) 的分布对(在 H_0,H_1 假设下) 来设计似然比检测器。

根据假设检验理论中 Bayes 准则,在二择一的情况下平均代价 $\bar{C}$ 可写为

$$\begin{aligned}\bar{C} = &C_{00}P(D_0,H_0) + C_{10}P(D_1,H_0) + C_{01}P(D_0,H_1) + C_{11}P(D_1,H_1) = \\ &C_{00}P(H_0) + C_{01}P(H_1) + (C_{10}-C_{00})P(D_1 \mid H_0)P(H_0) + \\ &(C_{01}-C_{11})P(D_0 \mid H_1)P(H_1)\end{aligned} \tag{8.2.3}$$

式中,$P(D_1|H_0)=\int_{z_1} p(\boldsymbol{x} \mid H_0)\mathrm{d}\boldsymbol{x}$,$P(D_0|H_1)=\int_{z_0} p(\boldsymbol{x} \mid H_1)\mathrm{d}\boldsymbol{x}$。

经典检测理论中概率密度函数 $p(\boldsymbol{x} \mid H_i)$,$i=0,1$ 是已知的,根据对代价函数 C_{ij} 和先验概率 $P(H_i)(i=0,1)$ 掌握的情况不同,可以得到三个不同的最优判决准则。

(1) 正确判决不付出代价,错误判决付出的代价相等,但 $P(H_i)$ 已知,可利用最小错误概率准则来作判决。

(2) 当 $P_{\mathrm{F}}=P(D_1 \mid H_0)=\alpha$ 为常量,使 $P_{\mathrm{D}}=P(D_1|H_1) \to \max$ 做判决,可利用奈曼-皮尔逊准则。

(3) 以平均代价 $\bar{C} \to \min$ 为条件,可利用 Bayes 准则。

现在的问题是只知道实际干扰的统计分布属于式(8.2.2) 的一个分布类,由于干扰分布不完全确知,需要寻找。为了寻找最不利分布,分布与判决必须在判决表达式中有所反映。

在两种假设下如果观测到观测样本 $\boldsymbol{x}=(x_1,x_2,\cdots,x_N)^T$ 之后,在似然比检验中,拒绝 H_i 的条件概率的相应随机检验函数分别为

$$\varphi(\boldsymbol{x})=\begin{cases}1,\ \lambda_N(\boldsymbol{x})>\eta\\ r,\ \lambda_N(\boldsymbol{x})=\eta\\ 0,\ \lambda_N(\boldsymbol{x})<\eta\end{cases} \tag{8.2.4}$$

式中,$\varphi(\boldsymbol{x})$ 代表随机检验函数,表示给定观测矢量 $\boldsymbol{x}$ 之后,判决假设 H_1 成立的概率;$\lambda_N(\boldsymbol{x})=q(\boldsymbol{x}|H_1)/q(\boldsymbol{x}|H_0)$ 相当于混合模型的似然比函数,为检验统计量;$0\leqslant\alpha\leqslant1$; η 为似然比检测门限,是一常数。

由式(8.2.4),虚警风险和漏报风险分别为

$$\left.\begin{aligned}R(q_0,\varphi)&=R(q(\boldsymbol{x}|H_0),\varphi)=(C_{10}-C_{00})E\{\varphi(\boldsymbol{x})\mid q(\boldsymbol{x}\mid H_0)\}\\ R(q_1,\varphi)&=R(q(\boldsymbol{x}|H_1),\varphi)=(C_{01}-C_{11})[1-E\{\varphi(\boldsymbol{x})\mid q(\boldsymbol{x}|H_1)\}]\end{aligned}\right\} \tag{8.2.5}$$

式中,$E\{\varphi(\boldsymbol{x})|q(\boldsymbol{x}|H_0)\}$ 是假设 H_0 错判为 H_1 的概率,即虚警概率,$R(q_0,\varphi)$ 称为虚警风险;$E\{\varphi(\boldsymbol{x})|q(\boldsymbol{x}|H_1)\}$ 是假设 H_1 正确判为 H_1 的概率,即检测概率;而 $[1-E\{\varphi(\boldsymbol{x})|q(\boldsymbol{x}|H_1)\}]$ 是 H_1 错判为 H_0 的概率,即漏报概率,$R(q_1,\varphi)$ 称为漏报风险。为了书写方便,将 $q_0=p(\boldsymbol{x}\mid H_0)$,$q_1=p(\boldsymbol{x}\mid H_1)$。

采用如上表达方法,相应于经典假设检验理论中的三个优化准则可以分别写成:

(1) 最小化 $\max\limits_{i=0,1}\sup\limits_{q_i}R(q_i,\varphi)$(类似于最小错误概率准则,这里考虑了代价)。

(2) $\sup\limits_{q_0}R(q_0,\varphi)\leqslant\alpha$ 的约束下,最小化 $\sup\limits_{q_1}R(q_1,\varphi)$(漏报风险)(类似于 Neyman - pearson 准则)。

(3) 令 $P(H_0)=\gamma_0$,$P(H_1)=\gamma_1$,最小化 $\sup\limits_{q_0,q_1}[\gamma_0R(q_0,\varphi)+\gamma_1R(q_1,\varphi)]$。(类似于 Bayes 准则)。

以上准则中,$\sup\limits_{q_i}$ 已经意味着这里的 q_i 是最不利的概率分布。

2. 最不利分布对的选择

Huber 对上述两类风险作为性能标准来寻找一对最不利的密度函数 q_0^* 和 q_1^*,以及相应的最佳检验,使之满足极小极大关系,即在虚警风险受限的条件下使漏报的极大风险极小化。

先给出最不利分布对的定义。

根据极小极大原理,可以从概率密度函数为 $q(\boldsymbol{x}|H_i)$ 的实际观测数据分布对 $q_i(i=0,1)$ 中找出最不利分布对 $q_i^*(i=0,1)$,然后针对这一最不利分布对,设计用于判决假设 H_1 成立的最佳检验 φ^*,使错误判决所付出的平均代价满足

$$\mathrm{R}(q_i,\varphi^*)\leqslant\mathrm{R}(q_i^*,\varphi^*)\leqslant\mathrm{R}(q_i^*,\varphi),\ i=0,1 \tag{8.2.6}$$

则 q_i^* 是 q_i 中最不利分布对,式中,函数 $\mathrm{R}(q_i,\varphi^*)$ 表示实际观测数据分布对 q_i 在最佳检验 φ^* 下错误判决所付出的平均代价;函数 $\mathrm{R}(q_i^*,\varphi^*)$ 表示最不利分布对 q_i^* 在最佳检验 φ^* 下错误判决所付出的平均代价;而函数 $\mathrm{R}(q_i^*,\varphi)$ 中的 φ 为任一随机检验函数,所以,该项表示在最不利分布对 $q_i^*(i=0,1)$ 和任一随机检验 φ 的情况下,错误判决所付出的平均代价。

问题的关键是如何在污染族 $\mathbb{F}_0$ 和 $\mathbb{F}_1$ 中找出最不利分布及相应的似然比检验。

对于 Huber 的混合 ε 干扰模型来说,直观上看,如果最不利分布对 $q_i^*\in\mathbb{F}_i$ 存在。那么 q_0 应尽可能接近 $\mathbb{F}_0$,q_1 应尽可能接近 $\mathbb{F}_1$,通常假定 $\mathbb{F}_0$ 和 $\mathbb{F}_1$ 不存在任何公共概率密度函数。可见,当 ε_0 和 ε_1 足够小,使得集合 q_0 和集合 q_1 不相交(没有公共元素)时,$q_0^*\neq q_1^*$,上述假设检

验的鞍点解存在。因此,有以下最不利概率密度函数对

$$q_0^*(\boldsymbol{x})=\begin{cases}(1-\varepsilon_0)p_0(\boldsymbol{x}), & p_1(\boldsymbol{x})/p_0(x)<c_0\\(1-\varepsilon_0)p_1(\boldsymbol{x})/c_0, & p_1(\boldsymbol{x})/p_0(\boldsymbol{x})\geqslant c_0\end{cases}\tag{8.2.7a}$$

$$q_1^*(\boldsymbol{x})=\begin{cases}(1-\varepsilon_1)p_1(\boldsymbol{x}), & p_1(\boldsymbol{x})/p_0(\boldsymbol{x})>c_1\\(1-\varepsilon_1)p_0(\boldsymbol{x})c_1, & p_1(\boldsymbol{x})/p_0(\boldsymbol{x})\leqslant c_1\end{cases}\tag{8.2.7b}$$

式中,$p_i(\boldsymbol{x})\ (i=0,1)$ 是已知的主分布,$0\leqslant c_1<1<c_0<\infty$,$c_1$ 和 c_0 是常数;$0\leqslant\varepsilon_j<1(j=0,1)$,而且 $\varepsilon_1,\varepsilon_0$ 和 c_1,c_0 必须使 $q_i^*\ (i=0,1)$ 具有概率密度函数的特性,即 $q_i^*\geqslant 0(i=0,1)$,这是满足的;$q_i^*\ (i=0,1)$ 的全域积分等于 1。实际上,c_1 是随着 ε_1 的增大而单调增长的,c_0 是随着 ε_0 的增大而单调下降的。这样,当 ε_0 和 ε_1 大到一定程度时,有 $c_1=c_0$,这时 $q_0^*=q_1^*$,集合 q_0 和集合 q_1 有一个交点,检验无法进行。c_1 和 c_0 由 $\int_{-\infty}^{+\infty}q_0^*(\boldsymbol{x})\mathrm{d}\boldsymbol{x}=1$ 和 $\int_{-\infty}^{+\infty}q_1^*(\boldsymbol{x})\mathrm{d}\boldsymbol{x}=1$ 来确定。

式(8.2.7)中的常数 c_1 和 c_0 必须使得概率密度函数 $q_0(\boldsymbol{x})$ 和 $q_1(\boldsymbol{x})$ 满足下述方程组

$$\left.\begin{aligned}(1-\varepsilon_0)\left\{P_0\left[\frac{p_1(\boldsymbol{x})}{p_0(\boldsymbol{x})}<c_0\right]+\frac{1}{c_0}P_1\left[\frac{p_1(\boldsymbol{x})}{p_0(\boldsymbol{x})}\geqslant c_0\right]\right\}=1\\(1-\varepsilon_1)\left\{P_1\left[\frac{p_1(\boldsymbol{x})}{p_0(\boldsymbol{x})}>c_1\right]+c_1P_0\left[\frac{p_1(\boldsymbol{x})}{p_0(\boldsymbol{x})}\leqslant c_1\right]\right\}=1\end{aligned}\right\}\tag{8.2.8}$$

可以证明,对于式(8.2.2)所示的ε混合模型,当 $\mathbb{F}_0$ 和 $\mathbb{F}_1$ 不重叠时,式(8.2.7)是最小有利分布对 $q_i^*\ (i=0,1)$ 对应的概率密度函数,且最小有利分布对存在。

这样,对于最小有利分布对的单个样本 $x_k(k=1,2,\cdots,N)$,利用式(8.2.7),其似然比函数可以表示为

$$\lambda^*(x_k)=\frac{q_1^*(x_k)}{q_0^*(x_k)}=\begin{cases}bc_1, & p_1(x_k)/p_0(x_k)\leqslant c_1\\bp_1(x_k)/p_0(x_k), & c_1<p_1(x_k)/p_0(x_k)<c_0\\bc_0, & p_1(x_k)/p_0(x_k)\geqslant c_0\end{cases}\tag{8.2.9}$$

式中,$b=(1-\varepsilon_1)/(1-\varepsilon_0)$。

由式(8.2.7)看出,在 $p_0(\boldsymbol{x})$ 比 $p_1(\boldsymbol{x})$ 占一定优势的区间,$q_0^*(\boldsymbol{x})=(1-\varepsilon_0)p_0(\boldsymbol{x})$,对比式(8.2.2)可知,在这个区间,污染密度 $h_0(\boldsymbol{x})=0$;反之,在 $p_1(\boldsymbol{x})$ 比 $p_0(\boldsymbol{x})$ 占一定优势的区间,即 $q_0^*(\boldsymbol{x})$ 的尾部,污染的结果使 $q_0^*(\boldsymbol{x})$ 的形状模仿着 $q_1^*(\boldsymbol{x})$ 的名义密度 $p_1(\boldsymbol{x})$。对于 $q_1^*(\boldsymbol{x})$ 也有类似的结论。因此,最不利密度函数 $q_0^*(\boldsymbol{x})$ 和 $q_1^*(\boldsymbol{x})$ 在靠近对方的区间各自模仿着对方的特性,结果必然使两类错误判决的概率达到最大,两类风险也达到最大,这正是"最不利"的含义。

3. 信号的稳健性检测

最小有利分布对 $q_i^*\ (i=0,1)$ 找到后,下面的问题就是根据最小有利分布对相应的概率密度函数 $q_i^*(\boldsymbol{x})\ (i=0,1)$,按参量型最佳检测的理论和方法设计稳健性检测器。

现设观测矢量 $\boldsymbol{x}=(x_1,x_2,\cdots,x_N)^{\mathrm{T}}$ 是 N 个相互统计独立的观测样本,参量型的最佳检测是似然比检验。若 $\varphi^*(\boldsymbol{x})$ 是似然比检验函数,则有

$$\varphi^*(\boldsymbol{x})=\begin{cases}1, & \lambda^*(\boldsymbol{x})>\eta^*\\r^*, & \lambda^*(\boldsymbol{x})=\eta^*\\0, & \lambda^*(\boldsymbol{x})<\eta^*\end{cases}\tag{8.2.10}$$

其中

$$\lambda^*(\boldsymbol{x})=\frac{q_1^*(\boldsymbol{x})}{q_0^*(\boldsymbol{x})}=\prod_{k=1}^{N}\frac{q_1^*(x_k)}{q_0^*(x_k)}=\prod_{k=1}^{N}\lambda^*(x_k) \tag{8.2.11}$$

马尔特因(Martin) 等人证明了下述定理。

定理:假定 $p(x_i|H_0)\neq p(x_i|H_1)$ $(i=1,2,\cdots,N)$ 的条件下,如果 ε_j $(j=0,1)$ 足够小,则式(8.2.10) 给出的似然比检验是式(8.2.2) 极小极大问题的解,即

$$\left.\begin{aligned}&\sup_{q_1}R(q_1,\varphi^*)=R(q_1^*,\varphi^*)=\inf_{\varphi}R(q_1^*,\varphi)\\&\sup_{q_0}R(q_0,\varphi^*)=R(q_0^*,\varphi^*)\leqslant\alpha\end{aligned}\right\} \tag{8.2.12}$$

式中,sup 代表上确界;inf 代表下确界;α 代表给定的虚警概率。这样的一对 (q_0^*,q_1^*) 和 φ^* 就构成了Robust检测法的鞍点解或极小极大解。其中,$R(q_1^*,\varphi^*)$ 表示最不利分布对下,稳健性检测的漏报风险,而 $R(q_0^*,\varphi^*)$ 表示最不利分布对下,稳健性检测的虚警风险;$\sup\limits_{q_1}R(q_1,\varphi^*)$ 表示实际观测数据分布下漏报风险的上界,它不会大于 $R(q_1^*,\varphi^*)$,$\inf\limits_{\varphi}R(q_1^*,\varphi)$ 表示非最佳检测时漏报风险的下界,它不会小于 $R(q_1^*,\varphi^*)$;类似地,$\sup\limits_{q_0}R(q_0,\varphi^*)$ 表示实际观测数据分布下虚警风险的上界,它不会大于 $R(q_0^*,\varphi^*)$。这样,便从极小极大原理出发解决了式(8.2.2) 的检测问题。其最不利分布对的概率密度函数由式(8.2.7) 给出,而最佳检验由式(8.2.10) 给出。

8.2.2 污染的高斯噪声中确知信号的 Robust 检测

前面讨论中并未给出干扰的主分布的具体形式,这一节讨论干扰的主分布为高斯分布时的 Robust 检测,可以得到信号稳健检测的具体形式。

1. 信号的统计模型

利用上述 Huber 的 Robust 假设检验,可以探讨在加性污染型类高斯噪声中确知信号的 Robust 检测检测问题,若二元信号相应的假设检验是

$$\left.\begin{aligned}&H_0:\ x_i=n_i\\&H_1:\ x_i=s_i+n_i\end{aligned}\quad(i=1,2,\cdots,N)\right\} \tag{8.2.13}$$

式中,n_i 是独立同分布(接近高斯)的噪声样本;s_i 是确知信号;N 次观测样本 $x_i(i=1,2,\cdots,N)$ 是相互统计独立的,且定义在一个 N 维空间上。

在 ε 混合模型下,有

$$H_0:\ \mathbb{F}_0=\{q_0(x_i):q_0(x_i)=(1-\varepsilon)p_0(x_i)+\varepsilon h_0(x_i),h_0(x_k)\in\mathcal{H},\ k=1,2,\cdots,N\} \tag{8.2.14a}$$

$$H_1:\ \mathbb{F}_1=\{q_1(x_i):q_1(x_i)=(1-\varepsilon)p_1(x_i)+\varepsilon h_1(x_i),\ h_1(x_k)\in\mathcal{H},\ k=1,2,\cdots,N\} \tag{8.2.14b}$$

式中,$\mathbb{F}$ 是任意的密度函数集合;ε 是污染度,$0\leqslant\varepsilon<1$。标称分布为高斯分布,所以有

$$p_0(x_i)=\frac{1}{\sqrt{2\pi}}\exp\left(-\frac{1}{2}x_i^2\right) \tag{8.2.15a}$$

$$p_1(x_i)=\frac{1}{\sqrt{2\pi}}\exp\left[-\frac{1}{2}(x_i-s_i)^2\right] \tag{8.2.15b}$$

这里为了方便起见，已经对标称高斯分布进行了归一化处理，即均值为零，方差为 1。实际上不一定这样做。

2. 最佳检验分析

由信号的统计特性描述，根据式(8.2.7) 所示的最小有利分布对 q_i^* $(i=0,1)$ 对应的概率密度函数为，

$$q_0^*(x_i)=\begin{cases}(1-\varepsilon)p_0(x_i), & p_1(x_i)/p_0(x_i)<c_{0i}\\ (1-\varepsilon)p_1(x_i)/c_0, & p_1(x_i)/p_0(x_i)\geqslant c_{0i}\end{cases}\quad (i=1,2,\cdots,N) \tag{8.2.16a}$$

$$q_1^*(x_i)=\begin{cases}(1-\varepsilon)p_1(x_i), & p_1(x_i)/p_0(x_i)>c_{1i}\\ c_{1i}(1-\varepsilon)p_0(x_i), & p_1(x_i)/p_0(x_i)\leqslant c_{1i}\end{cases}\quad (i=1,2,\cdots,N) \tag{8.2.16b}$$

观测矢量 $\boldsymbol{x}=(x_1,x_2,\cdots,x_N)$ 的最佳检验，即似然比检验的函数 $\varphi^*(\boldsymbol{x})$ 可改写为

$$\varphi^*(\boldsymbol{x})=\begin{cases}1, & \lambda^*(\boldsymbol{x})>\eta^*\\ r^*, & \lambda^*(\boldsymbol{x})=\eta^*\\ 0, & \lambda^*(\boldsymbol{x})<\eta^*\end{cases} \tag{8.2.17}$$

式中，似然比函数 $\lambda^*(\boldsymbol{x})$ 为

$$\lambda^*(\boldsymbol{x})=\prod_{i=1}^{N}\lambda^*(x_i) \tag{8.2.18}$$

而

$$\lambda^*(x_i)=\frac{q_1^*(x_i)}{q_0^*(x_i)}=\begin{cases}c_{1i}, & \dfrac{p_1(x_i)}{p_0(x_i)}\leqslant c_{1i}\\ \dfrac{p_1(x_i)}{p_0(x_i)}, & c_{1i}<\dfrac{p_1(x_i)}{p_0(x_i)}<c_{0i},\quad i=1,2,\cdots,N\\ c_{0i}, & \dfrac{p_1(x_i)}{p_0(x_i)}\geqslant c_{0i}\end{cases} \tag{8.2.19}$$

注意，似然比函数 $\lambda^*(\boldsymbol{x})$ 中的每个子函数 $\lambda^*(x_i)$ 分别受 c_{0i} 和 c_{1i} 制约；η^* 是似然比检测门限。

为了求得相应的最佳检验，定义限幅器的限幅特性为

$$l(x;\ y_1,\ y_2)=\begin{cases}y_1, & x\leqslant y_1\\ x, & y_1<x<y_2\\ y_2, & x\geqslant y_2\end{cases} \tag{8.2.20}$$

这样，最佳检验的判决式可以表示为

$$T^*(\boldsymbol{x})+\sum_{i=1}^{N}\frac{1}{2}s_i^2=\sum_{i=1}^{N}l(x_is_i;\ L_i,\ U_i)\underset{H_0}{\overset{H_1}{\gtrless}}\gamma^* \tag{8.2.21}$$

式中

$$T^*(\boldsymbol{x})=\ln\lambda^*(\boldsymbol{x})=\sum_{i=1}^{N}\ln\lambda^*(x_i) \tag{8.2.22}$$

$$l(x_is_i;\ L_i,\ U_i)=\begin{cases}L_i, & x_is_i\leqslant L_i\\ x_is_i, & L_i<x_is_i<U_i,\quad i=1,2,\cdots,N\\ U_i, & x_is_i\geqslant U_i\end{cases} \tag{8.2.23}$$

$$L_i = a_{1i} + \frac{1}{2}s_i^2, \quad i = 1, 2, \cdots, N \tag{8.2.24}$$

$$U_i = a_{0i} + \frac{1}{2}s_i^2, \quad i = 1, 2, \cdots, N \tag{8.2.25}$$

$$a_{1i} = \ln c_{1i}, \quad i = 1, 2, \cdots, N \tag{8.2.26}$$

$$a_{0i} = \ln c_{0i}, \quad i = 1, 2, \cdots, N \tag{8.2.27}$$

$$\gamma^* = \ln\eta^* + \sum_{i=1}^{N} \frac{1}{2}s_i^2 \tag{8.2.28}$$

式(8.2.21)的证明见参考文献[3]。

3. 检测器的结构和特性

根据最佳检验判决表示式(8.2.21)及其相关的式(8.2.22)～式(8.2.28)，可以得到检测器的结构和主要特性。

(1) 检测器的结构。因为判决式 $l(x_i s_i; L_i, U_i)$（见式(8.2.23)）是相关-限幅器，其输出之和与检测门限 γ^* 比较会做出哪个假设成立的判决，所以式(8.2.21)所示的稳健性检测器是一个相关-限幅检测器，如图8.2.1所示。但限幅器的限幅电平 L_i，U_i 与信号 s_i 的大小有关[见式(8.2.24)和式(8.2.25)]，是时变限幅电平的。

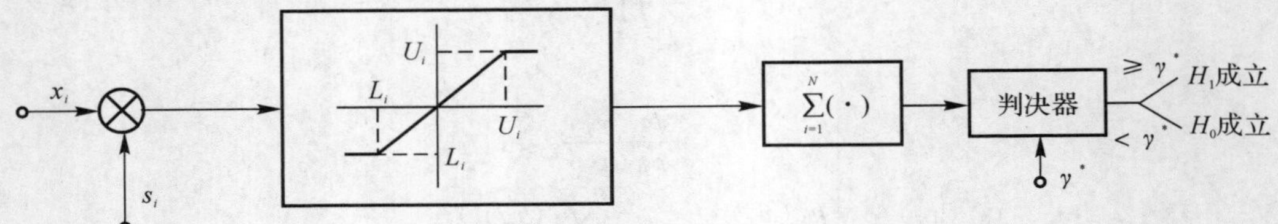

图 8.2.1　相关-限幅检测器(时变限幅电平)

(2) 限幅电平的特性

因为

$$\int_{-\infty}^{\infty} q_0^*(x_i)\mathrm{d}x_i = 1$$

所以，由式(8.2.16a)得

$$\int_{-\infty}^{x_{0i}} p_0(x_i)\mathrm{d}x_i + c_{0i}^{-1}\int_{x_{0i}}^{\infty} p_1(x_i)\mathrm{d}x_i = \frac{1}{1-\varepsilon} \tag{8.2.29}$$

式中，积分限 x_{0i} 由方程

$$\frac{p_1(x_{0i})}{p_0(x_{0i})} = c_{0i} \tag{8.2.30}$$

解得。因为

$$\frac{p_1(x_{0i})}{p_0(x_{0i})} = \exp\left(x_{0i}s_i - \frac{1}{2}s_i^2\right)$$

所以有

$$x_{0i}s_i - \frac{1}{2}s_i^2 = \ln c_{0i} = a_{0i}$$

从而解得

$$x_{0i}=\frac{a_{0i}}{s_i}+\frac{s_i}{2} \tag{8.2.31}$$

这样，将式(8.2.15)代入式(8.2.29)，得

$$\Phi\left(\frac{a_{0i}}{s_i}+\frac{s_i}{2}\right)+\mathrm{e}^{-a_{0i}}\left[1-\Phi\left(\frac{a_{0i}}{s_i}-\frac{s_i}{2}\right)\right]=\frac{1}{1-\varepsilon} \tag{8.2.32}$$

类似地，由

$$\int_{-\infty}^{\infty}q_1^*(x_i)\,\mathrm{d}x_i=1$$

可得

$$\left[1-\Phi\left(\frac{a_{1i}}{s_i}-\frac{s_i}{2}\right)\right]+\mathrm{e}^{a_{1i}}\Phi\left(\frac{a_{1i}}{s_i}+\frac{s_i}{2}\right)=\frac{1}{1-\varepsilon} \tag{8.2.33}$$

以上两式中的函数 $\Phi(\cdot)$ 表示对标准高斯分布的概率积分，即

$$\Phi(u_0)=\int_{-\infty}^{u_0}\left(\frac{1}{2\pi}\right)^{1/2}\exp\left(-\frac{u^2}{2}\right)\mathrm{d}u$$

该函数具有

$$\Phi(u_0)=1-\Phi(-u_0)$$

的性质，于是式(8.2.33)可以改成

$$\Phi\left(\frac{-a_{1i}}{s_i}+\frac{s_i}{2}\right)+\mathrm{e}^{a_{1i}}\left[1-\Phi\left(\frac{-a_{1i}}{s_i}-\frac{s_i}{2}\right)\right]=\frac{1}{1-\varepsilon} \tag{8.2.34}$$

比较式(8.2.32)和式(8.2.34)，在相同 ε 的条件下，有 $a_{0i}=-a_{1i}$。因为下、上限幅电平分别为

$$L_i=a_{1i}+\frac{1}{2}s_i^2$$

$$U_i=a_{0i}+\frac{1}{2}s_i^2$$

所以，下、上限幅电平 L_i 和 U_i 是随信号 s_i 的大小时变的，但在相同 ε 下，是以 $s_i^2/2$ 为对称的。

4. ε 趋于零时的检测器

由式(8.2.29)，可知，当 $\varepsilon=0$ 时，有

$$c_{0i}^{-1}\int_{x_{0i}}^{\infty}p_1(x_i)\,\mathrm{d}x_i=1-\int_{-\infty}^{x_{0i}}p_0(x_i)\,\mathrm{d}x_i=\int_{x_{0i}}^{\infty}p_0(x_i)\,\mathrm{d}x_i \tag{8.2.35}$$

当 $s_k\neq 0$ 时，有

$$\int_{x_{0i}}^{\infty}p_1(x_i)\,\mathrm{d}x_i\neq\int_{x_{0i}}^{\infty}p_0(x_i)\,\mathrm{d}x_i$$

故欲使式(8.2.35)成立，要求 c_{0i} 趋于正无穷大；类似的分析可得，当 $\varepsilon=0$ 时，要求 c_{1i} 趋于零。

关于这个问题，也可以从最小有利分布对 q_j^* $(j=0,1)$ 的概率密度函数 $q_j^*(x_i)$ $(j=0,1)$ 来考虑。若 ε 趋于零，则 $q_0^*(x_i)$ 应趋于 $p_0(x_i)$，于是由式(8.2.16a)，要求 c_{0i} 趋于正无穷大；类似地，若 ε 趋于零，取 $q_1^*(x_i)$ 应趋于 $p_1(x_i)$，于是由式(8.2.16b)，要求 c_{1i} 趋于零。

这样，根据

$$a_{1i}=\ln c_{1i}$$

$$L_i = a_{1i} + \frac{1}{2}s_i^2$$

和

$$a_{0i} = \ln c_{0i}$$

$$U_i = a_{0i} + \frac{1}{2}s_i^2$$

得相关-限幅器的下限幅电平 L_i 趋于负无穷大，而上限幅电平 U_i 趋于正无穷大。于是，稳健性检测器变成了常规的参量相关检测器。

5. $c_{0i} = -c_{1i}$ 趋于零时的检测器

由 $\ln\lambda^*(x_i)$ 的表达式及 $a_{0i} = -a_{1i}$，有

$$\frac{\ln\lambda^*(x_i)}{a_{0i}} = \begin{cases} -1, & x_i s_i - \frac{1}{2}s_i^2 \leqslant -a_{0i} \\ (x_i s_i - \frac{1}{2}s_i^2)/a_{0i}, & -a_{0i} < x_i s_i - \frac{1}{2}s_i^2 < a_{0i}, \quad i = 1,2,\cdots,N \\ +1, & x_i s_i - \frac{1}{2}s_i^2 \geqslant a_{0i} \end{cases} \tag{8.2.36}$$

考虑到如下关系：

$$x_i s_i - \frac{1}{2}s_i^2 = \ln\frac{p_1(x_i)}{p_0(x_i)}$$

$$a_{0i} = -a_{1i}$$

$$a_{0i} = \ln c_{0i}$$

$$a_{1i} = \ln c_{1i}$$

则当 $c_{0i} = -c_{1i}$ 趋于零时，式(8.2.36)变为

$$\frac{\ln\lambda^*(x_i)}{a_{0i}} = \begin{cases} -1, & \dfrac{p_1(x_k)}{p_0(x_k)} \leqslant c_{1i} \overset{\text{def}}{=} 0_- \\ +1, & \dfrac{p_1(x_k)}{p_0(x_k)} \geqslant c_{0i} \overset{\text{def}}{=} 0_+ \end{cases}, \quad i = 1,2,\cdots,N \tag{8.2.37}$$

可见，在这种情况下，稳健性检测器变成了非参量检测的符号检测器。

6. 固定限幅电平相关-限幅检测器

图 8.2.1 所示的相关-限幅检测器的限幅电平 L_i 和 U_i 是信号 s_i 的函数，当信号 s_i 不同时限幅电平将是随之变化的。为了避免使用这种限幅电平时变的限幅器，采用上、下限幅电平之差的一半，对式 $\ln\lambda^*(x_i)$ 进行归一化处理，其结果作为相关-限幅器，其限幅电平是固定的。分析如下。

因为 $a_{0i} = -a_{1i}$，所以上、下限幅电平之差的一半为

$$\frac{1}{2}(U_i - L_i) = \frac{1}{2}(a_{0i} - a_{1i}) = a_{0i} \tag{8.2.38}$$

用 a_{0i} 对式 $\ln\lambda^*(x_i)$ 进行归一化处理，得

$$\frac{\ln\lambda^*(x_i)}{a_{0i}}=\begin{cases}-1, & (x_is_i-\frac{1}{2}s_i^2)/a_{0i}\leqslant -1\\ (x_is_i-\frac{1}{2}s_i^2)/a_{0i}, & -1<(x_is_i-\frac{1}{2}s_i^2)/a_{0i}<1\quad i=1,2,\cdots,N\\ +1, & (x_is_i-\frac{1}{2}s_i^2)/a_{0i}\geqslant 1\end{cases}$$

(8.2.39)

可见,进行这样的归一化处理后,下限幅电平为 -1,上限幅电平为 $+1$,与信号 s_i 无关,故式(8.2.39)所示的相关-限幅器的限幅电平是固定的。由

$$T^*(\boldsymbol{x})=\sum_{i=1}^{N}\left[\frac{\ln\lambda^*(x_i)}{a_{0i}}\right]a_{0i}\underset{H_0}{\overset{H_1}{\gtrless}}\ln\eta^* \tag{8.2.40}$$

其中,$\ln\lambda^*(x_i)/a_{0i}$ 如式(8.2.39)所示,便可构成固定限幅电平的稳健性检测器,它还是相关-限幅检测器,如图 8.2.2 所示。

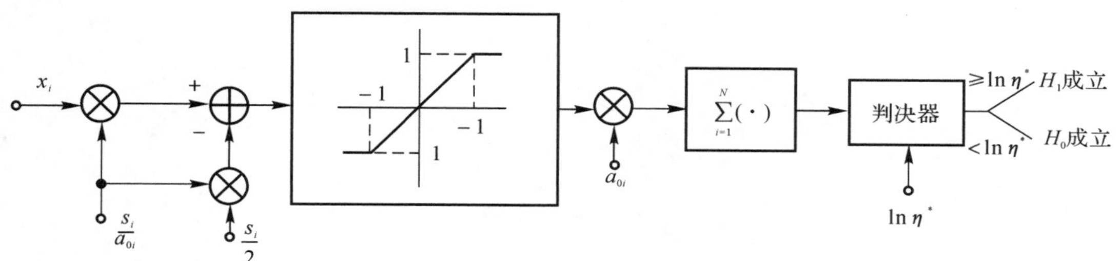

图 8.2.2　相关-限幅检测器(固定限幅电平)

8.3　Robust 检测性能的原因

本章主要针对 ε 混合模型讨论了二元确知信号的稳健性检测问题。污染密度函数在标称干扰分布,通常是高斯分布的基础上叠加了一个宽尾干扰,而分布的尾部统计特性是不能确定的。针对这类干扰模型,在高斯标称分布干扰下,设计的稳健性检测器由相关—限幅器、求和器和判决器构成。限幅器的主要作用是对大幅度样本的影响进行限制。当干扰的密度函数发生变化时,变化最明显的部分是干扰的尾部,即大观测样本。而限幅器对这些大观测样本实施限幅作用,就降低了检测器对干扰统计特性变化的敏感程度,从而提高了检测器的稳健性能。这就是稳健性检测能够在不确切掌握干扰统计特性的环境中具有良好检测性能的原因。

习　　题

8.1　研究均值为零、方差为 σ_n^2 的加性高斯噪声背景中接收标量常值信号的二元信号检测问题,但要考虑污染密度函数 $h_j(x)$ $(j=0,1)$。于是设假设 H_0 和假设 H_1 下,信号的 ε 混合模型分别为式(8.2.2a)和式(8.2.2b),其中,标称的概率密度函数是已知的,且为

$$p(x|H_0)=\left(\frac{1}{2\pi\sigma_n^2}\right)^{\frac{1}{2}}\exp\left(-\frac{x^2}{2\sigma_n^2}\right)$$

和
$$p(x|H_1)=\left(\frac{1}{2\pi\sigma_n^2}\right)^{\frac{1}{2}}\exp\left[-\frac{(x-\mathrm{A})^2}{2\sigma_n^2}\right]$$

这里约定 $A>0$（常数）。试设计该二元信号的稳健性检测器。

8.2　在8.1题的 ε 混合模型二元信号检测中，对数似然比检验为

$$\ln\lambda^*(x)=\begin{cases}\ln b+\ln c_1, & x\leqslant\frac{\sigma_n^2}{A}\ln c_1+\frac{A}{2}\\ \ln b+\frac{A}{\sigma_n^2}x-\frac{A^2}{2\sigma_n^2}, & \frac{\sigma_n^2}{A}\ln c_1+\frac{A}{2}<x<\frac{\sigma_n^2}{A}\ln c_0+\frac{A}{2}\\ \ln b+\ln c_0, & x\geqslant\frac{\sigma_n^2}{A}\ln c_0+\frac{A}{2}\end{cases}$$

证明其等效检验统计量 $\gamma(x)$ 为

$$\gamma(x)=\begin{cases}\frac{\sigma_n^2}{A}\ln c_1+\frac{A}{2}, & x\leqslant x_1\\ x, & x_1<x<x_0\\ \frac{\sigma_n^2}{A}\ln c_0+\frac{A}{2}, & x\geqslant x_0\end{cases}$$

式中
$$x_0=\frac{\sigma_n^4}{A^2}\ln c_0-\frac{\sigma_n^2}{A}\ln b+\frac{A+\sigma_n^2}{2}$$
$$x_1=\frac{\sigma_n^4}{A^2}\ln c_1-\frac{\sigma_n^2}{A}\ln b+\frac{A+\sigma_n^2}{2}$$

而
$$b=\frac{1-\varepsilon_1}{1-\varepsilon_0}$$

第 9 章　信号的恒虚警率处理

信号的恒虚警率处理技术已广泛应用于各种雷达/声呐系统的信号检测中，从信号处理的观点出发，称之为信号的恒虚警率(Constant False Alarm Rate，CFAR)处理。目前这种处理技术已延伸应用于通信系统中。信号的恒虚警率处理可以看作是信号检测与估计相结合的一种实际应用。在本章中，将以雷达系统为背景，讨论针对不同干扰环境的恒虚警率处理的基本概念、基本理论和实现技术。对于声呐系统，其处理方式与雷达系统类似。

信号检测是在干扰背景中进行的。在雷达系统中，这些干扰不仅有系统噪声，而且还有诸如云雨、海浪、大片的森林、起伏的山丘和高大的建筑物等反射的回波，以及敌方施放的无源和有源干扰等；同样，对于声呐系统，存在系统噪声、混响及各种干扰。这些回波进入接收系统都会对信号产生干扰，统称这些干扰为杂波干扰。

系统噪声和杂波干扰强度的变化会引起判决概率的变化。在雷达/声呐系统中，人们特别关心一类错误判决概率，即虚警概率的变化。所谓信号的恒虚警率检测，就是在干扰强度变化的情况下，信号经过恒虚警率处理，使虚警概率保持恒定。

根据人们对干扰数学模型的掌握程度，实现信号的恒虚警率大致可分为三种方法：如果雷达工作环境恶劣，干扰复杂，其分布的数学模型未知或时变，则可以采用第 7 章介绍的非参量检测；而如果对干扰的统计特性部分已知，则可以采用第八章介绍的稳健性检测；如果已知干扰的数学模型，则可以采用参量检测，这将在本章中进行讨论。

9.1　信号的恒虚警率处理概述

在具体讨论信号的恒虚警率处理问题之前，首先对恒虚警处理的必要性、性能及分类作简要介绍。

9.1.1　信号恒虚警率处理的必要性

在雷达/声呐系统中，信号的检测准则是奈曼-皮尔逊准则。因此，虚警概率是信号处理过程中主要的技术指标之一。在自动信号检测雷达系统中，恒虚警率处理能保证系统不致因干扰太强而过载，从而保证系统的正常运行；在人工目标检测情况下，恒虚警率处理能达到在强干扰下损失一点检测能力仍能工作的目的。

为了说明干扰强度变化对虚警概率的影响，举例分析。

高斯噪声通过窄带线性系统后，其包络的概率密度函数服从瑞利分布；低分辨率雷达下的较平稳的地物杂波、低海情下的海浪杂波等，其包络的概率密度函数一般也可用瑞利分布来描述。所以,下面以瑞利分布的干扰为例,来说明信号检测中恒虚警率处理的必要性。沿用二元信号统计检测时的描述方法,包络服从瑞利分布的干扰信号,其统计特性表示为

$$p(x|H_0)=\begin{cases}\dfrac{x}{\sigma^2}\exp\left(-\dfrac{x^2}{2\sigma^2}\right), & x\geqslant 0\\ 0, & x<0\end{cases}\tag{9.1.1}$$

式中,x 为干扰的幅度;σ^2 是窄带高斯干扰的方差,它的大小代表干扰的强弱。

如果信号检测门限为 x_0,则干扰幅度超过门限的概率为

$$P_F=\int_{x_0}^{\infty}\frac{x}{\sigma^2}\exp\left(-\frac{x^2}{2\sigma^2}\right)dx=\exp\left(-\frac{x_0^2}{2\sigma^2}\right)\tag{9.1.2}$$

式中,P_F 是单次检测的虚警概率。

这样,当采用固定门限检测时(x_0 不变),由于干扰强度(σ^2)变化,会引起虚警概率的变化,结果如图 9.1.1 所示。

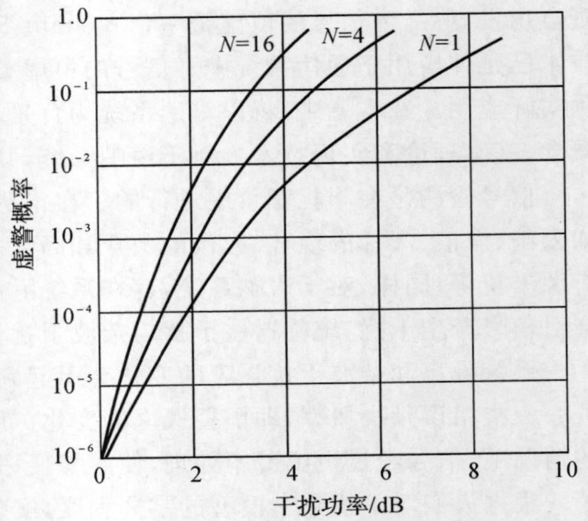

图 9.1.1　固定门限检测时的虚警概率

当 $N=1$ 时,由图 9.1.1 可以清楚地看出,若最初按 $P_F=10^{-6}$ 调整门限 x_0,当干扰电平增加 2 dB 时,便使虚警概率由 10^{-6} 增大到 10^{-4},即增大 100 倍,这还是单次检测($N=1$)的情况。如果是多次积累后检测($N>1$),则虚警概率变化更大。这是因为积累会使干扰的起伏得到平滑,从而使干扰电平的变化对虚警概率产生更大的影响。图 9.1.1 给出了 $N=1$,4 和 16 三种情况的虚警概率曲线。

雷达系统中,系统噪声会随系统特性、接收机增益大小等而变化,各种强度不同的杂波一般地也是不可避免的。为了维持设备正常工作,通常只允许干扰电平有较小的变化。因此,需要采用包括恒虚警率处理在内的信号处理技术,否则雷达系统的性能会受到很大影响,虚警概率将会在很大的范围内变化。这里仅从信号检测的角度考虑采取使虚警概率保持恒定的措施 —— 恒虚警率处理技术,以实现恒虚警率检测。

上面以服从瑞利分布的干扰为例,说明了恒虚警率处理的必要性。事实上,对其他类型的干扰信号,同样也存在干扰强度的变化,若用固定门限检测,虚警概率随之显著变化的问题。所以,在雷达/声呐信号检测中,必须采用恒虚警率处理技术。

9.1.2　信号恒虚警率处理的性能

衡量恒虚警率处理的性能,通常主要考虑两个质量指标 —— 恒虚警率的性能和恒虚警率的损失。

1. 恒虚警率的性能

恒虚警率性能表明了恒虚警率检测设备在相应的环境中实际所能达到的恒虚警率水平。这是因为理想的恒虚警率检测通常是难以做到的,为此需要研究实际设备偏离理想情况的程度 — 恒虚警率的性能。

2. 恒虚警率的损失

为了实现恒虚警率而采用的恒虚警率处理不能提高信噪比，相反地，在处理过程中，信噪比还会或多或少地有所损失，称为恒虚警率损失，用 L_{CFAR} 表示。其定义为，雷达信号经过恒虚警率处理后，为了达到原信号（即处理前的信号）的检测能力所需的信噪比的增加量。信号的恒虚警率损失也可以用检测能力的降低来表示。显然，希望损失越小越好。

9.1.3　信号恒虚警率处理的分类

信号的恒虚警率处理和检测主要有两种分类方法：一种是按干扰环境特性分为噪声环境和杂波环境的处理和检测，前者适用于系统噪声环境，后者适用于存在杂波干扰的环境；另一种是按干扰信号的模型分为参量型和非参量型的处理和检测，前者适用于干扰信号的数学模型已知的环境，后者适用于干扰信号的数学模型未知或时变的环境。

下面将在干扰信号的数学模型已知的情况下分别讨论噪声环境中的自动门限信号检测、杂波环境中的恒虚警率处理检测问题。

9.2　噪声环境中信号的自动门限检测

噪声环境中信号的自动门限检测技术，在整个雷达／声呐信号处理技术中是相对比较简单的，但其效果将关系到最终的信号检测性能，所以仍然是一个十分重要的问题。

9.2.1　基本原理

噪声环境中信号的自动门限检测，关键是自动形成与噪声干扰环境相匹配的自动门限检测电平，其原理框图如图 9.2.1 所示。自动门限检测电平的形成由噪声电平估计和乘系数两部分组成。由于系统噪声平均电平的变化比较缓慢，同时为了消除目标信号、杂波干扰信号等对噪声平均电平估计的影响，用于噪声电平估计的样本数据应取自噪声区的采样，为此，原理框图中设计有噪声样本选通电路。

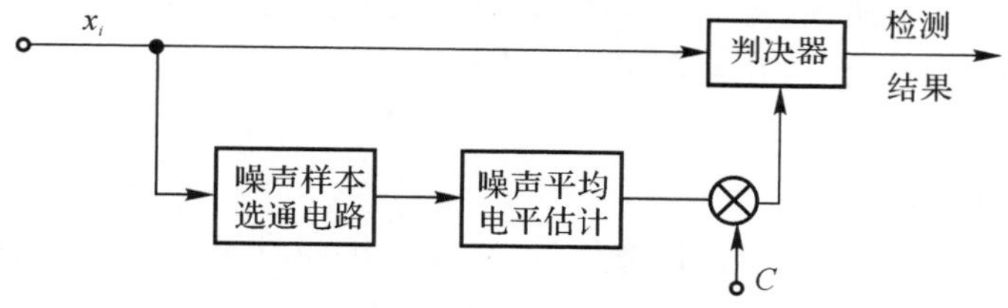

图 9.2.1　自动门限检测原理框图

现在研究图 9.2.1 的工作原理。由于在噪声干扰环境中，系统噪声通常被认为是高斯噪声，所以经过窄带线性系统，其输出噪声包络的概率密度函数服从瑞利分布，即

$$p(x\mid H_0)=\begin{cases}\dfrac{x}{\sigma^2}\exp\left(-\dfrac{x^2}{2\sigma^2}\right), & x\geqslant 0\\ 0, & x<0\end{cases}\tag{9.2.1}$$

如果进行归一化处理，令 $u=x/\sigma$，则

$$p(u\,|\,H_0)=\begin{cases}u\exp\left(-\dfrac{u^2}{2}\right), & u\geqslant 0\\ 0, & u<0\end{cases} \tag{9.2.2}$$

显然,变量 u 的分布与噪声强度 σ 无关。这样,对 u 用固定门限检测就不会因噪声强度改变而引起虚警概率变化了。设检测门限为 u_0,则单次检测的虚警概率 P_F 为

$$P_F=\int_{u_0}^{\infty}p(u\,|\,H_0)\,du=\int_{u_0}^{\infty}u\exp\left(-\frac{u^2}{2}\right)du=\exp\left(-\frac{u_0^2}{2}\right) \tag{9.2.3}$$

所以,关键是求出噪声干扰的标准差 σ,并进行归一化处理,然后就可进行门限检测了,虚警概率 P_F 取决于检测门限 u_0。

因为瑞利分布的平均值 $E(x)=\sqrt{\pi/2}\sigma$,所以只要求出 x 的平均值 $E(x)$ 就能实现归一化处理。图 9.2.1 中的平均值估计器完成对 x 的求平均,得到平均值估计值 $\hat{x}$。因为 $E(\hat{x})=E(x)$,所以只要参与求噪声平均电平估计的样本数足够多,那么估计值的均方误差就足够小,$\hat{x}$ 将非常接近 $E(x)$。至于 $E(x)$ 与 σ 之间的常系数 $\sqrt{\pi/2}$ 并不影响图 9.2.1 的工作原理。噪声电平的平均值估计 $\hat{x}$ 乘以系数 c,所形成的门限检测电平将随噪声干扰强度的变化而变化,从而实现了信号的恒虚警率处理。

如果窄带线性系统输出噪声包络的概率密度函数不服从瑞利分布,或者窄带系统是非线性的,但输出噪声包络的平均值估计结果 $\hat{x}$ 仍然会随噪声干扰强度的变化而变化,那么它们之间的关系一般地也可以是非线性的。如果通过分析或实际测试而得到这种非线性关系,那么可以根据噪声平均电平估计 $\hat{x}$,利用这种非线性关系来调整乘系数 c,原理上仍然能够实现信号的恒虚警率处理。

9.2.2 实现技术

仍以雷达系统为背景研究噪声环境中信号自动门限检测的实现技术。现代雷达系统自动化程度高,信号形式复杂,工作模式多,所以即使在同一部雷达系统中,根据其不同的信号形式和工作模式有相应的不同处理方式。这样,用于信号检测的自动门限的形成也应采用不同的技术和方法来实现。如前所述,噪声背景中信号检测的自动门限形成的关键是噪声电平估计 $\hat{x}$ 和乘系数 c 的确定。这里介绍几种常用的实现技术,这些实现技术经雷达系统应用证明是行之有效的。

1. 噪声样本的选取

如前所述,为了尽可能避免目标回波信号、杂波干扰等对噪声平均电平估计的影响,用于噪声电平估计的样本应合理选取,下面说明噪声样本选取的基本原则。

在一般情况下,最好在雷达发射重复周期的休止期内选取噪声样本,因为在休止期雷达接收系统输出的是系统噪声。对于没有休止期的雷达系统,或虽有休止期但休止期内对信号不进行处理的情况,则应尽可能在远的距离段上选取噪声样本,因为远距离段上即使存在目标信号,也相对较弱,对噪声电平估计结果的影响较小。

如果雷达系统处于目标跟踪状态,当采用线性(或非线性)调频信号、伪随机序列编码信号等信号形式时,信号的时宽较大,目标跟踪波门略宽于信号的时宽。由于仅对跟踪门内的信号进行处理,而经匹配滤波后的目标信号处在接收的宽目标信号的末尾,所以此时用于噪声电平估计的样本可以取信号处理的前部部分单元。

图 9.2.1 中的噪声样本选通电路用来实现噪声样本的选取。在采用数字信号处理器的信号处理系统中，噪声样本取信号检测前信号处理结果的某段地址中的数据。

2. 噪声电平的样本平均递归估计

噪声样本平均递归估计是为了得到比较平稳的噪声电平估计而采用的一种方法。设用于噪声电平估计的样本总数为 N_t，它对应着 N_t 个距离单元，若其中出现虚警的单元数为 N_{fa}，则虚警频率为 N_{fa}/N_t。当 $N_t \to \infty$ 时，虚警频率等于虚警概率 P_F。根据概率论中伯努利(Bernoulli)大数定理，假如允许虚警频率与虚警概率之间的差别小于 εP_F（εP_F 为小于 1 的任意正数），则满足这一要求的概率为

$$P\left[\left|\frac{N_{fa}}{N_t}-P_F\right|<\varepsilon P_F\right]\geqslant 1-\frac{P_F(1-P_F)}{\varepsilon^2 P_F^2 N_t} \tag{9.2.4}$$

如果要求这一概率必须大于某值 P，则有

$$1-\frac{1-P_F}{\varepsilon^2 P_F N_t}\geqslant P \tag{9.2.5}$$

解出 N_t，得

$$N_t\geqslant\frac{1-P_F}{\varepsilon^2 P_F(1-P)} \tag{9.2.6}$$

例如，若 $\varepsilon=0.5$，$P=0.9$，则当 $P_F=10^{-2}$ 时，$N_t\geqslant 4\ 000$。

如果在实际系统的一个信号处理周期内，难以获得如此大的噪声样本数，一种简单而有效的方法是噪声平均电平递归估计法，其原理框图如图 9.2.2 所示。

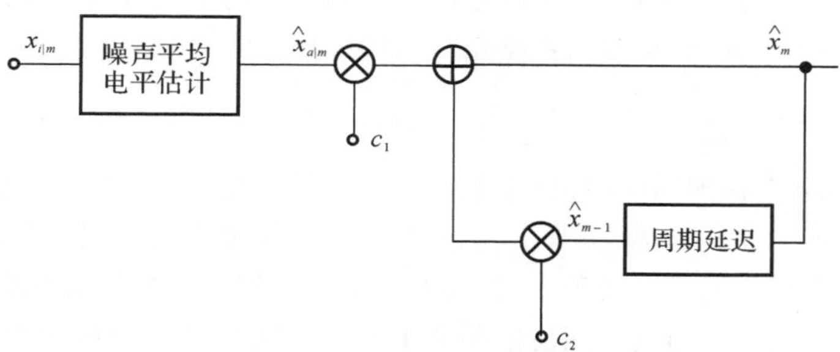

图 9.2.2　噪声样本平均递归估计原理框图

把雷达信号的当前处理周期记为第 m 个周期，取该处理周期 $i=l$ 到 $i=l+N_m-1$ 共 N_m 个距离单元噪声样本数据 $x_{i|m}$。为了计算方便，N_m 一般为 2^M，M 通常取 7 左右的正整数。首先，对 N_m 个噪声样本数据 $x_{i|m}$ 求和取平均，即完成平均值估计，得

$$\hat{x}_{a|m}=\frac{1}{N_m}\sum_{i=l}^{l+N_m-1}x_{i|m} \tag{9.2.7}$$

然后，将 $\hat{x}_{a|m}$ 与上次递归运算得到的第 $m-1$ 个周期噪声平均电平估计值 $\hat{x}_{m-1}$ 进行加权运算，即有

$$\hat{x}_m=c_1\hat{x}_{a|m}+c_2\hat{x}_{m-1} \tag{9.2.8}$$

$\hat{x}_m$ 就是当前处理周期的噪声平均电平估计值。式中，加权系数 c_1 和 c_2 满足

$$c_1+c_2=1,\quad c_1\geqslant 0,\quad c_2\geqslant 0$$

具体数值分配视情况而定。例如，如果参数 N_m 较小，则平均值估计的均方误差较大，于

是 c_1 可取较小的值，如 1/8；如果参数 N_m 较大，则 c_1 可取较大的值，如 1/4。

获得噪声平均电平估计值 $\hat{x}_m$ 后，将它乘以系数 c，所得结果就是雷达信号检测的自动门限电平。

在雷达信号的下一个处理周期，即第 $m+1$ 个周期，有

$$\hat{x}_{m+1}=c_1\hat{x}_{a\mid m+1}+c_2\hat{x}_m \tag{9.2.9}$$

这样，$c\hat{x}_{m+1}$ 就形成该周期的雷达信号检测的自动门限电平。

依此类推，利用当前处理周期的噪声电平平均估计值和上个处理周期递归运算得到的噪声平均电平估计值进行加权运算，所得结果乘以系数 c，从而获得信号检测的自动门限电平，所以把这种方法称为噪声平均电平的递归估计法。这种方法不仅利用了当前处理周期噪声样本数据的平均估计值，而且也利用了过去的噪声平均电平估计结果，这相当于增大了用于噪声平均电平估计的噪声样本数，所以能够获得良好的估计效果。

在实际应用中，如果雷达信号相邻处理周期间，接收系统自动增益控制等原因使得噪声电平有较大的变化，在这种情况下，若采用噪声平均电平的递归估计方法，则应尽量增大每个处理周期的噪声样本数 N_m，同时调整加权系数 c_1 和 c_2 之值，即增大 c_1，减小 c_2。

3. 噪声电平的二维平均估计

在现代雷达信号处理中，动目标显示（Moving Target Indication，MTI）和动目标检测（Moving Target Detection，MTD）是从杂波干扰中提取目标信号的有效方法。由于动目标检测还具有相参积累的能力，所以为了提高雷达系统的性能，许多雷达信号处理都设计有动目标检测的功能。设对 $n=0$ 到 $n=N-1$ 的相邻 N 个探测周期的雷达接收信号进行动目标检测处理，首先完成离散傅里叶变换（假设为数字信号），即完成

$$X_i(k)=\sum_{n=0}^{N-1}x_{i\mid n}\mathrm{e}^{-\mathrm{j}\frac{2\pi}{N}kn},\quad k=0,1,\cdots,N-1,\quad i=1,2,\cdots,L \tag{9.2.10}$$

运算，其中 $x_{i\mid n}$ 是第 n 个探测周期中第 i 个距离单元的样本数据。这样运算的结果就组成了一个宽度为 N、长度为 L 的二维数据矩阵。宽度 N 表示频率通道共 N 个，不同多普勒频率的雷达目标信号将出现在相应的频率通道中；长度 L 表示雷达作用距离范围内的距离单元共 L 个，不同距离的雷达目标信号将出现在相应的距离单元中。由于系统噪声的频谱是比较均匀的，且出现在各距离单元中，所以在二维数据矩阵的各单元中都存在噪声干扰。

对雷达接收信号经动目标检测的离散傅里叶变换运算后获得的 N 个频率通道信号分别进行求模、恒虚警率处理和幅度最大值选择，最后完成信号的自动门限检测。

为了形成信号检测的自动门限电平，现在讨论噪声电平的二维平均估计方法。N 个频率通道恒虚警率处理的结果仍然是二维的数据矩阵，噪声存在于各矩阵单元中。在第 m 个雷达信号处理周期，取每个频率通道的 $i=l$ 到 $i=l+N_m-1$ 共 N_m 个距离单元噪声样本数据 $|X_i(k)|$ $(k=0,1,\cdots,N-1)$，分别进行平均值估计，得

$$\hat{x}_{k\mid m}=\frac{1}{N_m}\sum_{i=l}^{l+N_m-1}|X_i(k)|,\quad k=0,1,\cdots,N-1 \tag{9.2.11}$$

然后，将各频率通道的噪声电平平均值估计结果 $\hat{x}_{k\mid m}$ $(k=0,1,\cdots,N-1)$ 再进行频率通道间的平均，最终得噪声电平的估计值为

$$\hat{x}_m=\frac{1}{N}\sum_{k=0}^{N-1}\hat{x}_{k\mid m}=\frac{1}{N}\sum_{k=0}^{N-1}\left[\frac{1}{N_m}\sum_{i=l}^{l+N_m-1}|X_i(k)|\right] \tag{9.2.12}$$

这样，参与噪声电平平均值估计的噪声样本数为 $N_t=N\times N_m$。所获得的噪声平均电平估计 $\hat{x}_m$ 乘以系数 c，就得到信号检测的自动门限电平。

根据上述讨论，雷达目标信号的动目标检测及噪声电平的二维平均估计原理框图如图 9.2.3 所示。

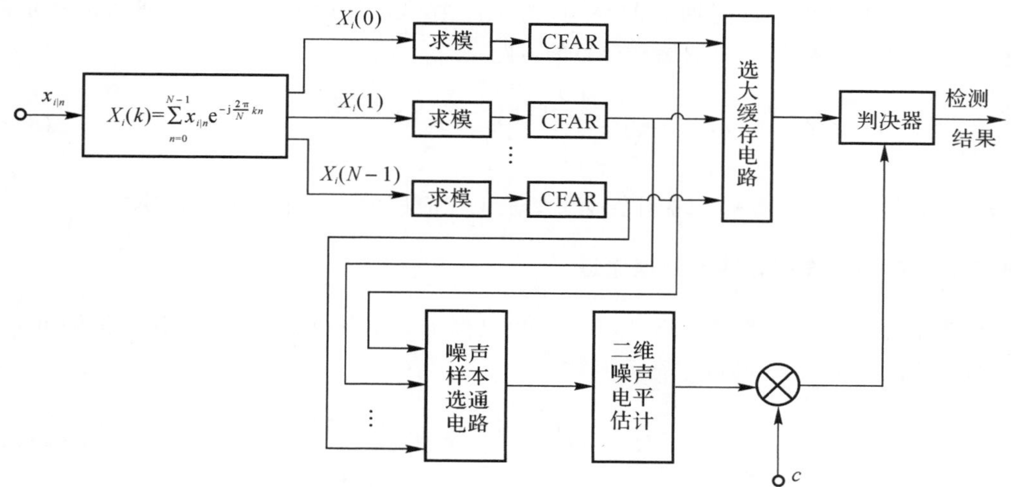

图 9.2.3　动目标检测及二维噪声电平估计原理框图

4. 乘系数 c 的估计

在多数情况下，噪声包络的概率密度函数服从瑞利分布，即

$$p(x\mid H_0)=\begin{cases}\dfrac{x}{\sigma^2}\exp\left(-\dfrac{x^2}{2\sigma^2}\right), & x\geqslant 0\\ 0, & x<0\end{cases} \tag{9.2.13}$$

所以，单次检测的虚警概率 P_F 为

$$P_F=\int_{c\hat{x}_m}^{\infty}\frac{x}{\sigma^2}\exp\left(-\frac{x^2}{2\sigma^2}\right)dx \tag{9.2.14}$$

因为瑞利分布的均值 $E(x)=\sqrt{\pi/2}\,\sigma$，所以式(9.2.14) 可以表示为

$$P_F=\int_{\sqrt{\frac{\pi}{2}}c\hat{\sigma}}^{\infty}\frac{x}{\sigma^2}\exp\left(-\frac{x^2}{2\sigma^2}\right)dx \tag{9.2.15}$$

如果用 σ 代替估计值 $\hat{\sigma}$，则有

$$P_F=\int_{\sqrt{\frac{\pi}{2}}c\hat{\sigma}}^{\infty}\frac{x}{\sigma^2}\exp\left(-\frac{x^2}{2\sigma^2}\right)dx=\exp\left(-\frac{\pi\hat{c}^2}{4}\right) \tag{9.2.16}$$

这样，根据虚警概率 P_F 的要求，可以得到乘系数 c 的估计值 $\hat{c}$。

9.3　瑞利杂波的恒虚警率处理

杂波环境中信号的恒虚警率检测包括杂波的恒虚警率处理及处理后信号的自动门限检测两部分。杂波经恒虚警率处理后理论上成为噪声干扰环境。关于噪声环境中信号的自动门限检测问题，已在 9.2 节中进行了讨论，从本节开始讨论杂波环境（包括瑞利杂波模型和非瑞利杂波模型)的恒虚警率处理问题。

9.3.1 瑞利杂波模型

低分辨率雷达系统中,当照射角较高、环境比较平稳时,地物、海浪和云雨等分布杂波可以看作是很多独立照射单元反射回波的叠加,每个照射单元反射回波的振幅和相位都是随机的。它们合成回波的振幅是服从瑞利分布的,即

$$p(x \mid H_0)=\begin{cases}\dfrac{x}{\sigma^2}\exp\left(-\dfrac{x^2}{2\sigma^2}\right), & x \geqslant 0 \\ 0, & x<0\end{cases} \tag{9.3.1}$$

式中,σ^2 代表杂波的平均功率。瑞利杂波模型是工程应用中比较常用的一种模型。

9.3.2 瑞利杂波恒虚警率处理原理

关于瑞利杂波的恒虚警率处理,在9.2节中已经进行了分析。如果将 x 用杂波强度 σ 进行归一化处理,结果 $u=x/\sigma$ 的概率密度函数

$$p(u \mid H_0)=\begin{cases}u\exp\left(-\dfrac{u^2}{2}\right), & u \geqslant 0 \\ 0, & x<0\end{cases} \tag{9.3.2}$$

与杂波强度无关;同时,由第2章我们知道,瑞利分布的均值 $E(x)=\mu_x=\sqrt{\pi/2}\sigma$。所以,只要获得瑞利分布的均值 $E(x)$,就可以进行归一化处理,从而实现瑞利杂波的恒虚警率处理。$E(x)$ 与 σ 之间的常系数可以归到检测门限中,不影响恒虚警率性能。

9.3.3 单元平均恒虚警率处理

根据瑞利杂波恒虚警率处理的原理,需要获得杂波的平均值估计 $\hat{x}$,以估计值 $\hat{x}$ 代替理论上的杂波均值 $E(x)$,完成归一化处理。由于杂波通常是区域性的,只存在于某一方位、高度和距离范围内,所以杂波平均值的估计只能在被检测距离单元前后邻近的距离单元内进行,称为单元平均恒虚警率处理,如图9.3.1所示。图中,中间是被测单元,被测单元前后各有 $N/2$ 个参考单元,用于杂波平均值 $\hat{x}$ 的估计,除法器完成归一化处理。

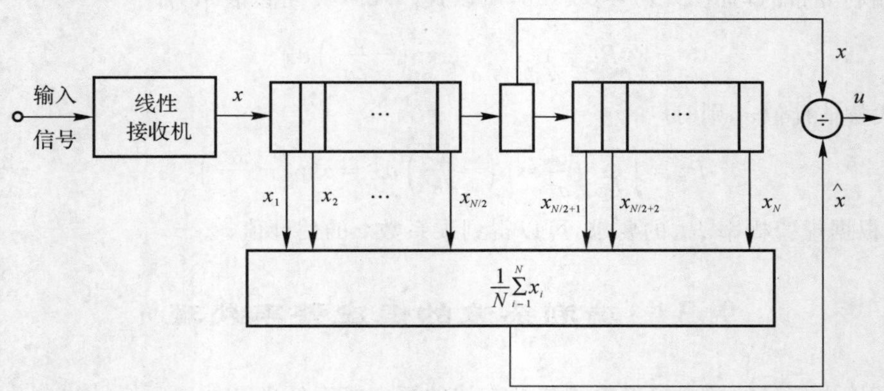

图 9.3.1 单元平均恒虚警率处理原理框图

现在讨论单元平均恒虚警率处理的恒虚警率性能和恒虚警率损失。在单元平均恒虚警率处理中，用杂波的平均值估计

$$\hat{x}=\frac{1}{N}\sum_{i=1}^{N}x_i \tag{9.3.3}$$

代替杂波的统计平均值 $E(x)$ 实现归一化处理，因为估计量 $\hat{x}$ 是无偏的，即 $E(\hat{x})=E(x)$，所以从统计意义上讲，单元平均恒虚警率处理是具有恒虚警率性能的，特别是当参考单元 N 足够大且全部被杂波所覆盖时，估计值 $\hat{x}$ 和均值 $E(x)$ 是十分接近的。然而由于后面将要讨论的多种因素的限制，参考单元不可能取得很大，常用典型值为 $N=8$，16，或 32。如果各距离单元的杂波是不相关的，则估计量的均方误差为 σ^2/N。这意味着要用少量的参考单元来得到杂波的平均值估计 $\hat{x}$，估计值本身的起伏是比较大的，参考单元数愈少，起伏愈大。经归一化处理后，平均值的起伏将引起输出噪声起伏增大。当检测门限一定时，噪声起伏的增大将引起虚警概率的增加。在这种情况下，如果要保持原虚警概率不变，则应根据参考单元数适当提高检测门限，这时要保持原来的检测概率，必须提高输入信号的信噪比。这个所需提高的信噪比，就是恒虚警率损失 L_{CFAR}。图 9.3.2 给出了当 $P_{\mathrm{F}}=10^{-6}$，$P_{\mathrm{D}}=0.5$ 时多种参数下的恒虚警率损失曲线。当积累次数 $n=1$（单次探测）时，参考单元数 N 越大，恒虚警率损失越小；当 N 趋于无穷大时，平均值估计结果趋于其统计平均值而没有起伏，这时当然就不会有恒虚警率损失了。例如，当 $N=5$ 时，$L_{\mathrm{CFAR}}\approx 7.0$ dB，而当 $N=20$ 时，$L_{\mathrm{CFAR}}\approx 2.0$ dB。

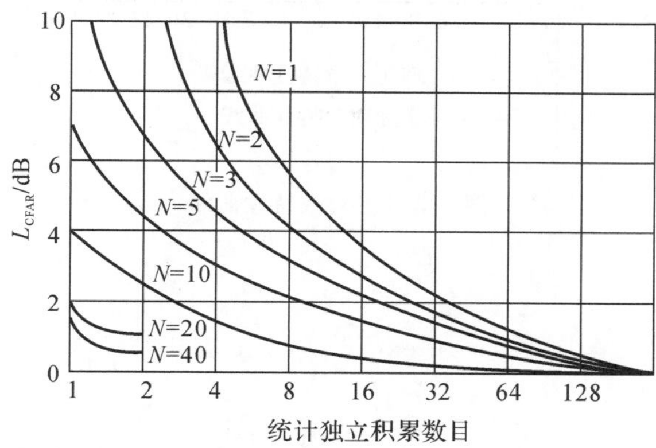

图 9.3.2　单元平均恒虚警处理损失曲线（$P_{\mathrm{F}}=10^{-6}$，$P_{\mathrm{D}}=0.5$）

以上讨论都是针对单次探测的情况，事实上雷达信号处理通常利用多次探测积累的结果。利用多次探测，经积累后会对起伏起到平滑的作用。所以，当参考单元 N 一定时，积累次数 m 越多，恒虚警率损失就越小。例如，在图 9.3.2 中，当 $N=10$ 时，只要积累次数 $m\geqslant 8$，则其损失就可小于 1 dB。不过，需要特别注意的是，积累能减小起伏，从而能减小恒虚警率损失，是指各次探测间干扰为相互统计独立的情况。系统噪声满足这个条件，但地物等杂波干扰在相继的探测间有很强的相关性。因此，等效统计独立的积累数通常比实际的探测次数 m 要小得多。所以，当有效的积累数不大时，参考单元数 N 不宜取得太小，否则会带来较大的恒虚警率损失。

9.3.4 对数单元平均恒虚警率处理

单元平均恒虚警率处理是针对瑞利杂波模型的，即雷达接收机是窄带线性系统，归一化处理用除法完成。如果窄带接收系统具有对数特性(如对数中频放大器)，则可采用对数单元平均恒虚警率处理，其归一化处理用减法完成。在具有对数特性的窄带接收系统的情况下，为了分析问题方便，把这样的系统称为对数接收机。下面首先讨论理想对数接收机情况下的恒虚警率处理问题，然后说明实际对数接收机的影响。

1. 理想对数接收机输出信号的统计特性

假定有一个理想的对数接收机，其输入输出信号的关系为

$$y=a\ln bx,\quad x\geqslant 0,\quad a>0,\quad b>0 \tag{9.3.4}$$

式中，a 和 b 是对数接收机的常参数；x 是其输入信号；y 是其输出信号。它的特性曲线如图 9.3.3 所示，图中同时绘出了实际对数接收机的特性曲线。

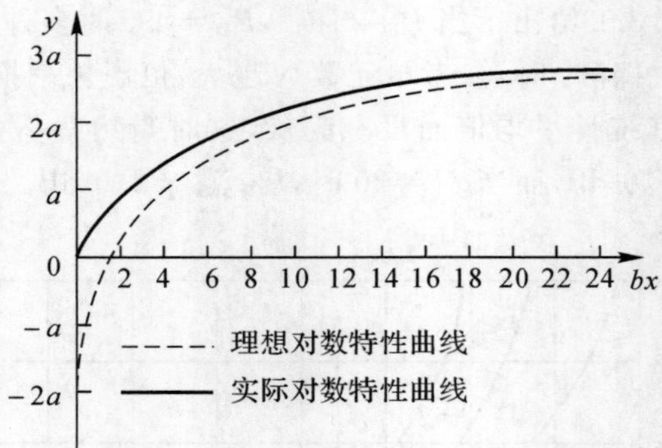

图 9.3.3 对数特性曲线

由式(9.3.4)可得

$$x=\frac{1}{b}\exp\left(\frac{y}{a}\right),\quad x\geqslant 0 \tag{9.3.5}$$

$$\mathrm{d}x=\frac{1}{ab}\exp\left(\frac{y}{a}\right)\mathrm{d}y \tag{9.3.6}$$

如果让振幅服从瑞利分布，即将

$$p(x\mid H_0)=\begin{cases}\dfrac{x}{\sigma^2}\exp\left(-\dfrac{x^2}{\sigma^2}\right), & x\geqslant 0\\ 0, & x<0\end{cases} \tag{9.3.7}$$

的杂波信号 x 加到理想对数接收机的输入端，则接收机输出杂波信号 y 将服从如下分布：

$$p(y\mid H_0)=\frac{\exp\left(\dfrac{2}{a}y\right)}{ab^2\sigma^2}\exp\left[-\frac{\exp\left(\dfrac{2}{a}y\right)}{2b^2\sigma^2}\right] \tag{9.3.8}$$

现在求杂波信号 y 的部分统计平均量 —— 均值 $E(y)$ 和方差 $\mathrm{Var}(y)$ 。

杂波信号 y 的均值为

$$E(y)=\mu_y=\int_{-\infty}^{\infty} y p(y)\,\mathrm{d}y=\int_{-\infty}^{\infty} y\frac{\exp\left(\frac{2}{a}y\right)}{ab^2\sigma^2}\exp\left[-\frac{\exp\left(\frac{2}{a}y\right)}{2b^2\sigma^2}\right]\mathrm{d}y \tag{9.3.9}$$

令

$$z=\frac{\exp\left(\frac{2}{a}y\right)}{2b^2\sigma^2} \tag{9.3.10}$$

则

$$y=\frac{a}{2}[\ln(2b^2\sigma^2)+\ln z] \tag{9.3.11}$$

$$\mathrm{d}z=\frac{2}{2ab^2\sigma^2}\exp\left(\frac{2}{a}y\right)\mathrm{d}y \tag{9.3.12}$$

$$\mathrm{d}y=\frac{a}{2}\frac{1}{z}\mathrm{d}z \tag{9.3.13}$$

并且，当 $y=+\infty$ 时，$z=+\infty$；$y=-\infty$ 时，$z=0$。

利用上面这些变量替换关系，式(9.3.9)变为

$$\begin{aligned}E(y)=&\int_0^{\infty}\frac{a}{2}[\ln(2b^2\sigma^2)+\ln z]\frac{2}{a}z\exp(-z)\frac{a}{2}\frac{1}{z}\mathrm{d}z=\\&\frac{a}{2}\int_0^{\infty}[\ln(2b^2\sigma^2)\exp(-z)+\ln z\exp(-z)]\mathrm{d}z=\\&\frac{a}{2}\left[\ln(2b^2\sigma^2)+\int_0^{\infty}\ln z\exp(-z)\,\mathrm{d}z\right]\end{aligned} \tag{9.3.14}$$

利用积分公式

$$\int_0^{\infty}\ln z\exp(-cz)\,\mathrm{d}z=-\frac{1}{c}(\gamma+\ln c)$$

当 $c=1$ 时，有

$$\int_0^{\infty}\ln z\exp(-z)\,\mathrm{d}z=-\gamma$$

式中，γ 为欧拉常数，近似值为 $\gamma\approx 0.577\ 216$。这样，杂波信号 y 的均值为

$$E(y)=\mu_y=\frac{a}{2}[\ln(2b^2\sigma^2)-\gamma] \tag{9.3.15}$$

为了求出杂波信号 y 的方差，首先求出它的均方值 $E(y^2)$。y 的均方值为

$$\begin{aligned}E(y^2)=&\int_{-\infty}^{\infty}y^2p(y)\,\mathrm{d}y=\int_0^{\infty}\frac{a^2}{4}[\ln(2b^2\sigma^2)+\ln z]^2\exp(-z)\,\mathrm{d}z=\\&\frac{a^2}{4}\int_0^{\infty}\ln^2(2b^2\sigma^2)\exp(-z)\,\mathrm{d}z+\frac{a^2}{4}\int_0^{2}2\ln(2b^2\sigma^2)\ln z\exp(-z)\,\mathrm{d}z+\\&\frac{a^2}{4}\int_0^{\infty}\ln^2 z\exp(-z)\,\mathrm{d}z=\\&\frac{a^2}{4}\ln^2(2b^2\sigma^2)+\frac{a^2}{4}2\ln(2b^2\sigma^2)(-\gamma)+\frac{a^2}{4}\int_0^{\infty}\ln^2 z\exp(-z)\,\mathrm{d}z\end{aligned} \tag{9.3.16}$$

式中，变量 z 仍为

$$z=\frac{\exp\left(\frac{2}{a}y\right)}{2b^2\sigma^2}$$

利用积分公式

$$\int_0^\infty \ln^2 z \exp(-z)\,\mathrm{d}z = \Gamma''(1) = \gamma^2 + \frac{\pi^2}{6}$$

则得

$$E(y^2) = \frac{a^2}{4}\ln^2(2b^2\sigma^2) + \frac{a^2}{4}2\ln(2b^2\sigma^2)(-\gamma) + \frac{a^2}{4}\left(\gamma^2 + \frac{\pi^2}{6}\right) \tag{9.3.17}$$

这样,杂波信号 y 的方差为

$$\mathrm{Var}(y) = \sigma_y^2 = E(y^2) - [E(y)]^2 \tag{9.3.18}$$

将式(9.3.15)和式(9.3.17)代入式(9.3.18),得

$$\mathrm{Var}(y) = \sigma_y^2 = \frac{a^2}{4}\left(\gamma^2 + \frac{\pi^2}{6}\right) - \frac{a^2}{4}\gamma^2 = \frac{a^2\pi^2}{24} \tag{9.3.19}$$

2. 对数恒虚警率处理原理

式(9.3.15)和式(9.3.19)说明,如果将振幅服从瑞利分布的杂波信号加到具有理想对数特性接收机的输入端,则其输出信号的均值 $E(y) = \mu_y$ 随输入信号的强度 σ^2 变化而变化,而输出信号的起伏方差 $\mathrm{Var}(y) = \sigma_y^2$ 与输入信号的强度 σ^2 无关,是个常量。这样,如果从输出信号中减去它的均值,即令

$$u = y - \mu_y \tag{9.3.20}$$

则变量 u 就与信号的强度 σ^2 无关了。从而将变量 u 与固定门限 u_0 进行信号检测,其虚警概率就是恒定的了。现证明如下。

因为

$$p(y|H_0) = \frac{\exp\left(\frac{2}{a}y\right)}{ab^2\sigma^2}\exp\left[-\frac{\exp\left(\frac{2}{a}y\right)}{2b^2\sigma^2}\right]$$

$$\mu_y = \frac{a}{2}[\ln(2b^2\sigma^2) - \gamma]$$

所以,若令

$$u = y - \mu_y$$

则由一维雅可比变换可得 u 的概率密度函数为

$$p(u|H_0) = \frac{\exp\left(\frac{2}{a}u + \ln(2b^2\sigma^2) - \gamma\right)}{ab^2\sigma^2} \times \exp\left\{-\frac{\exp\left(\frac{2}{a}u + \ln(2b^2\sigma^2) - \gamma\right)}{2b^2\sigma^2}\right\} =$$

$$\frac{2}{a}\exp\left(\frac{2}{a}u - \gamma\right)\exp\left[-\exp\left(\frac{2}{a}u - \gamma\right)\right] \tag{9.3.21}$$

可见,变量 $u = y - \mu_y$ 的分布是与输入杂波强度 σ^2 无关的,所以减法归一化的结果实现了恒虚警率处理。如果将归一化的结果加到门限为 u_0 的检测器上,则虚警概率为 $u \geqslant u_0$ 的概率,即

$$P_{\mathrm{F}} = \int_{u_0}^\infty \frac{2}{a}\exp\left(\frac{2}{a}u - \gamma\right)\exp\left[-\exp\left(\frac{2}{a}u - \gamma\right)\right]\mathrm{d}u =$$

$$\exp\left[-\exp\left(\frac{2}{a}u_0 - \gamma\right)\right] \tag{9.3.22}$$

显然,在检测门限 u_0 确定后,虚警概率是恒定的。

由上面的分析可以得出对数恒虚警率处理的方法是，将对数接收机的输出信号减去它的均值，这样归一化处理的结果就实现了瑞利杂波模型下的恒虚警率处理。

3. 对数单元平均恒虚警率处理方法

根据对数恒虚警率处理的原理，可以采用多种处理方法，其中，对数单元平均恒虚警率处理是常用的一种，如图 9.3.4 所示。杂波信号的平均值是由 N 个参考单元所获得的平均值估计来代替的，减法器实现归一化处理。

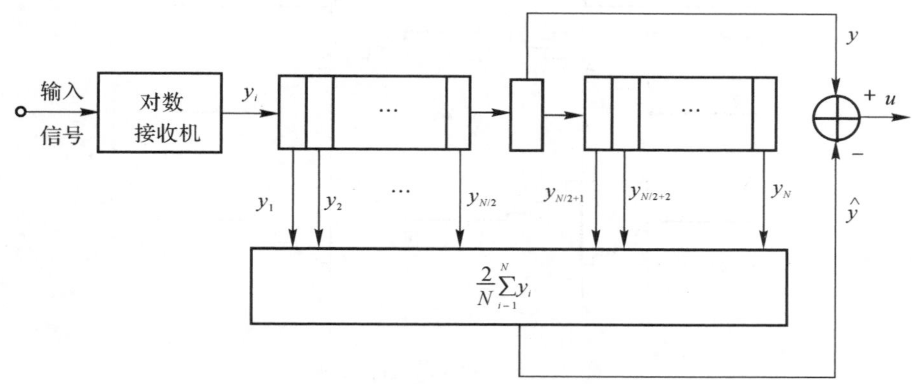

图 9.3.4　对数单元平均恒虚警率处理原理框图

现在讨论对数单元平均恒虚警率处理设计和应用中的一些主要问题。

(1) 杂波的边缘效应。在平稳瑞利杂波下，对数单元平均恒虚警率处理，具有恒虚警率性能；但在杂波的边缘，即杂波强度剧烈变化的过渡过程期间，结果将有所不同。设在某一时刻输入由弱杂波跃变到强杂波，当强杂波的前沿已进入前 $N/2$ 个参考单元而未到达被测单元时，平均值估计器的输出逐步增大，且强杂波前沿越接近被测单元。平均值估计器的输出越大，而这时被测单元为弱杂波所占据，两者相减将使输出为负，结果虚警概率下降，信号的检测能力也有很大的损失。当强杂波的前沿恰好进入被测单元时，由于后 $N/2$ 参考单元为弱杂波，所以平均值估计器的输出相对被测单元来说是最低的，两者相减将使输出为正且最大。此后，随着杂波前沿逐渐进入后 $N/2$ 参考单元，两者之差逐渐减小。在这段时间内，由于两者相减会剩余正的杂波，所以会使虚警概率很大。当杂波前沿到达后 $N/2$ 参考单元的最右端时，过渡过程才告结束，恒虚警率处理达到平稳状态。当输入杂波强度由强跃变到弱时，也有类似的过渡过程。这就是杂波的边缘效应。

图 9.3.5 定性说明了杂波边缘效应的过渡过程，它是当参考单元 $N=8$，杂波跃变为 16 dB 时，图 9.3.4 的恒虚警率处理的各主要点的波形。图 9.3.5 表明，在杂波的边缘，减法器的输出变化最大，而检测门限 u_0 是不变的，故虚警概率变化很大；它还表明，参考单元 N 越大，恒虚警率处理的过渡过程越长。

(2) 选大值对数单元平均恒虚警率处理。为了消除图 9.3.4 所示的恒虚警率处理在杂波边缘内侧虚警概率显著增大的问题，可采用图 9.3.6 所示的改进型 —— 选大值对数单元平均恒虚警率处理。该处理方法将被测单元前后的参考单元分别求平均值估计，并且用二者中较大的估计值参加归一化处理，这样就不会出现杂波边缘虚警概率显著增大的现象了。另外，考虑到工程实际应用，被测单元前后通常还应有若干个保护单元，图 9.3.6 只画出了被测单元前后各一个保护单元的情况。

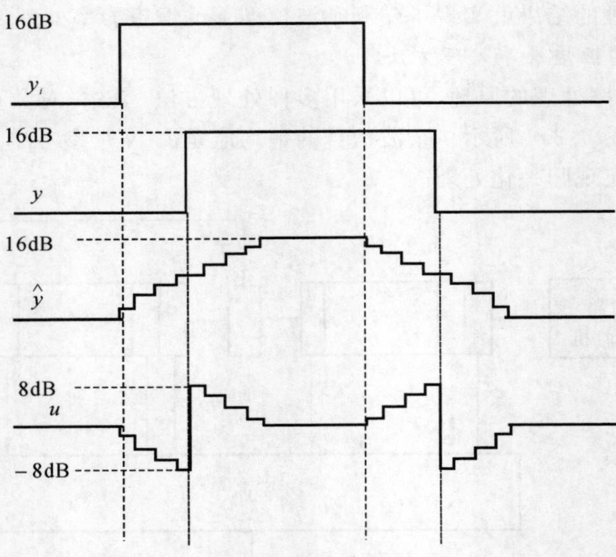

图 9.3.5　杂波的边缘效应

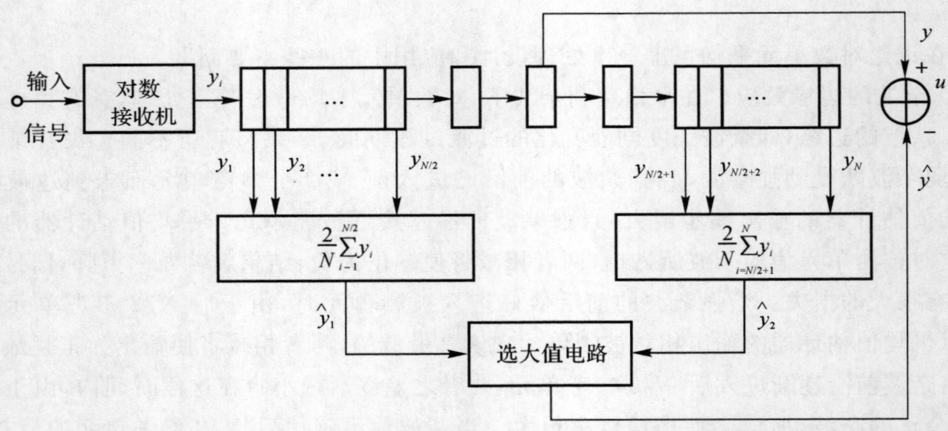

图 9.3.6　选大值对数单元平均恒虚警率处理原理框图

图 9.3.7 用跃变杂波输入说明了图 9.3.6 的恒虚警率处理的边缘效应。杂波跃变值为 16 dB,参考单元 $N=8$,保护单元对杂波的延迟作用暂不考虑,因为它不影响杂波边缘效应的说明。归一化的减法器输出说明,杂波边缘内侧虚警概率显著增大的现象得到解决,但与图 9.3.5 相比较,杂波外测负的更大了。可见这种方法仅将杂波的边缘效应转移到一侧,并未彻底解决问题。实际上要完全消除杂波的边缘效应比较困难,设想可以采用一些简单的办法加以部分改善。例如,在选大值方案里加一些辅助判断,用来确定被测单元是位于强杂波区还是弱杂波区,同时将选大值电路作一些改进。当被测单元处于强杂波区时,它还像原来那样选大值进行归一化处理;当被测单元处于弱杂波区时,转为选小值。这样可以基本上消除杂波的边缘效应。如果恒虚警率处理仅在被测单元处于强杂波区时才用,则选大值方案可以基本上消除杂波的边缘效应。

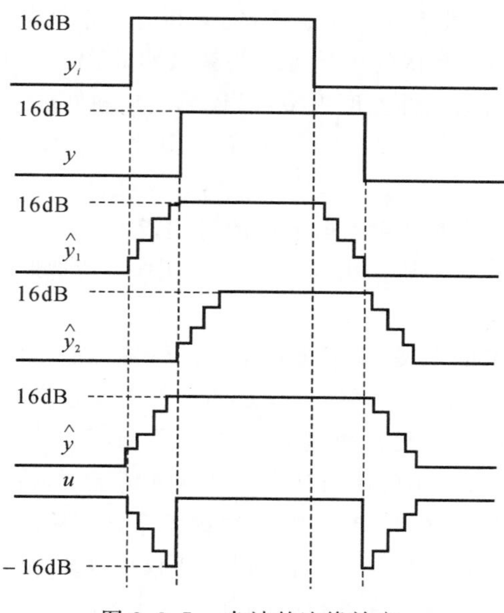

图 9.3.7　杂波的边缘效应

(3) 对数单元平均恒虚警率处理的损失。对数单元平均恒虚警率处理：当参考单元 N 为无穷大且处于平稳恒虚警率状态时，没有恒虚警率损失，但是当 N 有限时，会带来损失，这与单元平均恒虚警率处理类似。已经证明，对数单元平均恒虚警率处理在参考单元 $N_{\ln}$ 有限且与单元平均恒虚警率处理参考单元 N_{lin} 相同的条件下，前者的损失大于后者。分析结果表明，在系统输入为平稳正态干扰的情况下，要使二者的损失一样，参考单元数应满足

$$N_{\text{lin}} = \frac{N_{\ln} - 0.65}{1.65} \tag{9.3.23}$$

式(9.3.23)说明，在相同的信噪比条件下，$N_{\ln}$ 比 N_{lin} 大约大 65% 时，二者可以得到相同的检测性能。

对数单元平均恒虚警率处理与单元平均恒虚警率处理相比较，前者在动态范方面具有明显的优点(当采用对数接收机时)，而且实现容易，但当参考单元 N 相同时其检测性能稍差。

选大值对数单元平均恒虚警率处理的损失，在参考单元 N 相同的条件下，比对数单元平均恒虚警率处理的损失要大，因为前者实际上只用 $N/2$ 个参考单元的杂波样本进行其平均值估计。所以，要使二者的损失一样，前者的参考单元数必须为后者的$\sqrt{2}$ 倍。

4. 参考单元数 N 的取值

通过前面的恒虚警率处理的讨论，可以对参考单元数 N 的取值问题作简要的归纳。参考单元数 N 取多大比较好，主要应考虑如下一些主要因素。

首先，为了使恒虚警率处理在平稳状态下的损失较小，希望参考单元数 N 取大些。

其次，为了使恒虚警率处理的非平稳过渡过程短，扰乱目标出现的概率小，则希望将参考单元数 N 取小些。可见，以上两方面的因素对 N 的取值要求是相互矛盾的。

最后，除考虑以上两方面的因素外，实际上还有一个十分重要的因素，即杂波在空间上的均匀性宽度，这是必须加以考虑的。因为如果杂波的均匀性宽度比较窄，间隔较远的参考单元中的样本将可能具有不同的统计平均量，此时若 N 较大，则恒虚警率处理相当于工作在杂波

的边缘，不能保证处理的恒虚警率性能。通常，气象和海浪杂波的均匀性宽度比较宽，参考单元数 N 一般可以取得大些；而起伏的山丘等地物杂波沿距离和方位的变化比较剧烈，此时 N 不宜取得过大。如果杂波的均匀性宽度很窄，以致单元平均处理不能被应用，则当杂波属于固定杂波时，可考虑采用类似于慢速目标检测的杂波图存储等技术实现目标信号的恒虚警率检测。

总之，参考单元数 N 的选取既要考虑系统的有关指标要求，又要考虑杂波的不同特性，通常是多种因素的折衷结果。如前所指出的，实际应用中，一般地取 $N=8$,16 或 32。

5. 保护单元数 M 的选取

随着雷达信号处理技术的发展，为了提高系统的性能，在采用数字信号处理时，设计的采样频率往往比奈奎斯特(Nyquist)采样定理规定的最低采样频率高。这样，雷达的目标信号将占据连续的几个到数十个距离单元。在理想的情况下，目标的中心处于所占据的距离单元的中间，信号幅度最大，两侧对称，幅度逐渐减小。在这种情况下，采用单元平均类型的恒虚警率处理，如果被测单元的两侧不加保护单元，则经恒虚警率处理后的输出信号可能只保留中间距离单元及附近的少量单元的目标信号，且信号幅度会减小许多，这对信号检测是非常不利的，也不利于目标的自动捕获与跟踪。保留目标的具体单元数决定于采用的单元平均恒虚警率处理的类型和参考单元数 N。例如，当采用选大值单元平均恒虚警率处理时，取 $N=8$，当不加保护单元时，处理后输出目标中间单元及两侧各一个单元共 3 个单元的信号。所以，通常在被测单元前后两侧各加 $M/2$ 个参考单元，M 一般为几到几十的量级。在实际应用中，M 的取值根据系统的要求、目标所占据的距离单元数、恒虚警率处理的类型及参考单元 N 等而定。最后说明，保护单元数 M 一般也不宜取得过大，否则对窄的杂波干扰将起不到恒虚警率处理的作用。

6. 实际对数接收机的影响

前面以理想对数接收机为基础讨论了瑞利杂波的恒虚警率处理问题。但实际的对数接收机特性与理想特性稍有差别，通常表示为

$$y=a\ln(1+bx) \tag{9.3.24}$$

特性曲线如图 9.3.3 所示。在这种情况下，实际对数接收机输出杂波的方差并不是常数，而与输入杂波的强度有关，且恒虚警率处理的性能将受到影响。但是，一般地说，杂波的强度远大于目标的强度，即在杂波干扰背景中，通常满足 $bx \geqslant 1$。这样，实际对数接收机特性与理想特性差别很小。所以，如果正确设计对数接收机的工作特性，则它对恒虚警率性能的影响将是很小的。

9.4 非瑞利杂波的恒虚警率处理

随着雷达/声呐技术的迅速发展，杂波的瑞利分布模型不能给出令人满意的结果，杂波的分布出现了比瑞利分布更长的“尾巴”，即出现高振幅的概率增大了。因而，如果继续采用瑞利分布模型，将出现较高的虚警概率，而且是不稳定的。在有些情况下，杂波的振幅统计特性能用韦布尔(Weibull)分布或对数-正态(log-normal)分布来描述，它属于非瑞利杂波模型。

下面首先描述对数-正态分布和韦布尔分布杂波模型；然后研究这两种模型下的恒虚警率处理技术和性能。

9.4.1 对数-正态分布杂波模型及恒虚警处理

设 x 代表杂波回波的包络振幅，则 x 的对数-正态分布杂波的幅度概率密度函数为

$$p(x|H_0)=\begin{cases}\left(\dfrac{1}{2\pi\sigma^2 x^2}\right)^{1/2}\exp\left[-\dfrac{\ln^2(x/v_x)}{2\sigma^2}\right], & x\geqslant 0\\ 0, & x<0\end{cases}\tag{9.4.1}$$

式中，σ 是 $\ln x$ 的标准差；v_x 是 x 的中值。它是 σ 和 v_x 的双参数分布。

如果将 x 取对数，即令

$$y=\ln x$$

则 y 的概率密度函数为

$$p(y|H_0)=\left(\frac{1}{2\pi\sigma^2}\right)^{1/2}\exp\left[-\frac{1}{2\sigma^2}(y-\ln v_x)^2\right]\tag{9.4.2}$$

这就是正态分布。其中 $\ln v_x$ 是它的均值；σ^2 是它的方差。

进一步对变量 y 进行归一化处理，即令

$$u=\frac{y-\ln v_x}{\sigma}$$

则得

$$p(u|H_0)=\left(\frac{1}{2\pi}\right)^{1/2}\exp\left(-\frac{u^2}{2}\right)\tag{9.4.3}$$

它是与杂波参数 v_x 和 σ^2 无关的标准化正态分布，因而能够实现恒虚警率检测。如果把归一化的输出加到门限为 u_0 的检测器上，则虚警概率为

$$P_F=\int_{u_0}^{\infty}\left(\frac{1}{2\pi}\right)^{1/2}\exp\left(-\frac{u^2}{2}\right)du=1-\int_{-\infty}^{u_0}\left(\frac{1}{2\pi}\right)^{1/2}\exp\left(-\frac{u^2}{2}\right)du\tag{9.4.4}$$

其中的积分为正态概率积分，可查表得结果。

这样，对数-正态分布杂波的恒虚警率处理，首先是对输入杂波幅度取对数，然后求其均值和方差，并进行 $u=(y-\ln v_x)/\sigma$ 的归一化处理，结果就具有恒虚警率性能。利用检测单元前后共 N 个参考单元的样本估计均值和方差时的处理原理框图如图 9.4.1 所示。

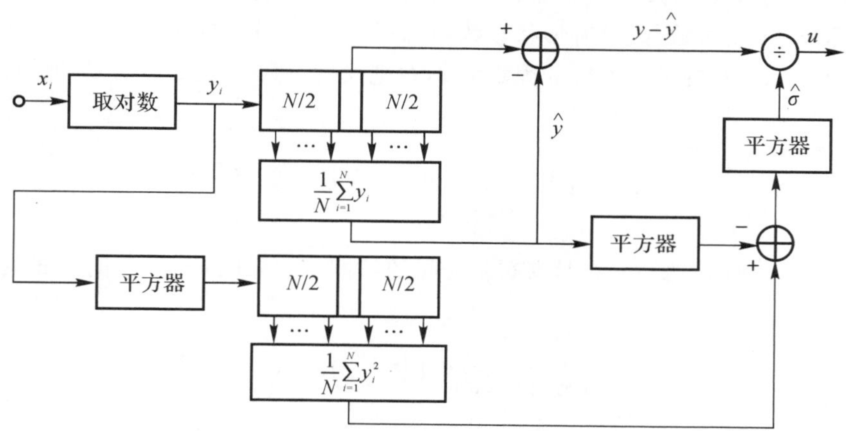

图 9.4.1　对数-正态分布杂波和韦布尔分布杂波恒虚警率处理原理框图

由于对数-正态分布杂波的恒虚警率处理首先对输入信号取对数，压缩了大信号，所以为了恢复信号对杂波的对比度，通常对归一化处理后的信号取反对数，即令

$$v = \exp u$$

则有

$$p(v \mid H_0) = \begin{cases} \left(\dfrac{1}{2\pi v^2}\right)^{1/2} \exp\left[-\dfrac{(\ln v)^2}{2}\right], & v \geqslant 0 \\ 0, & v < 0 \end{cases} \tag{9.4.5}$$

这时，如果检测门限为 v_0，则虚警概率为

$$P_{\mathrm{F}} = \int_{v_0}^{\infty} \left(\frac{1}{2\pi v^2}\right)^{1/2} \exp\left(-\frac{(\ln v)^2}{2}\right) \mathrm{d}v = 1 - \int_{-\infty}^{\ln v_0} \left(\frac{1}{2\pi}\right)^{1/2} \exp\left(-\frac{u^2}{2}\right) \mathrm{d}u \tag{9.4.6}$$

显然，如果取 $u_0 = \ln v_0$，则虚警概率取反对数前后是一样的。

9.4.2　韦布尔分布杂波模型及恒虚警率处理

一般来说，对于大多数实验和理论所确定的杂波幅度分布，瑞利分布模型和对数-正态分布模型适用于它们中的部分分布。瑞利分布模型倾向于低估实际杂波分布的动态范围，而对数-正态分布模型则往往会高估实际杂波的动态范围。

韦布尔分布杂波模型比瑞利和对数-正态模型常常能在更宽广的杂波环境中精确地表示实际的杂波分布，并且，适当地调整韦布尔分布的参数，能够使它成为瑞利分布或接近于对数-正态分布。

设 x 代表杂波回波的包络振幅，则 x 的韦布尔分布为

$$p(x \mid H_0) = \begin{cases} \dfrac{n x^{n-1}}{v_x^n} \exp\left[-\left(\dfrac{x}{v_x}\right)^n\right], & x \geqslant 0 \\ 0, & x < 0 \end{cases} \tag{9.4.7}$$

式中，v_x 是分布的中值，它是分布的尺度（比例）参数；n 是分布的形状（斜度）参数。n 的取值范围一般为 $0 < n \leqslant 2$。

显然，韦布尔分布比瑞利分布复杂。瑞利分布只有一个表示杂波强度的尺度参数 σ，在尺度参数 σ 一定时，分布的函数也就确定了。韦布尔分布像对数－正态分布一样，也是一个双参数分布的函数，除尺度参数外，还有形状参数，它们共同决定分布的函数。

如果把韦布尔分布的形状参数 n 固定为 2，并把尺度参数 v_x 的二次方 v_x^2 改写成 $2\sigma^2$，则式(9.4.7) 变成

$$p(x \mid H_0) = \begin{cases} \dfrac{x}{\sigma^2} \exp\left(-\dfrac{x^2}{\sigma^2}\right), & x \geqslant 0 \\ 0, & x < 0 \end{cases} \tag{9.4.8}$$

这就是瑞利分布。所以，瑞利分布是韦布尔分布的特例。如果取 $n=1$，并把 v_x 改写成 σ^2，则式(9.4.7) 变成

$$p(x \mid H_0) = \begin{cases} \dfrac{1}{\sigma^2} \exp\left(-\dfrac{x}{\sigma^2}\right), & x \geqslant 0 \\ 0, & x < 0 \end{cases} \tag{9.4.9}$$

这就是指数分布。

韦布尔分布有时也写成以下形式：

$$p(x \mid H_0)=\begin{cases}\dfrac{n(\ln 2)\,x^{n-1}}{v_x^n}\exp\left[-(\ln 2)\left(\dfrac{x}{v_x}\right)^2\right], & x \geqslant 0 \\ 0, & x<0\end{cases} \tag{9.4.10}$$

式中，v_x 是分布的中值；n 是形状参数。

从信号检测的观点说，对数-正态分布模型代表比较恶劣的杂波环境，瑞利分布模型代表比较平稳的杂波环境，而韦布尔分布模型适用于宽广的杂波环境，在许多情况下，它是一种比较合适的杂波分布模型。

韦布尔分布杂波的恒虚警率处理是以 v_x 和 n 为参变量进行的，当然也适用于 $n=2$ 的瑞利分布。但是，如果把韦布尔分布杂波输入到对瑞利分布杂波具有恒虚警率性能的单元平均恒虚警率处理电路，结果如图 9.4.2 所示。当形状参数 n 为不同值时，虚警概率有很大的差别，其中虚线是瑞利分布杂波的理论结果。

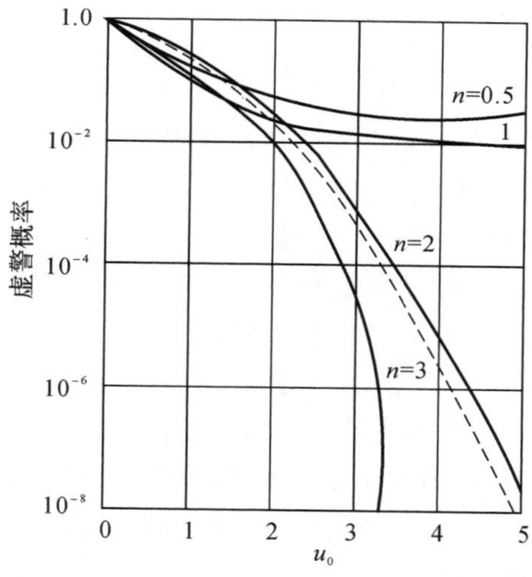

图 9.4.2　输入韦布尔杂波时，单元平均恒虚警率处理的虚警概率

对韦布尔分布杂波进行恒虚警率处理，也采用归一化的方法。首先令

$$y=\ln x$$

则得

$$p(y \mid H_0)=\frac{n}{v_x^n}\exp(ny)\exp\left[-\frac{\exp(ny)}{v_x^n}\right] \tag{9.4.11}$$

其均值和方差分别为

$$E(y)=\mu_y=-\frac{1}{n}(\gamma-\ln v_x^n) \tag{9.4.12}$$

和

$$\operatorname{Var}(y)=\sigma_y^2=\frac{\pi^2}{6n^2} \tag{9.4.13}$$

然后对变量 y 进行归一化处理，即令

$$u=\frac{y-\mu_y}{\sigma_y}=\frac{y+\frac{1}{n}(\gamma-\ln v_x^n)}{\frac{1}{n}\frac{\pi}{\sqrt{6}}} \tag{9.4.14}$$

则得

$$p(u\mid H_0)=\frac{\pi}{\sqrt{6}}\exp\left(\frac{\pi}{\sqrt{6}}u-\gamma\right)\exp\left[-\exp\left(\frac{\pi}{\sqrt{6}}u-\gamma\right)\right] \tag{9.4.15}$$

可见,韦布尔分布杂波经取对数和归一化处理后,所得变量u的概率密度函数与参数v_x和n均无关,从而实现了杂波的恒虚警率处理。如果把归一化的输出加到门限为u_0的检测器上,其虚警概率为

$$P_F=\int_{u_0}^{\infty}\frac{\pi}{\sqrt{6}}\exp\left(\frac{\pi}{\sqrt{6}}u-\gamma\right)\exp\left[-\exp\left(\frac{\pi}{\sqrt{6}}u-\gamma\right)\right]\mathrm{d}u=$$

$$\exp\left[-\exp\left(\frac{\pi}{\sqrt{6}}u_0-\gamma\right)\right] \tag{9.4.16}$$

从上面的分析可知,对韦布尔分布杂波的恒虚警率处理同对对数-正态分布杂波的恒虚警率处理是一样的,所以二者采用相同的处理电路。但应注意,为了满足设定的虚警概率要求,两种分布杂波下的检测门限值通常是不一样的。

韦布尔分布杂波处理的恒虚警率性能如图 9.4.3 所示,在每一个参考单元数 N 下,所得 P_F 与 u_0 的关系曲线对所有的 v_x 和 n 值都是一样的。

图 9.4.4 的曲线表示在图 9.4.1 所示恒虚警率处理的输入端加平稳瑞利杂波时的损失曲线,同其他处理电路一样,恒虚警率损失是 N 和 P_F 的函数。与图 9.3.2 所示的单元平均恒虚警率处理损失曲线比较可以看出,图 9.4.1 的处理电路的恒虚警率损失要大得多,这是因为该处理电路要同时对杂波的两个参数进行估计的缘故。因此,在已知杂波是瑞利分布的情况下,还是应采用单元平均恒虚警率处理。

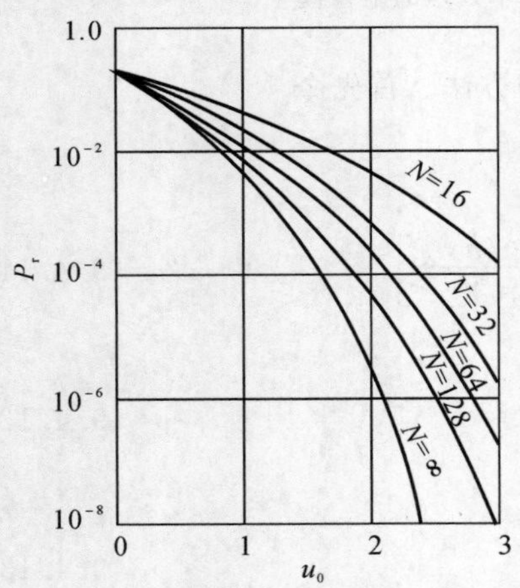

图 9.4.3　韦布尔分布恒虚警率处理的恒虚警率性能

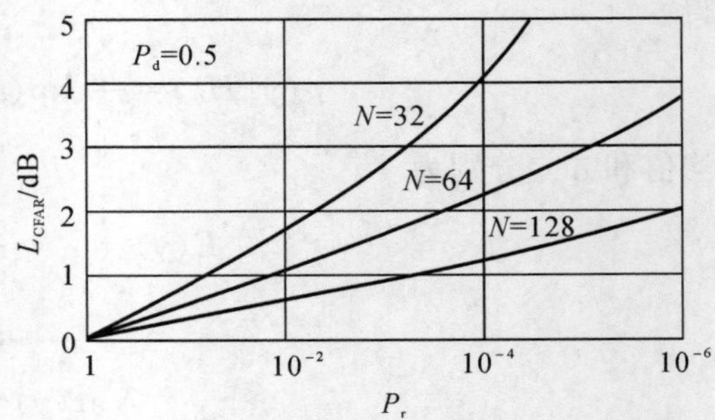

图 9.4.4　输入为平稳瑞利杂波时,韦布尔分布处理的损失曲线

如果对归一化处理后的信号取反对数,即令

$$v=\exp u$$

则得

$$p(v\mid H_0)=\begin{cases}\dfrac{\pi}{\sqrt{6}\,v}\exp\left(\dfrac{\pi}{\sqrt{6}}\ln v-\gamma\right)\exp\left[-\exp\left(\dfrac{\pi}{\sqrt{6}}\ln v-\gamma\right)\right], & v\geqslant 0\\ 0, & v<0\end{cases}\tag{9.4.17}$$

在检测门限为 v_0 时，虚警概率为

$$P_F=\exp\left[-\exp\left(\frac{\pi}{\sqrt{6}}\ln v_0-\gamma\right)\right]\tag{9.4.18}$$

最后说明，在图 9.4.1 的恒虚警率处理原理框图中，为了保护目标信号，被测单元前后一般也应加若干个保护单元。

习　　题

9.1　设雷达杂波干扰经数字信号处理后，所得复信号为 x_R+jx_I，其模为 $x=(x_R^2+x_I^2)^{1/2}$ 的概率密度函数服从瑞利分布，即

$$p(x)=\begin{cases}\dfrac{x}{\sigma^2}\exp\left(-\dfrac{x^2}{2\sigma^2}\right), & x\geqslant 0\\ 0, & x<0\end{cases}$$

现为避免开方运算，令 $y=x^2=x_R^2+x_I^2$，将其进行单元平均恒虚警率处理。

(1) 证明 y 的概率密度函数服从单边指数分布，即

$$p(y)=\begin{cases}\dfrac{1}{2\sigma^2}\exp\left(-\dfrac{y}{2\sigma^2}\right), & y\geqslant 0\\ 0, & y<0\end{cases}$$

(2) 设单元平均恒虚警率处理检测单元前后参考单元数各为 $N/2$，各单元的样本 $y_i\,(i=1,2,\cdots,N)$ 是独立同分布的，均服从(1) 的单边指数分布，证明

$$\hat{y}=\frac{1}{N}\sum_{i=1}^{N}y_i$$

的概率密度函数为

$$p(\hat{y})=\begin{cases}\dfrac{1}{2^N\Gamma(N)}\left(\dfrac{N}{\sigma^2}\right)^N\hat{y}^{N-1}\exp\left(-\dfrac{N\hat{y}}{2\sigma^2}\right), & \hat{y}\geqslant 0\\ 0, & \hat{y}<0\end{cases}$$

(3) 设恒虚警率处理后的检测门限为 u_0，证明虚警概率为

$$P_F=\left(\frac{N}{N+u_0}\right)^N$$

提示：虚警概率 P_F 是下式积分的结果：

$$P_F=\int_0^{\infty}\left(\int_{u_0\hat{y}}^{\infty}p(y)\,dy\right)p(\hat{y})\,d\hat{y}$$

9.2　平稳瑞利杂波环境中，采用对数单元平均恒虚警率处理，归一化输出 u 的概率密度函数为

$$p(u\mid H_0)=\frac{2}{a}\exp\left(\frac{2}{a}u-\gamma\right)\exp\left[-\exp\left(\frac{2}{a}u-\gamma\right)\right]$$

式中，γ 为欧拉常数；a 是对数接收机的常参数。若检测门限为 u_0，求虚警概率 P_F 的表示式。

9.3　韦布尔分布杂波的概率密度函数为

$$p(x|H_0)=\begin{cases}\dfrac{nx^{n-1}}{v_x^n}\exp\left[-\left(\dfrac{x}{v_x}\right)^n\right], & x\geqslant 0\\ 0, & x<0\end{cases}$$

(1) 证明其恒虚警率处理原理框图如图 9.4.1 所示。

(2) 若恒虚警率处理后的检测门限为 u_0，求虚警概率 P_F 的表示式。

9.4　韦布尔分布杂波的概率密度函数为

$$p(x|H_0)=\begin{cases}\dfrac{nx^{n-1}}{v_x^n}\exp\left[-\left(\dfrac{x}{v_x}\right)^n\right], & x\geqslant 0\\ 0, & x\leqslant 0\end{cases}$$

若将其输入到对平稳瑞利分布杂波具有恒虚警率性能的单元平均处理电路，证明其虚警概率 P_F 的理论值(参考单元 $N\to\infty$) 为

$$P_F=\exp\left[-\left(u_0\Gamma\left(1+\frac{1}{n}\right)\right)^n\right]$$

式中，u_0 为检测门限。

提示：首先利用积分公式

$$\int_0^\infty x^p\exp(-x^q)\,\mathrm{d}x=\frac{1}{q}\Gamma\left(\frac{1+p}{q}\right)$$

求出韦布尔分布杂波的均值 $E(x)$，然后进行归一化处理，即令 $u=x/E(x)$，再与检测门限 u_0 比较。

9.5　若韦布尔分布的概率密度函数表示为

$$p(x|H_0)=\begin{cases}\dfrac{n(\ln 2)\,x^{n-1}}{v_x^n}\exp\left[-(\ln 2)\left(\dfrac{x}{v_x}\right)^n\right], & x\geqslant 0\\ 0, & x<0\end{cases}$$

式中，v_x 是分布的中值；n 是形状参数。求 x 的均值 $E(x)$、x 的均方值 $E(x^2)$ 和 x 的方差 $\mathrm{Var}(x)$。

提示：在求解过程的公式推导中，用到如下积分公式：

$$\int_0^\infty x^p\exp(-x^q)\,\mathrm{d}x=\frac{1}{q}\Gamma\left(\frac{1+p}{q}\right)$$

第 10 章　信号参量的估计

10.1　引　　言

第 3 ～ 9 章讨论了在噪声中检测信号的问题，解决了怎样判断信号出现或哪一种信号出现，以及最佳检测系统的构成问题。本章讨论估计理论中的信号参量估计问题。

所谓信号参量是指描述信号的物理量，如正弦信号的振幅、频率和相位；脉冲信号的幅度、宽度和时延等。由于信号参量中包含着研究对象特征与状态的信息，所以在工程实际中常需要测量信号的参量。如在雷达或声呐中，通过测量目标反射波到达的时间，可以估算出目标的距离；根据回波频率的变化可以估算出目标的径向速度等。由于传输介质的影响和噪声的干扰，连续观测得到的信号变为随机过程，其采样数据变为随机变量，所以只能对信号参量进行统计推断，即进行估计。

为了说明参量估计的基本概念，下面介绍几个常用的名词。

被估计量：指需要估计的参量，一般用 θ 表示。

观测量与观测值：观测所得到的量称为观测量。当观测是在有噪声的情况下进行时，观测量是随机变量，它的样本叫观测值，用 x 表示。

估计量与估计值：根据观测量与被估计量的统计特性，按照一种最佳准则构造出某个函数，它是观测量的函数，称为估计量。估计量的样本，称为估计值，简称估值，用 $\hat{\theta}(\boldsymbol{x})$ 表示。

估计是指求得估计量或估计值的过程。

设在 $(0,T)$ 时间内，观测波形为

$$x(t)=s(t,\theta)+n(t)$$

式中，$n(t)$ 表示观测噪声；$s(t,\theta)$ 表示信号；θ 是被估计量（可以是一个或多个），它一般是随机变量（也可以是未知的非随机变量）。在本章的讨论中，假设被估计量在观测时间内是不变的，即只讨论不随时间变化参量的估计问题。至于时变参量估计即波形估计问题将在下一章讨论。

下面举一个简单的例子来说明参量估计问题。假定被估计量是某设备的输出电压 θ，噪声存在使其具有随机性，为了得到较精确的估计结果，一般地不只测量一次，而是取多次测量的平均值作为这个电压的估值。若测量了 N 次，得到 N 个测量值即 $x_1,x_2,\cdots,x_N$，估值

$$\hat{\theta}(\boldsymbol{x})=\frac{1}{N}\sum_{i=1}^{N}x_i$$

这是以样本的平均值作为随机参量 θ 的估值。这种估计方法叫样本数字特征法，是较简

单的一种估计方法。

若根据观测量与被估计量的不同统计特性，或者说采用不同的准则，那么就会产生不同的估计方法。对于同一个参量，若用不同的方法进行估计，所得的估值是不同的。

本章先讨论对单个参量进行估计的方法及其评价标准，然后推广到对多个参量进行估计。

10.2 估计量的性质

估计量$\hat{\theta}(\boldsymbol{x})$是观测量的函数，可简写为$\hat{\theta}$。观测量$\boldsymbol{x}$改变之后，估计量$\hat{\theta}$也随之而变。$\hat{\theta}$是个随机变量，用概率密度函数来描述其统计特性是最好的。但由于$\hat{\theta}$的概率密度函数不容易得到，因而一般只讨论它的某些数字特征，以便分析和评价各种估计的质量。下面给出衡量估计量优劣的标准。

10.2.1 无偏性

估计量是随观测量而变化的，希望当观测重复地进行时，所求得的估计量都分布在被估计量的真值附近。

如果估计量的均值等于被估计量的均值(对于随机参量)，即

$$E[\hat{\theta}]=E[\theta] \tag{10.2.1}$$

或者等于被估计量的真值(对于非随机参量)，即

$$E[\hat{\theta}]=\theta \tag{10.2.2}$$

则称估计量具有无偏性。即$\hat{\theta}$是θ的无偏估计量；否则是有偏的，其偏差用$\tilde{\theta}(\boldsymbol{x})$表示

$$\tilde{\theta}(\boldsymbol{x})=\theta-\hat{\theta}(\boldsymbol{x})$$

由于$\hat{\theta}(\boldsymbol{x})$是随机变量，故$\tilde{\theta}(\boldsymbol{x})$也是随机变量。

10.2.2 有效性

如果同一个参量用两种方法进行估计，所得的估计量都是无偏的，怎样评价哪一种方法更好些呢？应进一步讨论估计的均方误差，以便比较估计值偏离真值的程度。

估计的均方误差为

$$E[\tilde{\theta}^2(\boldsymbol{x})]=E[(\hat{\theta}-\theta)^2] \tag{10.2.3}$$

若两种估计方法之中有一种均方误差较小，则认为它比另一种有效。为了确定某一种方法是否有效，则要看它的均方误差是不是所有估计方法中最小的。进行这样的比较太困难了，因此常用一种间接的比较方法 —— 对于任何无偏估计方法总存在一个均方误差的最小值，将估计的均方误差与这个下限进行比较，若等于这个下限就称该估计量为有效估计量。下面介绍常用的均方误差下限，即克拉美-罗界(CRB，Cramér－Rao Bound)。

1. 随机参量估计的均方误差界

设$\hat{\theta}$是随机参量θ的无偏估计量，则

$$E[\hat{\theta}-\theta]=\int_{-\infty}^{\infty}\int_{-\infty}^{\infty}(\hat{\theta}-\theta)p(\boldsymbol{x},\theta)\mathrm{d}\boldsymbol{x}\mathrm{d}\theta=0 \tag{10.2.4}$$

式中，$p(\boldsymbol{x},\theta)$是$\boldsymbol{x}$和θ的联合概率密度函数。

将式(10.2.4)两边对 θ 求导,假定 $p(\boldsymbol{x},\theta)$ 对 θ 的一、二阶导数存在且绝对可积,同时满足求导与积分交换次序的条件,则

$$\frac{\partial}{\partial\theta}\int_{-\infty}^{\infty}\int_{-\infty}^{\infty}(\hat{\theta}-\theta)p(\boldsymbol{x},\theta)\mathrm{d}\boldsymbol{x}\mathrm{d}\theta=\int_{-\infty}^{\infty}\int_{-\infty}^{\infty}\frac{\partial}{\partial\theta}[(\hat{\theta}-\theta)p(\boldsymbol{x},\theta)]\mathrm{d}\boldsymbol{x}\mathrm{d}\theta=$$

$$\int_{-\infty}^{\infty}\int_{-\infty}^{\infty}(\hat{\theta}-\theta)\frac{\partial}{\partial\theta}p(\boldsymbol{x},\theta)\mathrm{d}\boldsymbol{x}\mathrm{d}\theta-\int_{-\infty}^{\infty}\int_{-\infty}^{\infty}p(\boldsymbol{x},\theta)\mathrm{d}\boldsymbol{x}\mathrm{d}\theta=0$$

所以

$$\int_{-\infty}^{\infty}\int_{-\infty}^{\infty}p(\boldsymbol{x},\theta)\mathrm{d}\boldsymbol{x}\mathrm{d}\theta=1$$

$$\int_{-\infty}^{\infty}\int_{-\infty}^{\infty}(\hat{\theta}-\theta)\frac{\partial}{\partial\theta}p(\boldsymbol{x},\theta)\mathrm{d}\boldsymbol{x}\mathrm{d}\theta=1 \tag{10.2.5}$$

因为对任意函数 $g(x)$ 有

$$\frac{\partial\ln g(x)}{\partial x}=\frac{1}{g(x)}\frac{\partial g(x)}{\partial x} \tag{10.2.6}$$

利用式(10.2.6),将式(10.2.5)改写为

$$\int_{-\infty}^{\infty}\int_{-\infty}^{\infty}\frac{\partial\ln p(x,\theta)}{\partial\theta}p(\boldsymbol{x},\theta)(\hat{\theta}-\theta)\mathrm{d}\boldsymbol{x}\mathrm{d}\theta=1$$

或者

$$\int_{-\infty}^{\infty}\int_{-\infty}^{\infty}\left[\frac{\partial\ln p(\boldsymbol{x},\theta)}{\partial\theta}\sqrt{p(\boldsymbol{x},\theta)}\right]\left[\sqrt{p(\boldsymbol{x},\theta)}(\hat{\theta}-\theta)\right]\mathrm{d}\boldsymbol{x}\mathrm{d}\theta=1 \tag{10.2.7}$$

利用施瓦兹不等式,有下式成立:

$$\int_{-\infty}^{\infty}\int_{-\infty}^{\infty}\left[\frac{\partial\ln p(\boldsymbol{x},\theta)}{\partial\theta}\sqrt{p(\boldsymbol{x},\theta)}\right]^2\mathrm{d}\boldsymbol{x}\mathrm{d}\theta\cdot\int_{-\infty}^{\infty}\int_{-\infty}^{\infty}\left[\sqrt{p(\boldsymbol{x},\theta)}(\hat{\theta}-\theta)\right]^2\mathrm{d}\boldsymbol{x}\mathrm{d}\theta\geqslant$$

$$\left\{\int_{-\infty}^{\infty}\int_{-\infty}^{\infty}\left[\frac{\partial\ln p(\boldsymbol{x},\theta)}{\partial\theta}\sqrt{p(\boldsymbol{x},\theta)}\right]\cdot\left[\sqrt{p(\boldsymbol{x},\theta)}(\hat{\theta}-\theta)\right]\mathrm{d}\boldsymbol{x}\mathrm{d}\theta\right\}^2=1 \tag{10.2.8}$$

故

$$\int_{-\infty}^{\infty}\int_{-\infty}^{\infty}\left[\frac{\partial\ln p(\boldsymbol{x},\theta)}{\partial\theta}\right]^2p(\boldsymbol{x},\theta)\mathrm{d}\boldsymbol{x}\mathrm{d}\theta\int_{-\infty}^{\infty}\int_{-\infty}^{\infty}(\hat{\theta}-\theta)^2p(\boldsymbol{x},\theta)\mathrm{d}\boldsymbol{x}\mathrm{d}\theta\geqslant 1 \tag{10.2.9}$$

即

$$E[(\hat{\theta}-\theta)^2]\geqslant\left\{E\left[\frac{\partial\ln p(\boldsymbol{x},\theta)}{\partial\theta}\right]^2\right\}^{-1} \tag{10.2.10}$$

式(10.2.10)等号左边是任意无偏估计的均方误差,等号右边是无偏估计均方误差的下限,即克拉美-罗界,它由观测量与被估计量的联合密度概率函数来确定。这个不等式的含义是任意一个无偏估计的均方误差不会小于克拉美-罗界。

当 $\frac{\partial\ln p(\boldsymbol{x},\theta)}{\partial\theta}$ 和 $(\hat{\theta}-\theta)$ 呈线性关系,即

$$\frac{\partial\ln p(\boldsymbol{x},\theta)}{\partial\theta}=(\hat{\theta}-\theta)K \tag{10.2.11}$$

时,式(10.2.11)才取等号。式中 K 是常数。

式(10.2.11)是有效估计的充要条件,满足此式时任意无偏估计的均方误差必然等于克拉美-罗界,等于克拉美-罗界的无偏估计是有效估计。

克拉美-罗界还有其他的表达形式,现推导如下。因为

$$\int_{-\infty}^{\infty}\int_{-\infty}^{\infty}p(\boldsymbol{x},\theta)\mathrm{d}\boldsymbol{x}\mathrm{d}\theta=1$$

两边对 θ 求导且利用式(10.2.6),得

$$\int_{-\infty}^{\infty}\int_{-\infty}^{\infty}\frac{\partial \ln p(\boldsymbol{x},\theta)}{\partial \theta}p(\boldsymbol{x},\theta)\mathrm{d}\boldsymbol{x}\mathrm{d}\theta=0$$

再对 θ 求导且利用式(10.2.6)，得

$$\int_{-\infty}^{\infty}\int_{-\infty}^{\infty}\left[\frac{\partial \ln p(\boldsymbol{x},\theta)}{\partial \theta}\right]^2 p(\boldsymbol{x},\theta)\mathrm{d}\boldsymbol{x}\mathrm{d}\theta+\int_{-\infty}^{\infty}\int_{-\infty}^{\infty}\frac{\partial^2 \ln p(\boldsymbol{x},\theta)}{\partial \theta^2}p(\boldsymbol{x},\theta)\mathrm{d}\boldsymbol{x}\mathrm{d}\theta=0$$

故

$$E\left[\frac{\partial \ln p(\boldsymbol{x},\theta)}{\partial \theta}\right]^2=-E\left[\frac{\partial^2 \ln p(\boldsymbol{x},\theta)}{\partial \theta^2}\right] \tag{10.2.12}$$

因为

$$p(\boldsymbol{x},\theta)=p(\theta\mid\boldsymbol{x})p(\boldsymbol{x})$$

所以

$$E\left[\frac{\partial \ln p(\boldsymbol{x},\theta)}{\partial \theta}\right]^2=E\left[\frac{\partial \ln p(\theta\mid\boldsymbol{x})}{\partial \theta}\right]^2 \tag{10.2.13}$$

由式(10.2.12)和式(10.2.13)可将式(10.2.10)写成另外两种形式。

$$E[(\hat{\theta}-\theta)^2]\geqslant\left\{-E\left[\frac{\partial^2 \ln p(\boldsymbol{x},\theta)}{\partial \theta^2}\right]\right\}^{-1} \tag{10.2.14}$$

$$E[(\hat{\theta}-\theta)^2]\geqslant\left\{E\left[\frac{\partial \ln p(\theta\mid\boldsymbol{x})}{\partial \theta}\right]^2\right\}^{-1} \tag{10.2.15}$$

2. 非随机参量估计的均方误差界

设 $\hat{\theta}$ 是非随机参量 θ 的无偏估计量，此时估计的均方误差就等于估计量的方差，即

$$E[(\hat{\theta}-\theta)^2]=E\{[\hat{\theta}-E(\hat{\theta})]^2\}$$

因此，估计的均方误差界就是估计量的方差界。

由于 $\hat{\theta}$ 是无偏估计量，则

$$E(\hat{\theta}-\theta)=\int_{-\infty}^{\infty}(\hat{\theta}-\theta)p(\boldsymbol{x}\mid\theta)\mathrm{d}\boldsymbol{x}=0 \tag{10.2.16}$$

式中，$p(\boldsymbol{x}\mid\theta)$ 是 θ 给定时 $\boldsymbol{x}$ 的条件概率密度函数。采用与随机参量类似的推导方法，可得

$$E[(\hat{\theta}-\theta)^2]=\int_{-\infty}^{\infty}(\hat{\theta}-\theta)^2 p(\boldsymbol{x}\mid\theta)\mathrm{d}\boldsymbol{x}\geqslant\frac{1}{\int_{-\infty}^{\infty}\left[\frac{\partial \ln p(\boldsymbol{x}\mid\theta)}{\partial \theta}\right]^2 p(\boldsymbol{x}\mid\theta)\mathrm{d}\boldsymbol{x}}=$$

$$\left\{E\left[\frac{\partial \ln p(\boldsymbol{x}\mid\theta)}{\partial \theta}\right]^2\right\}^{-1}=\left\{-E\left[\frac{\partial^2 \ln p(\boldsymbol{x}\mid\theta)}{\partial \theta^2}\right]\right\}^{-1} \tag{10.2.17}$$

只有下面的条件满足时，式(10.2.17)才能取等号。

$$\frac{\partial \ln p(\boldsymbol{x}\mid\theta)}{\partial \theta}=(\hat{\theta}-\theta)K(\theta) \tag{10.2.18}$$

式中，$K(\theta)$ 是 θ 的函数。此条件说明只要 $(\hat{\theta}-\theta)$ 与 $\frac{\partial \ln p(\boldsymbol{x}\mid\theta)}{\partial \theta}$ 呈线性关系，估计量的方差就等于最小方差界。式(10.2.17)后两个等号表达式即为克拉美-罗界。

在判断估计量的有效性时，用式(10.2.11)和式(10.2.18)是比较简便的。

10.2.3 一致性

由于估计量是随机变量，其概率分布不可能集中在参量真实值这一点上，希望当观测次数增加时，估计量的概率密度函数变得越来越尖锐，即方差减小，估计值趋近于参量的真值(或均值)。若对于任意 $\varepsilon>0$，有下式成立：

$$\lim_{N\to\infty}P[\,|\hat{\theta}-\theta|<\varepsilon]=1 \tag{10.2.19}$$

则称估计量 $\hat{\theta}$ 是一致估计量(或收敛估计量)。其含义是当观测次数增加时，估计量取被估计

量的可能性为 100%，即 $\hat{\theta}$ 以概率 1 收敛于 θ。

10.2.4　充分性

对于参量 θ 以及估计量 $\hat{\theta}$，如果 θ 的似然函数可以写成

$$p(\boldsymbol{x} \mid \theta) = g(\hat{\theta} \mid \theta) h(\boldsymbol{x}); \qquad h(\boldsymbol{x}) \geqslant 0 \tag{10.2.20}$$

则称 $\hat{\theta}$ 为充分估计量。式中，$h(\boldsymbol{x})$ 与 θ 无关；$g(\hat{\theta} \mid \theta)$ 是 $\hat{\theta}$ 的概率密度函数，与 θ 有关。由于 θ 的似然函数体现了观测量 $\boldsymbol{x}$ 中包含 θ 的信息，$h(\boldsymbol{x})$ 与 θ 无关，则 $g(\hat{\theta} \mid \theta)$ 包含了 $\boldsymbol{x}$ 中有关 θ 的全部信息，也就是说，$\hat{\theta}$ 体现了 $\boldsymbol{x}$ 中全部关于 θ 的信息，再也没有别的估计量可以提供比充分估计量 $\hat{\theta}$ 更多有关于参量 θ 的信息了。

有效估计必然是充分估计，有时有效估计量不存在而充分估计量可以存在。

上面讨论了评价估计质量的四项标准，其中无偏性和有效性是最基本的，在分析估计的质量时必须考虑。

10.3　贝叶斯估计

10.3.1　贝叶斯估计(Bayes Estimation)准则

在前面讨论检测问题的贝叶斯判决准则时，要求各种假设的先验概率 $P(H_i)$ 和各种判决的代价 C_{ij} 是已知的。在此假设参量的先验概率和代价函数是预先给定的。

代价函数是估计误差的函数，表示估计误差带来的损失，它是非负的，在 $\hat{\theta}=\theta$ 处有最小值，用 $C(\hat{\theta},\theta)$ 表示。常用的代价函数有三种：

$$C(\hat{\theta},\theta) = (\theta - \hat{\theta})^2 \qquad \text{误差二次方}$$

$$C(\hat{\theta},\theta) = |\theta - \hat{\theta}| \qquad \text{误差绝对值}$$

$$C(\hat{\theta},\theta) = \begin{cases} 1, & |\theta - \hat{\theta}| \geqslant \dfrac{\Delta}{2} \\ 0, & |\theta - \hat{\theta}| < \dfrac{\Delta}{2} \end{cases} \qquad \text{均匀代价}$$

如图 10.3.1 所示。

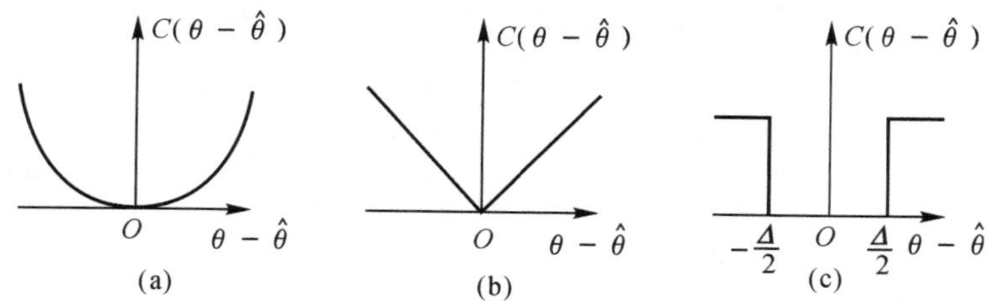

图 10.3.1　代价函数

(a) 误差二次方；(b) 误差绝对值；(c) 均匀代价

在规定了先验概率密度函数和代价函数之后，就不难求出平均代价，若用 R 表示，则

$$R = \int_{-\infty}^{\infty} \int_{-\infty}^{\infty} C(\hat{\theta},\theta) p(\boldsymbol{x},\theta) \mathrm{d}\boldsymbol{x} \mathrm{d}\theta \tag{10.3.1}$$

因为观测量和被估计量的联合概率密度函数 $p(\boldsymbol{x},\theta)$ 可写成

$$p(\boldsymbol{x},\theta)=p(\theta\mid\boldsymbol{x})p(\boldsymbol{x})$$

所以平均代价可改写为

$$R=\int_{-\infty}^{\infty}\int_{-\infty}^{\infty}[C(\hat{\theta},\theta)p(\theta\mid\boldsymbol{x})\mathrm{d}\theta]p(\boldsymbol{x})\mathrm{d}\boldsymbol{x} \tag{10.3.2}$$

贝叶斯准则就是选择 $\hat{\theta}$,使平均代价达到最小的准则。由于式(10.3.2)中内积分及 $p(\boldsymbol{x})$ 都是非负的,所以使平均代价最小就等于式(10.3.2)中的内积分最小,即

$$R(\hat{\theta}\mid\boldsymbol{x})=\int_{-\infty}^{\infty}C(\hat{\theta},\theta)p(\theta\mid\boldsymbol{x})\mathrm{d}\theta=\min \tag{10.3.3}$$

式中,$p(\theta\mid\boldsymbol{x})$ 是 $\boldsymbol{x}$ 给定时 θ 的条件概率密度函数,$R(\hat{\theta}\mid\boldsymbol{x})$ 称为条件平均代价。可见,贝叶斯估计就等效为条件平均代价 $R(\hat{\theta}\mid\boldsymbol{x})$ 最小的估计。

10.3.2 最小均方误差估计

对于误差二次方代价函数,其条件平均代价用 $R_{\mathrm{ms}}(\hat{\theta}\mid\boldsymbol{x})$ 表示为

$$R_{\mathrm{ms}}(\hat{\theta}\mid\boldsymbol{x})=\int_{-\infty}^{\infty}(\theta-\hat{\theta})^2p(\theta\mid\boldsymbol{x})\mathrm{d}\theta$$

将上式对 $\hat{\theta}$ 求导,并令其等于零,得

$$\frac{\mathrm{d}}{\mathrm{d}\hat{\theta}}\int_{-\infty}^{\infty}(\theta-\hat{\theta})^2p(\theta\mid\boldsymbol{x})\mathrm{d}\theta=-2\int_{-\infty}^{\infty}\theta p(\theta\mid\boldsymbol{x})\mathrm{d}\theta+2\hat{\theta}\int_{-\infty}^{\infty}p(\theta\mid\boldsymbol{x})\mathrm{d}\theta=0$$

因为

$$\int_{-\infty}^{\infty}p(\theta\mid\boldsymbol{x})\mathrm{d}\theta=1$$

所以

$$\hat{\theta}_{\mathrm{ms}}=\int_{-\infty}^{\infty}\theta p(\theta\mid\boldsymbol{x})\mathrm{d}\theta=E[\theta\mid\boldsymbol{x}] \tag{10.3.4}$$

由于 $R_{\mathrm{ms}}(\hat{\theta}\mid\boldsymbol{x})$ 对 $\hat{\theta}$ 的二阶导数为正,所以 $\hat{\theta}_{\mathrm{ms}}$ 所对应的平均代价是极小值,它使估计的均方误差最小,称为最小均方误差估计(minimum mean square error estimation)。$\hat{\theta}_{\mathrm{ms}}$ 可通过求 θ 的条件均值来计算。由于 $p(\theta\mid\boldsymbol{x})$ 是 θ 的后验概率密度函数,故这种估计也叫后验均值估计。

10.3.3 后验中值估计

对于误差绝对值代价函数,条件平均代价用 $R_{\mathrm{abs}}(\hat{\theta}\mid\boldsymbol{x})$ 表示为

$$R_{\mathrm{abs}}(\hat{\theta}\mid\boldsymbol{x})=\int_{-\infty}^{\infty}|\theta-\hat{\theta}|p(\theta\mid\boldsymbol{x})\mathrm{d}\theta=$$

$$\int_{-\infty}^{\hat{\theta}}-(\theta-\hat{\theta})p(\theta\mid\boldsymbol{x})\mathrm{d}\theta+\int_{\hat{\theta}}^{\infty}(\theta-\hat{\theta})p(\theta\mid\boldsymbol{x})\mathrm{d}\theta$$

将上式对 $\hat{\theta}$ 求导并令其等于零,得

$$\int_{-\infty}^{\hat{\theta}_{\mathrm{abs}}}p(\theta\mid\boldsymbol{x})\mathrm{d}\theta=\int_{\hat{\theta}_{\mathrm{abs}}}^{\infty}p(\theta\mid\boldsymbol{x})\mathrm{d}\theta \tag{10.3.5}$$

可见,用误差绝对值为代价函数所求得的估计值 $\hat{\theta}_{\mathrm{abs}}$ 是后验概率密度曲线下面积的均分点,故称为后验中值估计,或称为条件中位数估计(conditional median estimation),用 $\hat{\theta}_{\mathrm{med}}$ 表示,则有

$$\hat{\theta}_{\mathrm{med}}=\hat{\theta}_{\mathrm{abs}}$$

如图 10.3.2 所示。

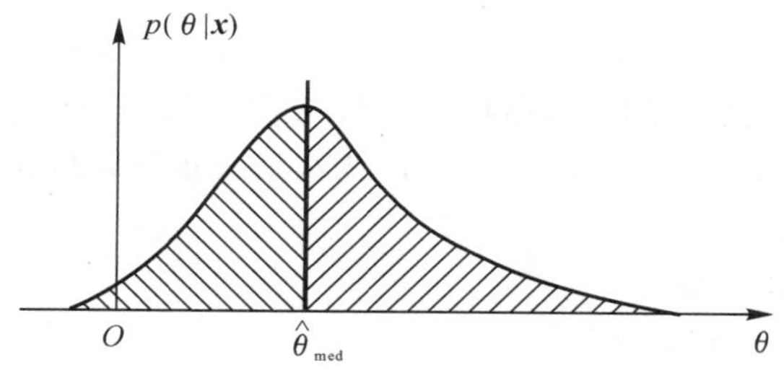

图 10.3.2 后验中值估计

10.3.4 最大后验概率估计

对于均匀代价函数，条件平均代价用 $R_{uf}(\hat{\theta} \mid \boldsymbol{x})$ 表示为

$$R_{uf}(\hat{\theta} \mid \boldsymbol{x}) = \int_{-\infty}^{\hat{\theta}-\frac{\Delta}{2}} p(\theta \mid \boldsymbol{x})\mathrm{d}\theta + \int_{\hat{\theta}+\frac{\Delta}{2}}^{\infty} p(\theta \mid \boldsymbol{x})\mathrm{d}\theta =$$

$$1 - \int_{\hat{\theta}-\frac{\Delta}{2}}^{\hat{\theta}+\frac{\Delta}{2}} p(\theta \mid \boldsymbol{x})\mathrm{d}\theta \tag{10.3.6}$$

要使 $R_{uf}(\hat{\theta} \mid \boldsymbol{x})$ 最小，必须使式(10.3.6) 右边的积分达到最大，即后验概率密度函数最大点所对应的 θ 值就是要求的估计值，用 $\hat{\theta}_{map}$ 表示。

最大后验概率估计(maximum a posteriori estimation) 是当观测量 $\boldsymbol{x}$ 给定时，选择 θ 出现可能性最大的值作为它的估计值 $\hat{\theta}_{map}$，说明被估计量的参量落在 $\hat{\theta}_{map}$ 附近的概率比其他任何地方的概率都要大。其具体计算方法如下：

若 $p(\theta \mid \boldsymbol{x})$ 的一阶导数存在，且最大值处于 θ 的允许范围内，则获得最大值的必要条件是

$$\left.\frac{\partial p(\theta \mid \boldsymbol{x})}{\partial \theta}\right|_{\theta=\hat{\theta}_{map}} = 0 \tag{10.3.7}$$

由于 $p(\theta \mid \boldsymbol{x})$ 和 $\ln p(\theta \mid \boldsymbol{x})$ 的最大处对应同一 θ 值，故式(10.3.7) 可以改写成

$$\left.\frac{\partial \ln p(\theta \mid \boldsymbol{x})}{\partial \theta}\right|_{\theta=\hat{\theta}_{map}} = 0 \tag{10.3.8}$$

式(10.3.7) 和式(10.3.8) 称为后验方程。

当后验概率密度函数难以得到时，可利用关系式

$$p(\theta \mid \boldsymbol{x}) = \frac{p(\boldsymbol{x} \mid \theta)p(\theta)}{p(\boldsymbol{x})}$$

将后验方程写成

$$\left.\left[\frac{\partial \ln p(\boldsymbol{x} \mid \theta)}{\partial \theta} + \frac{\partial \ln p(\theta)}{\partial \theta}\right]\right|_{\theta=\hat{\theta}_{map}} = 0 \tag{10.3.9}$$

式中，$p(\boldsymbol{x} \mid \theta)$ 是似然函数；$p(\theta)$ 是 θ 的先验概率密度函数。

由上边的讨论可以看出，三种估计都要预先给出被估计参量的后验概率密度函数，或者给出先验概率密度函数与似然函数，这是进行贝叶斯估计的必备条件。三种估计中常用的是最小均方误差估计和最大后验概率估计。

例 10.3.1 设雷达或声呐发射机发射一调幅脉冲，其接收机的输入波形为

$$x(t)=as(t)+n(t), \qquad 0\leqslant t\leqslant T$$

或对 $x(t)$ 进行取样观测，得到 N 个独立样本

$$x_k=as_k+n_k, \qquad k=1,2,3,\cdots,N$$

式中，n_k 是均值为零、方差为 σ_n^2 的高斯白噪声样本；s_k 是已知信号样本；a 是信号的幅度，是随机变量，其概率密度函数用 $p(a)$ 表示。当 $p(a)$ 为高斯分布和瑞利分布时，分别求随机振幅 a 的最大后验概率估计值 $\hat{a}_{\text{map}}$。

解 (1)$p(a)$ 是高斯分布。

设 a 的均值为 a_0，方差为 σ_a^2，则

$$p(a)=\frac{1}{\sqrt{2\pi}\,\sigma_a}\exp\left[-\frac{1}{2\sigma_a^2}(a-a_0)^2\right]$$

根据题设条件，可写出似然函数为

$$p(\boldsymbol{x}\mid a)=\left(\frac{1}{\sqrt{2\pi}\,\sigma_n}\right)^N\exp\left[-\sum_{k=1}^{N}\frac{(x_k-as_k)^2}{2\sigma_n^2}\right]$$

将 $p(a)$ 和 $p(\boldsymbol{x}\mid a)$ 代入式(10.3.9)，即

$$\left[\frac{\partial\ln p(\boldsymbol{x}\mid a)}{\partial a}+\frac{\partial\ln p(a)}{\partial a}\right]_{a=\hat{a}_{\text{map}}}=0$$

可解出

$$\hat{a}_{\text{map}}=\frac{a_0+\dfrac{\sigma_a^2}{\sigma_n^2}\displaystyle\sum_{k=1}^{N}x_ks_k}{1+\dfrac{\sigma_a^2}{\sigma_n^2}\displaystyle\sum_{k=1}^{N}s_k^2}$$

式中，a_0，σ_n^2 和 σ_a^2 是已知的，可以看作常量，a 的估值 $\hat{a}_{\text{map}}$ 与观测值 x_k 是线性关系。为了求得 $\hat{a}_{\text{map}}$，必须对 x_k 完成相关求和运算(或让 $x(t)$ 通过与 $s(t)$ 匹配的滤波器)，这说明估计可以和检测同时进行。其估计器结构如图 10.3.3(a) 所示。

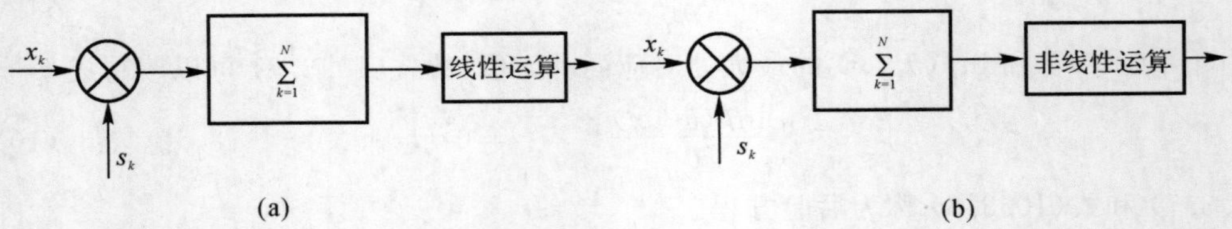

图 10.3.3 $\hat{a}_{\text{map}}$ 的估计器

(a) 高斯分布； (b) 瑞利分布

这里说明一种特殊情况，当 $p(a)$ 和 $p(\boldsymbol{x}\mid a)$ 都是高斯分布时，a 的三种估值 $\hat{a}_{\text{map}}$，$\hat{a}_{\text{ms}}$ 和 $\hat{a}_{\text{med}}$ 是相同的。

由于 $p(a\mid\boldsymbol{x})$ 是由 $p(a)$ 和 $p(\boldsymbol{x}\mid a)$ 决定的，当 $p(a)$ 和 $p(\boldsymbol{x}\mid a)$ 都是高斯分布时，则 $p(a\mid\boldsymbol{x})$ 也是高斯分布，高斯分布的最大值所在点与其均值和中值都是一致的，故三种贝叶斯估计都相等。即

$$\hat{a}_{\text{map}}=\hat{a}_{\text{ms}}=\hat{a}_{\text{med}}$$

可以进一步说，当噪声和被估计量都是高斯分布时，只要代价函数是偶对称的，所求得的估值都相等。

下面对估值 $\hat{a}_{\text{map}}$ 的性质进行检验。

$$E[\hat{a}_{\text{map}}]=E\left[\frac{a_0+\frac{\sigma_a^2}{\sigma_n^2}\sum_{k=1}^{N}x_k s_k}{1+\frac{\sigma_a^2}{\sigma_n^2}\sum_{k=1}^{N}s_k^2}\right]=E\left[\frac{a_0+\frac{\sigma_a^2}{\sigma_n^2}\sum_{k=1}^{N}(as_k+n_k)s_k}{1+\frac{\sigma_a^2}{\sigma_n^2}\sum_{k=1}^{N}s_k^2}\right]=$$

$$\frac{a_0+\frac{\sigma_a^2}{\sigma_n^2}\sum_{k=1}^{N}s_k^2E[a]}{1+\frac{\sigma_a^2}{\sigma_n^2}\sum_{k=1}^{N}s_k^2}=a_0=E[a]$$

因此，$\hat{a}_{\text{map}}$ 是无偏的。

$$\frac{\partial\ln p(\boldsymbol{x},a)}{\partial a}=\frac{\partial\ln p(\boldsymbol{x}\mid a)}{\partial a}+\frac{\partial\ln p(a)}{\partial a}=$$

$$\frac{1}{\sigma_a^2}\left(\frac{\sigma_a^2}{\sigma_n^2}\sum_{k=1}^{N}x_k s_k-\frac{\sigma_a^2}{\sigma_n^2}\sum_{k=1}^{N}s_k^2 a-a+a_0\right)=$$

$$\frac{1}{\sigma_a^2}\left[\left(1+\frac{\sigma_a^2}{\sigma_n^2}\sum_{k=1}^{N}s_k^2\right)\hat{a}_{\text{map}}-a\left(1+\frac{\sigma_a^2}{\sigma_n^2}\sum_{k=1}^{N}s_k^2\right)\right]=$$

$$(\hat{a}_{\text{map}}-a)\left(\frac{1}{\sigma_a^2}+\frac{1}{\sigma_n^2}\sum_{k=1}^{N}s_k^2\right)=(\hat{a}_{\text{map}}-a)K$$

式中，K 与 a 无关，是个常数。因此，$\hat{a}_{\text{map}}$ 是有效的。

(2) $p(a)$ 是瑞利分布。

$$p(a)=\frac{a}{\sigma_a^2}\exp\left[-\frac{a^2}{2\sigma_a^2}\right],\qquad a\geqslant 0$$

由于雷达回波信号是许多相位随机的窄带正弦信号的矢量和，其包络服从瑞利分布，所以讨论瑞利分布的随机振幅估计问题是有实际意义的。

将 $p(a)$ 和 $p(\boldsymbol{x}\mid a)$ 代入式(10.3.9)得

$$\frac{\partial}{\partial a}\left[-\frac{1}{2\sigma_n^2}\sum_{k=1}^{N}(x_k-as_k)^2\right]+\frac{\partial}{\partial a}\left[\ln\left(\frac{a}{\sigma_a^2}\right)-\frac{a^2}{2\sigma_a^2}\right]=$$

$$\frac{1}{\sigma_n^2}\sum_{k=1}^{N}x_k s_k-\frac{a}{\sigma_n^2}\sum_{k=1}^{N}s_k^2+\frac{1}{a}-\frac{a}{\sigma_a^2}=0$$

或

$$\left(\frac{1}{\sigma_a^2}+\frac{1}{\sigma_n^2}\sum_{k=1}^{N}s_k^2\right)a^2-\frac{1}{\sigma_n^2}\sum_{k=1}^{N}x_k s_k a-1=0$$

于是解得

$$\hat{a}_{\text{map}}=\frac{Y}{2P}\left(1+\sqrt{1+\frac{4P}{Y^2}}\right)$$

其中

$$Y=\frac{1}{\sigma_n^2}\sum_{k=1}^{N}x_k s_k$$

$$P=\frac{1}{\sigma_n^2}\sum_{k=1}^{N}s_k^2+\frac{1}{\sigma_a^2}$$

可见，估计值 $\hat{a}_{\text{map}}$ 与观测值 x_k 是非线性关系，其估计器的结构如图 10.3.3(b) 所示。

若将信号归一化，令 $\sum_{k=1}^{N}s_k^2=1$，则有

$$\frac{Y^2}{4P}=\frac{\left(\sum_{k=1}^{N}\frac{x_k s_k}{2\sigma_n^2}\right)^2}{1+\frac{\sigma_n^2}{\sigma_a^2}}$$

式中，$\frac{\sigma_n^2}{\sigma_a^2}$ 是噪声方差与信号方差之比。下面分两种情况来讨论。

当信噪比很大时，即$\frac{\sigma_n^2}{\sigma_a^2}\ll 1$，则有

$$\hat{a}_{\mathrm{map}}\approx\frac{Y}{P}=\sum_{k=1}^{N}x_k s_k$$

此时，可用相关器或匹配滤波器来实现。

当信噪比很小时，即$\frac{\sigma_n^2}{\sigma_a^2}\gg 1$，则有

$$\hat{a}_{\mathrm{map}}\approx\frac{Y}{2P}\frac{2\sqrt{P}}{Y}\approx\frac{1}{\sqrt{P}}\approx\sigma_a$$

此时，$\hat{a}_{\mathrm{map}}$ 等于信号振幅 a 的标准离差，而与 x_k 无关，这说明 x_k 几乎不含有用信息，对其进行处理已不必要了。

例 10.3.2 观测在均值为零、方差为 σ_n^2 的高斯白噪声中的信号 s。已知 s 在 $-s_{\mathrm{M}}$ 和 s_{M} 之间均匀分布。要求根据一次观测所得的数据

$$x_1=s+n_1$$

对信号 s 进行最大后验概率估计和最小均方误差估计。

解 根据题意，可知

$$p(s)=\begin{cases}\frac{1}{2s_M}, & -s_{\mathrm{M}}\leqslant s\leqslant s_{\mathrm{M}}\\ 0, & \text{其他}\end{cases}$$

$$p(x_1\mid s)=\frac{1}{\sqrt{2\pi}\,\sigma_n}\exp\left[-\frac{(x_1-s)^2}{2\sigma_n^2}\right]$$

(1) 求 $\hat{s}_{\mathrm{map}}$。

解后验方程

$$\left.\frac{\partial\ln p(x_1\mid s)}{\partial s}+\frac{\partial\ln p(s)}{\partial s}\right|_{s=\hat{s}_{\mathrm{map}}}=0$$

得

$$\hat{s}_{\mathrm{map}}=x_1,\quad -s_M\leqslant x_1\leqslant s_M$$

由于 s 的后验概率密度函数 $p(s\mid x_1)$ 与 $p(x_1\mid s)$ 的最大值位置相同，当 $x_1>s_{\mathrm{M}}$ 和 $x_1<-s_{\mathrm{M}}$ 时，其最大值分别为 s_{M} 和 $-s_{\mathrm{M}}$，故 s 的最大后验概率估值为

$$\hat{s}_{\mathrm{map}}=\begin{cases}x_1, & -s_{\mathrm{M}}\leqslant x_1\leqslant s_{\mathrm{M}}\\ s_{\mathrm{M}}, & x_1>s_{\mathrm{M}}\\ -s_{\mathrm{M}}, & x_1<-s_{\mathrm{M}}\end{cases}$$

(2) 求 $\hat{s}_{\mathrm{ms}}$。

$\hat{s}_{\mathrm{ms}}$ 是 s 的后验均值，有

$$\hat{s}_{ms}=\int_{-\infty}^{\infty}sp(s\mid x_1)\mathrm{d}s$$

将后验概率密度函数变换成为

$$p(s\mid x_1)=\frac{p(x_1\mid s)p(s)}{p(x_1)}=\frac{p(x_1\mid s)p(s)}{\int_{-\infty}^{\infty}p(x_1\mid s)p(s)\mathrm{d}s}$$

代入 $\hat{s}_{ms}$ 表达式中，可得

$$\hat{s}_{ms}=\frac{\int_{-\infty}^{\infty}sp(x_1\mid s)p(s)\mathrm{d}s}{\int_{-\infty}^{\infty}p(x_1\mid s)p(s)\mathrm{d}s}=\frac{\int_{-s_M}^{s_M}s\frac{1}{\sqrt{2\pi}\sigma_n}\exp\left[-\frac{(x_1-s)^2}{2\sigma_n^2}\right]\frac{1}{2s_M}\mathrm{d}s}{\int_{-s_M}^{s_M}\frac{1}{\sqrt{2\pi}\sigma_n}\exp\left[-\frac{(x_1-s)^2}{2\sigma_n^2}\right]\frac{1}{2s_M}\mathrm{d}s}$$

令 $Y=x_1-s,u=\frac{Y^2}{2\sigma_n^2},a=\frac{s_M}{\sigma_n},z=\frac{x_1}{\sigma_n},\nu=\frac{Y}{\sigma_n}$，则

$$\hat{s}_{ms}=\frac{\int_{x_1+s_M}^{x_1-s_M}(x_1-Y)\exp\left[-\frac{Y^2}{2\sigma_n^2}\right]\mathrm{d}Y}{\int_{x_1+s_M}^{x_1-s_M}\exp\left[-\frac{Y^2}{2\sigma_n^2}\right]\mathrm{d}Y}=x_1-\frac{\int_{(z+a)^2/2}^{(z-a)^2/2}\exp[-u]\mathrm{d}u}{\int_{z+a}^{z-a}\exp\left[-\frac{\nu^2}{2}\right]\mathrm{d}\nu}=$$

$$x_1-\frac{\sigma_n\left\{\exp\left[\frac{-(z-a)^2}{2}\right]-\exp\left[\frac{-(z+a)^2}{2}\right]\right\}}{\int_{z+a}^{z-a}\exp\left[-\frac{\nu^2}{2}\right]\mathrm{d}\nu}=$$

$$x_1-\frac{\sigma_n}{\sqrt{2\pi}}\frac{\exp\left[\frac{(x_1-s_M)^2}{2\sigma_n^2}\right]-\exp\left[-\frac{(x_1+s_M)^2}{2\sigma_n^2}\right]}{\varphi(z-a)+\varphi(z+a)}$$

其中分式的分母为

$$\varphi(z-a)+\varphi(z+a)=\frac{1}{\sqrt{2\pi}}\left[\int_0^{z-a}\exp\left(-\frac{\nu^2}{2}\right)\mathrm{d}\nu+\int_0^{z+a}\exp\left(-\frac{\nu^2}{2}\right)\mathrm{d}\nu\right]$$

将 $\hat{s}_{map}$ 和 $\hat{s}_{ms}$ 与 x_1 的关系绘成曲线，如图 10.3.4 所示。

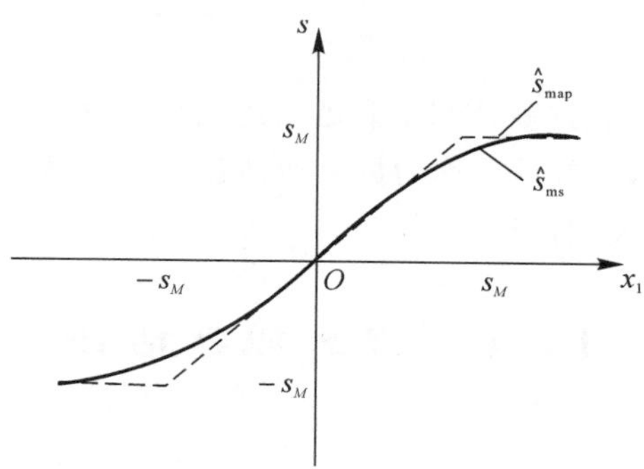

图 10.3.4　高斯白噪声中均匀分布信号的估值

由图可见，$\hat{s}_{map}$ 和 $\hat{s}_{ms}$ 与 x_1 都是非线性关系，这说明了当被估计的参量不是高斯分布时，最大后验概率估计与最小均方误差估计都是非线性估计，且估计结果不同。

10.3.5　最小均方误差估计的优点

从前面的讨论可以看出，对应于不同的代价函数，一般来说，所得估计量是不同的。事实上有许多代价函数若满足一定的条件，都可以得到与最小均方误差估计相同的结果。这类代价函数必须满足的条件如下：

1. 偶对称性

$$C(\tilde{\theta})=C(-\tilde{\theta}) \tag{10.3.10}$$

式中，$\tilde{\theta}=\theta-\hat{\theta}$。

2. 上凹特性

对于某一常数 b（在 0 与 1 之间）和所有的 θ_1 和 θ_2，使下式成立：

$$C[b\theta_1+(1-b)\theta_2]\leqslant bC(\theta_1)+(1-b)C(\theta_2) \tag{10.3.11}$$

式(10.3.11)说明，该函数的一切弦都大于或等于其代价函数

3. 后验概率密度函数对称

$$p(\theta-\hat{\theta}_{\mathrm{ms}}\mid \boldsymbol{x})=p(\hat{\theta}_{\mathrm{ms}}-\theta\mid \boldsymbol{x}) \tag{10.3.12}$$

下边求满足上述三个条件的代价函数所对应的贝叶斯估计。

令 $\delta=\theta-\hat{\theta}_{\mathrm{ms}}$，代入式(10.3.3)，则得

$$\begin{aligned}R(\hat{\theta}\mid \boldsymbol{x})=&\int_{-\infty}^{\infty}C(\delta+\hat{\theta}_{\mathrm{ms}}-\hat{\theta})p(\delta\mid \boldsymbol{x})\mathrm{d}\delta=\\&\int_{-\infty}^{\infty}C(-\delta-\hat{\theta}_{\mathrm{ms}}+\hat{\theta})p(\delta\mid \boldsymbol{x})\mathrm{d}\delta= &&\text{（由式(10.3.10)得）}\\&\int_{-\infty}^{\infty}C(\delta-\hat{\theta}_{\mathrm{ms}}+\hat{\theta})p(\delta\mid \boldsymbol{x})\mathrm{d}\delta &&\text{（由式(10.3.12)得）}\end{aligned}$$

再利用上式等号右边的第一和第三个表达式，得

$$\begin{aligned}R(\hat{\theta}\mid \boldsymbol{x})=&\int_{-\infty}^{\infty}\left[\frac{1}{2}C(\delta+\hat{\theta}_{\mathrm{ms}}-\hat{\theta})+\frac{1}{2}C(\delta-\hat{\theta}_{\mathrm{ms}}+\hat{\theta})\right]p(\delta\mid \boldsymbol{x})\mathrm{d}\delta\geqslant\\&\int_{-\infty}^{\infty}C\left[\frac{1}{2}(\delta+\hat{\theta}_{\mathrm{ms}}-\hat{\theta})+\frac{1}{2}(\delta-\hat{\theta}_{\mathrm{ms}}+\hat{\theta})\right]p(\delta\mid \boldsymbol{x})\mathrm{d}\delta=\\&R(\delta\mid \boldsymbol{x}) &&\text{（由式(10.3.11)得）}\end{aligned}$$

如果 $\hat{\theta}=\hat{\theta}_{\mathrm{ms}}$，则等式成立。这就证明了满足上述三个条件的代价函数所对应的贝叶斯估计都等于最小均方误差估计，这种性质称为贝叶斯估计的不变性。这就说明最小均方误差估计对于这一类代价函数都是最优估计。

10.4　最大似然估计

10.4.1　最大似然估计原理

进行贝叶斯估计要用到被估计量的后验概率密度函数，因而必须给出先验概率密度函数和似然函数。如果对被估计参量的分布规律毫无所知，在这种情况下，可采用最大似然估计(maximum likelihood estimation)法。

假设被估计量 θ 服从均匀分布，即认为它取各种值的可能性都一样。此时后验方程

$$\left.\frac{\partial \ln p(\boldsymbol{x} \mid \theta)}{\partial \theta}+\frac{\partial \ln p(\theta)}{\partial \theta}\right|_{\theta=\hat{\theta}_{\mathrm{map}}}=0$$

变为

$$\left.\frac{\partial \ln p(\boldsymbol{x} \mid \theta)}{\partial \theta}\right|_{\theta=\hat{\theta}_{\mathrm{ml}}}=0 \tag{10.4.1}$$

式(10.4.1)称为似然方程。求解此方程,即以似然函数最大所对应的θ值作为它的估值,用$\hat{\theta}_{\mathrm{ml}}$表示。似然函数是在$\theta$给定的条件下,观测量$\boldsymbol{x}$的条件概率密度函数,若$\theta=\theta_1$时的$p(\boldsymbol{x} \mid \theta_1)$比$\theta=\theta_2$时的$p(\boldsymbol{x} \mid \theta_2)$大,则$\theta_1$是真值的可能性就比$\theta_2$大;若在$\theta$所有的取值中,$p(\boldsymbol{x} \mid \hat{\theta})$是最大的,则$\hat{\theta}$是真值的可能性就最大。

最大似然估计不仅适用于随机参量估计,也适用于对非随机参量进行估计。由于似然函数比后验概率密度函数容易求得,且当观测次数较多或信噪比较大时,最大似然估计具有良好的性能,因此,在实际中获得了广泛的应用。

10.4.2　高斯白噪声中信号参量的估计

下面以信号振幅、相位以及频率等参量的估计为例,说明最大似然估计的应用。

设观测得到的波形为

$$x(t)=s(t,\theta)+n(t), \quad 0 \leqslant t \leqslant T$$

式中,$n(t)$是功率谱密度为$\frac{N_0}{2}$的高斯白噪声;$s(t,\theta)$是含有未知参量θ,而表示形式(如可以是正弦信号、高频窄带信号或其他形式)为已知信号。

若在$(0, T)$观测时间内,得到N个独立的观测样本$x_1,x_2,\cdots,x_N$。其似然函数为

$$p(\boldsymbol{x} \mid \theta)=\left(\frac{1}{\sqrt{2\pi}\,\sigma_n}\right)^N \exp\left\{-\frac{1}{2\sigma_n^2}\sum_{k=1}^{N}(x_k-s_k)^2\right\} \tag{10.4.2}$$

式中,$\sigma_n^2=\frac{N_0}{2\Delta t}$,$\Delta t$是采样间隔,当$\Delta t \to 0$时,可得到连续观测时的似然函数

$$p(\boldsymbol{x} \mid \theta)=\left(\frac{\Delta t}{\pi N_0}\right)^{N/2} \exp\left\{-\frac{1}{N_0}\int_0^T [x(t)-s(t,\theta)]^2 \mathrm{d}t\right\}=$$

$$F\exp\left\{-\frac{1}{N_0}\int_0^T [s^2(t,\theta)-2x(t)s(t,\theta)]\,\mathrm{d}t\right\} \tag{10.4.3}$$

其中

$$F=\left(\frac{\Delta t}{\pi N_0}\right)^{N/2} \exp\left\{-\frac{1}{N_0}\int_0^T x^2(t)\mathrm{d}t\right\}$$

其似然方程为

$$\left.\frac{\partial \ln p(\boldsymbol{x} \mid \theta)}{\partial \theta}\right|_{\theta=\hat{\theta}_{\mathrm{ml}}}=0$$

将式(10.4.3)代入上式,化简得

$$\frac{\partial}{\partial \theta}\left[\frac{2}{N_0}\int_0^T x(t)s(t,\theta)\mathrm{d}t-\frac{1}{N_0}\int_0^T s^2(t,\theta)\mathrm{d}t\right]=$$

$$\frac{2}{N_0}\int_0^T [x(t)-s(t,\theta)]\frac{\partial s(t,\theta)}{\partial \theta}\mathrm{d}t=0 \tag{10.4.4}$$

求解此方程,可以得出参量θ的估计值$\hat{\theta}_{\mathrm{ml}}$。

1. 信号振幅估计

设

$$x(t)=As(t)+n(t), \quad 0 \leqslant t \leqslant T$$

式中，$s(t)$ 是已知的，被估计的参量是振幅 A 。

将 $s(t,\theta)=As(t)$ 代入式(10.4.4) 并进行计算，得

$$\int_0^T x(t)s(t)\mathrm{d}t - A\int_0^T s^2(t)\mathrm{d}t = 0$$

故
$$\hat{A}_{\mathrm{ml}} = \frac{\int_0^T x(t)s(t)\mathrm{d}t}{\int_0^T s^2(t)\mathrm{d}t} = K\int_0^T x(t)s(t)\mathrm{d}t \tag{10.4.5}$$

式中，$K=\dfrac{1}{\int_0^T s^2(t)\mathrm{d}t}$，$K$ 是个常数。

可见，在高斯白噪声中对信号振幅进行最大似然估计，其估计系统的结构是互相关器（或让 $x(t)$ 通过对 $s(t)$ 匹配的滤波器），这和在高斯白噪声中检测已知信号的最佳结构相似，说明了检测和估计可同时进行。

因为

$$E[\hat{A}_{\mathrm{ml}}] = E\left[K\int_0^T x(t)s(t)\mathrm{d}t\right] = E\left\{K\int_0^T [As(t)+n(t)]s(t)\mathrm{d}t\right\} =$$
$$KE[A]\int_0^T s^2(t)\mathrm{d}t = E[A] = A$$

所以 $\hat{A}_{\mathrm{ml}}$ 是信号振幅 A 的无偏估计。

$$E\{[\hat{A}_{\mathrm{ml}} - E(\hat{A}_{\mathrm{ml}})]^2\} = E[\hat{A}_{\mathrm{ml}}^2] - [E(\hat{A}_{\mathrm{ml}})]^2 = K^2E\left\{\int_0^T [As(t)+n(t)]s(t)\mathrm{d}t\right\}^2 - A^2 =$$
$$K^2E\left[\int_0^T\int_0^T n(t)n(\tau)s(t)s(\tau)\mathrm{d}t\mathrm{d}\tau\right] =$$
$$K^2\int_0^T\int_0^T E[n(t)n(\tau)]s(t)s(\tau)\mathrm{d}t\mathrm{d}\tau = \frac{KN_0}{2}$$

利用式(10.4.3) 可求出

$$E\left[\frac{\partial \ln p(\boldsymbol{x}\mid A)}{\partial A}\right]^2 = E\left[\frac{2}{N_0}\int_0^T x(t)\frac{\partial s(t,A)}{\partial A}\mathrm{d}t - \frac{2}{N_0}\int_0^T s(t,A)\frac{\partial s(t,A)}{\partial A}\mathrm{d}t\right]^2 =$$
$$\frac{4}{N_0^2}E\left[\int_0^T [x(t)-s(t,A)]\frac{\partial s(t,A)}{\partial A}\mathrm{d}t\right]^2 =$$
$$\frac{2}{N_0}\int_0^T\left[\frac{\partial s(t,A)}{\partial A}\right]^2\mathrm{d}t =$$
$$\frac{2}{N_0}\int_0^T\left[\frac{\partial(As(t))}{\partial A}\right]^2\mathrm{d}t = \frac{2}{KN_0} \tag{10.4.6}$$

可见
$$E\{[\hat{A}_{\mathrm{ml}} - E(\hat{A}_{\mathrm{ml}})]^2\} = \left\{E\left[\frac{\partial \ln p(\boldsymbol{x}\mid A)}{\partial A}\right]^2\right\}^{-1} \tag{10.4.7}$$

故 $\hat{A}_{\mathrm{ml}}$ 是信号振幅 A 的有效估计。

2. 信号相位估计

设
$$x(t) = s(t,\theta) + n(t),\quad 0 \leqslant t \leqslant T$$

式中，$s(t,\theta)=A\sin(\omega_0 t+\theta)$；$A,\omega_0$ 是已知的，θ 是被估计的参量。

由式(10.4.4) 可得

$$\int_0^T [x(t) - A\sin(\omega_0 t+\theta)]\frac{\partial(A\sin(\omega_0 t+\theta))}{\partial\theta}\mathrm{d}t = 0 \tag{10.4.8}$$

而
$$\int_0^T [x(t)-A\sin(\omega_0 t+\theta)]\cos(\omega_0 t+\theta)\mathrm{d}t=0$$

设 $\omega_0 T=k\pi$，则上式第二项积分为零，则有

$$\int_0^T \cos(\omega_0 t+\theta)x(t)\mathrm{d}t=0$$

展开后得

$$\cos\theta\int_0^T x(t)\cos\omega_0 t\mathrm{d}t=\sin\theta\int_0^T x(t)\sin\omega_0 t\mathrm{d}t$$

故
$$\tan\hat{\theta}_{\mathrm{ml}}=\frac{\int_0^T x(t)\cos\omega_0 t\mathrm{d}t}{\int_0^T x(t)\sin\omega_0 t\mathrm{d}t}$$

$$\hat{\theta}_{\mathrm{ml}}=\arctan\left[\frac{\int_0^T x(t)\cos\omega_0 t\mathrm{d}t}{\int_0^T x(t)\sin\omega_0 t\mathrm{d}t}\right]\tag{10.4.9}$$

对信号相位进行估计必须完成式(10.4.9)规定的运算，其估计器的结构如图 10.4.1 所示。可见它与检测随机相位信号的正交接收机十分类似，其互相关处理部分也可以用匹配滤波器来实现。

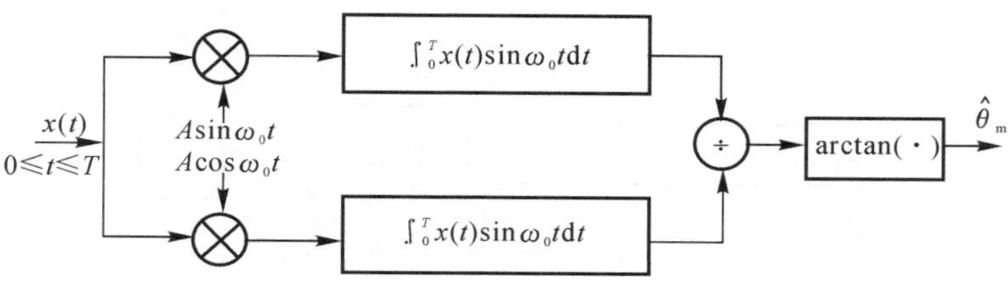

图 10.4.1　正交双通道相位估计器

由于在 $\hat{\theta}_{\mathrm{ml}}$ 的计算式中不包含振幅 A，所以参考信号的幅度可任意选用，对 $\hat{\theta}_{\mathrm{ml}}$ 的值没有影响。

估计误差与噪声的功率谱密度、信号的能量以及观测时间有关，若信号的能量大且观测时间长，则估计误差小，即估计精度高。

3. 信号频率估计

在雷达或声呐系统中，发射信号的频率 ω_0 是已知的，经过动目标反射后，接收机观测到回波的频率与发射频率不同，即产生了多普勒频移，用 ω_{d} 表示。

若接收信号的频率为 ω，则

$$\omega=\omega_0\pm\frac{2v}{c}\omega_0=\omega_0\pm\omega_{\mathrm{d}}$$

式中，v 为目标的径向速度；c 为信号在介质中的传播速度。

因此，可以通过对频移的估计来估算目标的径向速度。

设
$$x(t)=A\sin(\omega t+\theta)+n(t),\qquad 0\leqslant t\leqslant T$$

式中，A 和信号到达时间是已知的；θ 是均匀分布的随机相位，被估计量是 ω。

用与随机相位信号检测类似的方法，不难求得似然函数为

$$p(\boldsymbol{x} \mid \omega) = F\exp\left[-\frac{A^2 T}{2N_0}\right] \mathrm{I}_0\left[\frac{2Aq(\omega)}{N_0}\right] \tag{10.4.10}$$

式中
$$q(\omega) = \left\{\left[\int_0^T x(t)\sin\omega t\,\mathrm{d}t\right]^2 + \left[\int_0^T x(t)\cos\,\omega t\,\mathrm{d}t\right]^2\right\}^{\frac{1}{2}}$$

因为 $F\exp\left[-\frac{A^2 T}{2N_0}\right]$ 是个常数，而零阶贝塞尔函数是单调函数，故可用 $q(\omega)$ 最大值所对应的 ω 作为信号频率的估值，具体结构可用一组并联匹配滤波器来实现。将接收信号频率的变化范围划分为若干小频段，如 $\omega_0 + \Delta\omega, \omega_0 + 2\Delta\omega, \cdots, \omega_0 + N\Delta\omega$，每个频段对应一个匹配滤波器，$N$ 个匹配滤波器输出接最大值选择器，如图 10.4.2 所示。

若接收信号的频率为 $\omega_0 + k\Delta\omega$ 时，相应的第 k 个滤波的输出为最大，故

$$\hat{\omega}_{\mathrm{ml}} = \omega_0 + k\Delta\omega$$

其估计误差在频移和时延联合估计一节讨论。

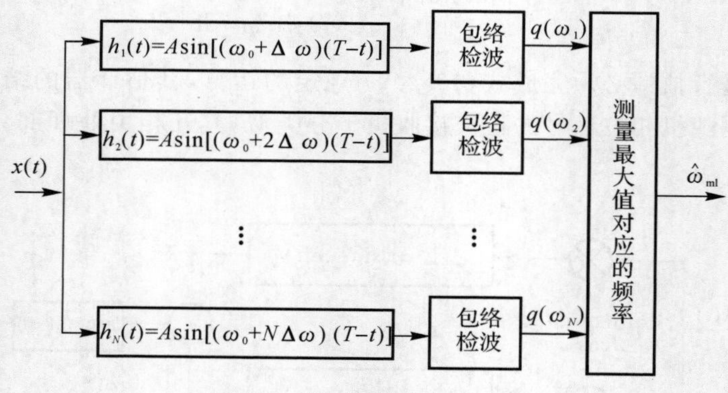

图 10.4.2 信号频率估计器

4. 信号到达时间估计

通过对目标反射信号与发射信号时延的估计可以确定目标的距离。

设对回波时延的估计是在检波之后进行的，被估计的信号是单个视频脉冲，噪声近似地为白噪声：

$$x(t) = s(t-\tau) + n(t), \qquad 0 \leqslant t \leqslant T$$

式中，$s(t-\tau)$ 的幅度是已知的；τ 为未知时延。

根据式(10.4.3)得

$$p(\boldsymbol{x} \mid \tau) = F\exp\left[-\frac{1}{N_0}\int_0^T s^2(t-\tau)\mathrm{d}t + \frac{2}{N_0}\int_0^T x(t)s(t-\tau)\mathrm{d}t\right]$$

由于信号的幅度已知，故

$$\int_0^T s^2(t-\tau)\mathrm{d}t = E_{\mathrm{s}}$$

是个常量，则 $p(\boldsymbol{x} \mid \tau)$ 可以改写为

$$p(\boldsymbol{x} \mid \tau) = F'\exp\left[\frac{2}{N_0}\int_0^T x(t)s(t-\tau)\mathrm{d}t\right] \tag{10.4.11}$$

式中，$F' = F\exp\left[-\frac{E_{\mathrm{s}}}{N_0}\right]$ 也是个常量。

由式(10.4.11)可以看出,求 $p(\boldsymbol{x} \mid \tau)$ 的最大值与求指数项的最大值是等效的。

若采用与频率估计相似的方法,将 τ 的变化范围分成 M 个小区间,即 $\Delta\tau, 2\Delta\tau, \cdots, M\Delta\tau$;构成 M 个并联相关器,观测输出最大值出现的时间,即可求得 $\hat{\tau}_{ml}$,其估计器的结构如图10.4.3 所示。

为了简化分析,讨论高信噪比情况下的估计误差。先求估计均方误差的克拉美-罗界,由式(10.4.6)得到

$$E\left\{\left[\frac{\partial \ln p(\boldsymbol{x} \mid \tau)}{\partial \tau}\right]^2\right\} = E\left\{\frac{2}{N_0}\int_0^T [x(t) - s(t-\tau)]\frac{\partial s(t,\tau)}{\partial \tau}\mathrm{d}t\right\}^2$$

考虑到 $x(t) - s(t-\tau) = n(t)$,将上式改写为

$$E\left\{\left[\frac{\partial \ln p(\boldsymbol{x} \mid \tau)}{\partial \tau}\right]^2\right\} = E\left\{\frac{4}{N_0^2}\int_0^T \int_0^T n(t)n(\lambda)\frac{\partial s(t-\tau)}{\partial \tau}\frac{\partial s(\lambda-\tau)}{\partial \tau}\mathrm{d}t\mathrm{d}\lambda\right\} = \frac{2}{N_0}\int_0^T\left[\frac{\partial s(t-\tau)}{\partial \tau}\right]^2\mathrm{d}t$$

为了得到简明的结果,取 $\tau \approx 0$。因为时延 τ 不同只表明回波能量不同,信号的形式不会变化;若信号大大地超过噪声,$\hat{\tau}_{ml}$ 只会在很小的范围内起伏,因此在 $\tau \approx 0$ 附近讨论估计的均方误差不会失去一般性。

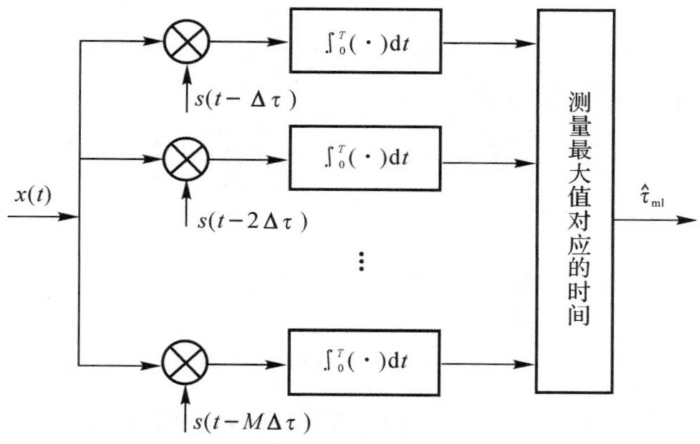

图 10.4.3　信号时延估计器

若用 σ_τ^2 表示估计的均方误差,由于 $\dfrac{\partial s(t-\tau)}{\partial \tau} = -\dfrac{\partial s(t-\tau)}{\partial t}$,则

$$\sigma_\tau^2 \geqslant \left\{\frac{2}{N_0}\int_0^T\left[\frac{\partial s(t)}{\partial t}\right]^2\mathrm{d}t\right\}^{-1} \tag{10.4.12}$$

设 $s(t)$ 的傅里叶变换为 $S(\omega)$,即

$$s(t) = \frac{1}{2\pi}\int_{-\infty}^{\infty} S(\omega)\mathrm{e}^{\mathrm{j}\omega t}\mathrm{d}\omega$$

则 $\dfrac{\mathrm{d}s(t)}{\mathrm{d}t}$ 的傅里叶变换为 $\mathrm{j}\omega S(\omega)$,由巴塞瓦尔定理可得

$$\int_0^T\left[\frac{\partial s(t)}{\partial t}\right]^2\mathrm{d}t = \frac{1}{2\pi}\int_{-\infty}^{\infty}\omega^2 \mid S(\omega) \mid^2\mathrm{d}\omega$$

则估计的均方误差满足下式:

$$\sigma_{\tau}^{2} \geqslant \left[\frac{1}{\pi N_0}\int_{-\infty}^{\infty}\omega^2 \mid S(\omega) \mid^2 \mathrm{d}\omega\right]^{-1}$$

若信号能量用 E_s 表示，即

$$E_s = \int_0^T s^2(t)\mathrm{d}t = \frac{1}{2\pi}\int_{-\infty}^{\infty} \mid S(\omega) \mid^2 \mathrm{d}\omega$$

代入上式得

$$\sigma_{\tau}^{2} \geqslant \left[\frac{2E_s}{N_0}\beta_r^2\right]^{-1} = \frac{N_0}{2E_s\beta_r^2} \tag{10.4.13}$$

其中

$$\beta_r^2 = \frac{\int_{-\infty}^{\infty}\omega^2 \mid S(\omega) \mid^2 \mathrm{d}\omega}{\int_{-\infty}^{\infty} \mid S(\omega) \mid^2 \mathrm{d}\omega} \tag{10.4.14}$$

是与信号频带有关的量。

由式(10.4.13)可以看出，为了提高测距精度，即减小时延估计误差，应当增加回波信号的能量、降低噪声强度，并增加信号的有效带宽。

下面讨论射频脉冲时延的估计。

对于相位随机的单个射频脉冲，若包络的形状与幅度是已知的，相位服从均匀分布，设其表示形式为

$$x(t) = Aa(t-\tau)\cos\left[(\omega_0(t-\tau)+\varphi(t-\tau)+\theta)\right]+n(t)$$

对于随机相位正弦波，其似然函数为

$$p(\boldsymbol{x} \mid \tau) = F\exp\left[-\frac{E}{2N_0}\right]\mathrm{I}_0\left[\frac{2Aq(\tau)}{N_0}\right] \tag{10.4.15}$$

其中

$$q(\tau) = \left\{\left[\int_0^T x(t)a(t-\tau)\cos\left[\omega_0(t-\tau)+\varphi(t-\tau)\right]\mathrm{d}t\right]^2 + \left[\int_0^T x(t)a(t-\tau)\sin\left[\omega_0(t-\tau)+\varphi(t-\tau)\right]\mathrm{d}t\right]^2\right\}^{\frac{1}{2}}$$

因此对参量 τ 进行估计可由一组并联的正交相关器组成，如图 10.4.4 所示。

这种相关器的参考电压为正交样本，可由发射信号经移相和时延得到，输入信号经互相关处理后，其输出为 $q_1^2, q_2^2, \cdots, q_M^2$，测量其中最大值所对应的 τ 值即为 $\hat{\tau}_{\mathrm{ml}}$。

上述估计结构也可以用匹配滤波器加包络检波器来实现，如图 10.4.5 所示。

有关估计误差的问题，将在下一节讨论。

5. 信号频移和时延联合估计

在雷达或声呐中，往往需要同时测算目标的速度和距离，故必须对信号的频率和到达时间进行联合估计。

设发射信号为窄带信号，中心频率为 f_0。

$$s(t) = a(t)\cos\left[\omega_0 t + \varphi(t)\right]$$

接收的回波为

$$x(t) = Aa(t-\tau_i)\cos[\omega_j(t-\tau_i)+\varphi(t-\tau_i)+\theta]+n(t), \qquad 0 \leqslant t \leqslant T$$

式中，τ_i 是在 $0 \sim \tau_M$ 之间均匀分布的随机变量；ω_j 是在 $\omega_1 \sim \omega_N$ 之间均匀分布的随机变量；θ 是在 $0 \sim 2\pi$ 之间均匀分布的随机变量。

当 τ_i 和 ω_j 都给定时，不难写出观测量 $\boldsymbol{x}$ 的似然函数

$$p(\boldsymbol{x} \mid \tau_i,\omega_j) = F\exp\left[-\frac{E_s}{2N_0}\right]\mathrm{I}_0\left[\frac{2Aq_j(\tau_i+T)}{N_0}\right] \tag{10.4.16}$$

其中

$$q_j(\tau_i+T)=\left\{\left[\int_0^T x(t)a(t-\tau_i)\cos\left[\omega_j(t-\tau_i)+\varphi(t-\tau_i)\right]\mathrm{d}t\right]^2+\left[\int_0^T x(t)a(t-\tau_i)\sin\left[\omega_j(t-\tau_i)+\varphi(t-\tau_i)\right]\mathrm{d}t\right]^2\right\}^{\frac{1}{2}}$$

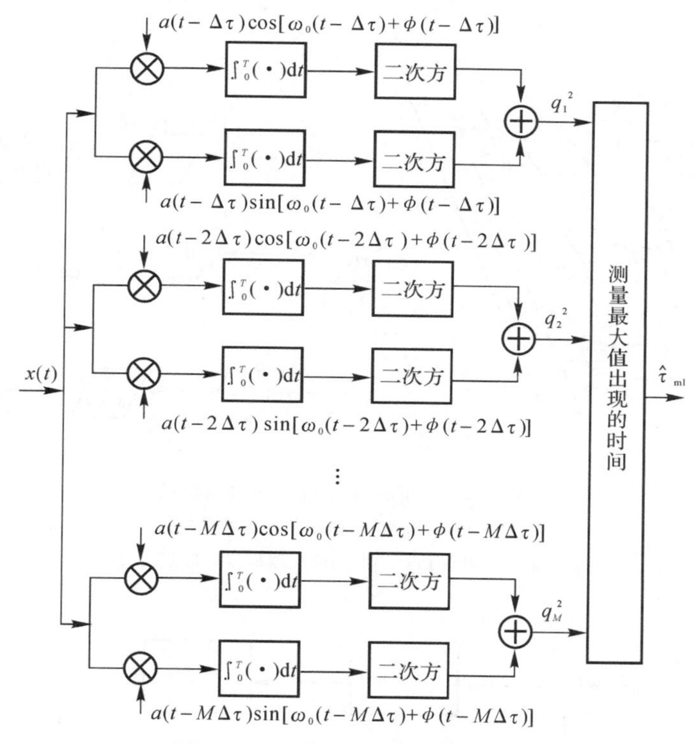

图 10.4.4　正交相关时延估计器

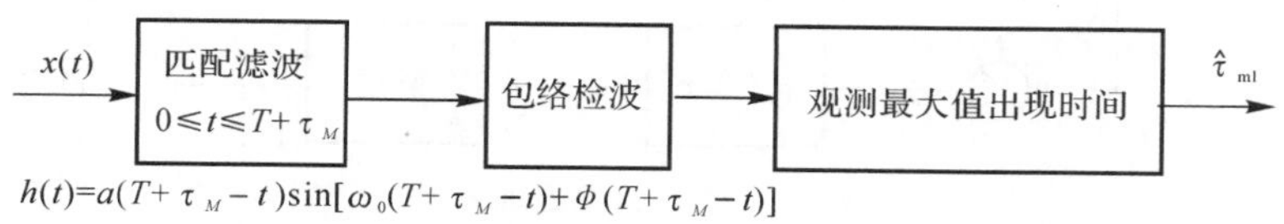

图 10.4.5　匹配滤波器实现时延估计

从式(10.4.16)可以看出，要使似然函数最大等效于求 $q_j(\tau_i+T)$ 的最大值，这就要把频率和时延的变化范围分成间隔为 $\Delta\omega$ 和 $\Delta\tau$ 的 N 和 M 个小单元，即 $\omega_1,\omega_2,\cdots,\omega_N$ 和 $\tau_1,\tau_2,\cdots,\tau_M$。对每一个小单元进行相关处理，构成 $M\times N$ 个相关矩阵，也可以用匹配滤波器组来实现。其结构如图 10.4.6(a)(b) 所示。

每个相关处理单元的结构如图 10.4.7 所示。各处理单元的输出分别送至最大值选择器，然后进行二维搜索，出现最大值所对应的 τ 和 ω，即为 $\hat{\tau}_{\mathrm{ml}}$ 和 $\hat{\omega}_{\mathrm{ml}}$。

下面讨论 τ 和 ω 联合估计误差问题。首先针对一般情况，讨论 θ_1 和 θ_2 两个参量同时估计的误差。由于估计的均方误差与费希尔(Fisher)信息矩阵有关，所以先讨论这个矩阵，用 $\boldsymbol{F}$ 来表示。假设 $\hat{\theta}_1$ 和 $\hat{\theta}_2$ 是 θ_1 和 θ_2 的无偏估计量，$\boldsymbol{F}$ 矩阵为

$$\boldsymbol{F}=\begin{bmatrix}F_{11} & F_{12}\\ F_{21} & F_{22}\end{bmatrix} \tag{10.4.17a}$$

其中元素 F_{ij} 为

$$F_{ij}=E\left\{\frac{\partial \ln p(\boldsymbol{x}\mid\theta)}{\partial\theta_i}\frac{\partial \ln p(\boldsymbol{x}\mid\theta)}{\partial\theta_j}\right\}=-E\left[\frac{\partial^2 \ln p(\boldsymbol{x}\mid\theta)}{\partial\theta_i\partial\theta_j}\right],\quad i,j=1,2 \tag{10.4.17b}$$

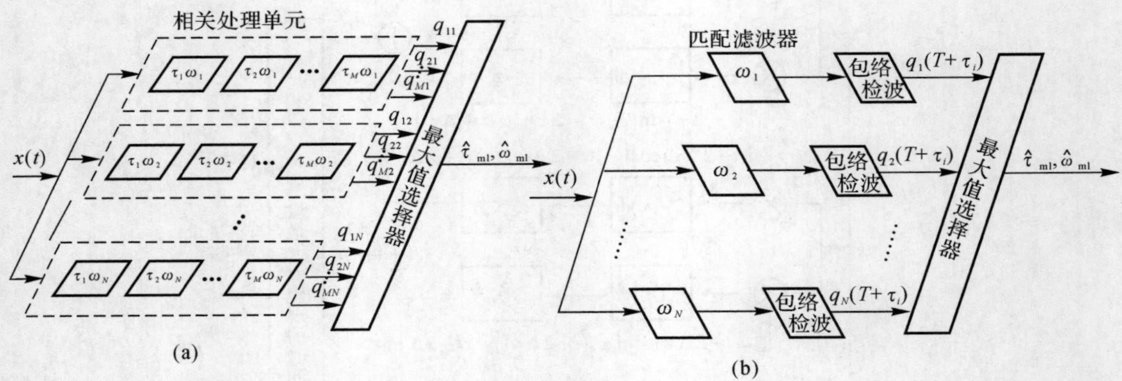

图 10.4.6　τ 和 ω 联合估计的检测器结构

(a) τ 和 ω 联合估计的相关处理器结构；

(b) τ 和 ω 联合估计的匹配滤波器加包络检波结构

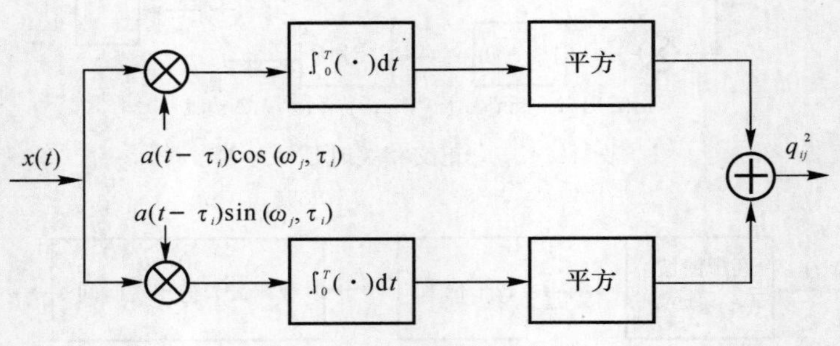

图 10.4.7　相关处理单元

令 $\boldsymbol{J}$ 表示 $\boldsymbol{F}$ 的逆矩阵，即

$$\boldsymbol{J}=\boldsymbol{F}^{-1}=\frac{1}{F_{11}F_{22}-F_{12}\cdot F_{21}}\begin{bmatrix}F_{22} & -F_{12}\\ -F_{21} & F_{11}\end{bmatrix}=\begin{bmatrix}J_{11} & J_{12}\\ J_{21} & J_{22}\end{bmatrix} \tag{10.4.17c}$$

可以证明，估计量的均方误差满足不等式

$$E[(\hat{\theta}_i-\theta_i)^2]\geqslant J_{ii},\quad i=1,2 \tag{10.4.17d}$$

若式(10.4.17d)等号成立，则估计量同时达到最小均方误差界，称为联合有效估计。

联合有效估计的均方误差表示式为

$$E[(\hat{\theta}_1-\theta_1)^2]=J_{11}=\frac{F_{22}}{F_{11}F_{22}-F_{12}^2}=\frac{1}{F_{11}\left(1-\dfrac{F_{12}^2}{F_{11}F_{22}}\right)} \tag{10.4.17e}$$

令 $\rho(\hat{\theta}_1,\hat{\theta}_2)=\dfrac{F_{12}}{\sqrt{F_{11}F_{22}}}$，称为 $\hat{\theta}_1$ 和 $\hat{\theta}_2$ 的相关系数，则

$$E[(\hat{\theta}_1-\theta_1)^2]=\frac{1}{F_{11}[1-\rho^2(\hat{\theta}_1,\hat{\theta}_2)]}=\frac{1}{E\left\{\left[\dfrac{\partial\ln p(\boldsymbol{x}\mid\theta)}{\partial\theta_1}\right]^2\right\}[1-\rho^2(\hat{\theta}_1,\hat{\theta}_2)]} \tag{10.4.17f}$$

同理可得

$$E[(\hat{\theta}_2-\theta_2)^2]=J_{22}=\frac{1}{F_{22}[1-\rho^2(\hat{\theta}_1,\hat{\theta}_2)]}=\frac{1}{E\left\{\left[\dfrac{\partial\ln p(\boldsymbol{x}\mid\theta)}{\partial\theta_2}\right]^2\right\}[1-\rho^2(\hat{\theta}_1,\hat{\theta}_2)]} \tag{10.4.17g}$$

当 $\rho(\hat{\theta}_1,\hat{\theta}_2)=0$，即

$$F_{12}=E\left[\frac{\partial\ln p(\boldsymbol{x}\mid\theta)}{\partial\theta_1}\frac{\partial\ln p(\boldsymbol{x}\mid\theta)}{\partial\theta_2}\right]=0$$

时，$\hat{\theta}_1$ 和 $\hat{\theta}_2$ 不相关，则同时估计两个参量的精度互不影响，其均方误差与单独估计时相同。

当 $0\leqslant\rho(\hat{\theta}_1,\hat{\theta}_2)\leqslant 1$ 时，估计量之间的相关性使每个估计量的均方误差增加一个因子 $\dfrac{1}{[1-\rho^2(\hat{\theta}_1,\hat{\theta}_2)]}$，因而精度下降。

现在讨论 τ 和 ω 联合估计的误差问题。为了讨论方便起见，将式(10.4.16)中的统计量 $q_j(\tau_i+T)$ 用 D 表示，D 就是相关处理单元(或匹配滤波加包络检波处理器)的输出，即

$$D=\left|\int_0^T\tilde{x}(t)\tilde{a}^*(t)\mathrm{d}t\right| \tag{10.4.17h}$$

式中，$\tilde{x}(t)$ 和 $\tilde{a}(t)$ 分别表示 $x(t)$ 和归一化信号 $\dfrac{s(t)}{A}$ 的复包络，即

$$\tilde{x}(t)=A\tilde{a}(t-\tau)\mathrm{e}^{-\mathrm{j}(\omega_0+\omega_\mathrm{d})\tau+\mathrm{j}\theta}\mathrm{e}^{\mathrm{j}\omega_\mathrm{d}t}+\tilde{n}(t)$$

式中，$\tilde{a}(t-\tau)=a(t-\tau)\mathrm{e}^{\mathrm{j}\varphi(t-\tau)}$，包括角调制 $\varphi(t-\tau)$ 在内；$\tilde{n}(t)$ 为噪声的复包络；ω_d 为发射与接收信号的频移。其接收到有用信号的归一化复包络为

$$\tilde{a}_\mathrm{r}(t-\tau)=\tilde{a}(t-\tau)\mathrm{e}^{-\mathrm{j}(\omega_0+\omega_\mathrm{d})\tau+\mathrm{j}\theta}\mathrm{e}^{\mathrm{j}\omega_\mathrm{d}t}$$

由于 $\mathrm{e}^{-\mathrm{j}(\omega_0+\omega_\mathrm{d})\tau+\mathrm{j}\theta}$ 与 t 无关，其模值为 1，则

$$\tilde{a}_\mathrm{r}(t-\tau)=\tilde{a}(t-\tau)\mathrm{e}^{\mathrm{j}\omega_\mathrm{d}t} \tag{10.4.17i}$$

当信噪比足够大时

$$\tilde{a}_\mathrm{r}(t-\tau)\gg\tilde{n}(t)$$

则

$$\tilde{x}(t)\approx A\tilde{a}(t-\tau)\mathrm{e}^{\mathrm{j}\omega_\mathrm{d}t}$$

又式(10.4.16)中的 $\mathrm{I}_0\left[\dfrac{2Aq_j(\tau_i+T)}{N_0}\right]=\mathrm{I}_0\left[\dfrac{2AD}{N_0}\right]\approx\dfrac{2AD}{N_0}$，故

$$\ln p(\boldsymbol{x}\mid\tau,\omega)\approx\ln F'+\frac{2AD}{N_0}=\ln F'+\frac{2A^2}{N_0}\left|\int_0^T\tilde{a}_r(t-\tau)\tilde{a}^*(t)\mathrm{d}t\right|=$$
$$\ln F'+\frac{2A^2}{N_0}\left|\int_0^T\tilde{a}(t-\tau)\tilde{a}^*(t)\mathrm{e}^{\mathrm{j}\omega_\mathrm{d}t}\mathrm{d}t\right| \tag{10.4.17j}$$

式(10.4.17j)中的积分,用 χ 表示为

$$\chi=\int_0^T\tilde{a}(t-\tau)\tilde{a}^*(t)\mathrm{e}^{\mathrm{j}\omega_\mathrm{d}t}\mathrm{d}t \tag{10.4.17k}$$

叫作模糊度函数。

下面求费希尔矩阵的元素,以便得出对 τ 和 ω 估计的均方误差

$$F_{11}=-E\left[\frac{\partial^2\ln p(\boldsymbol{x}\mid\tau,\omega)}{\partial\tau^2}\right]\bigg|_{\tau,\omega_\mathrm{d}=0}=\frac{-2A^2}{N_0}\frac{\partial^2}{\partial\tau^2}|\chi|$$

$$F_{22}=-E\left[\frac{\partial^2\ln p(\boldsymbol{x}\mid\tau,\omega)}{\partial\omega_\mathrm{d}^2}\right]\bigg|_{\tau,\omega_\mathrm{d}=0}=\frac{-2A^2}{N_0}\frac{\partial^2}{\partial\omega_\mathrm{d}^2}|\chi|$$

$$F_{12}=-E\left[\frac{\partial^2\ln p(\boldsymbol{x}\mid\tau,\omega)}{\partial\tau\partial\omega_\mathrm{d}}\right]\bigg|_{\tau,\omega_\mathrm{d}=0}=\frac{-2A^2}{N_0}\frac{\partial^2}{\partial\tau\partial\omega_\mathrm{d}}|\chi|$$

上述求导都是在 τ 和 ω_d 为 0 的情况下进行的,不会失去一般性。当信噪比高时,F_{11},F_{22} 和 F_{12} 式中可不用求数学期望。因为

$$|\chi|=[\chi\chi^*]^{\frac{1}{2}}$$

所以

$$\frac{\partial|\chi|}{\partial\tau}=\frac{1}{2|\chi|}\left[\chi\frac{\partial\chi^*}{\partial\tau}+\chi^*\frac{\partial\chi}{\partial\tau}\right]=\frac{1}{|\chi|}\mathrm{Re}\left[\chi^*\frac{\partial\chi}{\partial\tau}\right]$$

$$\frac{\partial^2|\chi|}{\partial\tau^2}=\frac{1}{2|\chi|}\left[\chi\frac{\partial^2\chi^*}{\partial\tau^2}+\chi^*\frac{\partial^2\chi}{\partial\tau^2}+\frac{\partial\chi}{\partial\tau}\frac{\partial\chi^*}{\partial\tau}+\frac{\partial\chi^*}{\partial\tau}\frac{\partial\chi}{\partial\tau}\right]-\frac{1}{|\chi|^3}\left[\mathrm{Re}\left(\chi^*\frac{\partial\chi}{\partial\tau}\right)\right]^2=$$

$$\frac{1}{|\chi|}\left[\mathrm{Re}\left(\chi\frac{\partial^2\chi^*}{\partial\tau^2}+\frac{\partial\chi}{\partial\tau}\frac{\partial\chi^*}{\partial\tau}\right)\right]-\frac{1}{|\chi|^3}\left[\mathrm{Re}\left(\chi^*\frac{\partial\chi}{\partial\tau}\right)\right]^2$$

利用

$$\chi|_{\tau,\omega_\mathrm{d}=0}=\int_0^T|\tilde{a}(t)|^2\mathrm{d}t=1$$

可得

$$\frac{\partial^2|\chi|}{\partial\tau^2}\bigg|_{\tau,\omega_\mathrm{d}=0}=\left\{\mathrm{Re}\left[\frac{\partial^2\chi}{\partial\tau^2}\right]+\left|\frac{\partial\chi}{\partial\tau}\right|^2-\left[\mathrm{Re}\left(\frac{\partial\chi}{\partial\tau}\right)\right]^2\right\}\bigg|_{\tau,\omega_\mathrm{d}=0}$$

式中

$$\frac{\partial\chi}{\partial\tau}\bigg|_{\tau,\omega_\mathrm{d}=0}=-\int_0^T\tilde{a}^*(t)\frac{\partial\tilde{a}(t)}{\partial t}\mathrm{d}t$$

$$\frac{\partial^2\chi}{\partial\tau^2}\bigg|_{\tau,\omega_\mathrm{d}=0}=\int_0^T\tilde{a}^*(t)\frac{\partial^2\tilde{a}(t)}{\partial t^2}\mathrm{d}t=\int_0^T\tilde{a}^*(t)\mathrm{d}\left[\frac{\partial\tilde{a}(t)}{\partial t}\right]=$$

$$\tilde{a}^*(t)\frac{\partial\tilde{a}(t)}{\partial t}\bigg|_0^T-\int_0^T\frac{\partial\tilde{a}(t)}{\partial t}\frac{\partial\tilde{a}^*(t)}{\partial t}\mathrm{d}t=$$

$$-\int_0^T\left|\frac{\partial\tilde{a}(t)}{\partial t}\right|^2\mathrm{d}t$$

在上式的推导中,利用了 $\tilde{a}(t)$ 及其导数在端点为零。

设 $\tilde{a}(t)$ 的频谱为 $S(\omega)$,则 $\dfrac{\partial\tilde{a}(t)}{\partial t}$ 的频谱为 $\mathrm{j}\omega S(\omega)$,并有

$$\frac{\partial\chi}{\partial\tau}\bigg|_{\tau,\omega_\mathrm{d}=0}=-\frac{\mathrm{j}}{2\pi}\int_{-\infty}^{\infty}\omega|S(\omega)|^2\mathrm{d}\omega$$

$$\frac{\partial^2\chi}{\partial\tau^2}\bigg|_{\tau,\omega_\mathrm{d}=0}=-\frac{1}{2\pi}\int_{-\infty}^{\infty}\omega^2|S(\omega)|^2\mathrm{d}\omega$$

由于$\left.\dfrac{\partial\chi}{\partial\tau}\right|_{\tau,\omega_d=0}$是纯虚数，所以 $\mathrm{Re}\left(\left.\dfrac{\partial\chi}{\partial\tau}\right|_{\tau,\omega_d=0}\right)=0$，故

$$\left.\frac{\partial^2|\chi|}{\partial\tau^2}\right|_{\tau,\omega_d=0}=-\frac{1}{2\pi}\int_{-\infty}^{\infty}\omega^2|S(\omega)|^2\mathrm{d}\omega+\left[\frac{1}{2\pi}\int_{-\infty}^{\infty}\omega|S(\omega)|^2\mathrm{d}\omega\right]^2=-\beta^2$$

其中

$$\beta^2=\frac{1}{2\pi}\int_{-\infty}^{\infty}\omega^2|S(\omega)|^2\mathrm{d}\omega-\left[\frac{1}{2\pi}\int_{-\infty}^{\infty}\omega|S(\omega)|^2\mathrm{d}\omega\right]^2 \tag{10.4.17l}$$

是信号带宽的一种度量。

这样，就得到

$$F_{11}=\frac{2A^2}{N_0}\beta^2$$

用与求 F_{11} 类似的方法，可求得

$$\left.\frac{\partial^2|\chi|}{\partial\omega_d^2}\right|_{\tau,\omega_d=0}=\left\{\mathrm{Re}\left[\frac{\partial^2\chi}{\partial\omega_d^2}\right]+\left|\frac{\partial\chi}{\partial\omega_d}\right|^2-\mathrm{Re}\left(\frac{\partial\chi}{\partial\omega_d}\right)\right\}\Bigg|_{\tau,\omega_d=0}$$

且有

$$\left.\frac{\partial\chi}{\partial\omega_d}\right|_{\tau,\omega_d=0}=\mathrm{j}\int_0^T t|\tilde{a}(t)|^2\mathrm{d}t$$

$$\left.\frac{\partial^2\chi}{\partial\omega_d^2}\right|_{\tau,\omega_d=0}=-\int_0^T t^2|\tilde{a}(t)|^2\mathrm{d}t$$

令

$$t_d^2=-\left.\frac{\partial^2|\chi|}{\partial\omega_d^2}\right|_{\tau,\omega_d=0}=\int_0^T t^2|\tilde{a}(t)|^2\mathrm{d}t-\left[\int_0^T t|\tilde{a}(t)|^2\mathrm{d}t\right]^2 \tag{10.4.17m}$$

t_d^2 是持续时间的一种度量。则

$$F_{22}=\frac{2A^2}{N_0}t_d^2$$

同理还可求得

$$F_{12}=\frac{2A^2}{N_0}\mathrm{Re}\left[\int_0^T \mathrm{j}t\frac{\mathrm{d}\tilde{a}(t)}{\mathrm{d}t}\tilde{a}^*(t)\mathrm{d}t-\overline{\omega t}\right]$$

其中

$$\bar{\omega}=\frac{1}{2\pi}\int_{-\infty}^{\infty}\omega|S(\omega)|^2\mathrm{d}\omega$$

$$\bar{t}=\int_0^T t|\tilde{a}(t)|^2\mathrm{d}t$$

若将 F_{12} 进一步简化，就可看出它的实际含义。由于 $\tilde{a}(t)=a(t)\mathrm{e}^{\mathrm{j}\varphi(t)}$，且选取频移和时间坐标的原点，使得 $\bar{\omega}=\bar{t}=0$，不会失去普遍性，可以算得

$$\tilde{a}^*(t)\frac{\mathrm{d}\tilde{a}(t)}{\mathrm{d}t}=\mathrm{j}a^2(t)\frac{\mathrm{d}\varphi(t)}{\mathrm{d}t}+a(t)\frac{\mathrm{d}a(t)}{\mathrm{d}t}$$

将上式代入 F_{12} 中，由于等号右边第二项乘以 jt 后其实部为零，则

$$F_{12}=\frac{2A^2}{N_0}\mathrm{Re}\left[\int_0^T \mathrm{j}t\tilde{a}^*(t)\frac{\mathrm{d}\tilde{a}(t)}{\mathrm{d}t}\mathrm{d}t\right]=$$

$$-\frac{2A^2}{N_0}\int_0^T ta^2(t)\frac{\mathrm{d}\varphi(t)}{\mathrm{d}t}\mathrm{d}t \tag{10.4.17n}$$

$\dfrac{\mathrm{d}\varphi(t)}{\mathrm{d}t}$ 等于瞬时频率相对于载波频率的偏移，因而式(10.4.17n)中的积分是时间和频率乘积的度量，用$\overline{\omega t}$ 表示，则

$$F_{12}=-\frac{2A^2}{N_0}\overline{\omega t} \tag{10.4.17o}$$

可见，如果信号没有角调制，则$\overline{\omega t}$和F_{12}都为零，此时频率和到达时间的估计是不相关的。当有角调制时，将F_{11}，F_{12}和F_{22}代入式(10.4.17f)和式(10.4.17g)，可得时延τ和频移ω_d联合估计的均方误差为

$$E[(\hat{\tau}-\tau)^2]\geqslant\frac{t_d^2}{\frac{2A^2}{N_0}[\beta^2t_d^2-(\overline{\omega t})^2]} \tag{10.4.17p}$$

$$E[(\hat{\omega}_d-\omega_d)^2]\geqslant\frac{\beta^2}{\frac{2A^2}{N_0}[\beta^2t_d^2-(\overline{\omega t})^2]} \tag{10.4.17q}$$

从式(10.4.17p)和(10.4.17q)可知，当没有角调制时，$\overline{\omega t}=0$，则联合估计的均方误差就等于单独估计的均方误差界，则

$$E[(\hat{\tau}-\tau)^2]\geqslant\frac{1}{\frac{2A^2}{N_0}\beta^2} \tag{10.4.17r}$$

$$E[(\hat{\omega}_d-\omega_d)^2]\geqslant\frac{1}{\frac{2A^2}{N_0}t_d^2} \tag{10.4.17s}$$

当有角调制时，信号的有效时宽和带宽是不独立的，持续时间增大，带宽就要减小，反之亦然。因此，联合估计的精度下降。为了提高估计的精度，可以增大信噪比，或者增大信号的带宽与时宽的乘积βt_d。

10.5 线性最小均方估计

贝叶斯估计和最大似然估计都要预先给出观测量及被估计量的概率分布，这在实际中往往难以做到。若从估计的精度上讲，最小均方误差估计的误差小，但一般来说，$\hat{\theta}_{ms}$是观测量的非线性函数，实现起来不方便。如果关于观测信号矢量$\boldsymbol{x}$和被估计矢量$\boldsymbol{\theta}$的概率密度函数的先验知识未知，而仅知道观测信号矢量$\boldsymbol{x}$和被估计矢量$\boldsymbol{\theta}$的前二阶矩，在这种情况下，要求估计量的均方误差最小，但限定估计量是观测量的线性函数。因此把这种估计称为线性最小均方误差估计(liner minimum mean square error estimation)，它把估计量看作是观测量的线性组合，以均方误差最小为准则，来求出待定系数。这种估计方法，虽不如最小均方误差估计好，但由于计算简单且易推广至非白噪声中的参量估计及波形估计，因而是一种常用的估计方法。

10.5.1 线性最小均方估计原理

设被估计量是单个参量θ，观测数据为

$$\boldsymbol{x}^{\mathrm{T}}=[x_1\quad x_2\quad\cdots\quad x_N]$$

已知$E[\boldsymbol{x}]$，$\mathrm{Var}[\boldsymbol{x}]$，$E[\theta]$，$\mathrm{Var}[\theta]$以及$\mathrm{Cov}(\theta,\boldsymbol{x})$。

用$\hat{\theta}_{lms}$表示θ的线性最小均方估值，它是观测量$\boldsymbol{x}$的线性组合，即

$$\hat{\theta}_{\text{lms}} = \sum_{k=1}^{N} h_k x_k + b \tag{10.5.1}$$

式中,k 表示观测次数;h 和 b 是加权系数。

估计的均方误差为

$$E[\tilde{\theta}^2] = E[(\theta - \hat{\theta}_{\text{lms}})^2] = E[(\theta - \sum_{k=1}^{N} h_k x_k - b)^2] \tag{10.5.2}$$

选择加权系数 b 和 h_k 使估计的均方误差到达最小,为此将式(10.5.2)分别对 b 和 h_k 求导并令其等于零,得

$$\frac{\partial E[\tilde{\theta}^2]}{\partial b} = E\left[2\left(\theta - \sum_{k=1}^{N} h_k x_k - b\right)(-1)\right] = 0 \tag{10.5.3}$$

$$\frac{\partial E[\tilde{\theta}^2]}{\partial h_j} = E\left[2\left(\theta - \sum_{k=1}^{N} h_k x_k - b\right)(-x_j)\right] = 0 \tag{10.5.4}$$

并分别改写为

$$b = E[\theta] - \sum_{k=1}^{N} h_k E[x_k] \tag{10.5.5}$$

$$E\left[\left(\theta - \sum_{k=1}^{N} h_k x_k - b\right) x_j\right] = E[\tilde{\theta} x_j] = 0 \tag{10.5.6}$$

式(10.5.5)和式(10.5.6)联立求解可得 b 和 h_k,可以看出式(10.5.6)代表 N 个方程,b 和 h_k 只与 θ 及 x_k 的一、二阶矩有关。

下面先讨论单参量单次观测的情况,即用一个观测数据来进行估计。此时,估值的表示式简化为

$$\hat{\theta} = hx + b$$

由式(10.5.5)和式(10.5.6)得到下列方程:

$$b = E[\theta] - hE[x]$$

$$E[\theta x] - hE[x^2] - bE[x] = 0$$

求解,得

$$h = \frac{E[\theta x] - E[x]E[\theta]}{E[x^2] - [E(x)]^2} = \frac{\text{Cov}(\theta, x)}{\sigma_x^2} \tag{10.5.7}$$

$$b = E[\theta] - \frac{\text{Cov}(\theta, x)}{\sigma_x^2} E[x] \tag{10.5.8}$$

其中

$$\text{Cov}(\theta, x) = E\{[\theta - E(\theta)][x - E(x)]\}$$

因此

$$\hat{\theta}_{\text{lms}} = E[\theta] + \frac{\text{Cov}(\theta, x)}{\sigma_x^2}[x - E(x)] \tag{10.5.9}$$

对于单参量多次观测的情况,用矢量来表示。

若把式(10.5.1)中的 h_k 写成

$$\boldsymbol{h} = \begin{bmatrix} h_1 \\ h_2 \\ \vdots \\ h_N \end{bmatrix}$$

则 $\hat{\theta}_{\text{lms}}$ 可以写成

$$\hat{\theta}_{\text{lms}} = \boldsymbol{h}^{\text{T}}\boldsymbol{x} + b \tag{10.5.10}$$

其均方误差为

$$E[\tilde{\theta}^2] = E[(\theta - \hat{\theta})^2] = E[(\theta - \boldsymbol{h}^{\text{T}}\boldsymbol{x} - b)^2]$$

式(10.5.10)对 b 和 $\boldsymbol{h}$ 分别求导并令其等于零,可得

$$\frac{\partial E[(\theta - \boldsymbol{h}^{\text{T}}\boldsymbol{x} - b)^2]}{\partial b} = -2E[(\theta - \boldsymbol{h}^{\text{T}}\boldsymbol{x} - b)] = 0$$

$$b = E[\theta] - \boldsymbol{h}^{\text{T}}E[\boldsymbol{x}] \tag{10.5.11}$$

以及

$$\frac{\partial E[(\theta - \boldsymbol{h}^{\text{T}}\boldsymbol{x} - b)^2]}{\partial \boldsymbol{h}} = -2E[(\theta - \boldsymbol{h}^{\text{T}}\boldsymbol{x} - b)\boldsymbol{x}^{\text{T}}] =$$

$$-2E[\theta\boldsymbol{x}^{\text{T}}] + 2\boldsymbol{h}^{\text{T}}E[\boldsymbol{x}\boldsymbol{x}^{\text{T}}] + 2E[b\boldsymbol{x}^{\text{T}}] = 0$$

即

$$\begin{aligned}\boldsymbol{h}^{\text{T}}E[\boldsymbol{x}\boldsymbol{x}^{\text{T}}] &= E[\theta\boldsymbol{x}^{\text{T}}] - bE[\boldsymbol{x}^{\text{T}}] = \\ &E[\theta\boldsymbol{x}^{\text{T}}] - E[\theta]E[\boldsymbol{x}^{\text{T}}] + \boldsymbol{h}^{\text{T}}E[\boldsymbol{x}]E[\boldsymbol{x}^{\text{T}}]\end{aligned}$$

$$\boldsymbol{h}^{\text{T}}\{E[\boldsymbol{x}\boldsymbol{x}^{\text{T}}] - E[\boldsymbol{x}]E[\boldsymbol{x}^{\text{T}}]\} = E[\theta\boldsymbol{x}^{\text{T}}] - E[\boldsymbol{x}]E[\boldsymbol{x}^{\text{T}}]$$

故

$$\boldsymbol{h}^{\text{T}} = \text{Cov}(\theta, \boldsymbol{x})\,[\text{Var}(\boldsymbol{x})]^{-1} \tag{10.5.12}$$

则

$$\hat{\theta}_{\text{lms}} = E[\theta] + \text{Cov}(\theta, \boldsymbol{x})\,[\text{Var}(\boldsymbol{x})]^{-1}\{\boldsymbol{x} - E[\boldsymbol{x}]\} \tag{10.5.13}$$

10.5.2 线性最小均方估计量的性质

1. 无偏性

因为 $E[\hat{\boldsymbol{\theta}}_{\text{lms}}] = E[\boldsymbol{h}^{\text{T}}\boldsymbol{x} + b] = E[\boldsymbol{h}^{\text{T}}\boldsymbol{x} + E(\boldsymbol{\theta}) - \boldsymbol{h}^{\text{T}}E(\boldsymbol{x})] = E(\boldsymbol{\theta})$

所以,线性最小均方估计是无偏估计。

2. 估计误差与观测量正交

式(10.5.6)表示估计误差与观测数据乘积的统计均值等于零。

$$E[\tilde{\boldsymbol{\theta}}x_j] = 0, \quad j = 1, 2, \cdots, N \tag{10.5.14}$$

或

$$E[\tilde{\boldsymbol{\theta}}\boldsymbol{x}] = 0$$

说明估计误差 $\tilde{\boldsymbol{\theta}}$ 与观测量 $\boldsymbol{x}$ 是不相关的。若借助于几何概念,用矢量关系来说明,如图 10.5.1 所示。

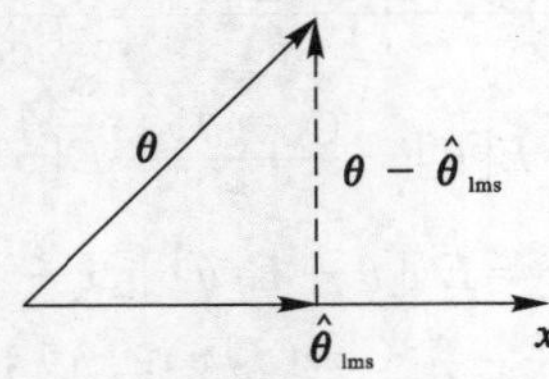

图 10.5.1 正交关系图

若将 $\tilde{\boldsymbol{\theta}}_{\text{lms}}$ 看作是被估计矢量 $\boldsymbol{\theta}$ 在观测矢量 $\boldsymbol{x}$ 上的投影,则矢量 $\boldsymbol{\theta} - \hat{\boldsymbol{\theta}}_{\text{lms}}$ 与 $\boldsymbol{x}$ 正交(垂直)。可见,正交是用几何术语来表示不相关。

估计误差与观测量不相关是实现线性最小均方误差估计的重要条件,通常称为正交条件,这在以后还会用到。

3. 线性最小均方估计的均方误差

因为 $E[\tilde{\theta}^2] = E[\tilde{\theta}(\theta - \hat{\theta}_{\text{lms}})] = E[\tilde{\theta}\theta] - E[\tilde{\theta}\hat{\theta}_{\text{lms}}]$

其中
$$E[\tilde{\theta}\theta_{\text{lms}}]=E[\tilde{\theta}(\boldsymbol{hx}+b)]=\boldsymbol{h}^{\mathrm{T}}E[\tilde{\theta}\boldsymbol{x}]+\boldsymbol{b}E[\tilde{\theta}]=0$$
其依据是正交条件和 $\hat{\theta}_{\text{lms}}$ 的无偏性，所以，估计的均方误差为
$$E[\tilde{\theta}^2]=E[\tilde{\theta}\theta] \tag{10.5.15}$$

式(10.5.15) 表明，线性最小均方估计的均方误差等于误差与被估计量乘积的统计均值，这是计算估计均方误差常用的公式。

4. 线性最小均方估计与最小均方误差估计的关系

线性最小均方估计在一般情况下不同于最小均方误差估计，只是在特殊情况下，即当被估计量 θ 与观测量 $\boldsymbol{x}$ 的联合概率密度函数是高斯分布时，两者才是相等的。线性最小均方估计是线性估计中均方误差最小的一种估计方法，但比最小均方误差估计的误差大，这通过下边的例子可以说明。

例 10.5.1　设某随机参量 θ 以等概率取六个可能值 $\{-2,-1,0,1,2,3\}$，观测数据 x 与参量 θ 具有表 10.5.1 列出的关系，根据一次观测所得数据 x 对参量 θ 做出线性最小均方估计，并与最小均方误差估计进行比较。

表 10.5.1　观测数据 $\boldsymbol{x}$ 与参量 $\boldsymbol{\theta}$ 的关系

θ	-2	-1	0	1	2	3
x	4	1	0	1	4	9

解　按题意要求用一个观测数据进行估计，故线性最小均方估计的表达式为
$$\hat{\theta}_{\text{lms}}=hx+b$$
根据式(10.5.7) 和式(10.5.8)
$$h=\frac{\mathrm{Cov}(\theta,x)}{\sigma_x^2}$$
$$b=E[\theta]-hE[x]$$

由假设条件和数据表，可以算出
$$E[\theta]=\sum\theta_jP=0.5$$
$$E[x]=\sum x_jP=3.17$$
$$\sigma_x^2=E[x^2]-[E(x)]^2=9.13$$
$$\mathrm{Cov}(\theta,x)=E\{[\theta-E(\theta)][x-E(x)]\}=2.91$$
代入上两式，可得
$$h=0.319$$
$$b=-0.5$$
故线性最小均方估值为
$$\hat{\theta}_{\text{lms}}=0.319x-0.5$$
其估计的均方误差，根据式(10.5.15) 可求得
$$E[\tilde{\theta}^2]=E[\tilde{\theta}\theta]=E[(\theta-\hat{\theta}_{\text{lms}})\theta]=E[(\theta-hx-b)\theta]=$$
$$E[\theta^2]-0.319E[\theta x]+0.5E[\theta]$$
不难算出

$$E[\theta^2]=3.17$$

$$E[\theta x]=4.5$$

则
$$E[\tilde{\theta}^2]=1.99$$

若采用最小均方误差估计，根据 $\hat{\theta}_{ms}=E[\theta|x]$ 不难得出，当测量数据 x 取不同值时的 $\hat{\theta}_{ms}$：

当 $x=0$ 时，　$E[\theta|0]=0$

当 $x=1$ 时，　$E[\theta|1]=0$

当 $x=4$ 时，　$E[\theta|4]=0$

当 $x=9$ 时，　$E[\theta|9]=3$

可以看出，当 x 取 0,1,4,9 时，$\hat{\theta}_{ms}$ 为 0,0,0,3，它们是非线性关系。

估计的均方误差为

$$E[\tilde{\theta}^2]=E[(\theta-\hat{\theta}_{ms})^2]=1.67$$

从本例的计算结果可以看出，线性最小均方估计与最小均方估计相比较，其误差稍大些，但随着观测次数增加，误差可以减小，这一点通过下边的例子来说明。

例 10.5.2 　设参量 s 以等概率取 $\{-2,-1,0,1,2\}$ 各值；噪声干扰 n 以等概率取 $\{-1,0,1\}$ 各值；设参量 s 与噪声 n 及各次观测的噪声与噪声之间都是不相关的，即 $E[sn]=0$，$E[n_in_j]=\sigma_n^2\delta_{ij}$，观测方程为

$$x_k=s+n_k,\qquad k=1,2,\cdots$$

根据一次、二次、三次的观测值对参量 s 进行线性最小均方估计。

解 　(1) 根据一次观测。

线性最小均方误差估计值 $\hat{s}_{lms}$ 为

$$\hat{s}_{lms}=h_1x_1+b$$

由题设条件可以算出

$$E[s]=0,\qquad E[x]=0$$

则
$$b=0$$

由正交条件

$$E[(s-h_1x_1-b)x_1]=0$$

可得
$$h_1=\frac{E[sx_1]}{E[x_1^2]}=\frac{3}{4}$$

则
$$\hat{s}_{lms}=\frac{3}{4}x_1$$

估计的均方误差为

$$E[\tilde{s}^2]=E[\tilde{s}s]=E[(s-\hat{s}_{lms})s]=E[s^2]-E[s\hat{s}_{lms}]=$$

$$2-\frac{3}{4}E[sx_1]=\frac{1}{2}$$

(2) 根据二次观测。

这时 $\hat{s}_{lms}$ 为

$$\hat{s}_{lms}=h_1x_1+h_2x_2+b$$

同样可得 $b=0$，根据正交条件可得

$$E[(s-h_1x_1-h_2x_2)x_1]=0$$

$$E[(s-h_1x_1-h_2x_2)x_2]=0$$

即

$$E[sx_1]-h_1E[x_1^2]-h_2E[x_1x_2]=0$$

$$E[sx_2]-h_1E[x_1x_2]-h_2E[x_2^2]=0$$

代入各统计均值的计算结果，方程组变为

$$2-\frac{8}{3}h_1-2h_2=0$$

$$2-2h_1-\frac{8}{3}h_2=0$$

解得

$$h_1=h_2=\frac{3}{7}$$

故

$$\hat{s}_{\text{lms}}=\frac{3}{7}(x_1+x_2)$$

估计的均方误差为

$$E[\tilde{s}^2]=E\left[\left(s-\frac{3}{7}x_1-\frac{3}{7}x_2\right)s\right]=E[s^2]-\frac{3}{7}[E(x_1s)+E(x_2s)]=\frac{2}{7}$$

(3) 根据三次观测。

用类似的计算方法，可以求出

$$\hat{s}_{\text{lms}}=\frac{3}{10}(x_1+x_2+x_3)$$

估计的均方误差为

$$E[\tilde{s}^2]=\frac{1}{5}$$

例 10.5.3　本例讨论在平稳白噪声中，根据多次观测对单个参量进行估计的问题，设观测方程为

$$x_k=\theta+n_k,\qquad k=1,2,\cdots,N$$

式中，θ 是被估计的参量；n_k 是平稳白噪声；其前一、二阶矩分别为 $E[\theta]$，σ_θ^2 和 $E[n_k]=0$；$E[n_in_j]=\sigma_n^2\delta_{ij}$，且 $E[\theta n_k]=0$。求 θ 的线性最小均方估值。

解　由式(10.5.13)知

$$\hat{\theta}_{\text{lms}}=E[\theta]+\text{Cov}(\theta,\boldsymbol{x})\,[\text{Var}(\boldsymbol{x})]^{-1}[\boldsymbol{x}-E(\boldsymbol{x})]$$

因为 $E[n_k]=0$，所以上式中

$$\boldsymbol{x}-E[\boldsymbol{x}]=\begin{bmatrix}x_1-E(\theta)\\x_2-E(\theta)\\\vdots\\x_N-E(\theta)\end{bmatrix}$$

$$\begin{aligned}\text{Cov}(\theta,\boldsymbol{x})&=E\{[\theta-E(\theta)]\,[\boldsymbol{x}-E(\boldsymbol{x})]^{\text{T}}\}=\\&E\{[\theta-E(\theta)][x_1-E(\theta)\quad x_2-E(\theta)\quad\cdots\quad x_N-E(\theta)]\}=\\&[\sigma_\theta^2\quad\sigma_\theta^2\quad\cdots\quad\sigma_\theta^2]\end{aligned}\tag{10.5.16}$$

$$\text{Var}(\boldsymbol{x})=E\{[\boldsymbol{x}-E(\boldsymbol{x})]\,[\boldsymbol{x}-E(\boldsymbol{x})]^{\text{T}}\}=$$

$$E\left\{\begin{bmatrix}x_1-E(\theta)\\x_2-E(\theta)\\\vdots\\x_N-E(\theta)\end{bmatrix}[x_1-E(\theta)\quad x_2-E(\theta)\quad\cdots\quad x_N-E(\theta)]\right\}$$

因为
$$E\{[x_i - E(\theta)][x_j - E(\theta)]\} = E(\theta^2) - [E(\theta)]^2 = \sigma_\theta^2$$
$$E\{[x_i - E(\theta)]^2\} = E(\theta^2) + E[n_i^2] - [E(\theta)]^2 = \sigma_\theta^2 + \sigma_n^2$$

所以
$$\mathrm{Var}(\boldsymbol{x}) = \begin{bmatrix} \sigma_\theta^2+\sigma_n^2 & \sigma_\theta^2 & \cdots & \sigma_\theta^2 \\ \sigma_\theta^2 & \sigma_\theta^2+\sigma_n^2 & \cdots & \sigma_\theta^2 \\ \vdots & \vdots & & \vdots \\ \sigma_\theta^2 & \sigma_\theta^2 & \cdots & \sigma_\theta^2+\sigma_n^2 \end{bmatrix} \tag{10.5.17}$$

是 N 阶对称正定方阵，则
$$\boldsymbol{h}^{\mathrm{T}} = \mathrm{Cov}(\theta,\boldsymbol{x})\,[\mathrm{Var}(\boldsymbol{x})]^{-1}$$

或
$$[\mathrm{Var}(\boldsymbol{x})]^{\mathrm{T}}\boldsymbol{h} = [\mathrm{Cov}(\theta,\boldsymbol{x})]^{\mathrm{T}}$$

则
$$\begin{bmatrix} \sigma_\theta^2+\sigma_n^2 & \sigma_\theta^2 & \cdots & \sigma_\theta^2 \\ \sigma_\theta^2 & \sigma_\theta^2+\sigma_n^2 & \cdots & \sigma_\theta^2 \\ \vdots & \vdots & & \vdots \\ \sigma_\theta^2 & \sigma_\theta^2 & \cdots & \sigma_\theta^2+\sigma_n^2 \end{bmatrix} \begin{bmatrix} h_1 \\ h_2 \\ \vdots \\ h_N \end{bmatrix} = \begin{bmatrix} \sigma_\theta^2 \\ \sigma_\theta^2 \\ \vdots \\ \sigma_\theta^2 \end{bmatrix} \tag{10.5.18}$$

等效于下列方程组：
$$\left.\begin{aligned} (\sigma_\theta^2+\sigma_n^2)h_1 + \sigma_\theta^2 h_2 + \cdots + \sigma_\theta^2 h_N = \sigma_\theta^2 \\ \sigma_\theta^2 h_1 + (\sigma_\theta^2+\sigma_n^2)h_2 + \cdots + \sigma_\theta^2 h_N = \sigma_\theta^2 \\ \vdots \qquad\qquad \\ \sigma_\theta^2 h_1 + \sigma_\theta^2 h_2 + \cdots + (\sigma_\theta^2+\sigma_n^2)h_N = \sigma_\theta^2 \end{aligned}\right\} \tag{10.5.19}$$

解该方程组，可得
$$h_1 = h_2 = \cdots = h_N = \frac{\sigma_\theta^2}{N\sigma_\theta^2+\sigma_n^2} \tag{10.5.20}$$

即
$$\hat{\theta}_{\mathrm{lms}} = E(\theta) + \begin{bmatrix} \dfrac{\sigma_\theta^2}{N\sigma_\theta^2+\sigma_n^2} & \dfrac{\sigma_\theta^2}{N\sigma_\theta^2+\sigma_n^2} & \cdots & \dfrac{\sigma_\theta^2}{N\sigma_\theta^2+\sigma_n^2} \end{bmatrix} \begin{bmatrix} x_1 - E(\theta) \\ x_2 - E(\theta) \\ \vdots \\ x_N - E(\theta) \end{bmatrix} =$$
$$E(\theta) + \frac{\sigma_\theta^2}{N\sigma_\theta^2+\sigma_n^2}\sum_{k=1}^{N}[x_k - E(\theta)] \tag{10.5.21}$$

估计的均方误差为
$$E[\tilde{\theta}^2] = E[\tilde{\theta}\theta] = E\left\{\left[\theta - E(\theta) - \frac{\sigma_\theta^2}{N\sigma_\theta^2+\sigma_n^2}\sum_{k=1}^{N}(x_k - E(\theta))\right]\theta\right\} =$$
$$E(\theta^2) - [E(\theta)]^2 - \frac{N\sigma_\theta^4}{N\sigma_\theta^2+\sigma_n^2} =$$
$$\sigma_\theta^2 - \frac{N\sigma_\theta^4}{N\sigma_\theta^2+\sigma_n^2} = \frac{\sigma_n^2}{N+\dfrac{\sigma_n^2}{\sigma_\theta^2}} \tag{10.5.22}$$

由上边的计算可以看出，当噪声采样独立时，线性最小均方估计误差与观测次数、噪声功率以及信噪比有关。

当信噪比很大时

$$E[\tilde{\theta}^2] \approx \frac{1}{N}\sigma_n^2$$

估计误差随观测次数的增加和噪声功率的减小而减小。

例 10.5.4　在参量估计问题中往往会遇到更复杂的情况，如通过对目标距离的测量来估计目标运动速度；通过对周期信号在一个完整周期内的采样来估计振幅等。

设观测模型为

$$x_k = \alpha_k\theta + n_k, \qquad k=1,2,\cdots,N$$

式中，θ 和 n_k 的特性与例 10.5.3 同；α_k 可以由观测得到。求 θ 的线性最小均方估值。

解　对于这种情况，仍用式(10.5.13)

$$\hat{\theta}_{\text{lms}} = E[\theta] + \text{Cov}(\theta,\boldsymbol{x})\,[\text{Var}(\boldsymbol{x})]^{-1}\{\boldsymbol{x} - E[\boldsymbol{x}]\}$$

因为

$$E[\boldsymbol{x}] = \begin{bmatrix} \alpha_1E(\theta) \\ \alpha_2E(\theta) \\ \vdots \\ \alpha_NE(\theta) \end{bmatrix}, \qquad \boldsymbol{x} - E(\boldsymbol{x}) = \begin{bmatrix} x_1 - \alpha_1E(\theta) \\ x_2 - \alpha_2E(\theta) \\ \vdots \\ x_N - \alpha_NE(\theta) \end{bmatrix}$$

利用与例 10.5.3 相同的方法，可以求得

$$\begin{aligned}\text{Cov}(\theta,\boldsymbol{x}) = E\{[\theta - E(\theta)]\,[\boldsymbol{x} - E(\boldsymbol{x})]^{\text{T}}\} = \\ [\alpha_1\sigma_\theta^2 \quad \alpha_2\sigma_\theta^2 \quad \cdots \quad \alpha_N\sigma_\theta^2]\end{aligned} \tag{10.5.23}$$

$$\begin{aligned}\text{Var}(\boldsymbol{x}) = E\{[\boldsymbol{x} - E(\boldsymbol{x})]\,[\boldsymbol{x} - E(\boldsymbol{x})]^{\text{T}}\} = \\ \begin{bmatrix} \alpha_1^2\sigma_\theta^2 + \sigma_n^2 & \alpha_1\alpha_2\sigma_\theta^2 & \cdots & \alpha_1\alpha_N\sigma_\theta^2 \\ \alpha_2\alpha_1\sigma_\theta^2 & \alpha_2^2\sigma_\theta^2 + \sigma_n^2 & \cdots & \alpha_2\alpha_N\sigma_\theta^2 \\ \vdots & \vdots & & \vdots \\ \alpha_N\alpha_1\sigma_\theta^2 & \alpha_N\alpha_2\sigma_\theta^2 & \cdots & \alpha_N^2\sigma_\theta^2 + \sigma_n^2 \end{bmatrix}\end{aligned} \tag{10.5.24}$$

由$[\text{Var}(\boldsymbol{x})]^{\text{T}}\boldsymbol{h} = [\text{Cov}(\theta,\boldsymbol{x})]^{\text{T}}$，可得下列方程组：

$$\begin{cases} (\alpha_1^2\sigma_\theta^2 + \sigma_n^2)h_1 + \alpha_2\alpha_1\sigma_\theta^2h_2 + \cdots + \alpha_1\alpha_N\sigma_\theta^2h_N = \alpha_1\sigma_\theta^2 \\ \alpha_2\alpha_1\sigma_\theta^2h_1 + (\alpha_2^2\sigma_\theta^2 + \sigma_n^2)h_2 + \cdots + \alpha_2\alpha_N\sigma_\theta^2h_N = \alpha_2\sigma_\theta^2 \\ \cdots\cdots \\ \alpha_N\alpha_1\sigma_\theta^2h_1 + \alpha_N\alpha_2\sigma_\theta^2h_2 + \cdots + (\alpha_N^2\sigma_\theta^2 + \sigma_n^2)h_N = \alpha_N\sigma_\theta^2 \end{cases}$$

给每个方程的两边乘以对应的$\frac{\alpha_k}{\sigma_\theta^2}$，并将所得方程组相加，可得

$$\left[\sum_{k=1}^N\alpha_k^2 + \frac{\sigma_n^2}{\sigma_\theta^2}\right]\alpha_1h_1 + \left[\sum_{k=1}^N\alpha_k^2 + \frac{\sigma_n^2}{\sigma_\theta^2}\right]\alpha_2h_2 + \cdots + \left[\sum_{k=1}^N\alpha_k^2 + \frac{\sigma_n^2}{\sigma_\theta^2}\right]\alpha_Nh_N = \sum_{k=1}^N\alpha_k^2$$

即

$$\left[\sum_{k=1}^N\alpha_k^2 + \frac{\sigma_n^2}{\sigma_\theta^2}\right][\alpha_1h_1 + \alpha_2h_2 + \cdots + \alpha_Nh_N] = \sum_{k=1}^N\alpha_k^2$$

则

$$h_k = \frac{\alpha_k}{\sum_{k=1}^N\alpha_k^2 + \frac{\sigma_n^2}{\sigma_\theta^2}} \tag{10.5.25}$$

故得

$$\hat{\theta}_{\text{lms}} = E(\theta) + \frac{1}{\sum_{k=1}^N\alpha_k^2 + \frac{\sigma_n^2}{\sigma_\theta^2}}\sum_{k=1}^N\alpha_k[x_k - \alpha_kE(\theta)] \tag{10.5.26}$$

估计的均方误差

$$E[\tilde{\theta}^2]=E[\tilde{\theta}\theta]=\sigma_\theta^2-\frac{1}{\sum_{k=1}^{N}\alpha_k^2+\frac{\sigma_n^2}{\sigma_\theta^2}}\sum_{k=1}^{N}\alpha_k\{E(x_k\theta)-\alpha_k[E(\theta)]^2\}=$$

$$\frac{\sigma_n^2}{\sum_{k=1}^{N}\alpha_k^2+\frac{\sigma_n^2}{\sigma_\theta^2}} \tag{10.5.27}$$

由式(10.5.27)可以看出,当 $\alpha_k=1$ 时,就可得到例 10.5.3 的结果。

例 10.5.5 某信号以等概率取下列三个值:

$$a=-1,\quad a=0,\quad a=+1$$

这个信号调制于载频上,经由噪声的信道传输,使接收到的样本为

$$x_k=C_ka+n_k,\quad k=1,2,\cdots,N$$

式中,n_k 是方差为 σ_n^2、均值为零的高斯白噪声,n_k 与 a 相互独立;C_k 为观测系数,上述观测值可写成矢量形式

$$\boldsymbol{x}=\boldsymbol{C}a+\boldsymbol{n}$$

求 a 的最大后验概率、最小均方误差、最大似然估值和线性最小均方估值。

解 为了求得 $\hat{a}_{\mathrm{map}}$,$\hat{a}_{\mathrm{ml}}$ 和 $\hat{a}_{\mathrm{ms}}$,必须先求出似然函数

$$p(\boldsymbol{x}|a)=\left(\frac{1}{\sqrt{2\pi}\,\sigma_n}\right)^N\exp\left[-\frac{1}{2\sigma_n^2}\sum_{k=1}^{N}(x_k-C_ka)^2\right]$$

和 a 的先验概率

$$p(a)=\frac{1}{3}[\delta(a-1)+\delta(a)+\delta(a+1)]$$

根据

$$p(a|\boldsymbol{x})=\frac{p(\boldsymbol{x}|a)p(a)}{p(\boldsymbol{x})}=\frac{p(\boldsymbol{x}|a)p(a)}{\int p(\boldsymbol{x}|a)p(a)\mathrm{d}a}$$

可求得

$$p(a|\boldsymbol{x})=\frac{1}{3}\frac{p(\boldsymbol{x}|1)\delta(a-1)+p(\boldsymbol{x}|0)\delta(a)+p(\boldsymbol{x}|-1)\delta(a+1)}{\int p(\boldsymbol{x}|a)p(a)\mathrm{d}a}=$$

$$\frac{p(\boldsymbol{x}|1)\delta(a-1)+p(\boldsymbol{x}|0)\delta(a)+p(\boldsymbol{x}|-1)\delta(a+1)}{p(\boldsymbol{x}|1)+p(\boldsymbol{x}|0)+p(\boldsymbol{x}|-1)}=$$

$$\frac{\exp\left[-\frac{1}{2\sigma_n^2}\sum_{k=1}^{N}(x_k-C_ka)^2\right][\delta(a-1)+\delta(a)+\delta(a+1)]}{\exp\left[-\frac{1}{2\sigma_n^2}\sum_{k=1}^{N}(x_k-C_k)^2\right]+\exp\left[-\frac{1}{2\sigma_n^2}\sum_{k=1}^{N}x_k^2\right]+\exp\left[-\frac{1}{2\sigma_n^2}\sum_{k=1}^{N}(x_k+C_k)^2\right]}$$

从上式不难看出,$p(a|\boldsymbol{x})$ 只在 a 等于 -1,0 和 $+1$ 时有值,a 为其他值时 $p(a|\boldsymbol{x})$ 等于零,要使 $p(a|\boldsymbol{x})$ 最大必须使上式的分子最大,等效于指数项 $\sum_{k=1}^{N}(x_k-C_ka)^2$ 最小,即在 $\sum_{k=1}^{N}(x_k-C_k)^2$,$\sum_{k=1}^{N}x_k^2$ 和 $\sum_{k=1}^{N}(x_k+C_k)^2$ 三者中取最小值。

若令

$$\bar{x}=\frac{\sum_{k=1}^{N}C_k x_k}{\sum_{k=1}^{N}C_k^2}$$

则使 $p(a|\boldsymbol{x})$ 最大就相当于取 $a^2-2a\bar{x}$ 的最小值，由于 a 只能取 $-1,0,+1$ 三个值，故比较式可以写成

$$\min\,(a^2-2a\bar{x})=\min\{1-2\bar{x},\ 0,\ 1+2\bar{x}\}$$

故

$$\hat{a}_{\mathrm{map}}=\begin{cases}1, & \bar{x}>\dfrac{1}{2}\\ 0, & -\dfrac{1}{2}<\bar{x}<\dfrac{1}{2}\\ -1, & \bar{x}<-\dfrac{1}{2}\end{cases}$$

为了求得 $\hat{a}_{\mathrm{ml}}$，必须解下面的方程：

$$\frac{\partial \ln p(\boldsymbol{x}|a)}{\partial a}=0 \quad 或 \quad \frac{\partial \sum_{k=1}^{N}(x_k-C_k a)^2}{\partial a}=0$$

得

$$\hat{a}_{\mathrm{ml}}=\frac{\sum_{k=1}^{N}C_k x_k}{\sum_{k=1}^{N}C_k^2}=\bar{x}$$

对于最小均方误差估计必须求后验均值

$$\hat{a}_{\mathrm{ms}}=E[a|\boldsymbol{x}]=\int ap(a|\boldsymbol{x})\mathrm{d}a=$$

$$\frac{\int a[p(\boldsymbol{x}|1)\delta(a-1)+p(\boldsymbol{x}|0)\delta(a)+p(\boldsymbol{x}|-1)\delta(a+1)]\mathrm{d}a}{3\int p(\boldsymbol{x}|a)p(a)\mathrm{d}a}=$$

$$\frac{p(\boldsymbol{x}|1)-p(\boldsymbol{x}|-1)}{p(\boldsymbol{x}|1)+p(\boldsymbol{x}|0)+p(\boldsymbol{x}|-1)}$$

消去上式分子与分母中的相同项，并化简得

$$\hat{a}_{\mathrm{ms}}=\frac{2\mathrm{sh}(2P\bar{x})}{\mathrm{e}^P+2\mathrm{ch}(2P\bar{x})}$$

式中

$$P=\frac{\sum_{k=1}^{N}C_k^2}{2\sigma_n^2}$$

线性最小均方估值可由式(10.5.13)得

$$\hat{a}_{\mathrm{lms}}=E[a]+\mathrm{Cov}(a,\boldsymbol{x})\,[\mathrm{Var}(\boldsymbol{x})]^{-1}[\boldsymbol{x}-E(\boldsymbol{x})]$$

因为 $E[a]=0$，则 $E[\boldsymbol{x}]=E[Ca+\boldsymbol{n}]=0$，所以

$$\hat{a}_{\mathrm{lms}}=\mathrm{Cov}(a,\boldsymbol{x})\,[\mathrm{Var}(\boldsymbol{x})]^{-1}\boldsymbol{x}$$

式中

$$\mathrm{Cov}(a,\boldsymbol{x})=E\{[a-E(a)]\,[\boldsymbol{x}-E(\boldsymbol{x})]^{\mathrm{T}}\}=E[a\boldsymbol{x}^{\mathrm{T}}]=$$

$$E[a(\boldsymbol{C}a+\boldsymbol{n})^{\mathrm{T}}]=\boldsymbol{C}^{\mathrm{T}}\sigma_n^2$$

$$\mathrm{Var}(\boldsymbol{x})=E[\boldsymbol{x}\boldsymbol{x}^{\mathrm{T}}]=E[(\boldsymbol{C}a+\boldsymbol{n})(\boldsymbol{C}a+\boldsymbol{n})^{\mathrm{T}}]=\boldsymbol{C}\boldsymbol{C}^{\mathrm{T}}\sigma_a^2+\sigma_n^2\mathrm{I}_N$$

所以

$$\hat{a}_{\mathrm{lms}}=\frac{\boldsymbol{C}^{\mathrm{T}}\sigma_a^2}{\boldsymbol{C}^{\mathrm{T}}\boldsymbol{C}\sigma_a^2+\sigma_n^2}\boldsymbol{x}=\frac{\boldsymbol{C}^{\mathrm{T}}\boldsymbol{C}}{\boldsymbol{C}^{\mathrm{T}}\boldsymbol{C}+\dfrac{\sigma_n^2}{\sigma_a^2}}\frac{\boldsymbol{C}^{T}\boldsymbol{x}}{\boldsymbol{C}^{\mathrm{T}}\boldsymbol{C}}=\frac{\boldsymbol{C}^{\mathrm{T}}\boldsymbol{C}}{\boldsymbol{C}^{\mathrm{T}}\boldsymbol{C}+\dfrac{\sigma_n^2}{\sigma_a^2}}\bar{x}$$

为了进行比较，将 a 的四种估值与 $\bar{x}$ 的关系绘成曲线，如图 10.5.2 所示。

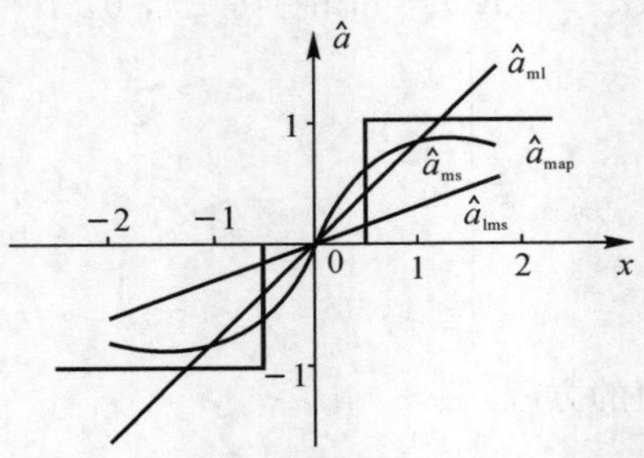

图 10.5.2　高斯白噪声中均匀分布信号的估计

从图 10.5.2 中可以看出，若噪声是高斯白噪声，信号振幅为均匀分布时，其最大后验概率估计与最小均方误差估计是非线性估计。最大似然估计与线性最小均方估计都是线性的。

10.5.3　线性最小均方递推估计

由前述内容已经知道，要求信号参量的线性最小均方估值必须解多元联立方程(元数与观测次数相同)，其运算量随观测次数的增多而加大，而且每得到一个新的观测数据都必须用过去的全部数据重新计算。数据的存储量也是相当可观的。本节将要介绍的递推方法，是在前一次估计的基础上进行，根据新的观测数据对前一次的估计加以修正，得出新的估值，然后再观测、再修正、…… 如此不断地进行下去，这种方法也称为序贯估计，适合于在计算机上进行。

设观测模型为

$$x_j=\theta+n_j,\quad j=1,2,\cdots$$

式中，θ 是被估计的随机参量，其均值和方差分别为 $E[\theta]$ 和 σ_θ^2；n_j 为白噪声，且 $E[n_j]=0$，$E[n_in_j]=\sigma_n^2\delta_{ij}$，$E[\theta n_j]=0$。

为了得到递推算法，必须应用非递推的结果。式(10.5.21) 给出了符合上述假设条件的非递推估值，若令

$$d=\frac{\sigma_n^2}{\sigma_\theta^2}$$

则当第 k 个观测数据到来时，用前 k 个数据所得的估值为

$$\hat{\theta}_k=E[\theta]+\frac{1}{k+d}\sum_{j=1}^{k}[x_j-E(\theta)]\tag{10.5.28}$$

估计的均方误差由式(10.5.22) 给出，这里用 e_k^2 表示为

$$e_k^2=E[\tilde{\theta}_k^2]=E[(\theta-\hat{\theta}_k)^2]=\frac{\sigma_n^2}{k+d}\tag{10.5.29}$$

同样地，当第$(k+1)$个数据到来时，则有

$$\hat{\theta}_{k+1}=E[\theta]+\frac{1}{(k+1)+d}\sum_{j=1}^{k+1}[x_j-E(\theta)] \tag{10.5.30}$$

$$e_{k+1}^2=\frac{\sigma_n^2}{(k+1)+d} \tag{10.5.31}$$

由式(10.5.29)和式(10.5.31)可得

$$\frac{e_{k+1}^2}{e_k^2}=\frac{k+d}{(k+1)+d}=\frac{1}{1+\frac{1}{k+d}}=\frac{1}{1+\frac{e_k^2}{\sigma_n^2}}$$

则

$$e_{k+1}^2=\frac{e_k^2}{1+\frac{e_k^2}{\sigma_n^2}} \tag{10.5.32}$$

这是一个重要的递推公式，当求得第 k 次估计的均方误差时，就可以逐次推出 e_{k+1}^2，e_{k+2}^2，…。

若把式(10.5.30)改写为

$$\hat{\theta}_{k+1}=E[\theta]+\frac{1}{k+1+d}\sum_{j=1}^{k}[x_k-E(\theta)]+\frac{1}{k+1+d}[x_{k+1}-E(\theta)]=$$

$$\frac{k+d}{k+1+d}E(\theta)+\frac{1}{k+1+d}\sum_{j=1}^{k}[x_k-E(\theta)]+\frac{1}{k+1+d}x_{k+1}=$$

$$\frac{k+d}{k+1+d}\left\{E(\theta)+\frac{1}{k+d}\sum_{j=1}^{k}[x_k-E(\theta)]\right\}+\frac{1}{k+1+d}x_{k+1}=$$

$$\frac{k+d}{k+1+d}\hat{\theta}_k+\frac{1}{k+1+d}x_{k+1}=\hat{\theta}_k+\frac{1}{k+1+d}(x_{k+1}-\hat{\theta}_k)$$

令

$$b_{k+1}=\frac{1}{k+1+d} \tag{10.5.33}$$

则

$$\hat{\theta}_{k+1}=\hat{\theta}_k+b_{k+1}(x_{k+1}-\hat{\theta}_k) \tag{10.5.34}$$

由式(10.5.31)、式(10.5.32)和式(10.5.33)得

$$b_{k+1}=\frac{e_{k+1}^2}{\sigma_n^2}=\frac{\frac{e_k^2}{\sigma_n^2}}{1+\frac{e_k^2}{\sigma_n^2}}=\frac{b_k}{1+b_k} \tag{10.5.35}$$

式中，$b_k=\frac{e_k^2}{\sigma_n^2}$ 称为相对均方误差。

由式(10.5.34)可以看出，递推估计是逐次进行的，第 $k+1$ 次估计是第 k 次估值$\hat{\theta}_k$ 上加一个修正项，其修正量的大小由新观测数据 x_{k+1} 与前次估值之差和系数 b_{k+1} 来决定。

系数 b_{k+1} 表示第 $k+1$ 次估计的相对误差，它可由式(10.5.35)用前一次(第 k 次)估计的相对均方误差 b_k 递推计算。

递推估计算法如图 10.5.3 所示。图中 Δt 表示观测数据的采样间隔，b_{k+1} 是随观测次数变化的加权系数，当观测次数增多时，b_{k+1} 趋近于常数，估计的均方误差 e_{k+1}^2 达到最小，这样的变化过程，在递推估计中称为收敛。

现将递推估计算法归纳如下：

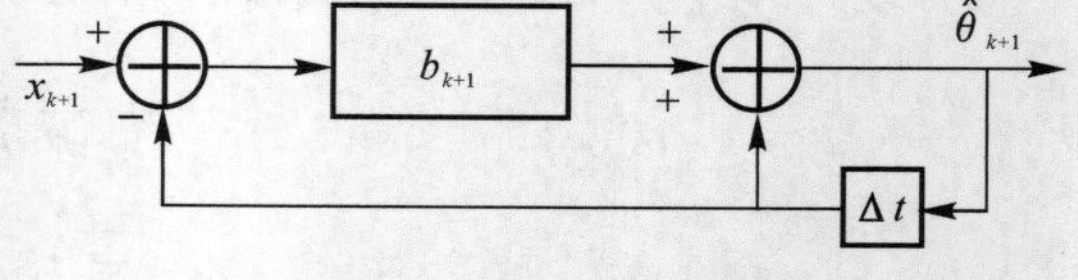

图 10.5.3 递推估计算法结构

(1) 给定初值 $\hat{\theta}_k$ 和 e_k^2；

(2) 由 $b_k = \dfrac{e_k^2}{\sigma_n^2}$ 计算 b_k；

(3) 由式(10.5.35) 计算 b_{k+1}；

(4) 由式(10.5.34) 计算 $\hat{\theta}_{k+1}$；

(5)$k \to k+1$，重复(2) ～ (4) 的步骤。

下面讨论初始条件如何确定的问题。

可以根据第一次观测到的数据 x_1，利用非递推估计方法求得 $\hat{\theta}_1$，作为初始估计值。

$$\hat{\theta}_1 = E[\theta] + \frac{1}{d+1}[x_1 - E(\theta)] \tag{10.5.36}$$

其均方误差为

$$e_1^2 = \frac{\sigma_n^2}{(1+d)}, \quad d = \frac{\sigma_n^2}{\sigma_\theta^2} \tag{10.5.37}$$

也可以用 $\hat{\theta}_0$ 作为初值，$\hat{\theta}_0$ 表示没有得到观测数据时 θ 的估值，根据

$$e_0^2 = E[(\theta - \hat{\theta}_0)^2] \to \min$$

为此，将 e_0^2 对 $\hat{\theta}_0$ 求导并令其等于零，得

$$\hat{\theta}_0 = E[\theta] \tag{10.5.38}$$

其均方误差为

$$e_0^2 = \sigma_\theta^2 \tag{10.5.39}$$

如果采样数据很多，估计的加权系数 b_{k+1} 最终会趋于某个稳定值，这时可任意指定一个值或以第一次观测数据 x_1 作为初值，即 $\hat{\theta}_1 = x_1$，这对估计的结果没有影响。

若观测方程为

$$x_i = \alpha_i\theta + n_i, \quad i = 1,2,\cdots$$

式中，$\alpha_1, \alpha_2, \cdots$ 为常数。则由式(10.5.26)，根据 k 个观测数据求得估值

$$\hat{\theta}_k = E(\theta) + \frac{1}{\sum\limits_{i=1}^{k}\alpha_i^2 + d}\sum_{i=1}^{k}\alpha_i[x_i - \alpha_i E(\theta)] \tag{10.5.40}$$

由$(k+1)$ 个数据求得的估值

$$\hat{\theta}_{k+1} = E(\theta) + \frac{1}{\sum\limits_{i=1}^{k+1}\alpha_i^2 + d}\sum_{i=1}^{k+1}\alpha_i[x_i - \alpha_i E(\theta)] \tag{10.5.41}$$

若将式(10.5.41) 中的系数改写，即

$$\frac{1}{\sum\limits_{i=1}^{k+1}\alpha_i^2 + d} = \frac{1}{\sum\limits_{i=1}^{k}\alpha_i^2 + \alpha_{k+1}^2 + d} = \frac{\dfrac{1}{\sum\limits_{i=1}^{k}\alpha_i^2 + d}}{1 + \dfrac{\alpha_{k+1}^2}{\sum\limits_{i=1}^{k}\alpha_i^2 + d}}$$

由式(10.5.27) 知

$$e_k^2 = \frac{\sigma_n^2}{\sum\limits_{i=1}^{k}\alpha_i^2 + d}$$

则式(10.5.41)可以写成

$$\hat{\theta}_{k+1}=E(\theta)+\frac{\frac{e_k^2}{\sigma_n^2}}{1+\frac{e_k^2}{\sigma_n^2}\alpha_{k+1}^2}\sum_{i=1}^{k}\alpha_i[x_i-\alpha_i E(\theta)]+\frac{\frac{e_k^2}{\sigma_n^2}}{1+\frac{e_k^2}{\sigma_n^2}\alpha_{k+1}^2}\alpha_{k+1}[x_{k+1}-\alpha_{k+1}E(\theta)]=$$

$$\frac{\hat{\theta}_k}{1+\frac{e_k^2}{\sigma_n^2}\alpha_{k+1}^2}+\frac{\frac{e_k^2}{\sigma_n^2}\alpha_{k+1}}{1+\frac{e_k^2}{\sigma_n^2}\alpha_{k+1}^2}x_{k+1}=\hat{\theta}_k+b'_{k+1}\alpha_{k+1}[x_{k+1}-\alpha_{k+1}\hat{\theta}_k] \tag{10.5.42}$$

式中

$$b'_{k+1}=\frac{\frac{e_k^2}{\sigma_n^2}}{1+\frac{e_k^2}{\sigma_n^2}\alpha_{k+1}^2}=\frac{b'_k}{1+b'_k\alpha_{k+1}^2} \tag{10.5.43}$$

$$b'_k=\frac{e_k^2}{\sigma_n^2} \tag{10.5.44}$$

其递推估计的方法步骤同上。

例 10.5.6　设观测模型为

$$x_j=s+n_j,\qquad j=1,2,\cdots$$

已知 $E[s]=0$，$d=\frac{\sigma_n^2}{\sigma_s^2}=2$ 及 σ_n^2，噪声样本彼此独立，$E[sn_j]=0$，对 s 进行线性最小均方递推估计。

解　首先确定起始条件

$$\hat{s}_1=E(s)+\frac{1}{1+d}x_1=\frac{1}{3}x_1$$

及

$$e_1^2=\frac{\sigma_n^2}{1+d}=\frac{1}{3}\sigma_n^2,\quad b_1=\frac{e_1^2}{\sigma_n^2}=\frac{1}{3}$$

然后用式(10.5.35)和式(10.5.34)进行递推计算：

$$b_2=\frac{b_1}{1+b_1}=\frac{1}{4}$$

$$\hat{s}_2=\hat{s}_1+b_2(x_2-\hat{s}_1)=\frac{3}{4}\hat{s}_1+\frac{1}{4}x_2$$

$$e_2^2=b_2\sigma_n^2=\frac{1}{4}\sigma_n^2$$

$$b_3=\frac{b_2}{1+b_2}=\frac{1}{5}$$

$$\hat{s}_3=\hat{s}_2+b_3(x_3-\hat{s}_2)=\frac{4}{5}\hat{s}_2+\frac{1}{5}x_3$$

$$e_3^2=b_3\sigma_n^2=\frac{1}{5}\sigma_n^2$$

……

例 10.5.7　一物体作匀速直线运动，可以通过距离的测量来估计速度。已知 $E[v]=15\ \mathrm{m/s}$，$\sigma_v^2=0.3\ (\mathrm{m/s})^2$，测量误差的统计均值 $E[n_k]=0$，$E[n_in_j]=\sigma_n^2\delta_{kj}=0.6\ (\mathrm{m/s})^2$，且

$E[vn_k]=0$,其观测模型为

$$x_k = kv + n_k, \quad k=1,2,3$$

每隔 1 s 进行一次观测,得到 $x_1=14.2\ \text{m}$,$x_2=30.5\ \text{m}$,$x_3=46\ \text{m}$;用递推估计法求速度 $\hat{v}_k$。

解 确定起始条件。当没有观测数据时

$$\hat{v}_0 = E[v] = 15(\text{m/s})$$

$$e_0^2 = \sigma_v^2 = 0.3(\text{m/s})^2$$

$$b'_0 = \frac{e_0^2}{\sigma_n^2} = \frac{\sigma_v^2}{\sigma_n^2} = \frac{1}{2}$$

根据式(10.5.42)至式(10.5.44),进行递推计算:

当 $k=1$ 时

$$b'_1 = \frac{b'_0}{1+1^2\times b'_0} = \frac{1}{3}$$

$$\hat{v}_1 = \hat{v}_0 + b'_1 \times 1 \times (x_1 - 1\times \hat{v}_0) = 15 + \frac{1}{3}(14.2-15) = 14.73(\text{m/s})$$

$$e_1^2 = b'_1\sigma_n^2 = \frac{1}{3}\times 0.6 = 0.2(\text{m/s})^2$$

当 $k=2$ 时

$$b'_2 = \frac{b'_1}{1+2^2\times b'_1} = \frac{1}{7}$$

$$\hat{v}_2 = \hat{v}_1 + b'_2 \times 2 \times (x_2 - 2\times \hat{v}_1) = 14.73 + \frac{2}{7}(30.5-2\times 14.73) = 15.03(\text{m/s})$$

$$e_2^2 = b'_2\sigma_n^2 = \frac{1}{7}\times 0.6 = \frac{3}{35}(\text{m/s})^2$$

当 $k=3$ 时

$$b'_3 = \frac{b'_2}{1+3^2\times b'_2} = \frac{1}{16}$$

$$\hat{v}_3 = 14.86(\text{m/s})$$

$$e_3^2 = \frac{3}{80}(\text{m/s})^2$$

10.5.4 非白噪声中信号参量的估计

在此之前,都是在白噪声干扰且各噪声取样数据彼此独立的情况下,讨论了信号参量的估计问题。在实际中常会遇到非白噪声干扰,此时,噪声的频带宽度和信号的频带宽度差不多,各取样值之间有着较强的相关性。因此要解决在窄带噪声干扰中对信号参量进行估计的问题,必须考虑噪声的相关性。

在噪声样本相关时,要求得多维似然函数和后验概率密度函数就变得十分复杂,因而应用贝叶斯估计和最大似然估计会产生困难,若采用线性最小均方估计则比较简便。线性最小均方估计要求预先给定被估计参量和噪声的一、二阶矩,因此必须首先解决求相关噪声自相关函数的问题。

1. 非白噪声的模型

在讨论广义匹配滤波器时,曾用过非白噪声通过白化滤波器变为白噪声的处理方法,如果

把这种方法反过来运用，让白噪声通过一个一阶自回归滤波器（也可以通过其他滤波器）就可以产生非白噪声序列，如图 10.5.4 所示。

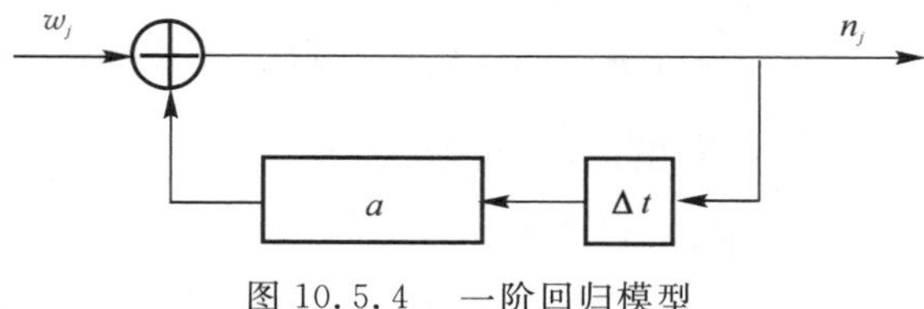

图 10.5.4　一阶回归模型

图中 w_j 为输入白噪声序列，设 $E[w_j]=0$，$E[w_i w_j]=\sigma_w^2\delta_{ij}$；$n_j$ 是输出非白噪声序列；a 为某一常数，设 $|a|<1$，Δt 为采样间隔，它们之间的关系为

$$n_j = an_{j-1} + w_j,\quad j=1,2,\cdots \tag{10.5.45}$$

下边求非白噪声序列 n_j 的自相关函数。

因为

$$R_n(0)=\sigma_n^2=E[n_j n_j]=E[(an_{j-1}+w_j)^2]=$$
$$a^2E[n_{j-1}^2]+2aE[n_{j-1}w_j]+E[w_j^2]$$

若
$$E[n_{j-1}w_j]=0$$

则
$$R_n(0)=a^2R_n(0)+\sigma_w^2$$

故
$$R_n(0)=\frac{\sigma_w^2}{1-a^2}$$

而
$$R_n(1)=E[n_j n_{j+1}]=E[n_j(an_j+w_{j+1})]=aR_n(0)=\frac{a}{1-a^2}\sigma_w^2$$

$$R_n(2)=a^2R_n(0)=\frac{a^2}{1-a^2}\sigma_w^2$$

……

由于自相关函数是偶函数，故

$$R_n(k)=a^{|k|}R_n(0)=\frac{a^{|k|}}{1-a^2}\sigma_w^2 \tag{10.5.46}$$

由式(10.5.46)可以看出，非白噪声序列 n_j 的自相关函数与 k 是指数关系；a 值的大小影响指数衰减的快慢，即影响噪声的相关程度，a 在 0 ～+1 之间取值，a 值小时，噪声相关性弱，曲线衰减快，若取不同的值，就可以模拟出相关程度各异的噪声。

图 10.5.5 表示 $a=0.5$ 和 0.8 时自回归过程的归一化自相关函数。

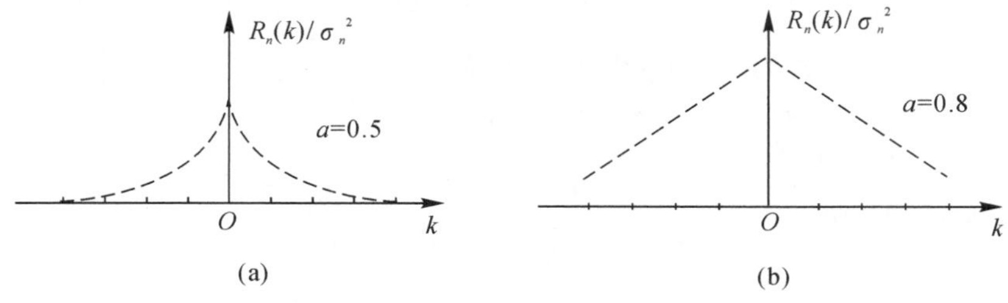

图 10.5.5　一阶自回归过程的归一化自相关函数

2. 噪声采样相关时信号参量的估计

在噪声样本相关的情况下，仍讨论多次观测、单参量的估计问题。设观测方程为

$$x_k = \theta + n_k, \quad k = 1,2,\cdots,N$$

若信号的一、二阶矩为 $E[\theta] = \theta_0$，$\mathrm{Var}(\theta) = \sigma_\theta^2$，且信号与噪声不相关，即 $E[\theta n_k] = 0$；噪声样本是相关的，可以用一阶自回归过程来模拟，$E[n_k] = 0$，$E[n_k n_j] = \dfrac{a^{|j-k|}}{1-a^2}\sigma_w^2$。此时参量 θ 的线性最小均方估计仍由式(10.5.13)来表示。

$$\hat{\theta}_{\mathrm{lms}} = E(\theta) + \mathrm{Cov}(\theta,\boldsymbol{x})\,[\mathrm{Var}(\boldsymbol{x})]^{-1}[\boldsymbol{x} - E(\boldsymbol{x})] \tag{10.5.47}$$

依据 $E(\theta) = \theta_0$，可得

$$E(\boldsymbol{x}) = \begin{bmatrix}\theta_0\\ \theta_0\\ \vdots\\ \theta_0\end{bmatrix}, \qquad \boldsymbol{x} - E(\boldsymbol{x}) = \begin{bmatrix}x_1 - \theta_0\\ x_2 - \theta_0\\ \vdots\\ x_N - \theta_0\end{bmatrix}$$

故

$$\mathrm{Cov}(\theta,\boldsymbol{x}) = E\{[\theta - \theta_0]\,[\boldsymbol{x} - E(\boldsymbol{x})]^{\mathrm{T}}\} = [\sigma_\theta^2 \quad \sigma_\theta^2 \quad \cdots \quad \sigma_\theta^2] \tag{10.5.48}$$

$$\mathrm{Var}(\boldsymbol{x}) = E\{[\boldsymbol{x} - E(\boldsymbol{x})]\,[\boldsymbol{x} - E(\boldsymbol{x})]^{\mathrm{T}}\} =$$

$$E\left\{\begin{bmatrix}x_1 - \theta_0\\ x_2 - \theta_0\\ \vdots\\ x_N - \theta_0\end{bmatrix}[x_1 - \theta_0 \quad x_2 - \theta_0 \quad \cdots \quad x_N - \theta_0]\right\} =$$

$$\begin{bmatrix} E\{[x_1-\theta_0]^2\} & E\{[x_1-\theta_0][x_2-\theta_0]\} & \cdots & E\{[x_1-\theta_0][x_N-\theta_0]\}\\ E\{[x_2-\theta_0][x_1-\theta_0]\} & E\{[x_2-\theta_0]^2\} & \cdots & E\{[x_2-\theta_0][x_N-\theta_0]\}\\ \vdots & \vdots & & \vdots\\ E\{[x_N-\theta_0][x_1-\theta_0]\} & E\{[x_N-\theta_0][x_2-\theta_0]\} & \cdots & E\{[x_N-\theta_0]^2\} \end{bmatrix}$$

其中 $$E\{[x_i - \theta_0][x_j - \theta_0]\} = \sigma_\theta^2 + \frac{a^{|j-i|}}{1-a^2}\sigma_w^2$$

则
$$\mathrm{Var}(\boldsymbol{x}) = \begin{bmatrix} \sigma_\theta^2 + \dfrac{\sigma_w^2}{1-a^2} & \sigma_\theta^2 + \dfrac{a}{1-a^2}\sigma_w^2 & \cdots & \sigma_\theta^2 + \dfrac{a^{N-1}}{1-a^2}\sigma_w^2\\ \sigma_\theta^2 + \dfrac{a}{1-a^2}\sigma_w^2 & \sigma_\theta^2 + \dfrac{\sigma_w^2}{1-a^2} & \cdots & \sigma_\theta^2 + \dfrac{a^{N-2}}{1-a^2}\sigma_w^2\\ \vdots & \vdots & & \vdots\\ \sigma_\theta^2 + \dfrac{a^{N-1}}{1-a^2}\sigma_w^2 & \sigma_\theta^2 + \dfrac{a^{N-2}}{1-a^2}\sigma_w^2 & \cdots & \sigma_\theta^2 + \dfrac{\sigma_w^2}{1-a^2} \end{bmatrix} \tag{10.5.49}$$

然后由 $[\mathrm{Var}(\boldsymbol{x})]^{\mathrm{T}}\boldsymbol{h} = [\mathrm{Cov}(\theta,\boldsymbol{x})]^{\mathrm{T}}$，可以求得 $\boldsymbol{h}$，故

$$\hat{\theta}_{\mathrm{lms}} = E(\theta) + \boldsymbol{h}^{\mathrm{T}}[\boldsymbol{x} - E(\boldsymbol{x})] = \theta_0 + \boldsymbol{h}^{\mathrm{T}}[\boldsymbol{x} - \theta_0] \tag{10.5.50}$$

下面用一个简单的例子来说明。

设只有两个观测数据

$$x_k = \theta + n_k, \qquad k = 1,2$$

已知 $E[\theta] = \theta_0$，$E[\theta^2] = \sigma_\theta^2$；$E[n_k] = 0$；$E[\theta n_k] = 0$。

此时，$N=2$，则

$$\mathrm{Cov}(\theta,\boldsymbol{x})=[\sigma_\theta^2 \quad \sigma_\theta^2]$$

$$\mathrm{Var}(\boldsymbol{x})=\begin{bmatrix}\sigma_\theta^2+\dfrac{\sigma_w^2}{1-a^2} & \sigma_\theta^2+\dfrac{a\sigma_w^2}{1-a^2}\\ \sigma_\theta^2+\dfrac{a\sigma_w^2}{1-a^2} & \sigma_\theta^2+\dfrac{\sigma_w^2}{1-a^2}\end{bmatrix}$$

且有

$$\begin{bmatrix}\sigma_\theta^2+\dfrac{\sigma_w^2}{1-a^2} & \sigma_\theta^2+\dfrac{a\sigma_w^2}{1-a^2}\\ \sigma_\theta^2+\dfrac{a\sigma_w^2}{1-a^2} & \sigma_\theta^2+\dfrac{\sigma_w^2}{1-a^2}\end{bmatrix}\begin{bmatrix}h_1\\h_2\end{bmatrix}=\begin{bmatrix}\sigma_\theta^2\\\sigma_\theta^2\end{bmatrix}$$

即

$$\left[\sigma_\theta^2+\frac{\sigma_w^2}{1-a^2}\right]h_1+\left[\sigma_\theta^2+\frac{a\sigma_w^2}{1-a^2}\right]h_2=\sigma_\theta^2$$

$$\left[\sigma_\theta^2+\frac{a\sigma_w^2}{1-a^2}\right]h_1+\left[\sigma_\theta^2+\frac{\sigma_w^2}{1-a^2}\right]h_2=\sigma_\theta^2$$

解得

$$h_1=h_2=\frac{\sigma_\theta^2}{2\sigma_\theta^2+\dfrac{\sigma_w^2}{1-a^2}} \tag{10.5.51}$$

故

$$\hat{\theta}_{\mathrm{lms}}=\theta_0+\frac{\sigma_\theta^2}{2\sigma_\theta^2+\dfrac{\sigma_w^2}{1-a^2}}\sum_{k=1}^{2}(x_k-\theta_0) \tag{10.5.52}$$

估计的均方误差为

$$E[\tilde{\theta}^2]=E\{[\theta-\hat{\theta}_{\mathrm{lms}}]^2\}=E[\tilde{\theta}\theta]=\sigma_\theta^2-\frac{2\sigma_\theta^4}{2\sigma_\theta^2+\dfrac{\sigma_w^2}{1-a^2}}=$$

$$\frac{\dfrac{\sigma_w^2\sigma_\theta^2}{1-a}}{2\sigma_\theta^2+\dfrac{\sigma_w^2}{1-a^2}}=\frac{\sigma_w^2\sigma_\theta^2}{2\sigma_\theta^2(1-a)+\sigma_w^2} \tag{10.5.53}$$

由式(10.5.53) 可以看出，若 $a=0$，则

$$E[\tilde{\theta}^2]=\frac{\sigma_w^2\sigma_\theta^2}{2\sigma_\theta^2+\sigma_w^2}=\frac{\sigma_w^2}{2+\dfrac{\sigma_w^2}{\sigma_\theta^2}}$$

若令 $d=\sigma_w^2/\sigma_\theta^2$，则和噪声样本独立的结果完全相同。当 $0<a<1$ 时，两次采样之间有相关性，则估计的均方误差随着 a 的增大而增加，这说明 a 是噪声相关程度的度量。

对于多次观测，可用与例 10.5.7 类似的方法求得参量的估值和估计的均方误差。

10.6　多参量估计

在此之前都是讨论单参量的估计，本节讨论多参量同时估计的问题(也称为联合估计)，它是单参量估计理论与方法的推广应用。

10.6.1　贝叶斯估计与最大似然估计

对于多参量估计，用矢量表示。

被估计矢量

$$\boldsymbol{\theta}=[\theta_1 \quad \theta_2 \quad \cdots \quad \theta_M]^{\mathrm{T}} \tag{10.6.1}$$

观测矢量

$$\boldsymbol{x}=[x_1 \quad x_2 \quad \cdots \quad x_N]^{\mathrm{T}} \tag{10.6.2}$$

误差矢量

$$\tilde{\boldsymbol{\theta}}=\begin{bmatrix}\theta_1-\hat{\theta}_1\\ \theta_2-\hat{\theta}_2\\ \vdots\\ \theta_M-\hat{\theta}_M\end{bmatrix} \tag{10.6.3}$$

后验概率密度函数用 $p(\boldsymbol{\theta}|\boldsymbol{x})$ 表示，则

$$\hat{\boldsymbol{\theta}}_{\mathrm{ms}}=\int_{-\infty}^{\infty}\boldsymbol{\theta}p(\boldsymbol{\theta}|\boldsymbol{x})\mathrm{d}\boldsymbol{\theta} \tag{10.6.4}$$

若

$$\tilde{\theta}_{j\mathrm{ms}}=\int_{-\infty}^{\infty}\theta_j p(\boldsymbol{\theta}|\boldsymbol{x})\mathrm{d}\boldsymbol{\theta}, \qquad j=1,2,\cdots,M$$

这是 M 个联立方程组，$p(\boldsymbol{\theta}|\boldsymbol{x})$ 是 N 维后验概率密度函数，求解之后，可得 M 个参量 $\boldsymbol{\theta}$ 的最小均方误差估值。

其最大后验概率估计必须解下列方程组：

$$\frac{\partial \ln p(\boldsymbol{\theta}|\boldsymbol{x})}{\partial\theta_j}=0, \qquad j=1,2,\cdots,M \tag{10.6.5}$$

来求得。

最大似然估计是求似然函数最大值所对应的 $\boldsymbol{\theta}$ 值，必须解下列方程组：

$$\frac{\partial \ln p(\boldsymbol{x}|\boldsymbol{\theta})}{\partial\theta_j}=0, \qquad j=1,2,\cdots,M \tag{10.6.6}$$

对于最大后验概率估计与最大似然估计，必须验证所求的极值是最大的。

10.6.2 线性最小均方估计

M 个参量 $\boldsymbol{\theta}$ 的线性最小均方估值可以写成

$$\hat{\theta}_1=\sum_{k=1}^{N}h_{1k}x_k+b_1$$

$$\hat{\theta}_2=\sum_{k=1}^{N}h_{2k}x_k+b_2$$

$$\cdots\cdots$$

$$\hat{\theta}_M=\sum_{k=1}^{N}h_{Mk}x_k+b_M$$

用矢量表示为

$$\hat{\boldsymbol{\theta}}_{\mathrm{lms}}=\boldsymbol{H}\boldsymbol{x}+\boldsymbol{b} \tag{10.6.7}$$

式中，$\hat{\boldsymbol{\theta}}_{\mathrm{lms}}$ 是 M 维列矢量；$\boldsymbol{b}$ 是 M 维列矢量；$\boldsymbol{H}$ 是 $M\times N$ 阶矩阵，有

$$\boldsymbol{H}=\begin{bmatrix} h_{11} & h_{12} & \cdots & h_{1N} \\ h_{21} & h_{22} & \cdots & h_{2N} \\ \vdots & \vdots & & \vdots \\ h_{M1} & h_{M2} & \cdots & h_{MN} \end{bmatrix} \tag{10.6.8}$$

选择 $\boldsymbol{H}$ 和 $\boldsymbol{b}$ 的准则是使各参量估计的均方误差和最小，即

$$E\{[\boldsymbol{\theta}-\hat{\boldsymbol{\theta}}]^{\mathrm{T}}[\boldsymbol{\theta}-\hat{\boldsymbol{\theta}}]\}=\min \tag{10.6.9}$$

为此，必须将式(10.6.9) 分别对 $\boldsymbol{b}$ 和 $\boldsymbol{H}$ 求偏导并令其等于零。这是标量函数对矢量和矩阵求偏导的问题。经计算后可得(见附录)

$$\boldsymbol{b}=E[\boldsymbol{\theta}]-\boldsymbol{H}E[\boldsymbol{x}] \tag{10.6.10}$$

$$\boldsymbol{H}=\mathrm{Cov}(\boldsymbol{\theta},\boldsymbol{x})\,[\mathrm{Var}(\boldsymbol{x})]^{-1} \tag{10.6.11}$$

式中

$$\mathrm{Cov}(\boldsymbol{\theta},\boldsymbol{x})=E\{[\boldsymbol{\theta}-E(\boldsymbol{\theta})]\,[\boldsymbol{x}-E(\boldsymbol{x})]^{\mathrm{T}}\}$$

$$\mathrm{Var}(\boldsymbol{x})=E\{[\boldsymbol{x}-E(\boldsymbol{x})]\,[\boldsymbol{x}-E(\boldsymbol{x})]^{\mathrm{T}}\}$$

故多参量 $\boldsymbol{\theta}$ 的线性最小均方估值为

$$\hat{\boldsymbol{\theta}}_{\mathrm{lms}}=E(\boldsymbol{\theta})+\mathrm{Cov}(\boldsymbol{\theta},\boldsymbol{x})\,[\mathrm{Var}(\boldsymbol{x})]^{-1}[\boldsymbol{x}-E(\boldsymbol{x})] \tag{10.6.12}$$

估计的均方误差是一个矩阵

$$E\{[\boldsymbol{\theta}-\hat{\boldsymbol{\theta}}_{\mathrm{lms}}]\,[\boldsymbol{\theta}-\hat{\boldsymbol{\theta}}_{\mathrm{lms}}]^{\mathrm{T}}\}=\mathrm{Var}(\boldsymbol{\theta})-\mathrm{Cov}(\boldsymbol{\theta},\boldsymbol{x})\,[\mathrm{Var}(\boldsymbol{x})]^{-1}\mathrm{Cov}(\boldsymbol{x},\boldsymbol{\theta}) \tag{10.6.13}$$

其中

$$\mathrm{Var}(\boldsymbol{\theta})=E\{[\boldsymbol{\theta}-E(\boldsymbol{\theta})]\,[\boldsymbol{\theta}-E(\boldsymbol{\theta})]^{\mathrm{T}}\}$$

例 10.6.1　在高斯白噪声中，对随机矢量 $\boldsymbol{\theta}$ 进行估计。设观测矢量是多个参量 $\boldsymbol{\theta}$ 与噪声矢量 $\boldsymbol{n}$ 的线性组合。$\boldsymbol{x}=\boldsymbol{c\theta}+\boldsymbol{n}$，其中 $\boldsymbol{\theta}$ 是 M 维列矢量，$\boldsymbol{x}$ 是 N 维列矢量且 $N\geqslant M$，$\boldsymbol{c}$ 是 $N\times M$ 系数矩阵，假定参量 $\boldsymbol{\theta}$ 与噪声 $\boldsymbol{n}$ 是独立的，且为高斯分布，它们的数学期望及方差分别为

$$E(\boldsymbol{\theta})=\boldsymbol{\mu}_{\theta},\qquad E[\boldsymbol{n}]=0,\qquad E[\boldsymbol{\theta n}^{\mathrm{T}}]=0$$

$$\mathrm{Var}(\boldsymbol{\theta})=\boldsymbol{V}_{\theta},\qquad \mathrm{Var}(\boldsymbol{n})=\boldsymbol{V}_{n}$$

根据观测量 $\boldsymbol{x}$ 对 $\boldsymbol{\theta}$ 进行最小均方误差估计、最大后验概率估计和线性最小均方估计。

解　(1) 最小均方误差估计和最大后验概率估计，这两种估计都需要知道后验概率密度函数 $p(\boldsymbol{\theta}\,|\,\boldsymbol{x})$。因为

$$p(\boldsymbol{\theta}\,|\,\boldsymbol{x})=\frac{p(\boldsymbol{x}\,|\,\boldsymbol{\theta})\,p(\boldsymbol{\theta})}{p(\boldsymbol{x})}$$

根据题设条件，上式中各概率密度函数都是正态分布的，即

$$p(\boldsymbol{x}\,|\,\boldsymbol{\theta})=\frac{1}{(2\pi)^{\frac{N}{2}}\,|V_n|^{\frac{1}{2}}}\exp\left\{-\frac{1}{2}\,[\boldsymbol{x}-\boldsymbol{c\theta}]^{\mathrm{T}}V_n^{-1}[\boldsymbol{x}-\boldsymbol{c\theta}]\right\}$$

$$p(\boldsymbol{\theta})=\frac{1}{(2\pi)^{\frac{M}{2}}\,|V_\theta|^{\frac{1}{2}}}\exp\left\{-\frac{1}{2}\,[\boldsymbol{\theta}-\boldsymbol{\mu}_\theta]^{\mathrm{T}}V_\theta^{-1}[\boldsymbol{\theta}-\boldsymbol{\mu}_\theta]\right\}$$

$$p(\boldsymbol{x})=\frac{1}{(2\pi)^{\frac{N}{2}}\,|\mathrm{Var}(\boldsymbol{x})|^{\frac{1}{2}}}\exp\left\{-\frac{1}{2}[\boldsymbol{x}-E(\boldsymbol{x})]\,[\mathrm{Var}(\boldsymbol{x})]^{-1}[\boldsymbol{x}-E(\boldsymbol{x})]\right\}$$

因为

$$E(\boldsymbol{x})=E(\boldsymbol{c\theta}+\boldsymbol{n})=\boldsymbol{c}E(\boldsymbol{\theta})=\boldsymbol{c\mu}_\theta$$

$$\mathrm{Var}(\boldsymbol{x})=E\{[\boldsymbol{x}-\boldsymbol{c\mu}_\theta]\,[\boldsymbol{x}-\boldsymbol{c\mu}_\theta]^{\mathrm{T}}\}=\boldsymbol{cV}_\theta\boldsymbol{c}^{\mathrm{T}}+\boldsymbol{V}_n$$

所以

$$p(\boldsymbol{x})=\frac{1}{(2\pi)^{\frac{N}{2}}\ |\boldsymbol{c}\boldsymbol{V}_\theta\boldsymbol{c}^{\mathrm{T}}+\boldsymbol{V}_n|^{\frac{1}{2}}}\exp\left\{-\frac{1}{2}[\boldsymbol{x}-\boldsymbol{c}\boldsymbol{\mu}_\theta]^{\mathrm{T}}[\boldsymbol{c}\boldsymbol{V}_\theta\boldsymbol{c}^{\mathrm{T}}+\boldsymbol{V}_n]^{-1}[\boldsymbol{x}-\boldsymbol{c}\boldsymbol{\mu}_\theta]\right\}$$

则

$$p(\boldsymbol{\theta}|\boldsymbol{x})=\frac{|\boldsymbol{c}\boldsymbol{V}_\theta\boldsymbol{c}^{\mathrm{T}}+\boldsymbol{V}_n|^{\frac{1}{2}}}{(2\pi)^{\frac{M}{2}}\ |\boldsymbol{V}_\theta|^{\frac{1}{2}}\ |\boldsymbol{V}_n|^{\frac{1}{2}}}\exp\Big\{-\frac{1}{2}(\boldsymbol{x}-\boldsymbol{c}\boldsymbol{\theta})^{\mathrm{T}}\boldsymbol{V}_n^{-1}(\boldsymbol{x}-\boldsymbol{c}\boldsymbol{\theta})+$$

$$\frac{1}{2}[(\boldsymbol{\theta}-\boldsymbol{c}\boldsymbol{\mu}_\theta)^{\mathrm{T}}(\boldsymbol{c}\boldsymbol{V}_\theta\boldsymbol{c}^{\mathrm{T}}+\boldsymbol{V}_n)^{-1}(\boldsymbol{\theta}-\boldsymbol{c}\boldsymbol{\mu}_\theta)]-$$

$$\frac{1}{2}[(\boldsymbol{\theta}-\boldsymbol{\mu}_\theta)^{\mathrm{T}}\boldsymbol{V}_\theta^{-1}(\boldsymbol{\theta}-\boldsymbol{\mu}_\theta)]\Big\}$$

即

$$p(\boldsymbol{\theta}|\boldsymbol{x})=\frac{|\boldsymbol{c}\boldsymbol{V}_\theta\boldsymbol{c}^{\mathrm{T}}+\boldsymbol{V}_n|^{\frac{1}{2}}}{(2\pi)^{\frac{M}{2}}\ |\boldsymbol{V}_\theta|^{\frac{1}{2}}\ |\boldsymbol{V}_n|^{\frac{1}{2}}}\exp\left\{-\frac{1}{2}(\boldsymbol{\theta}-\boldsymbol{\xi})^{\mathrm{T}}\Sigma^{-1}(\boldsymbol{\theta}-\boldsymbol{\xi})\right\}$$

式中，$\boldsymbol{\xi}$ 和 $\boldsymbol{\Sigma}$ 是 $\boldsymbol{x}$ 给定时 $\boldsymbol{\theta}$ 的条件数学期望和方差。当概率密度函数为正态分布时

$$E(\boldsymbol{\theta}|\boldsymbol{x})=E(\boldsymbol{\theta})+\mathrm{Cov}(\boldsymbol{\theta},\boldsymbol{x})[\mathrm{Var}(\boldsymbol{x})]^{-1}[\boldsymbol{x}-E(\boldsymbol{x})]$$

$$\mathrm{Var}[\boldsymbol{\theta}|\boldsymbol{x}]=\mathrm{Var}(\boldsymbol{\theta})-\mathrm{Cov}(\boldsymbol{\theta},\boldsymbol{x})[\mathrm{Var}(\boldsymbol{x})]^{-1}\mathrm{Cov}(\boldsymbol{x},\boldsymbol{\theta})$$

于是可得

$$\boldsymbol{\xi}=\boldsymbol{\mu}_\theta+\boldsymbol{V}_\theta\boldsymbol{c}^{\mathrm{T}}[\boldsymbol{c}\boldsymbol{V}_\theta\boldsymbol{c}^{\mathrm{T}}+\boldsymbol{V}_n]^{-1}(\boldsymbol{x}-\boldsymbol{c}\boldsymbol{\mu}_\theta)$$

$$\boldsymbol{\Sigma}=\boldsymbol{V}_\theta-\boldsymbol{V}_\theta\boldsymbol{c}^{\mathrm{T}}[\boldsymbol{c}\boldsymbol{V}_\theta\boldsymbol{c}^{\mathrm{T}}+\boldsymbol{V}_n]^{-1}\boldsymbol{c}\boldsymbol{V}_\theta^{\mathrm{T}}$$

由于后验概率密度函数 $p(\boldsymbol{\theta}|\boldsymbol{x})$ 也是正态分布的，其后验均值与最大值所对应的 $\boldsymbol{\theta}$ 是相同的，故

$$\hat{\boldsymbol{\theta}}_{\mathrm{ms}}=\hat{\boldsymbol{\theta}}_{\mathrm{map}}=\boldsymbol{\xi}$$

估计的均方误差

$$\mathrm{Var}[\tilde{\boldsymbol{\theta}}_{\mathrm{ms}}]=\mathrm{Var}[\tilde{\boldsymbol{\theta}}_{\mathrm{map}}]=\boldsymbol{\Sigma}$$

(2) 线性最小均方估计。

由题设知

$$E(\boldsymbol{x})=\boldsymbol{c}\boldsymbol{\mu}_\theta$$

则

$$\begin{aligned}\mathrm{Cov}(\boldsymbol{\theta},\boldsymbol{x})=&E\{[\boldsymbol{\theta}-\boldsymbol{\mu}_\theta][\boldsymbol{x}-\boldsymbol{c}\boldsymbol{\mu}_\theta]^{\mathrm{T}}\}=\\&E\{[\boldsymbol{\theta}-\boldsymbol{\mu}_\theta][\boldsymbol{c}\boldsymbol{\theta}+\boldsymbol{n}-\boldsymbol{c}\boldsymbol{\mu}_\theta]^{\mathrm{T}}\}=\\&E\{[\boldsymbol{\theta}-\boldsymbol{\mu}_\theta][\boldsymbol{\theta}-\boldsymbol{\mu}_\theta]^{\mathrm{T}}-\boldsymbol{c}^{\mathrm{T}}\}=\boldsymbol{V}_\theta\boldsymbol{c}^{\mathrm{T}}\end{aligned}$$

$$\mathrm{Cov}(\boldsymbol{x},\boldsymbol{\theta})=[\boldsymbol{V}_\theta\boldsymbol{c}^{\mathrm{T}}]^{\mathrm{T}}=\boldsymbol{c}\boldsymbol{V}_\theta^{\mathrm{T}}$$

$$\begin{aligned}\mathrm{Var}(\boldsymbol{x})=&E\{[\boldsymbol{x}-\boldsymbol{c}\boldsymbol{\mu}_\theta][\boldsymbol{x}-\boldsymbol{c}\boldsymbol{\mu}_\theta]^{\mathrm{T}}\}=\\&E\{\boldsymbol{c}[\boldsymbol{\theta}-\boldsymbol{\mu}_\theta][\boldsymbol{\theta}-\boldsymbol{\mu}_\theta]^{\mathrm{T}}\boldsymbol{c}^{\mathrm{T}}\}+\boldsymbol{V}_n=\\&\boldsymbol{c}\boldsymbol{V}_\theta\boldsymbol{c}^{\mathrm{T}}+\boldsymbol{V}_n\end{aligned}$$

故得

$$\hat{\boldsymbol{\theta}}_{\mathrm{lms}}=\boldsymbol{\mu}_\theta+\boldsymbol{V}_\theta\boldsymbol{c}^{\mathrm{T}}[\boldsymbol{c}\boldsymbol{V}_\theta\boldsymbol{c}^{\mathrm{T}}+\boldsymbol{V}_n]^{-1}(\boldsymbol{x}-\boldsymbol{c}\boldsymbol{\mu}_\theta) \tag{10.6.14}$$

估计的均方误差为

$$\mathrm{Var}[\tilde{\boldsymbol{\theta}}_{\mathrm{lms}}]=\boldsymbol{V}_\theta-\boldsymbol{V}_\theta\boldsymbol{c}^{\mathrm{T}}[\boldsymbol{c}\boldsymbol{V}_\theta\boldsymbol{c}^{\mathrm{T}}+\boldsymbol{V}_n]^{-1}\boldsymbol{c}\boldsymbol{V}_\theta^{\mathrm{T}} \tag{10.6.15}$$

由所求得的结果可以看出，当被估计的矢量 $\boldsymbol{\theta}$ 和观测噪声矢量 $\boldsymbol{n}$ 是互不相关的随机矢量时，最小均方误差估计与最大后验概率估计都是线性估计，而且都等于线性最小均方估计，即

$$\hat{\boldsymbol{\theta}}_{\text{ms}}=\hat{\boldsymbol{\theta}}_{\text{map}}=\hat{\boldsymbol{\theta}}_{\text{lms}}$$

同时,估计的均方误差也是相等的。

10.7　最小二乘估计

最小二乘估计是一种古老的估计方法,这种方法可追溯到 1795 年,当年高斯使用这种估计方法研究了行星运动。最小二乘估计由于它不需要任何先验知识,只需要关于被估计量的观测信号模型,就可以实现信号参量的估计,且易于实现,并能使误差二次方和达到最小,所以,虽然最小二乘估计量的性质不如前面讨论的方法,且如果没有关于观测量特性的某些统计假设,其性能也无法评价,但仍然是应用很广泛的一种估计方法。下面将会看到,通常所使用的平均值估计方法,仅是最小二乘估计的特例。

10.7.1　最小二乘估计方法

从前面关于估计方法的讨论中可以看到,为了获得一个好的估计量,注意力集中放在求出一个无偏的且具有最小均方误差的估计量上。均方误差最小意味着被估计量与估计量之差在统计平均的意义上达到最小。在最小二乘估计方法中,关于被估计量 θ 的信号模型为 $s_k(\theta)(k=1,2,\cdots)$;由于存在观测噪声或信号模型不精确性的情况,因此将观测到的受到扰动的 $s_k(\theta)$ 记为 $x_k(k=1,2,\cdots)$。现在,如果进行了 N 次观测,θ 的估计量 $\hat{\theta}$ 选择为使

$$J(\hat{\theta})=\sum_{k=1}^{N}\left[x_k-s_k(\hat{\theta})\right]^2 \tag{10.7.1}$$

达到最小,即误差 $x_k-s_k(\hat{\theta})$ 的二次方和达到最小。因此,把这种估计称为最小二乘估计(least square estimation),估计量记为 $\hat{\theta}_{\text{ls}}(\boldsymbol{x})$,简记为 $\hat{\theta}_{\text{ls}}$。估计量 $\hat{\theta}_{\text{ls}}$ 按使式(10.7.1)达到最小的原则来构造是合理的,因为如果不存在观测噪声,且 $x_k=s_k(\theta)$,此时 $\hat{\theta}=\theta$,估计误差为零;当然实际上,由于观测量受到扰动,估计误差不会为零,但按使式(5.7.1)达到最小的原则所构造的估计量 $\hat{\theta}_{\text{ls}}$,从统计平均的意义上是最接近被估计量 θ 的估计量。

关于 θ 的最小二乘估计方法的上述讨论结果能够推广到矢量 $\boldsymbol{\theta}$ 的估计中。设 M 维被估计矢量 $\boldsymbol{\theta}$ 的信号模型为 $s(\boldsymbol{\theta})$,观测信号矢量为 $\boldsymbol{x}$,则 $\boldsymbol{\theta}$ 的估计矢量 $\hat{\boldsymbol{\theta}}$ 选择为使

$$J(\hat{\boldsymbol{\theta}})=(\boldsymbol{x}-s(\hat{\boldsymbol{\theta}}))^{\text{T}}(\boldsymbol{x}-s(\hat{\boldsymbol{\theta}})) \tag{10.7.2}$$

最小。估计矢量记为 $\hat{\boldsymbol{\theta}}_{\text{ls}}(\boldsymbol{x})$,简记为 $\hat{\boldsymbol{\theta}}_{\text{ls}}$。

最小二乘估计根据信号模型 $s(\boldsymbol{\theta})$,可分为线性最小二乘估计和非线性最小二乘估计。本节将主要讨论线性最小二乘估计,包括估计量的构造规则、构造公式、性质、加权估计和递推估计等。最后简要讨论非线性最小二乘估计。

10.7.2　线性最小二乘估计

1. 估计量的构造规则

若被估计矢量 $\boldsymbol{\theta}$ 是 M 维的,线性观测方程为

$$\boldsymbol{x}_k=\boldsymbol{H}_k\boldsymbol{\theta}+\boldsymbol{n}_k,\qquad k=1,2,\cdots,L \tag{10.7.3}$$

式中,第 k 次观测矢量 $\boldsymbol{x}_k$ 与同次的观测噪声矢量 $\boldsymbol{n}_k$ 同维,但每个 $\boldsymbol{x}_k$ 的维数不一定相同,其维数分别记为 N_k;第 k 次的观测矩阵 $\boldsymbol{H}_k$ 为 $N_k\times M$ 矩阵。$\boldsymbol{x}_k$ 的每个分量是 $\boldsymbol{\theta}$ 的线性组合加观测噪

声。

如果把全部 L 次观测矢量 $\boldsymbol{x}_k(k=1,2,\cdots,L)$ 合成为一个维数为 $N=\sum_{k=1}^{L}N_k$ 的矢量

$$\boldsymbol{x}=\begin{bmatrix}\boldsymbol{x}_1\\\boldsymbol{x}_2\\\vdots\\\boldsymbol{x}_L\end{bmatrix}$$

并相应地定义 $N\times M$ 观测矩阵 $\boldsymbol{H}$ 和 N 维观测噪声矢量 $\boldsymbol{n}$ 如下：

$$\boldsymbol{H}=\begin{bmatrix}\boldsymbol{H}_1\\\boldsymbol{H}_2\\\vdots\\\boldsymbol{H}_L\end{bmatrix},\quad \boldsymbol{n}=\begin{bmatrix}\boldsymbol{n}_1\\\boldsymbol{n}_2\\\vdots\\\boldsymbol{n}_L\end{bmatrix}$$

这样，线性观测方程式(10.7.3)可以写为

$$\boldsymbol{x}=\boldsymbol{H\theta}+\boldsymbol{n} \tag{10.7.4}$$

于是，线性最小二乘估计的信号模型为 $s(\boldsymbol{\theta})=\boldsymbol{H\theta}$。根据式(10.7.2)，构造的估计量 $\hat{\boldsymbol{\theta}}$ 使性能指标

$$J(\hat{\boldsymbol{\theta}})=(\boldsymbol{x}-\boldsymbol{H}\hat{\boldsymbol{\theta}})^{\mathrm{T}}(\boldsymbol{x}-\boldsymbol{H}\hat{\boldsymbol{\theta}}) \tag{10.7.5}$$

达到最小，这就是线性最小二乘估计量的构造规则。$J(\hat{\boldsymbol{\theta}})$ 通常称为最小二乘估计误差。

2. 估计量的构造公式

在矢量估计的情况下，根据估计量的构造规则，要求 $J(\hat{\boldsymbol{\theta}})$ 达到最小。为此，令

$$\left.\frac{\partial J(\hat{\boldsymbol{\theta}})}{\partial\hat{\boldsymbol{\theta}}}\right|_{\hat{\boldsymbol{\theta}}=\hat{\boldsymbol{\theta}}_{\mathrm{ls}}}=\boldsymbol{0} \tag{10.7.6}$$

其解 $\hat{\boldsymbol{\theta}}_{\mathrm{ls}}$ 就是所要求的估计量。

利用矢量函数对矢量变量求导的乘法法则，得

$$\frac{\partial J(\hat{\boldsymbol{\theta}})}{\partial\hat{\boldsymbol{\theta}}}=\frac{\partial}{\partial\hat{\boldsymbol{\theta}}}\left[(\boldsymbol{x}-\boldsymbol{H}\hat{\boldsymbol{\theta}})^{\mathrm{T}}(\boldsymbol{x}-\boldsymbol{H}\hat{\boldsymbol{\theta}})\right]=-2\boldsymbol{H}^{\mathrm{T}}(\boldsymbol{x}-\boldsymbol{H}\hat{\boldsymbol{\theta}})$$

令其等于零，解得 $\hat{\boldsymbol{\theta}}_{\mathrm{ls}}$ 为

$$\hat{\boldsymbol{\theta}}_{\mathrm{ls}}=(\boldsymbol{H}^{\mathrm{T}}\boldsymbol{H})^{-1}\boldsymbol{H}^{\mathrm{T}}\boldsymbol{x} \tag{10.7.7}$$

因为

$$\frac{\partial^2 J(\hat{\boldsymbol{\theta}})}{\partial\hat{\boldsymbol{\theta}}^2}=2\boldsymbol{H}^{\mathrm{T}}\boldsymbol{H}$$

是非负定的矩阵，所以，$\hat{\boldsymbol{\theta}}_{\mathrm{ls}}$ 是使 $J(\hat{\boldsymbol{\theta}})$ 为最小的估计量。将式(10.7.7)所示的 $\hat{\boldsymbol{\theta}}_{\mathrm{ls}}$ 代入最小二乘估计误差 $J(\hat{\boldsymbol{\theta}})$ 的表达式，得

$$J_{\min}(\hat{\boldsymbol{\theta}}_{\mathrm{ls}})=\boldsymbol{x}^{\mathrm{T}}\left[\boldsymbol{I}-\boldsymbol{H}(\boldsymbol{H}^{\mathrm{T}}\boldsymbol{H})^{-1}\boldsymbol{H}^{\mathrm{T}}\right]\boldsymbol{x} \tag{10.7.8}$$

3. 估计量的性质

现在讨论线性最小二乘估计量的性质。

(1) 估计矢量是观测矢量的线性函数。

由式(10.7.7)所示的估计矢量构造的公式可以看出，估计矢量 $\hat{\boldsymbol{\theta}}_{\mathrm{ls}}$ 是观测矢量 $\boldsymbol{x}$ 的线性组合，因此它是 $\boldsymbol{x}$ 的线性函数。

(2) 如果观测噪声矢量 $\boldsymbol{n}$ 的均值矢量为零矢量，则线性最小二乘估计矢量是无偏的。

因为若

$$E(\boldsymbol{n})=\mathbf{0}$$

则

$$E(\hat{\boldsymbol{\theta}}_{\mathrm{ls}})=E[(\boldsymbol{H}^{\mathrm{T}}\boldsymbol{H})^{-1}\boldsymbol{H}^{\mathrm{T}}\boldsymbol{x}]= E[(\boldsymbol{H}^{\mathrm{T}}\boldsymbol{H})^{-1}\boldsymbol{H}^{\mathrm{T}}(\boldsymbol{H}\boldsymbol{\theta}+\boldsymbol{n})]=E(\boldsymbol{\theta}) \tag{10.7.9}$$

所以，$\hat{\boldsymbol{\theta}}_{\mathrm{ls}}$ 是无偏估计量。

(3) 如果观测噪声矢量 $\boldsymbol{n}$ 的均值矢量为零矢量，协方差矩阵为 $\boldsymbol{C}_n$，则最小二乘估计矢量的均方误差阵为

$$\boldsymbol{M}_{\hat{\boldsymbol{\theta}}_{\mathrm{ls}}}=E[(\boldsymbol{\theta}-\hat{\boldsymbol{\theta}}_{\mathrm{ls}})(\boldsymbol{\theta}-\hat{\boldsymbol{\theta}}_{\mathrm{ls}})^{\mathrm{T}}]=(\boldsymbol{H}^{\mathrm{T}}\boldsymbol{H})^{-1}\boldsymbol{H}^{\mathrm{T}}\boldsymbol{C}_n\boldsymbol{H}(\boldsymbol{H}^{\mathrm{T}}\boldsymbol{H})^{-1} \tag{10.7.10}$$

因为

$$E[(\boldsymbol{\theta}-\hat{\boldsymbol{\theta}}_{\mathrm{ls}})(\boldsymbol{\theta}-\hat{\boldsymbol{\theta}}_{\mathrm{ls}})^{\mathrm{T}}]=E\{[\boldsymbol{\theta}-(\boldsymbol{H}^{\mathrm{T}}\boldsymbol{H})^{-1}\boldsymbol{H}^{\mathrm{T}}\boldsymbol{x}][\boldsymbol{\theta}-(\boldsymbol{H}^{\mathrm{T}}\boldsymbol{H})^{-1}\boldsymbol{H}^{\mathrm{T}}\boldsymbol{x}]^{\mathrm{T}}\}$$

将线性观测方程

$$\boldsymbol{x}=\boldsymbol{H}\boldsymbol{\theta}+\boldsymbol{n}$$

代入上式，得

$$\boldsymbol{M}_{\hat{\boldsymbol{\theta}}_{\mathrm{ls}}}=(\boldsymbol{H}^{\mathrm{T}}\boldsymbol{H})^{-1}\boldsymbol{H}^{\mathrm{T}}E(\boldsymbol{n}\boldsymbol{n}^{\mathrm{T}})\boldsymbol{H}(\boldsymbol{H}^{\mathrm{T}}\boldsymbol{H})^{-1}$$

又因为假设观测噪声矢量 $\boldsymbol{n}$ 的统计特性为

$$E(\boldsymbol{n})=\mathbf{0}$$

$$E(\boldsymbol{n}\boldsymbol{n}^{\mathrm{T}})=\boldsymbol{C}_n$$

所以，线性最小二乘估计矢量 $\hat{\boldsymbol{\theta}}_{\mathrm{ls}}$ 的均方误差阵为

$$\boldsymbol{M}_{\hat{\boldsymbol{\theta}}_{\mathrm{ls}}}=(\boldsymbol{H}^{\mathrm{T}}\boldsymbol{H})^{-1}\boldsymbol{H}^{\mathrm{T}}\boldsymbol{C}_n\boldsymbol{H}(\boldsymbol{H}^{\mathrm{T}}\boldsymbol{H})^{-1}$$

因为在这种情况下，估计矢量是无偏的，所以估计矢量的均方误差就是估计矢量的协方差阵。

显然，线性最小二乘估计矢量 $\hat{\boldsymbol{\theta}}_{\mathrm{ls}}$ 的第二个性质(无偏性)和第三个性质(均方误差阵)，需要将观测噪声矢量 $\boldsymbol{n}$ 的上述统计特性假设作为先验知识。

例 10.7.1　根据以下对二维矢量 $\boldsymbol{\theta}$ 的两次观测：

$$\boldsymbol{x}_1=\begin{bmatrix}2\\1\end{bmatrix}=\begin{bmatrix}1&1\\0&1\end{bmatrix}\boldsymbol{\theta}+\boldsymbol{n}_1$$

$$\boldsymbol{x}_2=4=[1\quad 2]\boldsymbol{\theta}+\boldsymbol{n}_2$$

求 $\boldsymbol{\theta}$ 的线性最小二乘估计矢量 $\hat{\boldsymbol{\theta}}_{\mathrm{ls}}$。

解　由两次观测方程，得矩阵形式的观测方程为

$$\boldsymbol{x}=\boldsymbol{H}\boldsymbol{\theta}+\boldsymbol{n}$$

其中

$$\boldsymbol{x}=\begin{bmatrix}\boldsymbol{x}_1\\\boldsymbol{x}_2\end{bmatrix}=\begin{bmatrix}2\\1\\4\end{bmatrix},\quad \boldsymbol{H}=\begin{bmatrix}\boldsymbol{H}_1\\\boldsymbol{H}_2\end{bmatrix}=\begin{bmatrix}1&1\\0&1\\1&2\end{bmatrix},\quad \boldsymbol{n}=\begin{bmatrix}n_1\\n_2\end{bmatrix}$$

它是线性观测方程，因此利用线性最小二乘估计矢量 $\hat{\boldsymbol{\theta}}_{\mathrm{ls}}$ 的构造公式，得

$$\hat{\boldsymbol{\theta}}_{\mathrm{ls}}=(\boldsymbol{H}^{\mathrm{T}}\boldsymbol{H})^{-1}\boldsymbol{H}^{\mathrm{T}}\boldsymbol{x}=\left(\begin{bmatrix}1&1\\0&1\\1&2\end{bmatrix}^{\mathrm{T}}\begin{bmatrix}1&1\\0&1\\1&2\end{bmatrix}\right)^{-1}\begin{bmatrix}1&1\\0&1\\1&2\end{bmatrix}^{\mathrm{T}}\begin{bmatrix}2\\1\\4\end{bmatrix}=$$

$$\begin{bmatrix} 2 & 3 \\ 3 & 6 \end{bmatrix}^{-1} \begin{bmatrix} 6 \\ 11 \end{bmatrix} = \begin{bmatrix} 1 \\ \frac{4}{3} \end{bmatrix}$$

10.7.3 线性最小二乘加权估计

在前面的讨论中，所采用的性能指标对每次观测量是同等对待的。由此产生这样的问题，即如果各次观测噪声的强度是不一样的，则所得的各次观测量的精度也是不同的，因此同等对待各次观测量也是不合理的。在这种情况下，理应给观测噪声较小的那个观测量(精度较高)较大的权值，这样才能获得更精确的估计结果。极端地说，如果某次观测的噪声为零，那么利用该次观测量就可获得精确的估计量，相当于该次观测量的权值为1，其他各次观测量的权值为零。因此可以这样来构造估计量，即将观测量乘以与本次观测噪声强度成反比的权值后再构造估计量，这就是线性最小二乘加权估计。线性最小二乘加权估计需要关于线性观测噪声统计特性的前二阶矩先验知识。假定观测噪声矢量 $\boldsymbol{n}$ 的均值矢量和协方差矩阵分别为

$$E(\boldsymbol{n}) = \boldsymbol{0}, \quad E(\boldsymbol{n}\boldsymbol{n}^{\mathrm{T}}) = \boldsymbol{C}_n$$

线性最小二乘加权估计的性能指标是使

$$J_W(\hat{\boldsymbol{\theta}}) = (\boldsymbol{x} - \boldsymbol{H}\hat{\boldsymbol{\theta}})^{\mathrm{T}} \boldsymbol{W} (\boldsymbol{x} - \boldsymbol{H}\hat{\boldsymbol{\theta}}) \tag{10.7.11}$$

达到最小。此时的 $\hat{\boldsymbol{\theta}}$ 称为线性最小二乘加权估计矢量，记为 $\hat{\boldsymbol{\theta}}_{\mathrm{lsw}}(\boldsymbol{x})$，简记为 $\hat{\boldsymbol{\theta}}_{\mathrm{lsw}}$。其中 $\boldsymbol{W}$ 称为加权矩阵，它是 $N \times N$ 的对称正定阵。当 $\boldsymbol{W} = \boldsymbol{I}$ 时，就退化为非加权的线性最小二乘估计。

将式(10.7.11) 的 $J_W(\hat{\boldsymbol{\theta}})$ 对 $\hat{\boldsymbol{\theta}}$ 求偏导，并令结果等于零，得

$$\frac{\partial J_W(\hat{\boldsymbol{\theta}})}{\partial \hat{\boldsymbol{\theta}}} = -2\boldsymbol{H}^{\mathrm{T}} \boldsymbol{W} (\boldsymbol{x} - \boldsymbol{H}\hat{\boldsymbol{\theta}}) \big|_{\hat{\boldsymbol{\theta}} = \hat{\boldsymbol{\theta}}_{\mathrm{lsw}}} = \boldsymbol{0}$$

解得线性最小二乘加权估计矢量 $\hat{\boldsymbol{\theta}}_{\mathrm{lsw}}$ 为

$$\hat{\boldsymbol{\theta}}_{\mathrm{lsw}} = (\boldsymbol{H}^{\mathrm{T}} \boldsymbol{W} \boldsymbol{H})^{-1} \boldsymbol{H}^{\mathrm{T}} \boldsymbol{W} \boldsymbol{x} \tag{10.7.12}$$

将式(10.7.12) 代入式(10.7.11)，得最小二乘加权估计误差为

$$J_{W\min}(\hat{\boldsymbol{\theta}}_{\mathrm{lsw}}) = \boldsymbol{x}^{\mathrm{T}} [\boldsymbol{W} - \boldsymbol{W}\boldsymbol{H}(\boldsymbol{H}^{\mathrm{T}} \boldsymbol{W} \boldsymbol{H})^{-1} \boldsymbol{H}^{\mathrm{T}} \boldsymbol{W}] \boldsymbol{x} \tag{10.7.13}$$

线性最小二乘加权估计矢量的主要性质如下：

(1) 估计矢量是观测矢量的线性函数。

(2) 如果观测噪声矢量 $\boldsymbol{n}$ 的均值矢量 $E(\boldsymbol{n}) = \boldsymbol{0}$，则估计矢量 $\hat{\boldsymbol{\theta}}_{\mathrm{lsw}}$ 是无偏估计量。

(3) 如果观测噪声矢量 $\boldsymbol{n}$ 的均值矢量 $E(\boldsymbol{n}) = \boldsymbol{0}$，协方差矩阵为 $E(\boldsymbol{n}\boldsymbol{n}^{\mathrm{T}}) = \boldsymbol{C}_n$，则估计误差矢量的均方误差阵(误差矢量的协方差矩阵)为

$$\begin{aligned} \boldsymbol{M}_{\hat{\boldsymbol{\theta}}_{\mathrm{lsw}}} &= E[(\boldsymbol{\theta} - \hat{\boldsymbol{\theta}}_{\mathrm{lsw}})(\boldsymbol{\theta} - \hat{\boldsymbol{\theta}}_{\mathrm{lsw}})^{\mathrm{T}}] = \\ & (\boldsymbol{H}^{\mathrm{T}} \boldsymbol{W} \boldsymbol{H})^{-1} \boldsymbol{H}^{\mathrm{T}} \boldsymbol{W} E(\boldsymbol{n}\boldsymbol{n}^{\mathrm{T}}) \boldsymbol{W} \boldsymbol{H} (\boldsymbol{H}^{\mathrm{T}} \boldsymbol{W} \boldsymbol{H})^{-1} = \\ & (\boldsymbol{H}^{\mathrm{T}} \boldsymbol{W} \boldsymbol{H})^{-1} \boldsymbol{H}^{\mathrm{T}} \boldsymbol{W} \boldsymbol{C}_n \boldsymbol{W} \boldsymbol{H} (\boldsymbol{H}^{\mathrm{T}} \boldsymbol{W} \boldsymbol{H})^{-1} \end{aligned} \tag{10.7.14}$$

在估计误差矢量的均方误差阵中，观测矩阵 $\boldsymbol{H}$ 和观测噪声矢量的协方差矩阵 $\boldsymbol{C}_n$ 是已知的，现在的问题是，如何选择加权矩阵 $\boldsymbol{W}$ 才能使均方误差阵取最小值。下面证明，当 $\boldsymbol{W} = \boldsymbol{C}_n^{-1}$ 时，估计误差矢量的均方误差阵是最小的。此时的加权矩阵成为最佳加权矩阵，记为 $\boldsymbol{W}_{\mathrm{opt}}$。

设 $\boldsymbol{A}$ 和 $\boldsymbol{B}$ 分别是 $M \times N$ 和 $N \times K$ 的任意两个矩阵，且 $\boldsymbol{A}\boldsymbol{A}^{\mathrm{T}}$ 的逆矩阵存在，则有矩阵不等式

$$\boldsymbol{B}^{\mathrm{T}} \boldsymbol{B} \geqslant (\boldsymbol{A}\boldsymbol{B})^{\mathrm{T}} (\boldsymbol{A}\boldsymbol{A}^{\mathrm{T}})^{-1} \boldsymbol{A}\boldsymbol{B} \tag{10.7.15}$$

成立。令 $\boldsymbol{A} = \boldsymbol{H}^{\mathrm{T}} \boldsymbol{C}_n^{-1/2}$，$\boldsymbol{B} = \boldsymbol{C}_n^{1/2} \boldsymbol{C}^{\mathrm{T}}$，$\boldsymbol{C} = (\boldsymbol{H}^{\mathrm{T}} \boldsymbol{W} \boldsymbol{H})^{-1} \boldsymbol{H}^{\mathrm{T}} \boldsymbol{W}$，则由不等式(10.7.15) 得

$$\boldsymbol{C}\boldsymbol{C}_n\boldsymbol{C}^{\mathrm{T}} \geqslant (\boldsymbol{H}^{\mathrm{T}}\boldsymbol{C}^{\mathrm{T}})^{\mathrm{T}}(\boldsymbol{H}^{\mathrm{T}}\boldsymbol{C}_n^{-1}\boldsymbol{H})^{-1}(\boldsymbol{H}^{\mathrm{T}}\boldsymbol{C}^{\mathrm{T}}) = \boldsymbol{C}\boldsymbol{H}(\boldsymbol{H}^{\mathrm{T}}\boldsymbol{C}_n^{-1}\boldsymbol{H}^{\mathrm{T}})(\boldsymbol{C}\boldsymbol{H})^{\mathrm{T}} = (\boldsymbol{H}^{\mathrm{T}}\boldsymbol{C}_n^{-1}\boldsymbol{H})^{-1} \tag{10.7.16}$$

可见，式(10.7.16)的左端恰为式(10.7.14)的均方误差阵 $\boldsymbol{M}_{\hat{\boldsymbol{\theta}}_{\mathrm{lsw}}}$；而其右端恰为 $\boldsymbol{W}=\boldsymbol{W}_{\mathrm{opt}}=\boldsymbol{C}_n^{-1}$ 时的均方误差阵，即为

$$\boldsymbol{M}_{\hat{\boldsymbol{\theta}}_{\mathrm{lsw}}} = (\boldsymbol{H}^{\mathrm{T}}\boldsymbol{W}\boldsymbol{H})^{-1}\boldsymbol{H}^{\mathrm{T}}\boldsymbol{W}\boldsymbol{C}_n\boldsymbol{W}\boldsymbol{H}\ (\boldsymbol{H}^{\mathrm{T}}\boldsymbol{W}\boldsymbol{H})^{-1} \geqslant (\boldsymbol{H}^{\mathrm{T}}\boldsymbol{C}_n^{-1}\boldsymbol{H})^{-1} \tag{10.7.17}$$

所以，当 $\boldsymbol{W}=\boldsymbol{W}_{\mathrm{opt}}=\boldsymbol{C}_n^{-1}$ 时，估计矢量的均方误差阵最小，这时可获得线性最小二乘最佳加权估计矢量为

$$\hat{\boldsymbol{\theta}}_{\mathrm{lsw}} = (\boldsymbol{H}^{\mathrm{T}}\boldsymbol{C}_n^{-1}\boldsymbol{H})^{-1}\boldsymbol{H}^{\mathrm{T}}\boldsymbol{C}_n^{-1}\boldsymbol{x} \tag{10.7.18}$$

而估计矢量的均方误差阵为

$$\boldsymbol{M}_{\hat{\boldsymbol{\theta}}_{\mathrm{lsw}}} = (\boldsymbol{H}^{\mathrm{T}}\boldsymbol{C}_n^{-1}\boldsymbol{H})^{-1} \tag{10.7.19}$$

例 10.7.2　用电表对电压进行两次测量，测量结果分别为 216 V 和 220 V。观测方程为

$$216 = \theta + n_1$$
$$220 = \theta + n_2$$

其中，观测噪声矢量的均值矢量和协方差矩阵分别为

$$E(\boldsymbol{n}) = E\left(\begin{bmatrix} n_1 \\ n_2 \end{bmatrix}\right) = \begin{bmatrix} 0 \\ 0 \end{bmatrix}$$

$$E(\boldsymbol{n}\boldsymbol{n}^{\mathrm{T}}) = E\left(\begin{bmatrix} n_1 \\ n_2 \end{bmatrix}\begin{bmatrix} n_1 \\ n_2 \end{bmatrix}^{\mathrm{T}}\right) = \begin{bmatrix} 4^2 & 0 \\ 0 & 2^2 \end{bmatrix} = \boldsymbol{C}_n$$

求电压 θ 的最小二乘估计量 $\hat{\theta}_{\mathrm{ls}}$ 和最小二乘加权估计量 $\hat{\theta}_{\mathrm{lsw}}$，并对结果进行比较和讨论。

解　由题意知，这是线性观测模型，且

$$\boldsymbol{x} = \begin{bmatrix} 216 \\ 220 \end{bmatrix},\quad \boldsymbol{H} = \begin{bmatrix} 1 \\ 1 \end{bmatrix},\quad \boldsymbol{n} = \begin{bmatrix} n_1 \\ n_2 \end{bmatrix}$$

因此，非加权估计时，电压 θ 的线性最小二乘估计量 $\hat{\theta}_{\mathrm{ls}}(\boldsymbol{x})$ 和估计量的均方误差 $\varepsilon^2_{\hat{\theta}_{\mathrm{ls}}}$ 分别为

$$\hat{\theta}_{\mathrm{ls}} = (\boldsymbol{H}^{\mathrm{T}}\boldsymbol{H})^{-1}\boldsymbol{H}^{\mathrm{T}}\boldsymbol{x} = \left(\begin{bmatrix} 1 & 1 \end{bmatrix}\begin{bmatrix} 1 \\ 1 \end{bmatrix}\right)^{-1}\begin{bmatrix} 1 & 1 \end{bmatrix}\begin{bmatrix} 216 \\ 220 \end{bmatrix} = 218\ \mathrm{V}$$

和

$$\varepsilon^2_{\hat{\theta}_{\mathrm{ls}}} = (\boldsymbol{H}^{\mathrm{T}}\boldsymbol{H})^{-1}\boldsymbol{H}^{\mathrm{T}}\boldsymbol{C}_n\boldsymbol{H}(\boldsymbol{H}^{\mathrm{T}}\boldsymbol{H})^{-1} = \left(\begin{bmatrix} 1 & 1 \end{bmatrix}\begin{bmatrix} 1 \\ 1 \end{bmatrix}\right)^{-1}\begin{bmatrix} 1 & 1 \end{bmatrix}\begin{bmatrix} 4^2 & 0 \\ 0 & 2^2 \end{bmatrix}\begin{bmatrix} 1 \\ 1 \end{bmatrix}\left(\begin{bmatrix} 1 & 1 \end{bmatrix}\begin{bmatrix} 1 \\ 1 \end{bmatrix}\right)^{-1} = 5\ \mathrm{V}^2$$

如果采用加权估计，加权矩阵 $\boldsymbol{W}$ 取最佳加权矩阵 $\boldsymbol{W}_{\mathrm{opt}}$，即

$$\boldsymbol{W}_{\mathrm{opt}} = \boldsymbol{C}_n^{-1} = \begin{bmatrix} 4^{-2} & 0 \\ 0 & 2^{-2} \end{bmatrix}$$

则有

$$\hat{\theta}_{\mathrm{lsw}} = (\boldsymbol{H}^{\mathrm{T}}\boldsymbol{C}_n^{-1}\boldsymbol{H})^{-1}\boldsymbol{H}^{\mathrm{T}}\boldsymbol{C}_n^{-1}\boldsymbol{x} = \left(\begin{bmatrix} 1 & 1 \end{bmatrix}\begin{bmatrix} 4^{-2} & 0 \\ 0 & 2^{-2} \end{bmatrix}\begin{bmatrix} 1 \\ 1 \end{bmatrix}\right)^{-1}\begin{bmatrix} 1 & 1 \end{bmatrix}\begin{bmatrix} 4^{-2} & 0 \\ 0 & 2^{-2} \end{bmatrix}\begin{bmatrix} 216 \\ 220 \end{bmatrix} = 219.2\ \mathrm{V}$$

和

$$\varepsilon^2_{\hat{\theta}_{\mathrm{lsw}}} = (\boldsymbol{H}^{\mathrm{T}}\boldsymbol{C}_n^{-1}\boldsymbol{H})^{-1} = \left(\begin{bmatrix} 1 & 1 \end{bmatrix}\begin{bmatrix} 4^{-2} & 0 \\ 0 & 2^{-2} \end{bmatrix}\begin{bmatrix} 1 \\ 1 \end{bmatrix}\right)^{-1} = 3.2\ \mathrm{V}^2$$

显然，线性最小二乘最佳加权估计量的均方误差小于非加权估计量的均方误差。

最后，对线性最小二乘加权估计作一些说明。如果已知观测噪声矢量 $\boldsymbol{n}$ 的均值矢量 $E(\boldsymbol{n})=\boldsymbol{0}$，协方差矩阵 $E(\boldsymbol{n}\boldsymbol{n}^{\mathrm{T}})=\boldsymbol{C}_n$，必要时可采取线性最小二乘加权估计的方法来构造估计量。最佳加权矩阵 $\boldsymbol{W}=\boldsymbol{W}_{\mathrm{opt}}=\boldsymbol{C}_n^{-1}$。如果采用的加权矩阵 $\boldsymbol{W}\neq\boldsymbol{W}_{\mathrm{opt}}$，则分两种情况。一种情况是，加权矩阵虽非最佳，但仍部分与测量精度（及观测噪声方差）相适应，则估计量的精度介于最佳加权和非加权估计量的精度之间；另一种情况是，如果加权矩阵 $\boldsymbol{W}$ 与测量精度不适应，即如果测量精度高的观测量反而权值小，则加权估计的结果将比非加权估计的结果还差。

10.7.4 线性最小二乘递推估计

由前面的分析可知，求信号参量的最小二乘估计值必须将所有的观测数据同时处理。当观测数据很多时，其存储和计算量都很大。若采用递推的方法，不但可以减少计算与存储量，还易于实时处理。本节只讨论无加权，且观测量是一维情况的递推估计方法。

设对 M 个参量 $\boldsymbol{\theta}$ 进行了 k 次观测，得到的观测数据为

$$\boldsymbol{x}(k)=\boldsymbol{H}(k)\boldsymbol{\theta}+\boldsymbol{n}(k),\quad k=1,2,\cdots,k \tag{10.7.20}$$

由上一节的讨论知

$$\hat{\boldsymbol{\theta}}_{\mathrm{ls}}(k)=[\boldsymbol{H}^{\mathrm{T}}(k)\boldsymbol{H}(k)]^{-1}\boldsymbol{H}^{\mathrm{T}}(k)\boldsymbol{x}(k) \tag{10.7.21}$$

若再增加一个观测数据，即进行第 $k+1$ 次观测，得到

$$x_{k+1}=\boldsymbol{H}_{k+1}\boldsymbol{\theta}+n_{k+1} \tag{10.7.22}$$

若将前 k 次观测与第 $k+1$ 次观测写成一个表达式

$$\boldsymbol{x}(k+1)=\boldsymbol{H}(k+1)\boldsymbol{\theta}+\boldsymbol{n}(k+1) \tag{10.7.23}$$

其中

$$\boldsymbol{x}(k+1)=\begin{bmatrix}x_1\\x_2\\\vdots\\x_k\\x_{k+1}\end{bmatrix}=\begin{bmatrix}\boldsymbol{x}(k)\\x_{k+1}\end{bmatrix};\quad \boldsymbol{n}(k+1)=\begin{bmatrix}n_1\\n_2\\\vdots\\n_k\\n_{k+1}\end{bmatrix}=\begin{bmatrix}\boldsymbol{n}(k)\\n_{k+1}\end{bmatrix}$$

$$\boldsymbol{H}(k+1)=\begin{bmatrix}\boldsymbol{H}(k)\\\boldsymbol{H}_{k+1}\end{bmatrix}$$

则

$$\hat{\boldsymbol{\theta}}_{\mathrm{ls}}(k+1)=[\boldsymbol{H}^{\mathrm{T}}(k+1)\boldsymbol{H}(k+1)]^{-1}\boldsymbol{H}^{\mathrm{T}}(k+1)\boldsymbol{x}(k+1) \tag{10.7.24}$$

令

$$\boldsymbol{P}_k=[\boldsymbol{H}^{\mathrm{T}}(k)\boldsymbol{H}(k)]^{-1}\quad 或\quad \boldsymbol{P}_k^{-1}=\boldsymbol{H}^{\mathrm{T}}(k)\boldsymbol{H}(k) \tag{10.7.25}$$

则式(10.7.21)和式(10.7.24)可分别写为

$$\hat{\boldsymbol{\theta}}_{\mathrm{ls}}(k)=\boldsymbol{P}_k\boldsymbol{H}^{\mathrm{T}}(k)\boldsymbol{x}(k)$$

$$\hat{\boldsymbol{\theta}}_{\mathrm{ls}}(k+1)=\boldsymbol{P}_{k+1}\boldsymbol{H}^{\mathrm{T}}(k+1)\boldsymbol{x}(k+1) \tag{10.7.26}$$

其中

$$\boldsymbol{P}_{k+1}=[\boldsymbol{H}^{\mathrm{T}}(k+1)\boldsymbol{H}(k+1)]^{-1}=\left\{\begin{bmatrix}\boldsymbol{H}(k)\\\boldsymbol{H}_{k+1}\end{bmatrix}^{\mathrm{T}}\begin{bmatrix}\boldsymbol{H}(k)\\\boldsymbol{H}_{k+1}\end{bmatrix}\right\}^{-1}=$$

$$[\boldsymbol{H}^{\mathrm{T}}(k)\boldsymbol{H}(k)+\boldsymbol{H}_{k+1}^{\mathrm{T}}\boldsymbol{H}_{k+1}]^{-1}=[\boldsymbol{P}_k^{-1}+\boldsymbol{H}_{k+1}^{\mathrm{T}}\boldsymbol{H}_{k+1}]^{-1} \tag{10.7.27}$$

利用矩阵求逆恒等式，可得

$$\boldsymbol{P}_{k+1}=\boldsymbol{P}_k-\boldsymbol{P}_k\boldsymbol{H}_{k+1}^{\mathrm{T}}[\boldsymbol{H}_{k+1}\boldsymbol{P}_k\boldsymbol{H}_{k+1}^{\mathrm{T}}+\boldsymbol{I}]^{-1}\boldsymbol{H}_{k+1}\boldsymbol{P}_k \tag{10.7.28}$$

将式(10.7.26)写成

$$\hat{\boldsymbol{\theta}}_{\mathrm{ls}}(k+1)=\boldsymbol{P}_{k+1}\boldsymbol{H}^{\mathrm{T}}(k+1)\boldsymbol{x}(k+1)=\boldsymbol{P}_{k+1}\begin{bmatrix}\boldsymbol{H}(k)\\\boldsymbol{H}_{k+1}\end{bmatrix}^{\mathrm{T}}\begin{bmatrix}\boldsymbol{x}(k)\\x_{k+1}\end{bmatrix}=$$

$$\boldsymbol{P}_{k+1}[\boldsymbol{H}^{\mathrm{T}}(k)\boldsymbol{x}(k)+\boldsymbol{H}_{k+1}^{\mathrm{T}}x_{k+1}] \tag{10.7.29}$$

由式(10.7.26)知

$$\boldsymbol{H}^{\mathrm{T}}(k)\boldsymbol{x}(k)=\boldsymbol{P}_k^{-1}\hat{\boldsymbol{\theta}}_{\mathrm{ls}}(k)$$

则

$$\boldsymbol{P}_{k+1}\boldsymbol{H}^{\mathrm{T}}(k)\boldsymbol{x}(k)=\boldsymbol{P}_{k+1}\boldsymbol{P}_k^{-1}\hat{\boldsymbol{\theta}}_{\mathrm{ls}}(k) \tag{10.7.30}$$

由式(10.7.27)可解得

$$\boldsymbol{P}_k^{-1}=\boldsymbol{P}_{k+1}^{-1}-\boldsymbol{H}_{k+1}^{\mathrm{T}}\boldsymbol{H}_{k+1} \tag{10.7.31}$$

将式(10.7.31)代入式(10.7.30)得

$$\boldsymbol{P}_{k+1}\boldsymbol{H}^{\mathrm{T}}(k)\boldsymbol{x}(k)=\boldsymbol{P}_{k+1}[\boldsymbol{P}_{k+1}^{-1}-\boldsymbol{H}_{k+1}^{\mathrm{T}}\boldsymbol{H}_{k+1}]\hat{\boldsymbol{\theta}}_{\mathrm{ls}}(k)=$$

$$\hat{\boldsymbol{\theta}}_{\mathrm{ls}}(k)-\boldsymbol{P}_{k+1}\boldsymbol{H}_{k+1}^{\mathrm{T}}\boldsymbol{H}_{k+1}\hat{\boldsymbol{\theta}}_{\mathrm{ls}}(k)$$

将上式代入式(10.7.29)得

$$\hat{\boldsymbol{\theta}}_{\mathrm{ls}}(k+1)=\hat{\boldsymbol{\theta}}_{\mathrm{ls}}(k)-\boldsymbol{P}_{k+1}\boldsymbol{H}_{k+1}^{\mathrm{T}}\boldsymbol{H}_{k+1}\hat{\boldsymbol{\theta}}_{\mathrm{ls}}(k)+\boldsymbol{P}_{k+1}\boldsymbol{H}_{k+1}^{\mathrm{T}}x_{k+1}=$$

$$\hat{\boldsymbol{\theta}}_{\mathrm{ls}}(k)+\boldsymbol{P}_{k+1}\boldsymbol{H}_{k+1}^{\mathrm{T}}[x_{k+1}-\boldsymbol{H}_{k+1}\hat{\boldsymbol{\theta}}_{\mathrm{ls}}(k)] \tag{10.7.32}$$

式(10.7.28)和式(10.7.32)是最小二乘估计的递推公式。可见，第 $k+1$ 次观测所求得的估值 $\hat{\boldsymbol{\theta}}_{\mathrm{ls}}(k+1)$ 是在前 k 次估值上加以修正，其修正项与新的观测值、第 k 次的估值及系数矩阵有关。

在进行递推估计时，需要一组初始值。可以利用第一次观测数据 x_1，由非递推公式计算出 $\hat{\boldsymbol{\theta}}_{\mathrm{ls}}(1)$ 和 $\boldsymbol{P}_1$ 作为初始值，也可以取 $\hat{\boldsymbol{\theta}}_{\mathrm{ls}}(0)=\boldsymbol{0}$，$\boldsymbol{P}=\boldsymbol{B}^2\boldsymbol{I}$，$\boldsymbol{B}$ 是个比较大的数。随着递推次数增加，初始值的影响将逐渐减小。

现将递推估计步骤简述如下：

(1) 确定初始值 $\hat{\boldsymbol{\theta}}_{\mathrm{ls}}(k)$ 和 $\boldsymbol{P}_k$；

(2) 由式(10.7.27)计算 $\boldsymbol{P}_{k+1}$；

(3) 由式(10.7.32)计算 $\hat{\boldsymbol{\theta}}_{\mathrm{ls}}(k+1)$；

(4) $k+1\rightarrow k+2$，重复(2)～(3)的步骤。

例 10.7.3　若对二维矢量 $\boldsymbol{\theta}$ 进行三次观测，得到

$$x_1=2=[1\quad 1]\theta+n_1$$

$$x_2=1=[0\quad 1]\theta+n_2$$

$$x_3=4=[1\quad 2]\theta+n_3$$

用递推的方法求 $\boldsymbol{\theta}$ 的最小二乘估计值 $\hat{\boldsymbol{\theta}}_{\mathrm{ls}}(3)$。

解　首先求出二次观测的估值

$$\hat{\boldsymbol{\theta}}_{\mathrm{ls}}(2)=[\boldsymbol{H}^{\mathrm{T}}(2)\boldsymbol{H}(2)]^{-1}\boldsymbol{H}^{\mathrm{T}}(2)\boldsymbol{x}(2)=$$

$$\left(\begin{bmatrix}1&0\\1&1\end{bmatrix}\begin{bmatrix}1&1\\0&1\end{bmatrix}\right)^{-1}\begin{bmatrix}1&0\\1&1\end{bmatrix}\begin{bmatrix}2\\1\end{bmatrix}=\begin{bmatrix}1\\1\end{bmatrix}$$

由式(10.7.25)得

$$\boldsymbol{P}_2=[\boldsymbol{H}^{\mathrm{T}}(2)\boldsymbol{H}(2)]^{-1}=\begin{bmatrix}2&-1\\-1&1\end{bmatrix}$$

由式(10.7.28)得

$$\boldsymbol{P}_3=\boldsymbol{P}_2-\boldsymbol{P}_2\boldsymbol{H}_3^{\mathrm{T}}[\boldsymbol{H}_3\boldsymbol{P}_2\boldsymbol{H}_3^{\mathrm{T}}+\boldsymbol{I}]^{-1}\boldsymbol{H}_3\boldsymbol{P}_2=$$

$$\begin{bmatrix}2&-1\\-1&1\end{bmatrix}-\begin{bmatrix}2&-1\\-1&1\end{bmatrix}\begin{bmatrix}1\\2\end{bmatrix}$$

$$\left([1\quad 2]\begin{bmatrix}2&-1\\-1&1\end{bmatrix}\begin{bmatrix}1\\2\end{bmatrix}+1\right)^{-1}[1\quad 2]\begin{bmatrix}2&-1\\-1&1\end{bmatrix}=$$

$$\begin{bmatrix}2&-1\\-1&\frac{2}{3}\end{bmatrix}$$

由式(10.7.32)得

$$\hat{\boldsymbol{\theta}}_{\mathrm{ls}}(3)=\hat{\boldsymbol{\theta}}_{\mathrm{ls}}(2)+\boldsymbol{P}_3\boldsymbol{H}_3^{\mathrm{T}}[x_3-\boldsymbol{H}_3\hat{\boldsymbol{\theta}}_{\mathrm{ls}}(2)]=$$

$$\begin{bmatrix}1\\1\end{bmatrix}+\begin{bmatrix}2&-1\\-1&\frac{2}{3}\end{bmatrix}\begin{bmatrix}1\\2\end{bmatrix}\left(4-[1\quad 2]\begin{bmatrix}1\\1\end{bmatrix}\right)=\begin{bmatrix}1\\\frac{4}{3}\end{bmatrix}$$

可见,两次观测求得的 $\hat{\boldsymbol{\theta}}_1$ 和 $\hat{\boldsymbol{\theta}}_2$ 分别为 1 和 1;三次观测求得的估值分别为 1 和$\frac{4}{3}$。

10.7.5 单参量的线性最小二乘估计

如果被估计量是单参量 θ,线性观测方程为

$$x_k=h_k\theta+n_k,\quad k=1,2,\cdots,N$$

其中,观测系数 h_k 已知。于是,N 次观测的观测矩阵 $\boldsymbol{H}$ 为

$$\boldsymbol{H}=[h_1\quad h_2\quad \cdots\quad h_N]^{\mathrm{T}}$$

这样,利用式(10.7.7)和式(10.7.10)可求得 θ 的最小二乘估计量 $\hat{\theta}_{\mathrm{ls}}$ 和估计量的均方误差 $\varepsilon_{\hat{\theta}_{\mathrm{ls}}}^2$;而利用式(10.7.12)和式(10.7.14)可求得 θ 的线性最小二乘加权估计量 $\hat{\theta}_{\mathrm{lsw}}$ 和估计量的均方误差 $\varepsilon_{\hat{\theta}_{\mathrm{lsw}}}^2$;如果加权矩阵 $\boldsymbol{W}=\boldsymbol{W}_{\mathrm{opt}}=\boldsymbol{C}_n^{-1}$,则由式(10.7.18)和式(10.7.19)可得最佳的加权结果。

如果观测噪声 n_k($k=1,2,\cdots,N$)满足条件

$$E(n_k)=0,\quad E(n_jn_k)=\sigma_n^2\delta_{jk},\quad E(\theta n_k)=0$$

则有以下简明的最小二乘估计量构造公式:

$$\hat{\theta}_{\mathrm{ls}}=\frac{1}{\sum_{k=1}^{N}h_k^2}\sum_{k=1}^{N}h_kx_k$$

而估计量的均方误差为

$$\varepsilon_{\hat{\theta}_{\mathrm{ls}}}^2=\frac{1}{\sum_{k=1}^{N}h_k^2}\sigma_n^2\tag{10.7.33}$$

特别地,当观测系数 $h_k=1$ 时,θ 的最小二乘估计退化为平均值估计,估计量记为 $\hat{\theta}_{\mathrm{mv}}(\boldsymbol{x})$,简记为 $\hat{\theta}_{\mathrm{mv}}$。估计量的构造公式为

$$\hat{\theta}_{\mathrm{mv}}=\frac{1}{N}\sum_{k=1}^{N}x_k\tag{10.7.34}$$

估计量的均方误差为

$$\varepsilon_{\hat{\theta}_{\mathrm{mv}}}^2=\frac{1}{N}\sigma_n^2 \tag{10.7.35}$$

可见,平均值估计仅是最小二乘估计的特例。

10.7.6　非线性最小二乘估计

在最小二乘估计的方法中,已经指出,$\boldsymbol{\theta}$ 的最小二乘估计矢量 $\hat{\boldsymbol{\theta}}$ 构造为使

$$J(\hat{\boldsymbol{\theta}})=(\boldsymbol{x}-s(\hat{\boldsymbol{\theta}}))^{\mathrm{T}}(\boldsymbol{x}-s(\hat{\boldsymbol{\theta}}))$$

达到最小,其中 $s(\boldsymbol{\theta})$ 是信号模型。在线性最小二乘估计中,对信号表示为 $s(\boldsymbol{\theta})=\boldsymbol{H\theta}$ 的这种线性形式,已经进行了讨论。如果信号 $s(\hat{\boldsymbol{\theta}})$ 是 $\boldsymbol{\theta}$ 的一个 N 维非线性函数,在这种情况下,求使 $J(\hat{\boldsymbol{\theta}})$ 达到最小的估计矢量 $\hat{\boldsymbol{\theta}}$ 可能会变得十分困难。这里讨论两种能降低这种问题复杂程度的方法。

1. 参量变换方法

在这种方法中,首先寻求被估计参量 $\boldsymbol{\theta}$ 的一对一变换,从而使得变换后的参量 $\boldsymbol{\alpha}$ 可以表示为线性信号模型;然后求 $\boldsymbol{\alpha}$ 的线性最小二乘估计矢量 $\hat{\boldsymbol{\alpha}}_{\mathrm{ls}}$,再通过反变换求得 $\boldsymbol{\theta}$ 的最小二乘估计矢量 $\hat{\boldsymbol{\theta}}_{\mathrm{ls}}$。设被估计矢量 $\boldsymbol{\theta}$ 的函数为

$$\boldsymbol{\alpha}=g(\boldsymbol{\theta}) \tag{10.7.36}$$

其反函数存在。如果找到这样一个函数关系,它满足

$$s(\boldsymbol{\theta}(\boldsymbol{\alpha}))=s(\boldsymbol{g}^{-1}(\boldsymbol{\alpha}))=\boldsymbol{H\alpha} \tag{10.7.37}$$

那么,信号模型与参量 $\boldsymbol{\alpha}$ 呈线性关系。于是,求得矢量 $\boldsymbol{\alpha}$ 的线性最小二乘估计矢量 $\hat{\boldsymbol{\alpha}}_{\mathrm{ls}}$ 为

$$\hat{\boldsymbol{\alpha}}_{\mathrm{ls}}=(\boldsymbol{H}^{\mathrm{T}}\boldsymbol{H})^{-1}\boldsymbol{H}^{\mathrm{T}}\boldsymbol{x} \tag{10.7.38}$$

进而得被估计矢量 $\boldsymbol{\theta}$ 的非线性最小二乘估计矢量 $\hat{\boldsymbol{\theta}}_{\mathrm{ls}}$ 为

$$\hat{\boldsymbol{\theta}}_{\mathrm{ls}}=g^{-1}(\hat{\boldsymbol{\alpha}}_{\mathrm{ls}}) \tag{10.7.39}$$

参量变换方法的关键是能否找到一个满足式(10.7.37)的函数 $\boldsymbol{\alpha}=g(\boldsymbol{\theta})$。一般来说,在一部分非线性最小二乘估计中,这种方法是可行的。

例 10.7.4　设正弦信号为

$$s(t;a,\varphi)=a\cos\,(\omega_0 t+\varphi)$$

其中,频率 ω_0 已知。希望通过 N 次观测的数据 $x_k(k=1,2,\cdots,N)$ 来估计信号的振幅 a 和相位 φ,其中 $a>0,-\pi\leqslant\varphi\leqslant\pi$。

解　假定一次观测在 $t=0$ 时刻进行,后续的 $k-1$ 次观测等时间间隔进行。由于无任何先验知识可供利用,所以采用最小二乘估计的方法来求得振幅 a 和相位 φ 的估计量,即通过使

$$J(\hat{a},\hat{\varphi})=\sum_{k=1}^{N}\{x_k-\hat{a}\cos\,[\omega_0(k-1)\Delta t+\hat{\varphi}]\}^2$$

最小来获得 $\hat{a}_{\mathrm{ls}}$ 和 $\hat{\varphi}_{\mathrm{ls}}$。式中,$\Delta t$ 为采样间隔。这是一个非线性最小二乘估计问题。因为余弦信号 $s(t;a,\varphi)$ 可以展开表示为

$$s(t;a,\varphi)=a\cos\varphi\cos\omega_0 t-a\sin\varphi\sin\omega_0 t$$

所以如果令 $\boldsymbol{\alpha}=g(\boldsymbol{\theta})$ 为

$$\alpha_1=a\cos\varphi,\quad \alpha>0,-\pi\leqslant\varphi\leqslant\pi$$

$$\alpha_2=-a\sin\varphi,\quad \alpha>0,-\pi\leqslant\varphi\leqslant\pi$$

这里

$$\boldsymbol{\alpha}=\begin{bmatrix}\alpha_1\\ \alpha_2\end{bmatrix},\quad \boldsymbol{\theta}=\begin{bmatrix}a\\ \varphi\end{bmatrix}$$

则离散观测后的信号模型为

$$s(\alpha_1,\alpha_2)=\alpha_1\cos[\omega_0(k-1)\Delta t]-\alpha_2[\sin\omega_0(k-1)\Delta t],\quad k=1,2,\cdots,N$$

写成矩阵形式为

$$s(\boldsymbol{\alpha})=\boldsymbol{H\alpha}$$

式中

$$\boldsymbol{H}=\begin{bmatrix}1 & 0\\ \cos\omega_0 & \sin\omega_0\\ \vdots & \vdots\\ \cos[\omega_0(N-1)\Delta t] & \sin[\omega_0(N-1)\Delta t]\end{bmatrix}$$

现在,信号模型 $s(\boldsymbol{\alpha})=\boldsymbol{H\alpha}$ 呈线性关系。因此,$\boldsymbol{\alpha}$ 的线性最小二乘估计矢量 $\hat{\boldsymbol{\alpha}}_{\rm ls}$ 为

$$\hat{\boldsymbol{\alpha}}_{\rm ls}=(\boldsymbol{H}^{\rm T}\boldsymbol{H})^{-1}\boldsymbol{H}^{\rm T}\boldsymbol{x}$$

由参量变换关系 $\boldsymbol{\alpha}=g(\boldsymbol{\theta})$,可以求得其反变换 $\boldsymbol{\theta}=g^{-1}(\boldsymbol{\alpha})$ 为

$$a=(\alpha_1^2+\alpha_2^2)^{1/2},\qquad \alpha>0$$

$$\varphi=\arctan\frac{-\alpha_2}{\alpha_1},\quad -\pi\leqslant\varphi\leqslant-\pi$$

于是,振幅和相位的最小二乘估计量为

$$\hat{\boldsymbol{\theta}}_{\rm ls}=\begin{bmatrix}\hat{a}_{\rm ls}\\ \hat{\varphi}_{\rm ls}\end{bmatrix}=\begin{bmatrix}(\hat{\alpha}_{1\rm ls}^2+\hat{\alpha}_{2\rm ls}^2)^{1/2}\\ \arctan\dfrac{-\hat{\alpha}_{2\rm ls}}{\hat{\alpha}_{1\rm ls}}\end{bmatrix}$$

2. *参量分离方法*

在非线性最小二乘估计中,有些问题可以采用参量分离方法来构造估计量。这类问题可描述为,虽然信号模型是非线性的,但其中部分参量可能是线性的。因此信号参量可分离的模型一般可以表示为

$$s(\boldsymbol{\theta})=\boldsymbol{H}(\boldsymbol{\alpha})\boldsymbol{\beta}\tag{10.7.40}$$

其中,如果 $\boldsymbol{\theta}$ 是 M 维被估计矢量,则

$$\boldsymbol{\theta}=\begin{bmatrix}\boldsymbol{\alpha}\\ \boldsymbol{\beta}\end{bmatrix}$$

中的 $\boldsymbol{\alpha}$ 是 P 维矢量,$\boldsymbol{\beta}$ 是 $M-P$ 维矢量;$\boldsymbol{H}(\boldsymbol{\alpha})$ 是一个与 $\boldsymbol{\alpha}$ 有关的 $N\times(M-P)$ 矩阵。在这个信号模型中,模型与参量 $\boldsymbol{\beta}$ 呈线性关系,而与参量 $\boldsymbol{\alpha}$ 呈非线性关系。例如,振幅 a 和频率 ω_0 是如下正弦信号的待估计参量:

$$s(t;a,\omega_0)=a\sin\omega_0 t$$

其信号模型与频率 ω_0 呈非线性关系,而与振幅 a 呈线性关系。

对于信号参量可分离的模型,选择估计量 $\hat{\boldsymbol{\alpha}}$ 和 $\hat{\boldsymbol{\beta}}$ 使

$$J(\hat{a},\hat{\boldsymbol{\beta}})=(\boldsymbol{x}-\boldsymbol{H}(\hat{\boldsymbol{\alpha}})\hat{\boldsymbol{\beta}})^{\rm T}(\boldsymbol{x}-\boldsymbol{H}(\hat{\boldsymbol{\alpha}})\hat{\boldsymbol{\beta}})\tag{10.7.41}$$

达到最小。对于给定的 $\hat{\boldsymbol{\alpha}}$,使 $J(\hat{a},\hat{\boldsymbol{\beta}})$ 达到最小的 $\hat{\boldsymbol{\beta}}$ 为

$$\hat{\boldsymbol{\beta}}_{\rm ls}=(\boldsymbol{H}^{\rm T}(\hat{\boldsymbol{\alpha}})\boldsymbol{H}(\hat{\boldsymbol{\alpha}}))^{-1}\boldsymbol{H}^{\rm T}(\hat{\boldsymbol{\alpha}})\boldsymbol{x}\tag{10.7.42}$$

根据式(10.7.8),此时的最小二乘估计误差为

$$J(\hat{a},\hat{\boldsymbol{\beta}}_{\rm ls})=\boldsymbol{x}^{\rm T}[\boldsymbol{I}-\boldsymbol{H}(\hat{\boldsymbol{\alpha}})(\boldsymbol{H}^{\rm T}(\hat{\boldsymbol{\alpha}})\boldsymbol{H}(\hat{\boldsymbol{\alpha}}))^{-1}\boldsymbol{H}^{\rm T}(\hat{\boldsymbol{\alpha}})]\boldsymbol{x}\tag{10.7.43}$$

为了使其达到最小,估计量 $\hat{\boldsymbol{\alpha}}$ 应选择使

$$\boldsymbol{x}^{\rm T}\boldsymbol{H}(\hat{\boldsymbol{\alpha}})(\boldsymbol{H}^{\rm T}(\hat{\boldsymbol{\alpha}})\boldsymbol{H}(\hat{\boldsymbol{\alpha}}))^{-1}\boldsymbol{H}^{\rm T}(\hat{\boldsymbol{\alpha}})\boldsymbol{x}\tag{10.7.44}$$

取最大值，从而解得 $\hat{\boldsymbol{\alpha}}_{\text{ls}}$。

例 10.7.5　设相关噪声 n_k 是由白噪声 ω_k 激励的一阶递归滤波器产生的，其自相关函数 $R_{n_j n_k}$ 表示为

$$R_{n_j n_k}=\rho^{|k-j|}\sigma_n^2$$

式中，ρ 是自相关系数，且满足 $|\rho|\leqslant 1$；σ_n^2 是相关噪声 $n_k(k=1,2,\cdots,N)$ 的方差。如果对 $R_{n_j n_k}(|k-j|=0,1,\cdots,N-1)$ 进行了 N 次观测，观测矢量记为 $\boldsymbol{x}$。求 ρ 和 σ_n^2 的最小二乘估计。

解　自相关函数中待估计的参量是 $\boldsymbol{\theta}=[\rho\quad \sigma_n^2]^{\text{T}}$。在该信号模型中，参量 σ_n^2 呈线性关系，而参量 $\rho^{|k-j|}$ 呈非线性关系。根据式(10.7.44)，通过在 $|\rho|\leqslant 1$ 上使

$$\boldsymbol{x}^{\text{T}}\boldsymbol{H}(\hat{\boldsymbol{\rho}})(\boldsymbol{H}^{\text{T}}(\hat{\boldsymbol{\rho}})\boldsymbol{H}(\hat{\boldsymbol{\rho}}))^{-1}\boldsymbol{H}^{\text{T}}(\hat{\boldsymbol{\rho}})\boldsymbol{x}$$

达到最大，可求得参量 ρ 的非线性最小二乘估计量 $\hat{\rho}_{\text{ls}}$。其中

$$\boldsymbol{H}(\hat{\boldsymbol{\rho}})=\begin{bmatrix}1\\ \hat{\boldsymbol{\rho}}\\ \vdots\\ \hat{\boldsymbol{\rho}}^{N-1}\end{bmatrix}$$

在求得了 $\hat{\rho}_{\text{ls}}$ 后，利用式(10.7.42) 可求得参量 σ_n^2 的线性最小二乘估计量，即为

$$\sigma_{n_{\text{ls}}}^2=(\boldsymbol{H}^{\text{T}}(\hat{\boldsymbol{\rho}}_{\text{ls}})\boldsymbol{H}(\hat{\boldsymbol{\rho}}_{\text{ls}}))^{-1}\boldsymbol{H}^{\text{T}}(\hat{\boldsymbol{\rho}}_{\text{ls}})\boldsymbol{x}$$

在非线性最小二乘估计中，简要讨论了两种信号模型下可采用的估计方法。如果这些方法都行不通，则只好求使最小二乘误差

$$J(\hat{\boldsymbol{\theta}})=(\boldsymbol{x}-s(\hat{\boldsymbol{\theta}}))^{\text{T}}(x-s(\hat{\boldsymbol{\theta}}))$$

达到最小的 $\hat{\boldsymbol{\theta}}$，即为 $\hat{\boldsymbol{\theta}}_{\text{ls}}$。在这种情况下，通常需要采用迭代的方法，而且会涉及收敛性的问题。

10.8　利用蒙特卡洛方法分析估计量的统计特性

前面学习的各种估计方法，需要考察估计器的统计特性，以便对估计算法的性能有全面的认识和了解。但是，很多估计器的算法很复杂，很难直接利用观测数据的统计特性通过解析运算来获得估计量的统计特性。蒙特卡洛仿真则可以很方便地解决这样的问题。

假设观测数据为 $x(n)$，通过估计算法可得到估计量 $\hat{\theta}(\boldsymbol{x})$，可以通过下面的步骤来确定估计量 $\hat{\theta}(\boldsymbol{x})$ 的均值、方差以及 PDF 等统计特性：

(1) 设定信噪比；

(2) 获取该信噪比条件下的观测数据 $x(n)$；

(2) 利用估计算法计算估计量 $\hat{\theta}(\boldsymbol{x})$；

(3) 重复(2) ～ (3) 的过程 M 次，产生 M 个 $\hat{\theta}(\boldsymbol{x})$ 的实现；

(4) 利用

$$E[\hat{\theta}]=\frac{1}{M}\sum_{i=1}^{M}\hat{\theta}_i$$

确定估计量的均值；

(5) 利用

$$\mathrm{Var}[\hat{\theta}]=\frac{1}{M}\sum_{i=1}^{M}(\hat{\theta}_i-E[\hat{\theta}])^2$$

确定估计量的方差；

(6) 利用直方函来确定 PDF：首先计算落入某指定区间的次数，然后再除以总的实现次数得到概率，再除以区间长度得到 PDF 估计。

(7) 改变信噪比，重复(2)～(7)，可以得到估计量与信噪比及估计量的方差与信噪比的关系曲线。利用这些曲线可以比较各种估计方法的性能优劣。

为了使估计量的统计特性足够精确，需要不断增加 M 直到估计的均值、方差和 PDF 收敛为止，此时的 M 为所要确定的数目。

习　题

10.1　设观测到的信号为

$$x=\theta+n$$

式中，n 是方差为 σ_n^2、均值为零的高斯噪声。如果 θ 服从瑞利分布，即

$$p(\theta)=\begin{cases}\dfrac{\theta}{\sigma_\theta^2}\exp\left[-\dfrac{\theta^2}{2\sigma_\theta^2}\right], & \theta\geqslant 0\\ 0, & \theta<0\end{cases}$$

求 θ 的最大后验概率估计值 $\hat{\theta}_{\mathrm{map}}$。

10.2　给定观测方程 $x_i=\frac{s}{2}+n_2, i=1,2,\cdots,N$，$n_i$ 是均值为零、方差为1的高斯白噪声。

(1) 求 s 的最大似然估值 $\hat{s}_{\mathrm{ml}}$；

(2) 对下列 $p(s)$，求最大后验概率估值 $\hat{s}_{\mathrm{map}}$。

$$p(s)=\begin{cases}\dfrac{1}{4}\exp\left[-\dfrac{s}{4}\right], & s\geqslant 0\\ 0, & s<0\end{cases}$$

10.3　通过位移的测量估计目标的加速度，因为测量有噪声，所以实际采样的数据是

$$x_j=aj^2+n_j,\quad j=1,2,\cdots$$

已知 n_j 是均值为零、方差为 σ_n^2 的高斯噪声，且 $E[n_in_j]=\sigma_n^2\delta_{ij}$（当 $i\neq j$ 时，$E[n_in_j]=0$），$E[an_j]=0$。

(1) 根据两个样本

$$x_1=a+n_1$$
$$x_2=4a+n_2$$

求加速度 a 的最大似然估计值 $\hat{a}_{\mathrm{ml}}$；

(2) 假定 a 是均值为零、方差为 σ_a^2 的高斯随机变量，两个样本同上，求加速度 a 的最大后验概率估值 $\hat{a}_{\mathrm{map}}$。

10.4　若观测方程为

$$x_i=s+n_i,\quad i=1,2,\cdots,N$$

已知 n_i 是均值为零、方差为 σ_n^2 的高斯噪声，各样本相互独立。s 是未知的非随机参量。

(1) 对 s 进行最大似然估计；

(2) s 的最大似然估计是否为无偏估计；

(3) s 的最大似然估计是否是有效估计。

10.5　给定一独立观测序列 $z_1, z_2, \cdots, z_N$，其均值为 m，方差为 σ^2，问

(1) 样本均值

$$\mu = \frac{1}{N}\sum_{i=1}^{N} z_i$$

是否是 m 的无偏估计，并求 μ 的方差；

(2) 若方差的估计值为

$$\nu = \frac{1}{N}\sum_{i=1}^{N}(z_i - \mu)^2$$

是否是 σ^2 的无偏估计。

10.6　已知电压 u 的概率密度函数为

$$p(u) = \frac{1}{2\sqrt{2\pi}}\exp\left[-\frac{u^2}{8}\right]$$

(1) 由精密仪表测量两次，其读数为 x_1 和 x_2，都是电压真值与方差为 $\sigma_n^2 = 2(\mathrm{V}^2)$、均值为零的高斯噪声之和，且噪声样本是独立的，求电压 u 的线性最小均方估计值 $\hat{u}_{\mathrm{lms}}$；

(2) 由普通仪表测量四次，其读数为 x_1, x_2, x_3 和 x_4，噪声具有较大的方差 $\sigma_n^2 = 4\ (\mathrm{V}^2)$，求线性最小均方估值 $\hat{u}_{\mathrm{lms}}$；

(3) 计算两种估计结果的均方误差，并加以比较。

10.7　设 $x(t) = s\cos\omega_0 t + n(t)$，通过取样对幅度 s 作线性估计，设 $x(t)$ 在 $\omega_0 t = 0$，$\omega_0 t = \frac{\pi}{4}$ 处取样，若 $E[s] = 0, E[n] = 0$，$E[n_1 n_2] = \sigma_n^2 \delta_{ij}, E[s^2] = \sigma_s^2, E[s\,n] = 0$，求振幅 s 的线性最小均方估值。

10.8　用计数器测量每分钟穿过一段公路的车辆数。假设平均每分钟车辆数为 6 000，在此值上下的标准偏差为 200(每分钟车辆数)，计数器误差的均值为零、根方差为 200 (每分钟车辆数)，且各次测量是不相关的，若测得每分钟车辆数依次为 5 900，5 800，6 050，5 950，用线性最小均方递推估计，求车辆计数的逐次估计值。

10.9　在某行星上有一物体自由落体，在 t(s) 内下降距离 $s(t) = \frac{1}{2}gt^2$(m)，现在用一台有噪声的仪器进行观测来估计重力加速度 $g(\mathrm{m/s^2})$。其观测模型为

$$x_j = \frac{j^2}{2}g + n_j, \quad j = 1, 2, \cdots$$

已知 $E[g] = g_0(\mathrm{m/s^2})$，$\mathrm{Var}[g] = 1\ (\mathrm{m/s^2})^2$；$E[n_j] = 0, E[n_i n_j] = \left(\frac{1}{2}\right)^{|j-i|}(\mathrm{m/s^2})$，且 $E[g n_j] = 0$。对重力加速度 g 进行线性最小均方估计。

(1) 取一次采样 $x_1 = \frac{1}{2}g + n_1$，证明

$$\hat{g}_{\mathrm{lms}} = g_0 + \frac{2}{5}\left(x_1 - \frac{1}{2}g_0\right)$$

(2) 取两次采样 $x_1=\frac{1}{2}g+n_1, x_2=2g+n_2$，证明

$$\hat{g}_{\mathrm{lms}}=g_0-\frac{1}{8}(x_1-\frac{1}{2}g_0)+\frac{7}{16}(x_2-2g_0)$$

10.10　利用线性最小均方递推估计，求气球的高度。已知

$$x_j=h+n_j,\quad j=1,2,\cdots,k,\cdots$$

其中 h 是被估计的气球高度。若

$$E[h]=1\ 000\ \mathrm{m},\qquad \mathrm{Var}(h)=\sigma_h^2=600\ \mathrm{m}^2$$

n_j 是观测噪声，且

$$E[n_in_j]=\begin{cases}\sigma_n^2=100(\mathrm{m}^2) & i=j\\ 0 & i\neq j\end{cases}$$

现已获得 10 次观测值，$x_1=990$ m，$x_2=1\ 010$ m，$x_3=1\ 005$ m，$x_4=1\ 000$ m，$x_5=1\ 010$ m，$x_6=980$ m，$x_7=995$ m，$x_8=1\ 015$ m，$x_9=1\ 005$ m，$x_{10}=985$ m。要求编制出计算 $\hat{h}_{\mathrm{lms}}$ 的程序、逐次计算 $\hat{h}_{\mathrm{lms}}$ 的值及估计的均方误差。

10.11　某一物体匀速直线运动，下面通过测量距离来估计其速度。观测方程为

$$x_i=iv+n_i,\quad i=1,2,3,4,5$$

已知观测的时间间隔为 1 min，$E[v]=10$ km/min，$\mathrm{Var}[v]=\sigma_v^2=0.3(\mathrm{km/min})^2$；干扰噪声 n_i 的前二阶为 $E[n_i]=0$，$E[n_in_j]=\sigma_n^2\delta_{ij}=0.6\delta_{ij}(\mathrm{km/min})^2$；且 $E[vn_j]=0$。现获得观测值 $x_1=9.8$km，$x_2=20.4$km，$x_3=30.6$km，$x_4=40.2$km，$x_5=49.7$km。求速度 v 的线性最小均方递推估计值及估计误差。

10.12　若对未知二维矢量 $\boldsymbol{\theta}$ 进行了两次观测，结果为

$$x_1=3=[1\quad 1]\boldsymbol{\theta}+n_1$$

$$x_2=1=[0\quad -1]\boldsymbol{\theta}+n_2$$

求 $\boldsymbol{\theta}$ 的最小二乘估计值 $\hat{\boldsymbol{\theta}}_{\mathrm{ls}}(2)$。如果又进行了第三次观测，结果为

$$x_3=4=[1\quad 3]\boldsymbol{\theta}+n_3$$

用递推方法求 $\boldsymbol{\theta}$ 的最小二乘估计值 $\hat{\boldsymbol{\theta}}_{\mathrm{ls}}(3)$。

10.13　与 10.11 题同，但不需要物体速度和干扰噪声的统计特性。求目标速度的最小二乘估计值 $\hat{v}_{\mathrm{ls}}$ 及其估计的均方误差，并与线性最小均方估计的误差进行比较。

第 11 章　信号波形估计

11.1　引　　言

第 10 章讨论了信号参量的统计估计问题。在该章中，对于随机参量和非随机未知参量，根据已知的先验条件，讨论了其相应的最佳估计准则，研究了估计量的构造、估计量的性质及均方误差界。讨论中假定被估计的参量在观测时间内是不随时间变化的，因而属于静态估计；然而在实际问题中，如信号处理、图像处理、雷达目标跟踪、模式识别等，往往还需要对随时间变化的参量进行估计，这就是连续信号情况下信号波形的估计，或离散信号情况下信号状态的估计问题，统称为信号波形的估计。

本章在线性最小均方误差准则下，首先阐述正交投影原理，然后讨论信号波形的维纳滤波，包括连续过程的维纳滤波和离散过程的维纳滤波；再讨论信号波形的离散卡尔曼滤波，包括信号模型、递推公式、递推算法、主要特点和性质等问题。

11.1.1　信号波形估计的基本概念

在实际中，所观测到的信号都是受到噪声干扰的。如何尽可能地抑制噪声，而把有用的信号分离出来，是信号处理中经常遇到的问题。这里，只考虑加性噪声。这样，观测信号可以表示为

$$x(t)=s(t)+n(t) \tag{11.1.1}$$

式中，$s(t)$ 是信号；$n(t)$ 是噪声。信号波形的估计可以理解为，将观测信号 $x(t)$ 输入到传递函数为 $H(\omega)$ 的滤波器，滤波器的理想输出应是所希望的信号波形，如 $s(t)$；而实际上，由于受滤波器特性的限制和噪声干扰的影响，滤波器的输出是希望信号波形的估计，如 $s(t)$ 的估计，记为 $\hat{s}(t)$。但通过对滤波器的设计，可使估计的波形满足给定的指标要求。因此，信号波形（状态）估计理论又称为滤波理论。

按照对信号波形估计的不同要求，可以分为滤波、预测和平滑三种基本波形估计。如果由 $x(t)$ 得到 $s(t)$ 的估计 $\hat{s}(t)$，则称这种估计为滤波，此时滤波器的理想输出就是同时刻的输入有用信号；如果由 $x(t)$ 得到 $s(t+a)(a>0)$ 的估计 $\hat{s}(t+a)$，则称这种估计为预测（外推），此时滤波器的理想输出比当前信号超前 a 单位时间；如果由 $x(t)$ 得到 $s(t-a)(a>0)$ 的估计 $\hat{s}(t-a)$，则称这种估计为平滑（内插），此时滤波器的理想输出比当前信号滞后 a 单位。实际上，除了上述三种基本波形估计外，还可以有其他的信号波形的估计，如待估计的波形是 $s(t)$

的导数 $\dot{s}(t)$ 等，它反映了信号波形的变化率。

对于离散信号的情况，设信号在 t_k 时刻的状态是由 M 维状态矢量 $\boldsymbol{s}_k$ 来描述的，则观测方程一般为

$$\boldsymbol{x}_k = \boldsymbol{H}_k \boldsymbol{s}_k + \boldsymbol{n}_k, \quad k = 1, 2, \cdots \tag{11.1.2}$$

式中，$\boldsymbol{x}_k$ 是 t_k 时刻的 N 维观测信号矢量；$\boldsymbol{H}_k$ 是 t_k 时刻的 $N \times M$ 观测矩阵；$\boldsymbol{n}_k$ 是 t_k 时刻的 N 维观测噪声矢量。信号的离散状态估计就是利用观测信号矢量 $\boldsymbol{x}_k, \boldsymbol{x}_{k-1}, \cdots, \boldsymbol{x}_{k-m}$，若估计当前 t_k 时刻的信号状态，则记为 $\hat{\boldsymbol{s}}_k$，称为状态滤波；若估计未来 t_{k+l} 时刻的信号状态，则记为 $\hat{\boldsymbol{s}}_{k+l|k}(l > 0)$，称为状态预测（外推）；若估计过去 t_{k-l} 时刻的信号状态，则记为 $\hat{\boldsymbol{s}}_{k-l|k}(l > 0)$，称为状态平滑（内插）。

在实际应用中，采用哪一种或哪几种信号波形的估计，根据需要而定。

11.1.2 信号波形估计的准则和方法

与信号的参量估计需要根据选用的最佳准则构造估计量一样，信号波形的估计属于最佳线性滤波或线性最优估计，即以线性最小均方误差准则实现信号波形或离散状态的估计。

维纳滤波和卡尔曼滤波是实现从噪声中提取信号，完成信号波形估计的两种线性最佳估计方法。

维纳滤波是在第二次世界大战期间，由于军事的需要由维纳提出的。维纳滤波需要设计维纳滤波器，它的求解要求知道随机信号的统计特性，即相关函数或功率谱密度，得到的结果是封闭的解。当信号的功率谱为有理谱时，采用谱分解的方法求解滤波器的传递函数，简单易行，物理概念清楚，具有一定的工程实用价值，但当功率谱变化时，却不能进行实时处理。维纳滤波的限制是，它仅适用于一维平稳随机信号，这是由于采用频域设计方法造成的，因此人们寻求在时域内直接设计最佳滤波器的方法。

20世纪50年代，随着空间技术的发展，为了解决多输入、多输出非平稳随机信号的估计问题，卡尔曼于1960年初采用状态方程和观测方程描述系统的信号模型，提出了离散状态估计的一组递推公式，即卡尔曼滤波公式。由于卡尔曼滤波采用的递推算法非常适合计算机处理，所以现已广泛应用于许多领域，并取得了很好效果。

例 11.1.1 设 $s(t)$ 是均值为零的平稳随机信号，根据当前值 $s(t)$ 进行线性预测，求 $s(t+\alpha)(\alpha > 0)$ 的估计 $\hat{s}(t+\alpha)$，要求均方误差最小。

解 按题意对 $s(t+\alpha)(\alpha > 0)$ 作线性最小均方误差估计，故设 $\hat{s}(t+\alpha)$ 是 $s(t)$ 的线性函数，即

$$\hat{s}(t+\alpha) = as(t)$$

选择系数 a，使估计波形的均方误差

$$E[(s(t+\alpha) - \hat{s}(t+\alpha))^2]$$

最小。

根据线性最小均方误差估计的正交性原理，估计的误差与观测信号正交，即

$$E[(s(t+\alpha) - as(t))s(t)] = 0$$

求得

$$a=\frac{R_s(\alpha)}{R_s(0)}$$

式中，$R_s(\alpha)$ 是信号波形 $s(t)$ 的自相关函数。这样就有

$$\hat{s}(t+\alpha)=\frac{R_s(\alpha)}{R_s(0)}s(t)$$

估计波形的均方误差为

$$E[(s(t+\alpha)-\hat{s}(t+\alpha))^2]=E\left[\left(s(t+\alpha)-\frac{R_s(\alpha)}{R_s(0)}s(t)\right)^2\right]=$$

$$E\left[\left(s(t+\alpha)-\frac{R_s(\alpha)}{R_s(0)}s(t)\right)s(t+\alpha)\right]=$$

$$R_s(0)-\frac{R_s^2(\alpha)}{R_s(0)}$$

例 11.1.2　考虑信号滤波问题。设观测波形中的 $s(t)$ 和 $n(t)$ 都是零均值平稳随机过程，且 $x(t)=s(t)+n(t)$，利用线性最小均方误差准则，根据 $x(t)$，对信号 $s(t)$ 进行估计。

解　设

$$\hat{s}(t)=ax(t)$$

利用线性最小均方误差估计的正交原理得

$$E\{[s(t)-ax(t)]x(t)\}=0$$

$$R_{sx}(0)=aR_x(0)\quad 或\quad a=\frac{R_{sx}(0)}{R_x(0)}$$

其中 $R_{sx}(0)$ 和 $R_x(0)$ 分别为互相关函数 $R_{sx}(\tau)$ 与 $R_x(\tau)$ 在 $\tau=0$ 点的值。

若 $s(t)$ 与 $n(t)$ 相互独立，则

$$R_x(\tau)=R_s(\tau)+R_n(\tau)$$

$$R_{sx}(\tau)=R_s(\tau)$$

故

$$a=\frac{R_s(0)}{R_s(0)+R_n(0)}$$

波形估计的均方误差为

$$E\{[s(t)-\hat{s}(t)]s(t)\}=R_s(0)-aR_{sx}(0)=\frac{R_s(0)R_n(0)}{R_s(0)+R_n(0)}$$

例 11.1.3　考虑信号平滑问题。若已知观测信号 $s(t)$ 在两个端点的值 $s(0)$ 和 $s(T)$，按线性最小均方误差准则估计 $(0,T)$ 区间内任意时刻的信号 $\hat{s}(t)$。

解　已知信号 $s(0)$ 和 $s(T)$，因此 $s(t)$ 线性估计为

$$\hat{s}(t+\alpha)=as(0)+bs(T)$$

利用线性最小均方误差估计的正交性原理，有

$$\begin{cases}E[(s(t)-as(0)-bs(T))s(0)]=0\\E[(s(t)-as(0)-bs(T))s(T)]=0\end{cases}$$

即

$$\begin{cases}R_s(t)-aR_s(0)-bR_s(T)=0\\R_s(T-t)-aR_s(T)-bR_s(0)=0\end{cases}$$

解联立方程得

$$a = \frac{R_s(0)R_s(t) - R_s(T)R_s(T-t)}{R_s^2(0) - R_s^2(T)}$$

$$b = \frac{R_s(0)R_s(T-t) - R_s(t)R_s(T)}{R_s^2(0) - R_s^2(T)}$$

将解得的系数 a 和 b 代入 $\hat{s}(t+\alpha) = as(0) + bs(T)$，就得到平滑估计 $\hat{s}(t)$ 的结果。

估计波形的均方误差为

$$E[(s(t) - \hat{s}(t))^2] = E[(s(t) - as(0) - bs(T))s(t)] = R_s(0) - aR_s(t) - bR_s(T-t)$$

式中，系数 a 和 b 如前面求得的结果。

11.2　正交原理与投影

在第 10 章的线性最小均方误差估计中，已经提到了正交投影的问题；本章中关于维纳滤波理论和卡尔曼滤波问题，采用的也是线性最小均方误差准则，用正交投影的概念和引理来推导卡尔曼滤波的一组递推公式，概念清楚，是一种常用的较为方便的方法。由此引入正交投影的概念和正交投影的三个引理。

11.2.1　正交投影的概念

设 $\boldsymbol{s}$ 和 $\boldsymbol{x}$ 分别是具有二阶矩的 M 维和 N 维随机矢量。如果存在一个与 $\boldsymbol{s}$ 同维的随机矢量 $\boldsymbol{s}^*$，并且具有如下三个性质：

(1) $\boldsymbol{s}^*$ 可以用 $\boldsymbol{x}$ 线性表示，即存在非随机的 M 维矢量 $\boldsymbol{a}$ 和 $M \times N$ 矩阵 $\boldsymbol{B}$，满足

$$\boldsymbol{s}^* = \boldsymbol{a} + \boldsymbol{B}\boldsymbol{x} \tag{11.2.1}$$

(2) 满足无偏性要求，即

$$E(\boldsymbol{s}^*) = E(\boldsymbol{s}) = \boldsymbol{\mu}_s \tag{11.2.2}$$

(3) 误差 $\boldsymbol{s} - \boldsymbol{s}^*$ 与 $\boldsymbol{x}$ 正交，即

$$E[(\boldsymbol{s} - \boldsymbol{s}^*)\boldsymbol{x}^{\mathrm{T}}] = \boldsymbol{0} \tag{11.2.3}$$

则称 $\boldsymbol{s}^*$ 是 $\boldsymbol{s}$ 在 $\boldsymbol{x}$ 上的正交投影，简称投影，并记为

$$\boldsymbol{s}^* = \widehat{OP}[\boldsymbol{s} \mid \boldsymbol{x}] \tag{11.2.4}$$

显然，如果把 $\boldsymbol{s}$ 看作被估计矢量，而把 $\boldsymbol{x}$ 看作观测矢量，由于前面讨论过的线性最小均方误差估计矢量恰好具有正交投影的三个性质(线性、无偏性和正交性)。

11.2.2　正交投影的引理

引理 Ⅰ　正交投影的唯一性。

若 $\boldsymbol{s}$ 和 $\boldsymbol{x}$ 分别是具有二阶矩的 M 维和 N 维随机矢量，则 $\boldsymbol{s}$ 在 $\boldsymbol{x}$ 上的正交投影唯一地等于基于 $\boldsymbol{x}$ 的 $\boldsymbol{s}$ 的线性最小均方误差估计矢量，即

$$\boldsymbol{s}^* = \widehat{OP}[\boldsymbol{s} \mid \boldsymbol{x}] = \boldsymbol{\mu}_s + \boldsymbol{C}_{sx}\boldsymbol{C}_x^{-1}(\boldsymbol{x} - \boldsymbol{\mu}_x) \tag{11.2.5}$$

其中，$\boldsymbol{\mu}_s$ 是随机矢量 $\boldsymbol{s}$ 的均值矢量；$\boldsymbol{C}_{sx}$ 是随机矢量 $\boldsymbol{s}$ 与随机矢量 $\boldsymbol{x}$ 的互协方差矩阵；$\boldsymbol{C}_x$ 是随机

矢量 $\boldsymbol{x}$ 的协方差矩阵；$\boldsymbol{\mu}_x$ 是 $\boldsymbol{x}$ 的均值矢量。

证明　式(11.2.5)中第二个等号右边的表达式，即 $\boldsymbol{\mu}_s+\boldsymbol{C}_{sx}\boldsymbol{C}_x^{-1}(\boldsymbol{x}-\boldsymbol{\mu}_x)$，恰好是随机矢量 $\boldsymbol{s}$ 基于随机矢量 $\boldsymbol{x}$ 的线性最小均方误差估计矢量，而左边的 $\widehat{OP}[\boldsymbol{s}\mid\boldsymbol{x}]$ 是 $\boldsymbol{s}$ 在 $\boldsymbol{x}$ 上的正交投影，因此，为了证明等式成立，只要证明具有正交投影三个性质的 $\boldsymbol{s}^*$ 有同样的表达式就行了。

由 $\boldsymbol{s}^*$ 的线性性质得

$$\boldsymbol{s}^*=\boldsymbol{a}+\boldsymbol{B}\boldsymbol{x} \tag{11.2.6}$$

由 $\boldsymbol{s}^*$ 的无偏性得

$$E[\boldsymbol{s}^*]=\boldsymbol{a}+\boldsymbol{B}E[\boldsymbol{x}]=E(\boldsymbol{s})=\boldsymbol{\mu}_s$$

于是有

$$\boldsymbol{a}=E(\boldsymbol{s})-\boldsymbol{B}E[\boldsymbol{x}]=\boldsymbol{\mu}_s-\boldsymbol{B}\boldsymbol{\mu}_x$$

这样，$\boldsymbol{s}^*$ 就可以表示为

$$\boldsymbol{s}^*=\boldsymbol{\mu}_s+\boldsymbol{B}(\boldsymbol{x}-\boldsymbol{\mu}_x) \tag{11.2.7}$$

由 $\boldsymbol{s}^*$ 的正交性得

$$\begin{aligned}E[(\boldsymbol{s}-\boldsymbol{s}^*)\boldsymbol{x}^{\mathrm{T}}]=&E\{[\boldsymbol{s}-\boldsymbol{\mu}_s-\boldsymbol{B}(\boldsymbol{x}-\boldsymbol{\mu}_x)]\boldsymbol{x}^{\mathrm{T}}\}=\\&E\{[\boldsymbol{s}-\boldsymbol{\mu}_s-\boldsymbol{B}(\boldsymbol{x}-\boldsymbol{\mu}_x)](\boldsymbol{x}-\boldsymbol{\mu}_x)^{\mathrm{T}}\}=\\&\boldsymbol{C}_{sx}-\boldsymbol{B}\boldsymbol{C}_x=\boldsymbol{0}\end{aligned}$$

推导中，第二个等号的成立利用了 $\boldsymbol{s}^*$ 的无偏性。于是

$$\boldsymbol{B}=\boldsymbol{C}_{sx}\boldsymbol{C}_x^{-1}$$

这样

$$\boldsymbol{s}^*=\boldsymbol{\mu}_s+\boldsymbol{C}_{sx}\boldsymbol{C}_x^{-1}(\boldsymbol{x}-\boldsymbol{\mu}_x) \tag{11.2.8}$$

所以

$$\boldsymbol{s}^*=\widehat{OP}[\boldsymbol{s}\mid\boldsymbol{x}]=\hat{\boldsymbol{s}}_{\mathrm{lms}}$$

这就证明了正交投影的唯一性。

引理 Ⅱ　正交投影的线性可转换性和可叠加性。

设 $\boldsymbol{s}_1$ 和 $\boldsymbol{s}_2$ 分别是两个具有前二阶矩的 M 维随机矢量，$\boldsymbol{x}$ 是具有前二阶矩的 N 维随机矢量，$\boldsymbol{A}_1$ 和$\boldsymbol{A}_2$ 均为非随机矩阵，其列数等于 M，行数相同，则

$$\widehat{OP}[(\boldsymbol{A}_1\boldsymbol{s}_1+\boldsymbol{A}_2\boldsymbol{s}_2)\mid\boldsymbol{x}]=\boldsymbol{A}_1\widehat{OP}[\boldsymbol{s}_1\mid\boldsymbol{x}]+\boldsymbol{A}_2\widehat{OP}[\boldsymbol{s}_2\mid\boldsymbol{x}] \tag{11.2.9}$$

证明　令

$$\boldsymbol{\alpha}=\boldsymbol{A}_1\boldsymbol{s}_1+\boldsymbol{A}_2\boldsymbol{s}_2 \tag{11.2.10}$$

则

$$\widehat{OP}[(\boldsymbol{A}_1\boldsymbol{s}_1+\boldsymbol{A}_2\boldsymbol{s}_2)\mid\boldsymbol{x}]=\widehat{OP}[\boldsymbol{\alpha}\mid\boldsymbol{x}]=\boldsymbol{\mu}_\alpha+\boldsymbol{C}_{\alpha x}\boldsymbol{C}_x^{-1}(\boldsymbol{x}-\boldsymbol{\mu}_x) \tag{11.2.11}$$

式中

$$\begin{aligned}\boldsymbol{\mu}_\alpha&=E(\boldsymbol{\alpha})=E(\boldsymbol{A}_1\boldsymbol{s}_1+\boldsymbol{A}_2\boldsymbol{s}_2)=\boldsymbol{A}_1\boldsymbol{\mu}_{s_1}+\boldsymbol{A}_2\boldsymbol{\mu}_{s_2}\\\boldsymbol{C}_{\alpha x}&=E[(\boldsymbol{\alpha}-\boldsymbol{\mu}_\alpha)(\boldsymbol{x}-\boldsymbol{\mu}_x)^{\mathrm{T}}]=\\&\quad E\{[\boldsymbol{A}_1(\boldsymbol{s}_1-\boldsymbol{\mu}_{s_1})+\boldsymbol{A}_2(\boldsymbol{s}_2-\boldsymbol{\mu}_{s_2})](\boldsymbol{x}-\mu_x)^{\mathrm{T}}\}=\\&\quad\boldsymbol{A}_1\boldsymbol{C}_{s_1x}+\boldsymbol{A}_2\boldsymbol{C}_{s_2x}\end{aligned}$$

这样则有

$$\begin{aligned}\widehat{OP}[(\boldsymbol{A}_1\boldsymbol{s}_1+\boldsymbol{A}_2\boldsymbol{s}_2)\mid\boldsymbol{x}]=&\boldsymbol{A}_1\boldsymbol{s}_1+\boldsymbol{A}_2\boldsymbol{s}_2+(\boldsymbol{A}_1\boldsymbol{C}_{s_1x}+\boldsymbol{A}_2\boldsymbol{C}_{s_2x})\boldsymbol{C}_x^{-1}(\boldsymbol{x}-\boldsymbol{\mu}_x)=\\&\boldsymbol{A}_1\boldsymbol{s}_1+\boldsymbol{A}_1\boldsymbol{C}_{s_1x}\boldsymbol{C}_x^{-1}(\boldsymbol{x}-\boldsymbol{\mu}_x)+\boldsymbol{A}_2\boldsymbol{s}_2+\boldsymbol{A}_2\boldsymbol{C}_{s_2x}\boldsymbol{C}_x^{-1}(\boldsymbol{x}-\boldsymbol{\mu}_x)=\\&\boldsymbol{A}_1\widehat{OP}[\boldsymbol{s}_1\mid\boldsymbol{x}]+\boldsymbol{A}_2\widehat{OP}[\boldsymbol{s}_2\mid\boldsymbol{x}]\end{aligned}$$

正交引理 Ⅱ 得证。

显然，正交投影引理 Ⅱ 适用于任意有限 L 个矢量的情况，即

$$\widehat{OP}\left[\sum_{j=1}^{L}(\mathbf{A}_j\boldsymbol{s}_j)\mid\boldsymbol{x}\right]=\sum_{j=1}^{L}\mathbf{A}_j\,\widehat{OP}[\boldsymbol{s}_j\mid\boldsymbol{x}]$$

引理 Ⅲ 正交投影的可递推性。

设 $\boldsymbol{s}$，$\boldsymbol{x}(k-1)$ 和 $\boldsymbol{x}_k$ 是三个分别具有前二阶矩的随机矢量，它们的维数不必相同，又令

$$\boldsymbol{x}(k)=\begin{bmatrix}\boldsymbol{x}(k-1)\\ \boldsymbol{x}_k\end{bmatrix}\tag{11.2.12}$$

则

$$\begin{aligned}\widehat{OP}[\boldsymbol{s}\mid\boldsymbol{x}(k)]&=\widehat{OP}[\boldsymbol{s}\mid\boldsymbol{x}(k-1)]+\widehat{OP}[\tilde{\boldsymbol{s}}\mid\tilde{\boldsymbol{x}}_k]=\\&\widehat{OP}[\boldsymbol{s}\mid\boldsymbol{x}(k-1)]+E(\tilde{\boldsymbol{s}}\tilde{\boldsymbol{x}}_k)[E(\tilde{\boldsymbol{x}}_k\tilde{\boldsymbol{x}}_k^{\mathrm{T}})]^{-1}\tilde{\boldsymbol{x}}_k\end{aligned}\tag{11.2.13}$$

式中

$$\left.\begin{aligned}\tilde{\boldsymbol{s}}&=\boldsymbol{s}-\widehat{OP}[\boldsymbol{s}\mid\boldsymbol{x}(k-1)]\\\tilde{\boldsymbol{x}}_k&=\boldsymbol{x}_k-\widehat{OP}[\boldsymbol{x}_k\mid\boldsymbol{x}(k-1)]\end{aligned}\right\}\tag{11.2.14}$$

正交投影引理 Ⅲ 的证明略，有兴趣的读者可参考文献[3]。

正交投影引理 Ⅲ 的几何解释如图 11.2.1 所示。

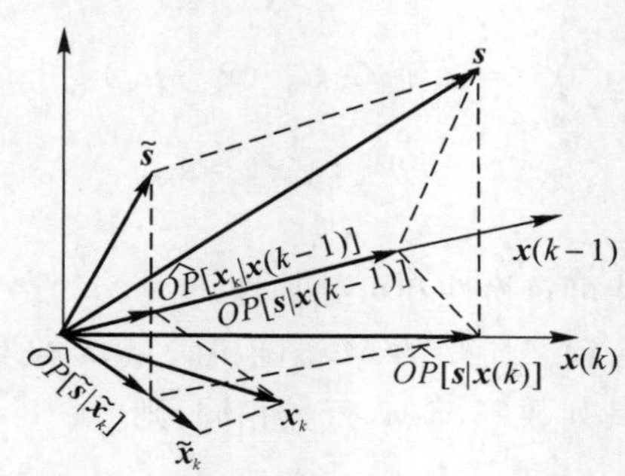

图 11.2.1 正交投影引理 Ⅲ 的几何解释

从正交投影引理 Ⅲ 的表示式中可以看出，正交投影是可以递推实现的。如果已经获得了基于 $\boldsymbol{x}(k-1)$ 的 $\boldsymbol{s}$ 的正交投影 $\widehat{OP}[\boldsymbol{s}\mid\boldsymbol{x}(k-1)]$，由于 $\boldsymbol{x}(k)=[\boldsymbol{x}(k-1)\quad\boldsymbol{x}_k]^{\mathrm{T}}$，那么，基于 $\boldsymbol{x}(k)$ 的 $\boldsymbol{s}$ 的正交投影可以在 $\widehat{OP}[\boldsymbol{s}\mid\boldsymbol{x}(k-1)]$ 的基础上，与 $\boldsymbol{x}_k$ 作适当运算来完成，这正是一种递推算法，因此说正交投影具有递推性。

如果把正交投影及其引理 Ⅲ 与线性最小均方误差估计联系起来，则其递推性就具有具体的含义。把 $\boldsymbol{s}$ 看作被估计的 M 维矢量，如果已经进行了 $k-1$ 次观测，得到观测矢量

$$\boldsymbol{x}(k-1)=[\boldsymbol{x}_1\quad\boldsymbol{x}_2\quad\cdots\quad\boldsymbol{x}_{k-1}]^{\mathrm{T}}\tag{11.2.15}$$

则基于 $\boldsymbol{x}(k-1)$ 的 $\boldsymbol{s}$ 的线性最小均方误差估计矢量 $\hat{\boldsymbol{s}}_{\mathrm{lms}(k-1)}$ 等于 $\boldsymbol{s}$ 在 $\boldsymbol{x}(k-1)$ 上的正交投影，即

$$\hat{\boldsymbol{s}}_{\mathrm{lms}(k-1)} = \hat{OP}[\boldsymbol{s} \mid \boldsymbol{x}(k-1)] \tag{11.2.16}$$

在此基础上，又进行了第 k 次观测，得到观测矢量，这样，共进行了 k 次观测的观测矢量

$$\boldsymbol{x}(k) = \begin{bmatrix} \boldsymbol{x}(k-1) \\ \boldsymbol{x}_k \end{bmatrix} \tag{11.2.17}$$

于是，基于 $\boldsymbol{x}(k)$ 的 $\boldsymbol{s}$ 的线性最小均方误差估计矢量为

$$\hat{\boldsymbol{s}}_{\mathrm{lms}(k)} = \hat{OP}[\boldsymbol{s} \mid \boldsymbol{x}(k)] \tag{11.2.18}$$

根据正交投影引理 Ⅲ，$\hat{\boldsymbol{s}}_{\mathrm{lms}(k)}$ 可以表示为

$$\begin{aligned} \hat{\boldsymbol{s}}_{\mathrm{lms}(k)} &= \hat{OP}[\boldsymbol{s} \mid \boldsymbol{x}(k)] = \hat{OP}[\boldsymbol{s} \mid \boldsymbol{x}(k-1)] + \hat{OP}[\tilde{\boldsymbol{s}} \mid \tilde{\boldsymbol{x}}_k] = \\ &\hat{OP}[\boldsymbol{s} \mid \boldsymbol{x}(k-1)] + E(\tilde{\boldsymbol{s}}\tilde{\boldsymbol{x}}_k^{\mathrm{T}})[E(\tilde{\boldsymbol{x}}_k\tilde{\boldsymbol{x}}_k^{\mathrm{T}})]^{-1}\tilde{\boldsymbol{x}}_k \end{aligned} \tag{11.2.19}$$

式中

$$\left.\begin{aligned} \tilde{\boldsymbol{s}} &= \boldsymbol{s} - \hat{OP}[\boldsymbol{s} \mid \boldsymbol{x}(k-1)] \\ \tilde{\boldsymbol{x}}_k &= \boldsymbol{x}_k - \hat{OP}[\boldsymbol{x}_k \mid \boldsymbol{x}(k-1)] \end{aligned}\right\} \tag{11.2.20}$$

显然

$$\hat{\boldsymbol{s}}_{\mathrm{lms}(k)} = \hat{\boldsymbol{s}}_{\mathrm{lms}(k-1)} + \boldsymbol{K}_k\tilde{\boldsymbol{x}}_k \tag{11.2.21}$$

式中

$$\boldsymbol{K}_k = E(\tilde{\boldsymbol{s}}\tilde{\boldsymbol{x}}_k^{\mathrm{T}})[E(\tilde{\boldsymbol{x}}_k\tilde{\boldsymbol{x}}_k^{\mathrm{T}})]^{-1} \tag{11.2.22}$$

式(11.2.21)说明，基于 k 次观测矢量 $\boldsymbol{x}(k)$ 的 $\boldsymbol{s}$ 的线性最小均方误差估计矢量 $\hat{\boldsymbol{s}}_{\mathrm{lms}(k)}$ 可以由基于 $k-1$ 次观察矢量 $\boldsymbol{x}(k-1)$ 的估计矢量 $\hat{\boldsymbol{s}}_{\mathrm{lms}(k-1)}$，即前一次的估计矢量与第 k 次的观测矢量 $\boldsymbol{x}_k$ 的运算来获得，这正是线性最小均方误差递推估计，它具体说明了正交投影引理 Ⅲ 的递推性含义。

上面讨论了正交投影的概念和三个引理，这就为用正交投影的方法推导离散卡尔曼滤波的递推公式打下了数学基础。

11.3　维纳滤波

11.3.1　连续过程的维纳滤波

信号检测与处理的一个十分重要的内容就是从噪声中提取信号。实现这种功能的有效方法之一是设计一种具有最佳过滤特性的滤波器，当叠加有噪声的信号通过这种滤波器时，它可以将信号尽可能完整地重现或对信号做出尽可能精确的估计，从而对所伴随的噪声进行最大限度的抑制。维纳滤波器就是具有这种特性的一种典型滤波器。因此，研究信号波形的维纳滤波问题，实质上是研究维纳滤波器的设计问题。

信号的维纳滤波分为连续过程的维纳滤波和离散过程的维纳滤波。本节将讨论连续过程的维纳滤波。

1. 最佳线性滤波

设观测信号为

$$x(t) = s(t) + n(t), \quad 0 \leqslant t \leqslant T \tag{11.3.1}$$

式中，$s(t)$ 是有用的信号；$n(t)$ 是观测噪声。如前所述，可以估计 $s(t)$，$s(t+\alpha)(\alpha > 0)$，

$s(t-\alpha)(\alpha>0)$ 及 $s(t)$ 的导数 $\dot{s}(t)$ 等信号波形。为了对它们进行统一分析，用 $g(t)$ 表示待估计的信号波形。这样，最佳线性滤波问题，就是根据观测信号 $x(t)$，按照线性最小均方误差准则，对 $g(t)$ 进行估计，以获得波形估计的结果 $\hat{g}(t)$。

设 $x(t)$ 和 $g(t)$ 都是零均值的随机过程，则 $g(t)$ 的最佳线性估计可以表示为

$$\hat{g}(t)=\lim_{\substack{\Delta u\to 0\\ N\Delta u=T}}\sum_{k=1}^{N}h(t,u_k)x(u_k)\Delta u \tag{11.3.2}$$

式中，$x(u_k)$ 是 t_k 时刻的采样；$h(t,u_k)\Delta u$ 是加权系数，它是 t 和 u_k 的待定函数。式(11.3.2)说明，某时刻 t 的波形估计 $\hat{g}(t)$ 是由取样随机变量 $x(u_k)$ 的线性加权组合所构成的，加权系数就是 $h(t,u_k)\Delta u$。为了使估计的波形 $\hat{g}(t)$ 具有最小的均方误差，利用估计误差与观测信号的正交性原理，有

$$E\left\{\left[g(t)-\lim_{\substack{\Delta u\to 0\\ N\Delta u=T}}\sum_{k=1}^{N}h(t,u_k)x(u_k)\Delta u\right]x(\tau)\right\}=0,\quad 0\leqslant\tau\leqslant T \tag{11.3.3}$$

由此可以求出最佳加权系数，从而实现线性最佳估计。

式(11.3.2)所示的 $\hat{g}(t)$ 的线性加权和表示式，可以用积分的形式表示为

$$\hat{g}(t)=\int_0^T h(t,u)x(u)\mathrm{d}u \tag{11.3.4}$$

这说明，如果把随机信号 $x(t)$ 输入具有时变脉冲响应的 $h(t,u)$ 线性滤波器中，其输出为 $g(t)$ 的估计 $\hat{g}(t)$，如图 11.3.1 所示。为了使估计的均方误差最小，应利用线性最小均方误差估计的正交性原理，即

$$E\left[\left(g(t)-\int_0^T h(t,u)x(u)\mathrm{d}u\right)x(\tau)\right]=0,\quad 0\leqslant\tau\leqslant T \tag{11.3.5}$$

图 11.3.1　线性时变滤波器

求解线性时变滤波器的脉冲响应 $h(t,u)$。利用相关函数表示式(11.3.5)，得

$$R_{xg}(t,\tau)=\int_0^T h(t,u)R_x(u,\tau)\mathrm{d}u,\quad 0\leqslant\tau\leqslant T \tag{11.3.6}$$

此方程就是实现信号波形线性估计，并使估计的均方误差达到最小的线性时变滤波器的脉冲响应 $h(t,u)$ 应满足的积分方程。

估计的均方误差就是估计误差的方差，表示为

$$\begin{aligned}\mathrm{Var}[\tilde{g}(t)]&=E\left[\left(g(t)-\int_0^T h(t,u)x(u)\mathrm{d}u\right)g(t)\right]=\\&R_g(t,t)-\int_0^T h(t,u)R_{xg}(t,u)\mathrm{d}u\end{aligned} \tag{11.3.7}$$

从上面的分析可以看到，满足式(11.3.6)积分方程的线性时变滤波器可以实现非平稳随机信号波形的线性最佳估计，但时变滤波器的脉冲响应 $h(t,u)$ 求解困难。

2. 维纳-霍夫方程

线性时变滤波器虽然理论上适用于非平稳随机信号的线性最佳估计，但滤波器的设计较困难。为了得到实用的结果，需要对随机过程 $x(t)$ 和 $g(t)$ 的统计特性进行约束。假设 $x(t)$

和 $g(t)$ 都是零均值的平稳随机过程，而且二者是联合平稳的。这就等于规定了观测时间从 $t\to-\infty$ 就开始了，而系统（滤波器）是时不变的；如果再只考虑因果系统，即滤波器在构造估计信号波形的过程中只利用时间 t 及 t 以前的观测信号，这样，在上述条件下，线性时不变滤波器如图 11.3.2 所示，其估计 $\hat{g}(t)$ 为

$$\hat{g}(t)=\int_{-\infty}^{t}h(t-u)x(u)\mathrm{d}u \tag{11.3.8}$$

而式(11.3.6) 变为

$$R_{xg}(t-\tau)=\int_{-\infty}^{t}h(t-u)R_{x}(u-\tau)\mathrm{d}u,\quad -\infty<\tau<t \tag{11.3.9}$$

将 $t-\tau=\eta, t-u=\lambda$，代入式(11.3.9) 得

$$R_{xg}(\eta)=\int_{0}^{\infty}h(\lambda)R_{x}(\eta-\lambda)\mathrm{d}u,\quad 0<\eta<\infty \tag{11.3.10}$$

这就是维纳-霍夫(Wiener - Hopf) 方程，是信号波形线性最小均方误差估计的线性时不变滤波器的脉冲响应 $h(t)$ 所必须满足的积分方程，而这样的滤波器就称为维纳滤波器。

与此同时，在上述条件下，由式(11.3.7) 得估计误差的方差为

$$\mathrm{Var}[\tilde{g}(t)]=R_{g}(0)-\int_{0}^{\infty}h(\lambda)R_{xg}(\lambda)\mathrm{d}\lambda \tag{11.3.11}$$

下面讨论维纳-霍夫方程的求解问题，这实际上就是维纳滤波器的设计问题，即通过求解维纳-霍夫方程，确定维纳滤波器的传递函数或脉冲响应，因此直观地称为维纳滤波器的解。

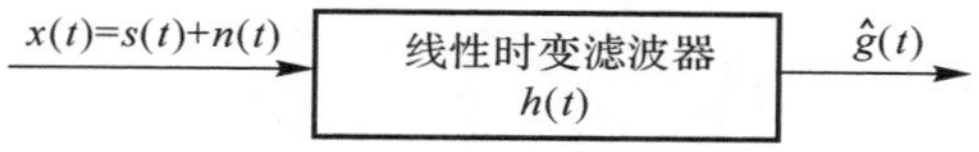

$x(t)=s(t)+n(t)$ → [线性时变滤波器 $h(t)$] → $\hat{g}(t)$

图 11.3.2　线性时不变滤波器

3. 维纳滤波器物理不可实现系统的解

为了求出维纳滤波器的脉冲响应 $h(t)$，必须解式(11.3.10)。求解该式的主要困难是参变量 η 被限制在正半轴，即 $0<\eta<\infty$。如果取消对 η 的限制，即若 $-\infty<\eta<\infty$，则维纳-霍夫方程变为

$$R_{xg}(\eta)=\int_{-\infty}^{\infty}h(\lambda)R_{x}(\eta-\lambda)\mathrm{d}u,\quad -\infty\leqslant\eta\leqslant\infty \tag{11.3.12}$$

这表明滤波器的脉冲响应时间包括整个时间轴，即 $-\infty<t<\infty$，解出来的是非因果滤波器的脉冲响应 $h(t)$，也就是说滤波器是物理不可实现的，但这时估计的均方误差达到最小，为性能比较提供了度量标准，因此其解还是有意义的。另外，如果用计算机处理，只要存储足够多的数据，给出非实时的估计，还是可以实现的。因为此时不一定要求 $h(t)$ 要有因果关系，在计算机处理中，t 是个普通参数，不一定总是按照一个增加的方向上去参加运算。

可以看出，式(11.3.12) 是一个线性卷积式，很容易在频域求解。对式(11.3.12) 两边进行傅里叶变换，得

$$P_{xg}(\omega)=H(\omega)P_{x}(\omega) \tag{11.3.13}$$

故最佳滤波器的传递函数 $H(\omega)$ 为

$$H(\omega)=\frac{P_{xg}(\omega)}{P_{x}(\omega)} \tag{11.3.14}$$

估计的均方误差为

$$\mathrm{Var}[\tilde{g}(t)] = R_g(0) - \int_{-\infty}^{\infty} h(\lambda) R_{xg}(\lambda) \mathrm{d}\lambda \tag{11.3.15}$$

为了获得用功率谱密度形式表示的均方误差，令

$$z(\tau) = R_g(\tau) - \int_{-\infty}^{\infty} h(\lambda) R_{gx}(\tau - \lambda) \mathrm{d}\lambda \tag{11.3.16}$$

对式(11.3.16)两边进行傅里叶变换，得

$$Z(\omega) = P_g(\omega) - H(\omega) P_{gx}(\omega) \tag{11.3.17}$$

式中，$Z(\omega)$ 是 $z(\tau)$ 的傅里叶变换，因而

$$z(\tau) = \frac{1}{2\pi} \int_{-\infty}^{\infty} Z(\omega) \mathrm{e}^{\mathrm{j}\omega\tau} \mathrm{d}\tau \tag{11.3.18}$$

将式(11.3.16)与式(11.3.15)相比较，可以看到

$$\mathrm{Var}[\tilde{g}(t)] = z(0) = \frac{1}{2\pi} \int_{-\infty}^{\infty} Z(\omega) \mathrm{d}\omega \tag{11.3.19}$$

将式(11.3.17)代入式(11.3.19)，再利用式(11.3.14)，得

$$\mathrm{Var}[\tilde{g}(t)] = \frac{1}{2\pi} \int_{-\infty}^{\infty} \frac{P_g(\omega) P_x(\omega) - P_{xg}(\omega) P_{gx}(\omega)}{P_x(\omega)} \mathrm{d}\omega \tag{11.3.20}$$

如果待估计的波形是信号本身，即 $g(t) = s(t)$，且 $s(t)$ 与加性噪声 $n(t)$ 是相互统计独立的，即 $P_{sn}(\omega) = 0$，这时 $P_{xs}(\omega) = P_s(\omega)$，$P_x(\omega) = P_s(\omega) + P_n(\omega)$。将这些结果代入式(11.3.14)和式(11.3.20)，得

$$H(\omega) = \frac{P_s(\omega)}{P_s(\omega) + P_n(\omega)} \tag{11.3.21}$$

和

$$\mathrm{Var}[\tilde{g}(t)] = \frac{1}{2\pi} \int_{-\infty}^{\infty} \frac{P_s(\omega) P_n(\omega)}{P_s(\omega) + P_n(\omega)} \mathrm{d}\omega \tag{11.3.22}$$

由上述结果可以看出：

(1) 若信号 $s(t)$ 的功率谱密度 $P_s(\omega)$ 与噪声 $n(t)$ 的功率谱密度 $P_n(\omega)$ 互不重叠，如图11.3.3(a)所示，则在 $P_s(\omega)$ 的非零区间，$H(\omega)=1$；在 ω 的其他区域，$H(\omega)=0$。在以上情况下有 $\mathrm{Var}[\tilde{g}(t)]=0$。

(2) 若 $P_s(\omega)$ 与 $P_n(\omega)$ 有部分重叠，如图11.3.3(b)所示，则当 $\omega_1 < \omega < \omega_2$ 时，$H(\omega)=1$；当 $\omega_2 < \omega < \omega_3$ 时，$H(\omega)$ 逐渐地变为零；在 ω 的其他区域，$H(\omega)=0$。

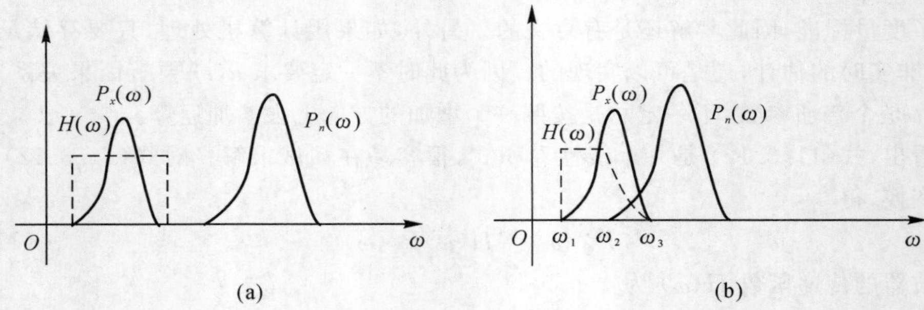

图 11.3.3 $P_s(\omega)$，$P_n(\omega)$ 与 $H(\omega)$

(a)$P_s(\omega)$ 与 $P_n(\omega)$ 互不重叠；(b) $P_s(\omega)$ 与 $P_n(\omega)$ 部分重叠

式(11.3.22)是维纳滤波器均方误差的下界,实际的估计误差比这个误差大。

4. 维纳滤波器物理可实现系统的解

现在来讨论式(11.3.10)所示的维纳-霍夫方程的解,即维纳滤波器物理可实现系统的解。如前所述,该方程求解困难的原因是参变量 η 被限制在 $0<\eta<\infty$ 范围内。然而,当积分方程式(11.3.10)中的 $R_x(\eta-\lambda)$ 是 δ 函数时,求解就变得非常容易。换句话说,如果滤波器的输入是一个白色过程,积分方程就可以直接求解。这样,当观测信号 $x(t)$ 是非白平稳过程时,首先用白化滤波器 $H_w(s)$(为分析方便,下面采用复频域分析)对观测信号 $x(t)$ 进行白化处理,其输出是白化了的过程 $w(t)$;然后针对白过程 $w(t)$ 设计滤波器的 $H_2(s)$,使它的输出是 $g(t)$ 的线性最小均方误差估计 $\hat{g}(t)$。这样,维纳滤波器的传递函数 $H(s)$ 为

$$H(s)=H_w(s)H_2(s) \tag{11.3.23}$$

式中,$H_w(s)$ 是白化滤波器的传递函数,它将有色过程进行白化处理。维纳滤波器的结构如图 11.3.4 所示。

若观测信号 $x(t)$ 是具有有理功率谱密度 $P_n(\omega)$ 的平稳随机过程,则用复频域表示为

$$P_x(s)=P_x^+(s)P_x^-(s) \tag{11.3.24}$$

式中

$$P_x^+(s)=A_1\frac{(s+\alpha_1)(s+\alpha_2)\cdots(s+\alpha_k)}{(s+\beta_1)(s+\beta_2)\cdots(s+\beta_l)} \tag{11.3.25a}$$

$$P_x^-(s)=A_2\frac{(-s+\alpha_1)(-s+\alpha_2)\cdots(-s+\alpha_k)}{(-s+\beta_1)(-s+\beta_2)\cdots(-s+\beta_l)} \tag{11.3.25b}$$

即 $P_x^+(s)$ 的所有零极点均在 s 平面的左半平面,而 $P_x^-(s)$ 的所有零极点均在 s 平面的右半平面。现要求白化滤波器能够将非白过程白化,则要求白化滤波器的传递函数 $H_w(s)$ 满足

$$|H_w(s)|^2P_x(s)=1 \tag{11.3.26}$$

因为

$$|H_w(s)|^2=H_w(s)H_w^*(s)$$

而

$$P_x(s)=P_x^+(s)P_x^-(s)=P_x^+(s)[P_x^+(s)]^*$$

所以

$$H_w(s)H_w^*(s)=\frac{1}{P_x^+(s)[P_x^+(s)]^*}$$

从而得白化滤波器的传递函数为

$$H_w(s)=\frac{1}{P_x^+(s)} \tag{11.3.27}$$

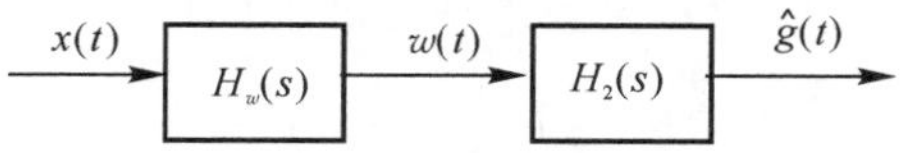

$x(t)$ → $H_w(s)$ → $w(t)$ → $H_2(s)$ → $\hat{g}(t)$

图 11.3.4　维纳滤波器

先讨论滤波器 $H_2(s)$ 的设计。非白化过程 $x(t)$ 经过白化滤波器 $H_w(s)$ 后,输出为白化过程 $w(t)$,因而 $H_2(s)$ 由积分方程

$$R_{wg}(\eta)=\int_0^\infty h_2(\lambda)R_w(\eta-\lambda)\mathrm{d}\lambda,\quad 0<\eta<\infty \tag{11.3.28}$$

解得。其中 $R_w(\eta-\lambda)=\delta(\eta-\lambda)$,因此

$$h_2(\eta)=R_{wg}(\eta),\quad 0<\eta<\infty \tag{11.3.29}$$

用传递函数表示，则为

$$H_2(s)=[P_{wg}(s)]^+ \tag{11.3.30}$$

式中，$[\cdot]^+$ 表示取 $P_{wg}(s)$ 中零极点在 s 平面左边平面的部分。

由于 $P_{wg}(s)$ 是 $R_{wg}(\tau)$ 的拉普拉斯变换，所以先求 $R_{wg}(\tau)$，再取其拉普拉斯变换，求得 $P_{wg}(s)$。

因为

$$\begin{aligned}R_{wg}(\tau)=E[w(t)g(t+\tau)]=E\left\{\left[\int_{-\infty}^{\infty}h_w(\lambda)x(t-\lambda)\mathrm{d}\lambda\right]g(t+\tau)\right\}=\\ \int_{-\infty}^{\infty}h_w(\lambda)R_{xg}(\lambda+\tau)\mathrm{d}\lambda=\\ \int_{-\infty}^{\infty}h_w(-\lambda)R_{xg}(\tau-\lambda)\mathrm{d}\lambda\end{aligned} \tag{11.3.31}$$

等式两边取拉普拉斯变换，得

$$P_{wg}(s)=H(-s)P_{xg}(s)=\frac{1}{P_x^+(-s)}P_{xg}(s)=\frac{P_{xg}(s)}{P_x^-(s)} \tag{11.3.32}$$

这样，维纳滤波器 $H(s)$ 的传递函数为

$$H(s)=H_w(s)H_2(s)=\frac{1}{P_x^+(s)}\left[\frac{P_{xg}(s)}{P_x^-(s)}\right]^+ \tag{11.3.33}$$

维纳滤波器波形估计的均方误差由式(11.3.11)或式(11.3.20)给出。为了得到更一般形式的表示式，下面讨论估计 $s(t+\alpha)$ 时的均方误差。由式(11.3.11)得

$$\mathrm{Var}[\tilde{s}(t+\alpha)]=R_s(0)-\int_0^{\infty}h(\lambda)R_{xs}(\lambda+\alpha)\mathrm{d}\lambda \tag{11.3.34}$$

式中，$R_s(0)$ 由给定信号 $s(t)$ 的自相关函数确定；积分项是 α 的函数，为方便记为 $f(\alpha)$，即

$$f(\alpha)=\int_0^{\infty}h(\lambda)R_{xs}(\lambda+\alpha)\mathrm{d}\lambda$$

因为对于因果滤波器，当 $\lambda<0$ 时，$h(\lambda)=0$，所以上式可以写成

$$f(\alpha)=\int_{-\infty}^{\infty}h(\lambda)R_{xs}(\lambda+\alpha)\mathrm{d}\lambda \tag{11.3.35}$$

可见，只要求得维纳滤波器的脉冲响应 $h(t)$，$f(\alpha)$ 就确定了。

因为　$R_{wg}(\tau)=E[x(t)g(t+\tau)]=E[x(t)s(t+\tau+\alpha)]=R_{xs}(\tau+\alpha)$

所以

$$P_{xg}(s)=P_{xs}(s)\mathrm{e}^{\alpha s} \tag{11.3.36}$$

把式(11.3.36)代入式(11.3.33)，得到维纳滤波器的传递函数 $H(s)$ 为

$$H(s)=\frac{1}{P_x^+(s)}\left[\frac{P_{xs}(s)\mathrm{e}^{\alpha s}}{P_x^-(s)}\right]^+ \tag{11.3.37}$$

令

$$\Phi(s)=\frac{P_{xs}(s)}{P_x^-(s)}$$

则其拉普拉斯逆变换为

$$\varphi(t)=L^{-1}[\Phi(s)]=L^{-1}\left[\frac{P_{xs}(s)}{P_x^-(s)}\right]$$

这样就有

$$L^{-1}\left(\left[\frac{P_{xs}(s)\mathrm{e}^{\alpha s}}{P_x^-(s)}\right]^+\right)=\begin{cases}\varphi(t+\alpha), & t\geqslant 0\\ 0, & t<0\end{cases}$$

从而有

$$H(s)=\frac{1}{P_x^+(s)}\int_0^{\infty}\varphi(t+\alpha)\mathrm{e}^{-st}\mathrm{d}t \tag{11.3.38}$$

对式(11.3.38)取拉普拉斯逆变换，得

$$h(\lambda)=\frac{1}{2\pi\mathrm{j}}\int_{\sigma-\mathrm{j}\infty}^{\sigma+\mathrm{j}\infty}\left[\frac{1}{P_x^+(s)}\int_0^{\infty}\varphi(t+\alpha)\mathrm{e}^{-st}\mathrm{d}t\right]\mathrm{e}^{s\lambda}\mathrm{d}s \tag{11.3.39}$$

把式(11.3.39)代入式(11.3.35)，整理得

$$\begin{aligned}f(\alpha)=&\int_0^{\infty}\varphi(t+\alpha)\frac{1}{2\pi\mathrm{j}}\int_{\sigma-\mathrm{j}\infty}^{\sigma+\mathrm{j}\infty}\frac{\mathrm{e}^{-s(t+\alpha)}}{P_x^+(s)}\int_{-\infty}^{\infty}R_{xs}(\lambda+\alpha)\mathrm{e}^{s(\lambda+\alpha)}\mathrm{d}\lambda\mathrm{d}s\mathrm{d}t=\\&\int_0^{\infty}\varphi(t+\alpha)\frac{1}{2\pi\mathrm{j}}\int_{\sigma-\mathrm{j}\infty}^{\sigma+\mathrm{j}\infty}\frac{P_{xs}(-s)}{P_x^+(s)}\mathrm{e}^{-s(t+\alpha)}\mathrm{d}s\mathrm{d}t=\\&\int_0^{\infty}\varphi(t+\alpha)\frac{1}{2\pi\mathrm{j}}\int_{\sigma-\mathrm{j}\infty}^{\sigma+\mathrm{j}\infty}\Phi(-s)\mathrm{e}^{-s(t+\alpha)}\mathrm{d}s\mathrm{d}t=\\&\int_0^{\infty}\varphi^2(t+\alpha)\mathrm{d}t=\int_0^{\infty}\varphi^2(t)\mathrm{d}t\end{aligned} \tag{11.3.40}$$

这样，在进行 $g(t)=s(t+\alpha)$ 估计时，估计的均方误差为

$$\mathrm{Var}[\tilde{s}(t+\alpha)]=R_s(0)-\int_{\alpha}^{\infty}\varphi^2(t)\mathrm{d}t \tag{11.3.41}$$

式中

$$\varphi(t)=L^{-1}\left[\frac{P_{xs}(s)}{P_x^-(s)}\right]$$

如果取 $\alpha=0$，则式(11.3.41)可用来计算估计 $s(t)$ 时的均方误差。

例 11.3.1　设线性时不变滤波器输入的观察信号 $x(t)$ 是平稳随机过程，其功率谱密度为

$$P_x(s)=\frac{2k}{k^2-a^2s^2},\quad a>0$$

试设计一个物理可实现的白化滤波器 $H_w(s)$，使它的输出功率谱密度为 1。

解　根据题意要求有

$$|H_w(s)|^2P_x(s)=1$$

其中

$$P_x(s)=\frac{2k}{k^2-a^2s^2}=\frac{\sqrt{2k}}{as+k}\,\frac{\sqrt{2k}}{-as+k}=P_x^+(s)P_x^-(s)$$

所以

$$H_w(s)=\frac{1}{P_x^+(s)}=\frac{\sqrt{2k}}{as+k}$$

可见，白化滤波器是由微分器和常增益器并联构成的。

例 11.3.2　考虑滤波问题。设随机信号 $s(t)$ 加白噪声 $n(t)$ 通过一线性滤波器。已知信号和噪声的自相关函数分别为

$$R_s(\tau)=\frac{1}{2}\mathrm{e}^{-|\tau|},\quad R_n(\tau)=\delta(\tau)$$

求滤波器的输出信号波形具有最小均方误差时，滤波器的冲激响应函数，并计算波形估计的均方误差。

解　根据题意，待估计的波形 $g(t)=s(t)$。首先对 $R_s(\tau)$ 和 $R_n(\tau)$ 进行双边拉普拉斯变换，得

$$P_s(s)=\int_{-\infty}^{\infty}R_s(\tau)\mathrm{e}^{-s\tau}\mathrm{d}\tau=\int_{-\infty}^{\infty}\frac{1}{2}\mathrm{e}^{-|\tau|}\mathrm{e}^{-s\tau}\mathrm{d}\tau=$$

$$\int_{-\infty}^{0}\frac{1}{2}\mathrm{e}^{\tau}\mathrm{e}^{-s\tau}\mathrm{d}\tau+\int_{0}^{\infty}\frac{1}{2}\mathrm{e}^{-\tau}\mathrm{e}^{-s\tau}\mathrm{d}\tau=$$

$$\frac{1}{2}\left(\frac{1}{1-s}+\frac{1}{1+s}\right)=\frac{1}{1-s^2}$$

$$P_n(s)=\int_{-\infty}^{\infty}\delta(\tau)\mathrm{e}^{-s\tau}\mathrm{d}\tau=1$$

因为 $n(t)$ 是白噪声，所以

$$P_x(s)=P_s(s)+P_n(s)=\frac{1}{1-s^2}+1=\frac{s^2-2}{s^2-1}=\frac{s+\sqrt{2}}{s+1}\,\frac{s-\sqrt{2}}{s-1}$$

所以有

$$P_x^+(s)=\frac{s+\sqrt{2}}{s+1}$$

$$P_x^-(s)=\frac{s-\sqrt{2}}{s-1}$$

从而又有

$$P_{xg}(s)=P_{xs}(s)=P_s(s)+P_{ns}(s)=P_s(s)=\frac{1}{1-s^2}=\frac{1}{(s+1)(s-1)}$$

然后求维纳滤波器的传递函数 $H(s)$ 和均方误差。

非因果关系的维纳滤波器的传递函数 $H(s)$ 为

$$H(s)=\frac{P_{xg}(s)}{P_x(s)}=\frac{P_s(s)}{P_s(s)+P_n(s)}=\frac{-1/[(s+1)(s-1)]}{(s+\sqrt{2})(s-\sqrt{2})/[(s+1)(s-1)]}=$$

$$\frac{1}{(2-s^2)}=\frac{1}{2\sqrt{2}(s+\sqrt{2})}-\frac{1}{2\sqrt{2}(s-\sqrt{2})}$$

相应的维纳滤波器的脉冲响应为

$$h(t)=L^{-1}[H(s)]=\begin{cases}\dfrac{1}{2\sqrt{2}}\mathrm{e}^{-\sqrt{2}t}, & t\geqslant 0\\[2mm] \dfrac{1}{2\sqrt{2}}\mathrm{e}^{\sqrt{2}t}, & t<0\end{cases}$$

因为 $R_{xg}(\lambda)=R_{xs}(\lambda)=R_s(\lambda)$，所以估计的均方误差为

$$\mathrm{Var}[\tilde{g}(t)]=\mathrm{Var}[\tilde{s}(t)]=R_s(0)-\int_{-\infty}^{\infty}h(\lambda)R_s(\lambda)\mathrm{d}\lambda=$$

$$\frac{1}{2}-\int_{-\infty}^{0}\frac{1}{2\sqrt{2}}\mathrm{e}^{\sqrt{2}\lambda}\,\frac{1}{2}\mathrm{e}^{\lambda}\mathrm{d}\lambda-\int_{0}^{\infty}\frac{1}{2\sqrt{2}}\mathrm{e}^{-\sqrt{2}\lambda}\,\frac{1}{2}\mathrm{e}^{-\lambda}\mathrm{d}\lambda=$$

$$\frac{1}{2}-\frac{1}{4\sqrt{2}}\times\frac{1}{1+\sqrt{2}}-\frac{1}{4\sqrt{2}}\times\frac{1}{1+\sqrt{2}}\approx 0.354$$

因果关系的维纳滤波器的传递函数 $H(s)$ 为

$$H(s)=\frac{1}{P_x^+(s)}\left[\frac{P_{xg}(s)}{P_x^-(s)}\right]^+=\frac{s+1}{s+\sqrt{2}}\left\{\frac{-1/[(s+1)(s-1)]}{(s-\sqrt{2})/(s-1)}\right\}^+=$$

$$\frac{s+1}{s+\sqrt{2}}\left\{\frac{1/(1+\sqrt{2})}{(s+1)}+\frac{-1/(1+\sqrt{2})}{(s-\sqrt{2})}\right\}^+=$$

$$\frac{s+1}{s+\sqrt{2}}\frac{1/(1+\sqrt{2})}{(s+1)}=$$

$$\frac{1/(1+\sqrt{2})}{s+\sqrt{2}}$$

相应的维纳滤波器的脉冲响应为

$$h(t)=L^{-1}[H(s)]=\frac{1}{1+\sqrt{2}}\mathrm{e}^{-\sqrt{2}t},\quad t\geqslant 0$$

因果关系维纳滤波器波形估计的均方误差为

$$\mathrm{Var}[\tilde{g}(t)]=\mathrm{Var}[\tilde{s}(t)]=R_s(0)-\int_0^\infty h(\lambda)R_s(\lambda)\mathrm{d}\lambda=$$

$$\frac{1}{2}-\int_0^\infty\frac{1}{1+\sqrt{2}}\mathrm{e}^{-\sqrt{2}\lambda}\ \frac{1}{2}\mathrm{e}^{-\lambda}\mathrm{d}\lambda=$$

$$\frac{1}{2}-\frac{1}{2(1+\sqrt{2})^2}\approx 0.415$$

波形估计的均方误差也可由式(11.3.41)，取 $\alpha=0$ 来计算。

例 11.3.3　考虑维纳滤波的预测与平滑问题。设输入信号 $s(t)$ 和噪声 $n(t)$ 都是均值为零的平稳随机过程，二者互不相关，自相关函数分别为

$$R_s(\tau)=\frac{7}{12}\mathrm{e}^{-|\tau|/2},\quad R_n(\tau)=\frac{5}{6}\mathrm{e}^{-|\tau|}$$

试估计 $\hat{s}(t+\alpha)$ 及其均方误差。

解　对 $s(t)$ 和 $n(t)$ 的自相关函数 $R_s(\tau)$ 和 $R_n(\tau)$，取双边拉普拉斯变换，得 $s(t)$ 和 $n(t)$ 的功率谱密度分别为

$$P_s(s)=\int_{-\infty}^\infty R_s(\tau)\mathrm{e}^{-s\tau}\mathrm{d}\tau=\frac{7}{12}\left(\int_{-\infty}^0\mathrm{e}^{\tau/2}\mathrm{e}^{-s\tau}\mathrm{d}\tau+\int_0^\infty\mathrm{e}^{-\tau/2}\mathrm{e}^{-s\tau}\mathrm{d}\tau\right)=$$

$$\frac{7}{12}\left(\frac{1}{\frac{1}{2}-s}+\frac{1}{\frac{1}{2}+s}\right)=\frac{7/3}{-4s^2+1}$$

$$P_n(s)=\int_{-\infty}^\infty R_n(\tau)\mathrm{e}^{-s\tau}\mathrm{d}\tau=\frac{5}{6}\left(\int_{-\infty}^0\mathrm{e}^{\tau}\mathrm{e}^{-s\tau}\mathrm{d}\tau+\int_0^\infty\mathrm{e}^{-\tau}\mathrm{e}^{-s\tau}\mathrm{d}\tau\right)=$$

$$\frac{5}{6}\left(\frac{1}{1-s}+\frac{1}{1+s}\right)=\frac{5/3}{-s^2+1}$$

从而有

$$P_x(s)=P_s(s)+P_n(s)=\frac{7/3}{-4s^2+1}+\frac{5/3}{-s^2+1}=$$

$$\frac{-9s^2+1}{(-4s^2+1)(-s^2+1)}=$$

$$\frac{3s+2}{(2s+1)(s+1)}\ \frac{-3s+2}{(-2s+1)(-s+1)}$$

因为

$$R_{xg}(\tau)=E[x(t)g(t+\tau)]=E[x(t)s(t+\tau+\alpha)]=R_s(\tau+\alpha)$$

所以经拉普拉斯变换，得

$$P_{xg}(s)=P_{xs}(s)\mathrm{e}^{\alpha s}=P_s(s)\mathrm{e}^{\alpha s}$$

这样，维纳滤波器的传递函数 $H(s)$ 为

$$\begin{aligned}H(s)=&\frac{1}{P_x^+(s)}\left[\frac{P_{xg}(s)}{P_x^-(s)}\right]^+=\\&\frac{(2s+1)(s+1)}{3s+2}\left[\frac{(-2s+1)(-s+1)}{(-3s+2)}\frac{7/3}{-4s^2+1}\mathrm{e}^{\alpha s}\right]^+=\\&\frac{(2s+1)(s+1)}{3s+2}\left[\left(\frac{1}{(2s+1)}+\frac{1/3}{(-3s+2)}\right)\mathrm{e}^{\alpha s}\right]^+\end{aligned}$$

现在需要求出

$$\left[\left(\frac{1}{(2s+1)}+\frac{1/3}{(-3s+2)}\right)\mathrm{e}^{\alpha s}\right]^+$$

的表达式。为此，令

$$\Phi(s)=\frac{1}{2s+1}+\frac{1/3}{-3s+2}$$

相应地有

$$\varphi(t)=\begin{cases}\dfrac{1}{2}\mathrm{e}^{-t/2}, & t\geqslant 0\\ \dfrac{1}{9}\mathrm{e}^{2t/3}, & t<0\end{cases}$$

则$[\Phi(s)\mathrm{e}^{\alpha s}]^+$ 便是 $\varphi(t+\alpha)$ 的因果可实现部分。这些因果部分为

$$\varphi(t+\alpha)=\frac{1}{2}\mathrm{e}^{-(t+\alpha)/2},\quad 当\ \alpha>0\ 时$$

$$\varphi(t+\alpha)=\begin{cases}\dfrac{1}{9}\mathrm{e}^{2(t+\alpha)/3}, & 0\leqslant t<|\alpha|\\ \dfrac{1}{2}\mathrm{e}^{-(t+\alpha)/2}, & t\geqslant|\alpha|\end{cases}\qquad 当\ \alpha<0\ 时$$

对 $\varphi(t+\alpha)$ 取拉普拉斯变换，得

$$[\Phi(s)\mathrm{e}^{\alpha s}]^+=\begin{cases}\dfrac{\mathrm{e}^{-\alpha/2}}{2s+1}, & \alpha>0\\ \dfrac{1}{2s+1}, & \alpha=0\\ \dfrac{1}{3}\dfrac{\mathrm{e}^{2\alpha/3}-\mathrm{e}^{\alpha s}}{3s-2}+\dfrac{1}{2}\dfrac{\mathrm{e}^{\alpha s}}{s+1/2}, & \alpha<0\end{cases}$$

和

$$H(s)=\frac{(2s+1)(s+1)}{3s+2}[\Phi(s)\mathrm{e}^{\alpha s}]^+$$

对于 $s(t+\alpha)$ 波形估计的均方误差的计算可利用式(11.3.41)，即

$$\mathrm{Var}[\tilde{s}(t+\alpha)]=R_s(0)-\int_{\alpha}^{\infty}\varphi^2(t)\mathrm{d}t=R_s(0)-f(\alpha)$$

来完成，式中

$$R_s(0)=\frac{7}{12}$$

$$f(\alpha)=\begin{cases}\frac{1}{4}\mathrm{e}^{-\alpha}, & \alpha>0\\ \frac{1}{4}, & \alpha=0\\ \frac{1}{108}(1-\mathrm{e}^{4\alpha/3})+\frac{1}{4}, & \alpha<0\end{cases}$$

这样则有

$$\mathrm{Var}[\tilde{s}(t+\alpha)]=\frac{7}{12}-f(\alpha)=\begin{cases}\frac{7}{12}-\frac{1}{4}\mathrm{e}^{-\alpha}, & \alpha>0\\ \frac{7}{12}-\frac{1}{4}=\frac{1}{3}, & \alpha=0\\ \frac{1}{3}-\frac{1}{108}(1-\mathrm{e}^{4\alpha/3}), & \alpha<0\end{cases}$$

如图 11.3.5 所示，可见，当 $\alpha>0$ 时，α 越大，即预测未来的时间越长，预测的误差也越大；当 $\alpha<0$ 时，$|\alpha|$ 越大，即用来平滑的时间越长，平滑的误差越小。波形 $s(t+\alpha)$ 的预测和平滑，其均方误差都有极限值。

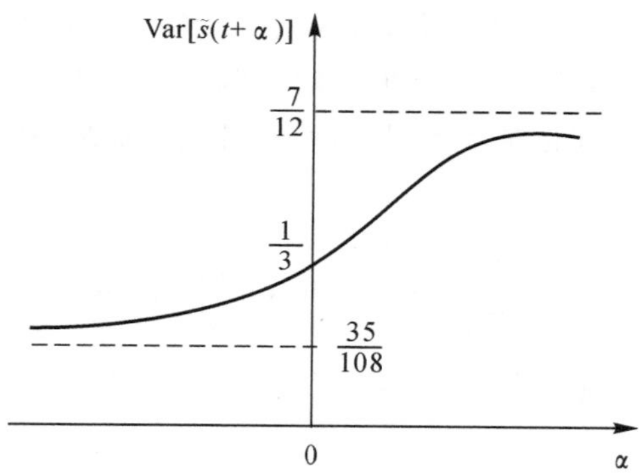

图 11.3.5　$\mathrm{Var}[\tilde{s}(t+\alpha)]$ 与 α 的关系曲线

当 $\alpha\to-\infty$ 时

$$\mathrm{Var}[\tilde{s}(t+\alpha)]=\frac{35}{108}$$

当 $\alpha=0$ 时

$$\mathrm{Var}[\tilde{s}(t)]=\frac{1}{3}$$

当 $\alpha\to\infty$ 时

$$\mathrm{Var}[\tilde{s}(t+\alpha)]=\frac{7}{12}$$

11.3.2　离散过程的维纳滤波

类似于连续过程的维纳滤波，设计离散过程的维纳滤波器，就是寻求在线性最小均方误差准则下线性滤波器的传递函数 $H(z)$ 或单位脉冲响应 $h(k)$。

1. 离散的维纳-霍夫方程

与连续过程的维纳滤波分析方法相同，在离散过程的情况下，观测区间由一组离散的时刻 t_k 组成，每个 t_k 时刻的观测信号为 $x(k) \stackrel{\text{def}}{=\!=} x_k, 0 \leqslant k \leqslant N$。下面根据这一组观测信号，对信号做出线性最小均方误差估计，即求 $\hat{g}_k$。

对于线性估计，估计信号 $\hat{g}_k$ 表示为观测信号 x_k 的线性加权和，即

$$\hat{g}_k = \sum_{j=0}^{N} h(k,j) x_j \tag{11.3.42}$$

为了使估计的均方误差最小，根据线性最小均方误差估计的正交性原理，加权系数 $h(k,j)$ 应选择使估计误差与观测信号正交，即

$$E\left[\left(g_k - \sum_{j=0}^{N} h(k,j) x_j\right) x_i\right] = 0, \quad 0 \leqslant i \leqslant N \tag{11.3.43}$$

如果用相关函数表示，则有

$$R_{xg}(k,i) = \sum_{j=0}^{N} h(k,j) R_x(j,i), \quad 0 \leqslant i \leqslant N \tag{11.3.44}$$

可见，式(11.3.44) 恰好是式(11.3.6) 的离散表示。虽然从原理上它适用于离散非平稳随机信号的线性最佳估计，但加权系数 $h(k,j)$ 的求解是困难的。为了便于求解，假定离散过程是均值为零的平稳过程，观测区间也是半无限的，而所研究的系统是因果的线性时不变系统。这样式(11.3.44) 变为

$$R_{xg}(k-i) = \sum_{j=-\infty}^{k} h(k-j) R_x(j-i), \quad -\infty < i \leqslant k \tag{11.3.45}$$

对式(11.3.45) 作变量代换，令 $k-i=m, k-j=l$，则得

$$R_{xg}(m) = \sum_{l=0}^{\infty} h(l) R_x(m-l), \quad 0 \leqslant m < \infty \tag{11.3.46}$$

式(11.3.46) 就是离散形式的维纳-霍夫方程。由式(11.3.46) 解出的 $h(m)$，就是满足线性最小均方误差的离散维纳滤波器的单位脉冲响应。因为有 $m \geqslant 0$ 的限制，所以求解得到的是物理可实现的滤波器的单位脉冲响应。

2. 离散维纳滤波器的 z 域解

首先讨论离散维纳滤波器的非因果解。如果不考虑 $0 \leqslant m < \infty$ 的约束条件，即认为 m 满足 $-\infty < m < \infty$，则非因果关系的离散维纳-霍夫方程为

$$R_{xg}(m) = \sum_{l=-\infty}^{\infty} h(l) R_x(m-l), \quad -\infty < m < \infty \tag{11.3.47}$$

等式两边取 z 变换，得

$$P_{xg}(z) = H(z) P_x(z) \tag{11.3.48}$$

于是，非因果离散维纳滤波器的传递函数 $H(z)$ 为

$$H(z)=\frac{P_{xg}(z)}{P_x(z)} \tag{11.3.49}$$

而滤波器的单位脉冲响应 $h(k)$ 为

$$h(k)=\mathscr{Z}^{-1}[H(z)]=\mathscr{Z}^{-1}\left[\frac{P_{xg}(z)}{P_x(z)}\right] \tag{11.3.50}$$

如果观测信号为

$$x_k=s_k+n_k$$

假设信号 s_k 与噪声 n_k 互不相关，则当 $g_k=s_k$ 时，离散维纳滤波器的传递函数 $H(z)$ 为

$$H(z)=\frac{P_s(z)}{P_s(z)+P_n(z)} \tag{11.3.51}$$

式中，$P_x(z)$，$P_s(z)$，$P_n(z)$ 和 $P_{xg}(z)$ 分别是自相关函数 $R_x(m)$，$R_s(m)$，$R_n(m)$ 和互相关函数 $R_{xg}(m)$ 的 z 变换，因此它们分别是 x_k，s_k，n_k 的功率谱密度和 x_k 与 g_k 的互功率谱密度。

研究离散维纳滤波器的因果解。如果观测信号 x_k 是白色序列，则有

$$R_x(m-l)=\delta_{ml} \tag{11.3.52}$$

从而容易求得式(11.3.46)的解为

$$h(m)=R_{xg}(m),\quad 0\leqslant m<\infty \tag{11.3.53}$$

相应地，滤波器的传递函数为

$$H(z)=[P_{xg}(z)]^{+} \tag{11.3.54}$$

式中，$[\cdot]^{+}$ 表示互相关函数 $R_{xg}(m)$ 的因果部分的 z 变换。这样，$H(z)$ 是互功率谱密度 $P_{xg}(z)$ 中零极点在单位圆内的部分。

如果观测信号 x_k 是非白序列，则需先把序列 x_k 进行白化处理，使之变换成白色序列。若观测信号序列 x_k 的功率谱是有理函数，即

$$P_x(z)=P_x^{+}(z)P_x^{-}(z) \tag{11.3.55}$$

式中，$P_x^{+}(z)$ 和 $P_x^{-}(z)$ 分别是 $P_x(z)$ 的零极点在单位圆内的部分和单位圆外的部分，则白化滤波器的传递函数 $H_w(z)$ 为

$$H_w(z)=\frac{1}{P_x^{+}(z)} \tag{11.3.56}$$

设白化滤波器输出的白色序列为 w_k，其相应的维纳滤波器的传递函数为 $H_2(z)$，则

$$H_2(z)=[P_{wg}(z)]^{+} \tag{11.3.57}$$

利用连续过程滤波的式(11.3.32)，有

$$P_{wg}(z)=H_w(z^{-1})P_{xg}(z)=\frac{P_{xg}(z)}{P_x^{-}(z)} \tag{11.3.58}$$

将白化滤波器 $H_w(z)$ 与滤波器 $H_2(z)$ 级联，便得到离散维纳滤波器的传递函数 $H(z)$ 为

$$H(z)=H_w(z)H_2(z)=\frac{1}{P_x^{+}(z)}\left[\frac{P_{xg}(z)}{P_x^{-}(z)}\right]^{+} \tag{11.3.59}$$

而滤波器的单位脉冲响应 $h(k)$ 为

$$h(k)=\mathscr{Z}^{-1}[H(z)]=\mathscr{Z}^{-1}\left[\frac{1}{P_x^{+}(z)}\left[\frac{P_{xg}(z)}{P_x^{-}(z)}\right]^{+}\right],\quad 0\leqslant k<\infty \tag{11.3.60}$$

它是一个无限长的因果序列。

3. 离散维纳滤波器的时域解

前面已经研究了离散维纳滤波器的 z 域解(频域解),在已知观测信号序列的自相关函数 $R_x(m)$ 和观测信号序列 x_k 与被估计信号 g_k 的互相关函数 $R_{xg}(m)$ 的情况下,就可以设计出离散的维纳滤波器。但在实际工程应用中,由于单位脉冲响应 $h(k)$ 为无限长因果序列的离散维纳滤波器不具有实时性,因而其应用受到限制。在要求进行实时处理的场合,并考虑因果约束,通常在时域用逼近的方法来设计离散维纳滤波器,即用长度为 N 的有限长序列 $h(k)(0 \leqslant k \leqslant N-1)$ 来逼近离散维纳滤波器的单位脉冲响应 $h(k)(0 \leqslant k < \infty)$,这就是离散维纳滤波器的时域解。

设离散维纳滤波器的单位脉冲响应 $h(k)$ 是长度为 N 的有限长序列,即

$$h(k)=\begin{cases} h(k), & 0 \leqslant k \leqslant N-1 \\ 0, & \text{其他} \end{cases} \tag{11.3.61}$$

则式(10.3.46)所示的维纳-霍夫方程变为

$$R_{xg}(m)=\sum_{l=0}^{N-1} h(l) R_x(m-l), \quad 0 \leqslant m \leqslant N-1 \tag{11.3.62}$$

其中,相关函数分别为

$$R_{xg}(m)=E[x_k g_{k+m}]=\frac{1}{N}\sum_{k=0}^{N-1} x_k g_{k+m} \tag{11.3.63}$$

和

$$R_x(m)=E[x_k x_{k+m}]=\frac{1}{N}\sum_{k=0}^{N-1} x_k x_{k+m} \tag{11.3.64}$$

并有

$$R_x(m)=R_x(-m) \tag{11.3.65}$$

这样,可将式(11.3.62)所示的离散维纳-霍夫方程写成矩阵的形式。将 $m=0, m=1, \cdots, m=N-1$ 分别代入式(11.3.62),并将其写成 N 个线性方程,结果为

$$\left.\begin{array}{l} h(0)R_x(0)+h(1)R_x(1)+\cdots+h(N-1)R_x(N-1)=R_{xg}(0) \\ h(0)R_x(1)+h(1)R_x(0)+\cdots+h(N-1)R_x(N-2)=R_{xg}(1) \\ \cdots\cdots \\ h(0)R_x(N-1)+h(1)R_x(N-2)+\cdots+h(N-1)R_x(0)=R_{xg}(N-1) \end{array}\right\} \tag{11.3.66}$$

它的矩阵形式为

$$\boldsymbol{R}_x \boldsymbol{h}=\boldsymbol{R}_{xg} \tag{11.3.67}$$

式中

$$\boldsymbol{h}=\begin{bmatrix} h(0) \\ h(1) \\ \vdots \\ h(N-1) \end{bmatrix}$$

其中的各个元素是滤波器单位脉冲响应 $h(k)$ 在 $k=0,1\cdots,N-1$ 时的值;而

$$\boldsymbol{R}_x=\begin{bmatrix} R_x(0) & R_x(1) & \cdots & R_x(N-1) \\ R_x(1) & R_x(0) & \cdots & R_x(N-2) \\ \vdots & \vdots & \vdots & \vdots \\ R_x(N-1) & R_x(N-2) & \cdots & R_x(0) \end{bmatrix}$$

是观测信号序列 x_k 的自相关矩阵，它是 $N\times N$ 的对称阵；而

$$\boldsymbol{R}_{xg}=\begin{bmatrix} R_{xg}(0) \\ R_{xg}(1) \\ \vdots \\ R_{xg}(N-1) \end{bmatrix}$$

是观测信号序列 x_k 与被估计序列 g_k 的互相关矢量。

由式(11.3.67)解得

$$\boldsymbol{h}=\boldsymbol{R}_x^{-1}\boldsymbol{R}_{xg} \tag{11.3.68}$$

可见，利用长度为 N 的有限长单位脉冲响应 $\boldsymbol{h}$ 来设计维纳滤波器时，假如 $\boldsymbol{R}_x$ 和 $\boldsymbol{R}_{xg}$ 可知，则具有因果性的维纳滤波器的单位脉冲响应 $\boldsymbol{h}$ 可由式(11.3.68)解出，它实际上就是 N 阶 FIR 滤波器的加权矢量。$\boldsymbol{R}_x$ 和 $\boldsymbol{R}_{xg}$ 可以根据观测信号序列 x_k 和被估计信号序列 g_k 计算得到。因此，实际工程应用中常用这种具有有限长度单位脉冲响应的 FIR 滤波器来实现维纳滤波器。

理论上的维纳滤波器的单位脉冲响应 $h(k)(0\leqslant k<\infty)$ 是无限长序列，因此，用有限长的单位脉冲响应序列来逼近维纳滤波器时，为了提高逼近精度，需要增加滤波器的长度，随之而来的是增加了运算量。

例 11.3.4　设滤波器的输入信号为

$$x_k=s_k+n_k$$

式中，s_k 是希望得到的信号；n_k 是加性白噪声。现已知

$$P_s(z)=\frac{0.38}{(1-0.6z^{-1})(1-0.6z)}$$

$$P_n(z)=1(\text{白噪声})$$

$$P_{ns}(z)=0(s_k\text{ 与 }n_k\text{ 互不相关})$$

试设计输出为 $\hat{s}_k$ 的维纳滤波器。

解　根据题意，待估计的信号是 s_k。对于物理不可实现的非因果维纳滤波器，其传递函数为

$$H(z)=\frac{P_{xs}(z)}{P_x(z)}=\frac{P_s(z)}{P_s(z)+P_n(z)}=\frac{\dfrac{0.38}{(1-0.6z^{-1})(1-0.6z)}}{\dfrac{0.38}{(1-0.6z^{-1})(1-0.6z)}+1}=$$

$$\frac{0.253}{(1-0.4z^{-1})(1-0.4z)}$$

对于物理可实现的因果维纳滤波器，其传递函数为

$$H(z)=\frac{1}{P_x^+(z)}\left[\frac{P_{xs}(z)}{P_x^-(z)}\right]^+=\frac{1}{P_x^+(z)}\left[\frac{P_s(z)}{P_x^-(z)}\right]^+$$

式中

$$P_x(z)=P_s(z)+P_n(z)=\frac{0.38}{(1-0.6z^{-1})(1-0.6z)}+1=$$

$$1.5\,\frac{(1-0.4z^{-1})}{(1-0.6z^{-1})}\,\frac{(1-0.4z)}{(1-0.6z)}$$

因此

$$P_x^+(z)=1.5\,\frac{(1-0.4z^{-1})}{(1-0.6z^{-1})}$$

$$P_x^-(z)=\frac{(1-0.4z)}{(1-0.6z)}$$

而

$$\left[\frac{P_s(z)}{P_x^-(z)}\right]^+=\left[\frac{0.38}{(1-0.6z^{-1})(1-0.6z)}\,\frac{(1-0.6z)}{(1-0.4z)}\right]^+=\frac{1/2}{(1-0.6z^{-1})}$$

例 11.3.5 设维纳滤波器的输入序列为

$$x_k=\begin{cases}\dfrac{1}{2}, & k=0\\ -\dfrac{1}{2}, & k=1\end{cases}$$

希望滤波器的输出序列为

$$s_k=\begin{cases}1, & k=0\\ 0, & k=1,2,\cdots\end{cases}$$

求维纳滤波器的单位脉冲响应

$$h(k)=\begin{cases}h(0), & k=0\\ h(1), & k=1\end{cases}$$

及相应的输出 $\hat{s}_k$ 和均方误差 $E[(s_k-\hat{s}_k)^2]$。

解 这是用长度为2的单位脉冲响应滤波器，即二阶 FIR 滤波器来逼近维纳滤波器的问题。由所给条件可以算出 $x_k(k=0,1)$ 的自相关矩阵的元素为

$$R_x(0)=\frac{1}{2}\sum_{k=0}^{1}x_kx_k=\frac{1}{4}$$

$$R_x(1)=\frac{1}{2}\sum_{k=0}^{1}x_kx_{k+1}=-\frac{1}{8}$$

而 x_k 与 s_k 的互相关矢量的元素为

$$R_{xs}(0)=\frac{1}{2}\sum_{k=0}^{1}x_ks_k=\frac{1}{4}$$

$$R_{xs}(1)=\frac{1}{2}\sum_{k=0}^{1}x_ks_{k+1}=0$$

这样，求解 $h(k)$ 的联立方程为

$$\begin{cases}\dfrac{1}{4}h(0)-\dfrac{1}{8}h(1)=\dfrac{1}{4}\\ -\dfrac{1}{8}h(0)+\dfrac{1}{4}h(1)=0\end{cases}$$

得

$$h(0)=\frac{4}{3}$$

$$h(1)=\frac{2}{3}$$

维纳滤波器的输出序列 $\hat{s}_k$ 是它的单位脉冲响应 $h(k)$ 与输入序列 $x_k \overset{\text{def}}{=\!=} x(k)$ 的线性卷积，结果为

$$\hat{s}_k=h(k)*x(k)=\begin{cases}\dfrac{2}{3}, & k=0\\ -\dfrac{1}{3}, & k=1\\ -\dfrac{1}{3}, & k=2\end{cases}$$

估计的均方误差为

$$\varepsilon_{s_k}^2=E[(s_k-\hat{s}_k)^2]=\frac{1}{3}\sum_{k=0}^{2}(s_k-\hat{s}_k)^2=\frac{1}{3}\left[\left(1-\frac{2}{3}\right)^2+\left(0+\frac{1}{3}\right)^2+\left(0+\frac{1}{3}\right)^2\right]=\frac{1}{9}$$

如果取其他的 $h(0)$ 和 $h(1)$ 值，估计序列的均方误差将大于 1/9；如果增加单位脉冲响应的长度，如 $h(0)$，$h(1)$ 和 $h(2)$，估计结果的均方误差将会减小。

维纳滤波在理论上解决了平稳过程的最佳线性滤波问题，在通信、雷达、自动控制、生物医学等技术领域中获得了广泛的应用。但是它在理论和应用上也受到了限制。虽然从原理上可以把维纳滤波推广到非平稳过程中，但很难得到有效可行的结果；对于矢量信号波形的滤波(即同时对多个信号波形进行估计)，由于谱因式分解将变得十分困难，因此也难以在实际中获得应用。

11.4　离散卡尔曼滤波

11.4.1　离散卡尔曼滤波的信号模型——离散状态方程和观测方程

前面已经讨论了平稳随机过程的维纳滤波，本节将讨论卡尔曼滤波。虽然维纳滤波和卡尔曼滤波都是以最小均方误差为准则的最佳线性滤波，但是，维纳滤波只适用于平稳随机过程(信号)，而卡尔曼滤波则可用于非平稳随机过程(信号)，这是它们的最大差别。维纳滤波是根据全部过去的和当前的观测信号 $x_k, x_{k-1}, \cdots$ 来估计信号的波形，它的解是以均方误差最小条件下的线性滤波器的传递函数 $H(s)$(或 $H(z)$)或脉冲响应 $h(t)$(或 $h(k)$)的形式给出的；而卡尔曼滤波则不需要全部过去的观测信号，它只是根据前一次的估计值($\hat{s}_{k-1}$)和当前的观测值来估计信号 $\boldsymbol{x}_k$ 的波形，它是用状态方程和递推方法进行估计的，其解是以估计值的形式给出的。

从信号模型看，维纳滤波的信号模型是从信号和噪声相关函数中得到的；而卡尔曼滤波的信号模型是信号的状态方程和观测方程。

卡尔曼滤波也分为连续形式和离散形式两种。由于目前几乎全部用数字信号处理，所以，本节只讨论离散卡尔曼滤波。对连续形式的卡尔曼滤波可见参考文献[6]。

1. *离散状态方程和观测方程*

离散卡尔曼滤波的信号模型是由离散的状态方程和观测方程组成的。设离散时间系统在

t_k 时刻(以下简称 k 时刻)的状态是由 M 个状态变量构成的 M 维状态矢量 $\boldsymbol{s}_k$ 来描述的,则其状态方程表示为

$$\boldsymbol{s}_k = \boldsymbol{A}\boldsymbol{s}_{k-1} + \boldsymbol{B}\boldsymbol{e}_{k-1} \tag{11.4.1}$$

式中,$\boldsymbol{s}_k$ 是系统在 k 时刻的 M 维状态矢量;$\boldsymbol{e}_{k-1}$ 是系统在 $k-1$ 时刻的 L 维激励信号;$\boldsymbol{A}$ 和 $\boldsymbol{B}$ 是由系统结构和特性决定的系统矩阵。

在已知系统的初始状态 $\boldsymbol{s}_0$ 后,可以用递推方法得到如下状态方程的解 $\boldsymbol{s}_k$:

$$\left.\begin{aligned} &\boldsymbol{s}_1 = \boldsymbol{A}\boldsymbol{s}_0 + \boldsymbol{B}\boldsymbol{e}_0 \\ &\boldsymbol{s}_2 = \boldsymbol{A}\boldsymbol{s}_1 + \boldsymbol{B}\boldsymbol{e}_1 = \boldsymbol{A}^2\boldsymbol{s}_0 + \boldsymbol{A}\boldsymbol{B}\boldsymbol{e}_0 + \boldsymbol{B}\boldsymbol{e}_1 \\ &\cdots\cdots \\ &\boldsymbol{s}_k = \boldsymbol{A}\boldsymbol{s}_{k-1} + \boldsymbol{B}\boldsymbol{e}_{k-1} = \boldsymbol{A}^k\boldsymbol{s}_0 + \sum_{j=0}^{k-1}\boldsymbol{A}^{k-1-j}\boldsymbol{B}\boldsymbol{e}_j \end{aligned}\right\} \tag{11.4.2}$$

式中,等式右端的第一项只与初始状态和系统结构及特性有关,与激励信号无关,故称为零输入响应;第二项与初始状态无关,只与激励信号和系统结构有关,故称为零状态响应。

令 $\boldsymbol{\Phi}_k = \boldsymbol{A}^k$,并代入式(11.4.2),得

$$\boldsymbol{s}_k = \boldsymbol{\Phi}_k\boldsymbol{s}_0 + \sum_{j=0}^{k-1}\boldsymbol{\Phi}_{k-1-j}\boldsymbol{B}\boldsymbol{e}_j \tag{11.4.3}$$

当 $\boldsymbol{e}_k = 0$ 时,$\boldsymbol{s}_k = \boldsymbol{\Phi}_k\boldsymbol{s}_0$。这时,通过 $\boldsymbol{\Phi}_k = \boldsymbol{A}^k$,可将 $k=0$ 时刻的状态转移到任何 $k>0$ 时刻的状态。当已知 $\boldsymbol{s}_0$,$\boldsymbol{e}_j$ 以及 $\boldsymbol{A}$ 和 $\boldsymbol{B}$ 矩阵时,就可以根据式(11.4.3)求得 $\boldsymbol{s}_k$ 的解。若用 k_0 表示 k 的起始时刻,则式(11.4.3)从 $\boldsymbol{s}_{k_0}$ 开始递推,从而有

$$\boldsymbol{s}_k = \boldsymbol{\Phi}_{k,k_0}\boldsymbol{s}_{k_0} + \sum_{j=k_0}^{k-1}\boldsymbol{\Phi}_{k-1,j}\boldsymbol{B}\boldsymbol{e}_j \tag{11.4.4}$$

式中,$\boldsymbol{\Phi}_{k,k_0}$ 表示系统从 k_0 时刻的状态转移到 k 时刻的状态的规律,称为状态转移矩阵。状态转移矩阵 $\boldsymbol{\Phi}_{k,k_0}$ 具有以下三个基本性质:

$$\left.\begin{aligned} &\boldsymbol{\Phi}_{k,k_0} = \boldsymbol{\Phi}_{k,l}\boldsymbol{\Phi}_{l,k_0}, \quad k_0 \leqslant l \leqslant k \\ &\boldsymbol{\Phi}_{k,k_0} = \boldsymbol{\Phi}_{k_0,k}^{-1} \\ &\boldsymbol{\Phi}_{k,k} = \boldsymbol{I} \end{aligned}\right\} \tag{11.4.5}$$

分别表示系统状态的转移具有分步特性、互逆性和同时刻状态的不变性。

如果 $k_0 = k-1$,则有

$$\boldsymbol{s}_k = \boldsymbol{\Phi}_{k,k-1}\boldsymbol{s}_{k-1} + \boldsymbol{\Phi}_{k-1,k-1}\boldsymbol{B}\boldsymbol{e}_{k-1} \tag{11.4.6}$$

因为 $\boldsymbol{\Phi}_{k-1,k-1} = \boldsymbol{I}$,所以有

$$\boldsymbol{s}_k = \boldsymbol{\Phi}_{k,k-1}\boldsymbol{s}_{k-1} + \boldsymbol{B}\boldsymbol{e}_{k-1} \tag{11.4.7}$$

其中,系统的激励信号 $\boldsymbol{e}_{k-1}$ 在不同的系统中有不完全相同的含义,例如,在电子信息系统中通常认为是系统噪声矢量,在控制系统中称为控制噪声矢量,而对一个运动物体,则可看作是外界各种随机干扰,它会对运行物体的运动规律产生影响,等等,这些统一称为系统的扰动噪声矢量,而且它是时变的;系统本身在不同时刻对受到的扰动噪声矢量的影响也可能是不同的。因此,把 $\boldsymbol{B}\boldsymbol{e}_{k-1}$ 记为 $\boldsymbol{\Gamma}_{k-1}\boldsymbol{w}_{k-1}$ 更具有一般性,并把 $\boldsymbol{\Gamma}_{k-1}$ 称为 $k-1$ 时刻的系统控制矩阵,用来反映扰动噪声矢量 $\boldsymbol{w}_{k-1}$ 对系统状态矢量的影响程度。这样,式(11.4.7)变为

$$\boldsymbol{s}_k = \boldsymbol{\Phi}_{k,k-1}\boldsymbol{s}_{k-1} + \boldsymbol{\Gamma}_{k-1}\boldsymbol{w}_{k-1} \tag{11.4.8}$$

式(11.4.8)表明,k 时刻的系统状态 $\boldsymbol{s}_k$ 可由它前一时刻的状态 $\boldsymbol{s}_{k-1}$,并考虑扰动噪声矢量 $\boldsymbol{w}_{k-1}$

的影响来求得，故式(11.4.8)称为一步递推状态方程，其中 $\boldsymbol{\Phi}_{k,k-1}$ 称为一步状态转移矩阵。

在离散卡尔曼滤波的信号模型中，把式(11.4.8)称为离散状态方程。其中，$\boldsymbol{s}_k$ 是在 k 时刻系统的 M 维状态矢量；$\boldsymbol{\Phi}_{k,k-1}$ 是系统从 $k-1$ 时刻到 k 时刻的 $M\times M$ 一步状态转移矩阵；$\boldsymbol{w}_{k-1}$ 是 $k-1$ 时刻系统受到的 L 维扰动噪声矢量；$\boldsymbol{\Gamma}_{k-1}$ 是 $k-1$ 时刻反映扰动噪声矢量对系统状态矢量影响程度的 $M\times L$ 控制矩阵。

离散卡尔曼滤波需要依据观测数据才能对系统的状态进行估计，因此，除了要建立离散的状态方程，还需要建立离散的观测方程。一般情况下，假设观测系统是线性的，这样，对于离散时间系统，其观测方程表示为

$$\boldsymbol{x}_k=\boldsymbol{H}_k\boldsymbol{s}_k+\boldsymbol{n}_k,\quad k=1,2,\cdots \tag{11.4.9}$$

式中，$\boldsymbol{x}_k$ 是 k 时刻的 N 维观测信号矢量；$\boldsymbol{H}_k$ 是 k 时刻的 $N\times M$ 观测矩阵；$\boldsymbol{n}_k$ 是 k 时刻的 N 维观测噪声矢量。

离散卡尔曼滤波的信号模型如图 11.4.1 所示。

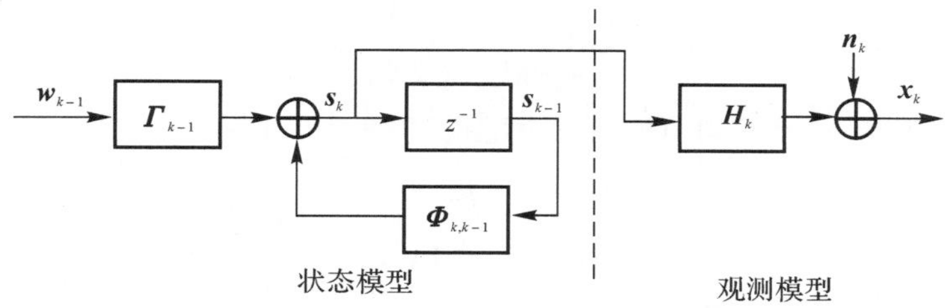

图 11.4.1　离散卡尔曼滤波的信号模型

对于离散的时间系统，可以通过下面的例子来说明它的离散状态方程和观测方程。

例 11.4.1　设目标以匀加速度 a 从原点开始作直线运动，加速度 a 受到时变扰动；现以等时间间隔 T 对目标的距离 r 进行直接测量。试建立该运动目标的离散状态方程和观测方程。

解　这是一个离散的信号模型。根据目标的运动规律，并考虑到加速度 a 受到时变扰动，可以写出关于目标距离 r、速度 v 和加速度 a 的方程分别如下：

$$r_k=r_{k-1}+Tv_{k-1}+\frac{T^2}{2}a_{k-1}$$

$$v_k=v_{k-1}+Ta_{k-1}$$

$$a_k=a_{k-1}+w_{k-1}$$

式中，w_{k-1} 表示在 $k-1$ 时刻目标运动加速度受到的扰动噪声。将上述三个方程写成矩阵形式，则有

$$\begin{bmatrix}r_k\\v_k\\a_k\end{bmatrix}=\begin{bmatrix}1&T&T^2/2\\0&1&T\\0&0&1\end{bmatrix}\begin{bmatrix}r_{k-1}\\v_{k-1}\\a_{k-1}\end{bmatrix}+\begin{bmatrix}0\\0\\1\end{bmatrix}w_{k-1}$$

令 $\boldsymbol{s}_k$ 表示 k 时刻目标运动的三个状态变量 r_k，v_k 和 a_k 构成的三维状态矢量，$\boldsymbol{\Phi}_{k,k-1}$ 表示一步状态转移矩阵，$\boldsymbol{\Gamma}_{k-1}$ 表示控制矩阵，即

$$\boldsymbol{s}_k=\begin{bmatrix}r_k\\v_k\\a_k\end{bmatrix},\quad \boldsymbol{\Phi}_{k,k-1}=\begin{bmatrix}1&T&T^2/2\\0&1&T\\0&0&1\end{bmatrix},\quad \boldsymbol{\Gamma}_{k-1}=\begin{bmatrix}0\\0\\1\end{bmatrix}$$

则有目标运动的状态方程为

$$\boldsymbol{s}_k = \boldsymbol{\Phi}_{k,k-1}\boldsymbol{s}_{k-1} + \boldsymbol{\Gamma}_{k-1}w_{k-1}$$

下面再来建立目标运动的观测方程。虽然是直接测距，但因为已经用状态矢量 $\boldsymbol{s}_k$ 来表示各状态变量 r_k，v_k 和 a_k，所以在观测方程中只能用状态矢量 $\boldsymbol{s}_k$。这样，在直接测距情况下的目标运动观测方程为

$$\boldsymbol{x}_k = \boldsymbol{H}_k\boldsymbol{s}_k + \boldsymbol{n}_k$$

式中

$$\boldsymbol{H}_k = [1 \quad 0 \quad 0]$$

这里，x_k 就是 k 时刻的运动目标距离测量数据；n_k 是测距的观测噪声。

2. 离散信号模型的统计假设

前面已经建立了离散卡尔曼滤波的信号模型 —— 离散状态方程和观测方程。为了能得到有用的结果，需要对信号模型作一些统计假设。

(1) 扰动噪声矢量 $\boldsymbol{w}_k$ 是零均值的白噪声随机序列，即有

$$\left.\begin{aligned} E(\boldsymbol{w}_k) &= \boldsymbol{\mu}_{w_k} = \boldsymbol{0} \\ E(\boldsymbol{w}_j\boldsymbol{w}_k^{\mathrm{T}}) &= \boldsymbol{C}_{w_k}\boldsymbol{\delta}_{jk} \end{aligned}\right\} \tag{11.4.10}$$

(2) 观测噪声矢量 $\boldsymbol{n}_k$ 是零均值的白噪声随机序列，则有

$$\begin{aligned} E(\boldsymbol{n}_k) &= \boldsymbol{\mu}_{n_k} = \boldsymbol{0} \\ E(\boldsymbol{n}_j\boldsymbol{n}_k^{\mathrm{T}}) &= \boldsymbol{C}_{n_k}\boldsymbol{\delta}_{jk} \end{aligned} \tag{11.4.11}$$

(3) 扰动噪声矢量 $\boldsymbol{w}_j$ 与观测噪声矢量 $\boldsymbol{n}_k$ 互不相关，即

$$\boldsymbol{C}_{w_j n_k} = \boldsymbol{0}, \quad j,k = 0,1,\cdots \tag{11.4.12}$$

(4) 系统初始时刻($k=0$)的状态矢量 $\boldsymbol{s}_0$ 的均值矢量和协方差矩阵分别为

$$\left.\begin{aligned} E(\boldsymbol{s}_0) &= \boldsymbol{\mu}_{s_0} \\ \boldsymbol{C}_{s_0} &= E[(\boldsymbol{s}_0 - \boldsymbol{\mu}_{s_0})(\boldsymbol{s}_0 - \boldsymbol{\mu}_{s_0})^{\mathrm{T}}] \end{aligned}\right\} \tag{11.4.13}$$

它们是已知的，并认为 $\boldsymbol{s}_0$ 与 $\boldsymbol{w}_k$，$\boldsymbol{s}_0$ 与 $\boldsymbol{n}_k$ 互不相关，即

$$\left.\begin{aligned} \boldsymbol{C}_{s_0 w_k} &= \boldsymbol{0} \\ \boldsymbol{C}_{s_0 n_k} &= \boldsymbol{0} \end{aligned}\right\} \tag{11.4.14}$$

因为在系统的信号模型中，一步状态转移矩阵 $\boldsymbol{\Phi}_{k,k-1}$、控制矩阵 $\boldsymbol{\Gamma}_{k-1}$、观测矩阵 $\boldsymbol{H}_k$、扰动噪声矢量 $\boldsymbol{w}_k$ 和观测噪声矢量 $\boldsymbol{n}_k$ 的协方差矩阵 $\boldsymbol{C}_{w_k}$ 和 $\boldsymbol{C}_{n_k}$ 都是时变的，所以，所建立的系统离散信号模型是适用于多维非平稳随机过程的。

在扰动噪声矢量 $\boldsymbol{w}_k$ 和观测噪声矢量 $\boldsymbol{n}_k$ 是白噪声随机序列的统计特性下，能导出离散卡尔曼滤波的一组递推公式，并研究它的具体算法、特点和性质，这是基本的离散卡尔曼滤波问题。

11.4.2 离散卡尔曼滤波

离散卡尔曼滤波可以解决离散时间系统状态矢量的递推估计问题。已知离散的状态方程和观测方程分别为

$$\boldsymbol{s}_k = \boldsymbol{\Phi}_{k,k-1}\boldsymbol{s}_{k-1} + \boldsymbol{\Gamma}_{k-1}\boldsymbol{w}_{k-1} \tag{11.4.15}$$

$$\boldsymbol{x}_k = \boldsymbol{H}_k \boldsymbol{s}_k + \boldsymbol{n}_k \tag{11.4.16}$$

如果进行了 k 次观测，令观测矢量为

$$\boldsymbol{x}(k) = \begin{bmatrix} \boldsymbol{x}_1 \\ \boldsymbol{x}_2 \\ \vdots \\ \boldsymbol{x}_k \end{bmatrix} \tag{11.4.17}$$

离散时间系统的状态估计，就是根据观测矢量 $\boldsymbol{x}(k)$，求得系统在第 j 时刻状态矢量 $\boldsymbol{s}_j$ 的一个估计问题。所得状态估计矢量记为 $\hat{\boldsymbol{s}}_{j|k}$；估计的误差矢量记为 $\tilde{\boldsymbol{s}}_{j|k} = \boldsymbol{s}_j - \hat{\boldsymbol{s}}_{j|k}$；估计的均方误差阵记为 $\boldsymbol{M}_{j|k}$。按照 j 和 k 的关系，可以把状态估计分为以下三种情况。

(1) $j = k$，估计矢量为 $\hat{\boldsymbol{s}}_{k|k}$，称为状态滤波。

(2) $j > k$，估计矢量为 $\hat{\boldsymbol{s}}_{j|k}$，称为状态预测（外推）；特别地，如果 $j = k+1$，估计矢量为 $\hat{\boldsymbol{s}}_{k+1|k}$，称为状态一步预测。

(3) $j < k$，估计矢量为 $\hat{\boldsymbol{s}}_{j|k}$，称为状态平滑（内插）。

下面结合信号模型，利用正交投影的概念和引理，讨论线性最小均方误差准则下的状态滤波和状态一步预测的问题，这就是离散卡尔曼滤波。

1. 离散卡尔曼滤波的递推公式

因为离散卡尔曼滤波采用线性最小均方误差准则，所以下面利用正交投影的概念和引理来推导离散卡尔曼滤波的递推公式。

由正交投影引理 Ⅰ 知，系统的状态矢量 $\boldsymbol{s}_j$ 基于前 k 次观测矢量 $\boldsymbol{x}(k)$ 的线性最小均方误差估计矢量，是 $\boldsymbol{s}_j$ 在 $\boldsymbol{x}(k)$ 上的正交投影，即

$$\hat{\boldsymbol{s}}_{j|k} = \widehat{OP}[\boldsymbol{s}_j \mid \boldsymbol{x}(k)] \tag{11.4.18}$$

其中 $\boldsymbol{x}(k)$ 如式(11.4.17) 所示。当 $j = k$ 时，得系统的状态滤波值为

$$\hat{\boldsymbol{s}}_k \xlongequal{\text{def}} \hat{\boldsymbol{s}}_{k|k} = \widehat{OP}[\boldsymbol{s}_k \mid \boldsymbol{x}(k)] \tag{11.4.19}$$

因为 $\boldsymbol{x}(k)$ 可以表示为

$$\boldsymbol{x}(k) = \begin{bmatrix} \boldsymbol{x}_1 \\ \boldsymbol{x}_2 \\ \vdots \\ \boldsymbol{x}_{k-1} \\ \boldsymbol{x}_k \end{bmatrix} = \begin{bmatrix} \boldsymbol{x}(k-1) \\ \boldsymbol{x}_k \end{bmatrix} \tag{11.4.20}$$

于是由正交投影引理 Ⅲ 得

$$\hat{\boldsymbol{s}}_k = \widehat{OP}[\boldsymbol{s}_k \mid \boldsymbol{x}(k-1)] + E(\tilde{\boldsymbol{s}}_{k|k-1}\tilde{\boldsymbol{x}}_{k|k-1}^{\mathrm{T}})\,[E(\tilde{\boldsymbol{x}}_{k|k-1}\tilde{\boldsymbol{x}}_{k|k-1}^{\mathrm{T}})]^{-1}\tilde{\boldsymbol{x}}_{k|k-1} \tag{11.4.21}$$

式中

$$\tilde{\boldsymbol{s}}_{k|k-1} = \boldsymbol{s}_k - \widehat{OP}[\boldsymbol{s}_k \mid \boldsymbol{x}(k-1)] \tag{11.4.22a}$$

$$\tilde{\boldsymbol{x}}_{k|k-1} = \boldsymbol{x}_k - \widehat{OP}[\boldsymbol{x}_k \mid \boldsymbol{x}(k-1)] \tag{11.4.22b}$$

因此只要求出式(11.4.21) 中各项的计算公式，就可以得到状态滤波 $\hat{\boldsymbol{s}}_k$ 的计算公式。下面讨论式(11.4.21) 中各项的计算。

(1) $\hat{OP}[\boldsymbol{s}_k \mid \boldsymbol{x}(k-1)]$ 项的计算。

由于$\hat{OP}[\boldsymbol{s}_k \mid \boldsymbol{x}(k-1)]$是 $\boldsymbol{s}_k$ 在 $\boldsymbol{x}(k-1)$ 上的正交投影，所以它等于 $\hat{\boldsymbol{s}}_{k|k-1}$，即状态一步预测值。由状态方程式(11.4.15)和正交投影引理 Ⅱ 得

$$\begin{aligned}\hat{\boldsymbol{s}}_{k|k-1} &= \hat{OP}[\boldsymbol{s}_k \mid \boldsymbol{x}(k-1)] = \\ &\hat{OP}[(\boldsymbol{\Phi}_{k,k-1}\boldsymbol{s}_{k-1} + \boldsymbol{\Gamma}_{k-1}\boldsymbol{w}_{k-1}) \mid \boldsymbol{x}(k-1)] = \\ &\boldsymbol{\Phi}_{k,k-1}\hat{\boldsymbol{s}}_{k-1} + \boldsymbol{\Gamma}_{k-1}\hat{OP}[\boldsymbol{w}_{k-1} \mid \boldsymbol{x}(k-1)]\end{aligned} \tag{11.4.23}$$

由正交投影引理 Ⅰ 得，式(11.4.23)第二项中的正交投影为

$$\hat{OP}[\boldsymbol{w}_{k-1} \mid \boldsymbol{x}(k-1)] = \boldsymbol{\mu}_{w_{k-1}} + \boldsymbol{C}_{w_{k-1}x(k-1)}\boldsymbol{C}_{x(k-1)}^{-1}[\boldsymbol{x}(k-1) - \boldsymbol{\mu}_{x(k-1)}] \tag{11.4.24}$$

根据状态方程和观测方程，有

$$\begin{aligned}\boldsymbol{x}_{k-1} &= \boldsymbol{H}_{k-1}\boldsymbol{s}_{k-1} + \boldsymbol{n}_{k-1} \\ \boldsymbol{s}_{k-1} &= \boldsymbol{\Phi}_{k-1,k-2}\boldsymbol{s}_{k-2} + \boldsymbol{\Gamma}_{k-2}\boldsymbol{w}_{k-2} \\ \boldsymbol{x}_{k-2} &= \boldsymbol{H}_{k-2}\boldsymbol{s}_{k-2} + \boldsymbol{n}_{k-2} \\ \boldsymbol{s}_{k-2} &= \boldsymbol{\Phi}_{k-2,k-3}\boldsymbol{s}_{k-3} + \boldsymbol{\Gamma}_{k-3}\boldsymbol{w}_{k-3} \\ &\cdots\cdots \\ \boldsymbol{x}_1 &= \boldsymbol{H}_1\boldsymbol{s}_1 + \boldsymbol{n}_1 \\ \boldsymbol{s}_1 &= \boldsymbol{\Phi}_{1,0}\boldsymbol{s}_0 + \boldsymbol{\Gamma}_0\boldsymbol{w}_0\end{aligned}$$

即 $\boldsymbol{x}_{k-1}$ 中含有 $\boldsymbol{n}_{k-1},\boldsymbol{w}_{k-2},\boldsymbol{w}_{k-3},\cdots,\boldsymbol{w}_0$；类似地，在 $\boldsymbol{x}_{k-2}$ 中含有 $\boldsymbol{n}_{k-2},\boldsymbol{w}_{k-3},\boldsymbol{w}_{k-4},\cdots,\boldsymbol{w}_0$；…；在 $\boldsymbol{x}_1$ 中含有 $\boldsymbol{n}_1,\boldsymbol{w}_0$。这样，由 $\boldsymbol{x}_1,\boldsymbol{x}_2,\cdots,\boldsymbol{x}_{k-1}$ 构成的观测矢量 $\boldsymbol{x}(k-1)$ 中含有 $\boldsymbol{n}_1,\boldsymbol{n}_2,\cdots,\boldsymbol{n}_{k-1}$ 和 $\boldsymbol{w}_0,\boldsymbol{w}_1,\cdots,\boldsymbol{w}_{k-2}$。另外，$\boldsymbol{x}(k-1)$ 中含有 $\boldsymbol{s}_0,\boldsymbol{s}_1,\cdots,\boldsymbol{s}_{k-1}$。根据对离散信号模型的统计假设：

$$\begin{aligned}\boldsymbol{\mu}_{w_{k-1}} &= \boldsymbol{0} \\ \boldsymbol{C}_{w_j n_k} &= \boldsymbol{0} \\ \boldsymbol{C}_{w_j w_k} &= \boldsymbol{C}_{w_k}\boldsymbol{\delta}_{jk}\end{aligned}$$

并由状态方程知，$\boldsymbol{w}_{k-1}$ 只与 $\boldsymbol{s}_{k+j}\,(j \geqslant 0)$ 有关。这样，就有

$$\boldsymbol{C}_{w_{k-1}x(k-1)} = \boldsymbol{0} \tag{11.4.25}$$

于是，式(11.4.21)等号右边的第一项为

$$\hat{OP}[\boldsymbol{s}_k \mid \boldsymbol{x}(k-1)] = \hat{\boldsymbol{s}}_{k|k-1} = \boldsymbol{\Phi}_{k,k-1}\hat{\boldsymbol{s}}_{k-1} \tag{11.4.26}$$

它是状态矢量的一步预测值。

(2) $\tilde{\boldsymbol{s}}_{k|k-1}$ 和 $\tilde{\boldsymbol{x}}_{k|k-1}$ 的计算。

为了计算式(11.4.21)的第二项，首先求出 $\tilde{\boldsymbol{s}}_{k|k-1}$ 和 $\tilde{\boldsymbol{x}}_{k|k-1}$。

由状态方程式(11.4.15)和正交投影引理 Ⅱ 得

$$\begin{aligned}\tilde{\boldsymbol{s}}_{k|k-1} &= \boldsymbol{s}_k - \hat{OP}[\boldsymbol{s}_k \mid \boldsymbol{x}(k-1)] = \\ &\boldsymbol{s}_k - \hat{OP}[(\boldsymbol{\Phi}_{k,k-1}\boldsymbol{s}_{k-1} + \boldsymbol{\Gamma}_{k-1}\boldsymbol{w}_{k-1}) \mid \boldsymbol{x}(k-1)] = \boldsymbol{s}_k - \tilde{\boldsymbol{s}}_{k|k-1}\end{aligned} \tag{11.4.27}$$

推导中利用了$\hat{OP}[\boldsymbol{w}_k \mid \boldsymbol{x}(k-1)] = 0$。$\tilde{\boldsymbol{s}}_{k|k-1}$ 是状态一步预测的误差矢量。

由观测方程式(11.4.16)和正交投影引理 Ⅱ 得

$$\tilde{\boldsymbol{x}}_{k|k-1}=\boldsymbol{x}_k-\hat{OP}[\boldsymbol{x}_k \mid \boldsymbol{x}(k-1)]=\boldsymbol{x}_k-\hat{OP}[(\boldsymbol{H}_k\boldsymbol{s}_k+\boldsymbol{n}_k) \mid \boldsymbol{x}(k-1)]=$$

$$\boldsymbol{x}_k-\boldsymbol{H}_k\hat{\boldsymbol{s}}_{k|k-1}+\hat{OP}[\boldsymbol{n}_k \mid \boldsymbol{x}(k-1)] \tag{11.4.28}$$

由式(11.4.21)中第一项的计算已知，$\boldsymbol{x}(k-1)$ 中含有 $\boldsymbol{n}_1,\boldsymbol{n}_2,\cdots,\boldsymbol{n}_{k-1}$，这样，根据对离散信号模型的统计假设：

$$\boldsymbol{\mu}_{\boldsymbol{n}_k}=\boldsymbol{0}$$

$$\boldsymbol{C}_{\boldsymbol{n}_j\boldsymbol{n}_k}=\boldsymbol{C}_{\boldsymbol{n}_k}\boldsymbol{\delta}_{jk}$$

又由于 $\boldsymbol{n}_k$ 出现在 $\boldsymbol{x}_k$ 的观测方程中，所以式(11.4.28)等号右边的第三项为

$$\hat{OP}[\boldsymbol{n}_k \mid \boldsymbol{x}(k-1)]=\boldsymbol{0} \tag{11.4.29}$$

于是得

$$\tilde{\boldsymbol{x}}_{k|k-1}=\boldsymbol{x}_k-\boldsymbol{H}_k\hat{\boldsymbol{s}}_{k|k-1}=\boldsymbol{x}_k-\boldsymbol{H}_k\boldsymbol{\Phi}_{k,k-1}\hat{\boldsymbol{s}}_{k-1} \tag{11.4.30}$$

(3) $E(\tilde{\boldsymbol{s}}_{k|k-1}\tilde{\boldsymbol{x}}_{k|k-1}^{\mathrm{T}})$ 项的计算。

在求得 $\tilde{\boldsymbol{s}}_{k|k-1}$ 和 $\tilde{\boldsymbol{x}}_{k|k-1}$ 的计算公式后，就可以进行式(11.4.21)中第二项的各分项的计算了。首先将观测方程式(11.4.15)代入式(11.4.30)，得

$$\tilde{\boldsymbol{x}}_{k|k-1}=\boldsymbol{H}_k\boldsymbol{s}_k+\boldsymbol{n}_k-\boldsymbol{H}_k\hat{\boldsymbol{s}}_{k|k-1}=\boldsymbol{H}_k\tilde{\boldsymbol{s}}_{k|k-1}+\boldsymbol{n}_k \tag{11.4.31}$$

于是有

$$E[\tilde{\boldsymbol{s}}_{k|k-1}\tilde{\boldsymbol{x}}_{k|k-1}^{\mathrm{T}}]=E[\tilde{\boldsymbol{s}}_{k|k-1}(\boldsymbol{H}_k\tilde{\boldsymbol{s}}_{k|k-1}+\boldsymbol{n}_k)^{\mathrm{T}}]=\boldsymbol{M}_{k|k-1}\boldsymbol{H}_k^{\mathrm{T}} \tag{11.4.32}$$

式中

$$\boldsymbol{M}_{k|k-1}\xlongequal{\text{def}}E(\tilde{\boldsymbol{s}}_{k|k-1}\tilde{\boldsymbol{s}}_{k|k-1}^{\mathrm{T}}) \tag{11.4.33}$$

称为状态一步预测的均方误差阵，它反映了状态一步预测的精度。

(4) 状态一步预测均方误差阵 $\boldsymbol{M}_{k|k-1}$ 的计算。

状态一步预测均方误差阵 $\boldsymbol{M}_{k|k-1}$ 如式(11.4.33)所定义，利用状态方程式(11.4.15)，得

$$\begin{aligned}\boldsymbol{M}_{k|k-1}&=E[\tilde{\boldsymbol{s}}_{k|k-1}\tilde{\boldsymbol{s}}_{k|k-1}^{\mathrm{T}}]=E[(\boldsymbol{s}_k-\hat{\boldsymbol{s}}_{k|k-1})(\boldsymbol{s}_k-\hat{\boldsymbol{s}}_{k|k-1})^{\mathrm{T}}]=\\&E[(\boldsymbol{\Phi}_{k,k-1}\boldsymbol{s}_{k-1}+\boldsymbol{\Gamma}_{k-1}\boldsymbol{w}_{k-1}-\boldsymbol{\Phi}_{k,k-1}\hat{\boldsymbol{s}}_{k-1})\times\\&(\boldsymbol{\Phi}_{k,k-1}\boldsymbol{s}_{k-1}+\boldsymbol{\Gamma}_{k-1}\boldsymbol{w}_{k-1}-\boldsymbol{\Phi}_{k,k-1}\hat{\boldsymbol{s}}_{k-1})^{\mathrm{T}}]=\\&\boldsymbol{\Phi}_{k,k-1}\boldsymbol{M}_{k-1}\boldsymbol{\Phi}_{k,k-1}^{\mathrm{T}}+\boldsymbol{\Gamma}_{k-1}\boldsymbol{C}_{\boldsymbol{w}_{k-1}}\boldsymbol{\Gamma}_{k-1}^{\mathrm{T}}\end{aligned} \tag{11.4.34}$$

式中

$$\boldsymbol{M}_{k-1}=E[(\boldsymbol{s}_{k-1}-\hat{\boldsymbol{s}}_{k-1})(\boldsymbol{s}_{k-1}-\hat{\boldsymbol{s}}_{k-1})^{\mathrm{T}}]=E[\tilde{\boldsymbol{s}}_{k-1}\tilde{\boldsymbol{s}}_{k-1}^{\mathrm{T}}] \tag{11.4.35}$$

因为 $\tilde{\boldsymbol{s}}_{k-1}$ 是状态滤波的误差矢量，所以，$\boldsymbol{M}_{k-1}$ 称为状态滤波的均方误差阵，它反映了状态滤波的精度。

(5) $E(\tilde{\boldsymbol{x}}_{k|k-1}\tilde{\boldsymbol{x}}_{k|k-1}^{\mathrm{T}})$ 项的计算。

利用式(11.4.31)，得

$$\begin{aligned}E(\tilde{\boldsymbol{x}}_{k|k-1}\tilde{\boldsymbol{x}}_{k|k-1}^{\mathrm{T}})&=E[(\boldsymbol{H}_k\tilde{\boldsymbol{s}}_{k|k-1}+\boldsymbol{n}_k)(\boldsymbol{H}_k\tilde{\boldsymbol{s}}_{k|k-1}+\boldsymbol{n}_k)^{\mathrm{T}}]=\\&\boldsymbol{H}_k\boldsymbol{M}_{k|k-1}\boldsymbol{H}_k^{\mathrm{T}}+\boldsymbol{C}_{\boldsymbol{n}_k}\end{aligned} \tag{11.4.36}$$

(6) 状态滤波值 $\hat{\boldsymbol{s}}_k$ 的计算。

将式(11.4.26)、式(11.4.30)、式(11.4.32)和式(11.4.36)代入状态滤波式(11.4.21)，得状态滤波公式为

$$\begin{aligned}\hat{\boldsymbol{s}}_k&=\boldsymbol{\Phi}_{k,k-1}\hat{\boldsymbol{s}}_{k-1}+\boldsymbol{M}_{k|k-1}\boldsymbol{H}_k^{\mathrm{T}}(\boldsymbol{H}_k\boldsymbol{M}_{k|k-1}\boldsymbol{H}_k^{\mathrm{T}}+\boldsymbol{C}_{\boldsymbol{n}_k})^{-1}(\boldsymbol{x}_k-\boldsymbol{H}_k\boldsymbol{\Phi}_{k|k-1}\hat{\boldsymbol{s}}_{k-1})=\\&\boldsymbol{\Phi}_{k,k-1}\hat{\boldsymbol{s}}_{k-1}+\boldsymbol{K}_k(\boldsymbol{x}_k-\boldsymbol{H}_k\boldsymbol{\Phi}_{k,k-1}\hat{\boldsymbol{s}}_{k-1})=\\&\hat{\boldsymbol{s}}_{k|k-1}+\boldsymbol{K}_k(\boldsymbol{x}_k-\boldsymbol{H}_k\hat{\boldsymbol{s}}_{k|k-1})\end{aligned} \tag{11.4.37}$$

式中
$$\boldsymbol{K}_k=\boldsymbol{M}_{k|k-1}\boldsymbol{H}_k^{\mathrm{T}}(\boldsymbol{H}_k\boldsymbol{M}_{k|k-1}\boldsymbol{H}_k^{\mathrm{T}}+\boldsymbol{C}_{\boldsymbol{n}_k})^{-1} \tag{11.4.38}$$
称为状态滤波的增益矩阵。

(7) 状态滤波均方误差 $\boldsymbol{M}_k$ 的计算。

由状态滤波式(11.4.37) 和观测方程式(11.4.16),得

$$\begin{aligned}\tilde{\boldsymbol{s}}_k=\boldsymbol{s}_k-\hat{\boldsymbol{s}}_k=\boldsymbol{s}_k-\hat{\boldsymbol{s}}_{k|k-1}-\boldsymbol{K}_k(\boldsymbol{x}_k-\boldsymbol{H}_k\hat{\boldsymbol{s}}_{k|k-1})=\\ \tilde{\boldsymbol{s}}_{k|k-1}-\boldsymbol{K}_k(\boldsymbol{H}_k\boldsymbol{s}_k+\boldsymbol{n}_k-\boldsymbol{H}_k\hat{\boldsymbol{s}}_{k|k-1})=\\ (\boldsymbol{I}-\boldsymbol{K}_k\boldsymbol{H}_k)\tilde{\boldsymbol{s}}_{k|k-1}-\boldsymbol{K}_k\boldsymbol{n}_k\end{aligned} \tag{11.4.39}$$

于是可得

$$\begin{aligned}\boldsymbol{M}_k=E[\tilde{\boldsymbol{s}}_k\tilde{\boldsymbol{s}}_k^{\mathrm{T}}]=\\ E\{[(\boldsymbol{I}-\boldsymbol{K}_k\boldsymbol{H}_k)\tilde{\boldsymbol{s}}_{k|k-1}-\boldsymbol{K}_k\boldsymbol{n}_k][(\boldsymbol{I}-\boldsymbol{K}_k\boldsymbol{H}_k)\tilde{\boldsymbol{s}}_{k|k-1}-\boldsymbol{K}_k\boldsymbol{n}_k]^{\mathrm{T}}\}=\\ (\boldsymbol{I}-\boldsymbol{K}_k\boldsymbol{H}_k)\boldsymbol{M}_{k|k-1}(\boldsymbol{I}-\boldsymbol{K}_k\boldsymbol{H}_k)^{\mathrm{T}}+\boldsymbol{K}_k\boldsymbol{C}_{\boldsymbol{n}_k}\boldsymbol{K}_k^{\mathrm{T}}=\\ \boldsymbol{M}_{k|k-1}-\boldsymbol{K}_k\boldsymbol{H}_k\boldsymbol{M}_{k|k-1}-\boldsymbol{M}_{k|k-1}\boldsymbol{H}_k^{\mathrm{T}}\boldsymbol{K}_k^{\mathrm{T}}+\boldsymbol{K}_k(\boldsymbol{H}_k\boldsymbol{M}_{k|k-1}\boldsymbol{H}_k^{\mathrm{T}}+\boldsymbol{C}_{\boldsymbol{n}_k})\boldsymbol{K}_k^{\mathrm{T}}\end{aligned} \tag{11.4.40}$$

将式(11.4.38) 代入式(11.4.40) 的最后一项,得

$$\begin{aligned}\boldsymbol{M}_k=\boldsymbol{M}_{k|k-1}-\boldsymbol{K}_k\boldsymbol{H}_k\boldsymbol{M}_{k|k-1}-\boldsymbol{M}_{k|k-1}\boldsymbol{H}_k^{\mathrm{T}}\boldsymbol{K}_k^{\mathrm{T}}+\\ \boldsymbol{M}_{k|k-1}\boldsymbol{H}_k^{\mathrm{T}}(\boldsymbol{H}_k\boldsymbol{M}_{k|k-1}\boldsymbol{H}_k^{\mathrm{T}}+\boldsymbol{C}_{\boldsymbol{n}_k})^{-1}(\boldsymbol{H}_k\boldsymbol{M}_{k|k-1}\boldsymbol{H}_k^{\mathrm{T}}+\boldsymbol{C}_{\boldsymbol{n}_k})\boldsymbol{K}_k^{\mathrm{T}}=\\ (\boldsymbol{I}-\boldsymbol{K}_k\boldsymbol{H}_k)\boldsymbol{M}_{k|k-1}\end{aligned} \tag{11.4.41}$$

因为正交投影是无偏的,所以状态滤波的均方误差阵 $\boldsymbol{M}_k$ 和状态一步预测的均方误差阵 $\boldsymbol{M}_{k|k-1}$ 就是滤波的误差方差阵和一步预测的误差方差阵。

式(11.4.34)、式(11.4.38)、式(11.4.41)、式(11.4.37) 和式(11.4.26) 就构成了离散卡尔曼状态滤波和状态一步预测的一组递推公式。

2. *离散卡尔曼滤波的递推算法*

离散卡尔曼滤波是系统状态矢量的一种递推估计。为了能从 $k=1$ 时刻开始递推计算,需要确定初始状态值 $\hat{\boldsymbol{s}}_0$ 和初始状态滤波的均方误差阵 $\boldsymbol{M}_0$。

初始状态滤波值 $\hat{\boldsymbol{s}}_0$ 的确定应使状态滤波的均方误差

$$E[(\boldsymbol{s}_0-\hat{\boldsymbol{s}}_0)^{\mathrm{T}}(\boldsymbol{s}_0-\hat{\boldsymbol{s}}_0)] \tag{11.4.42}$$

最小。为此,令

$$\frac{\partial}{\partial\hat{\boldsymbol{s}}_0}\{E[(\boldsymbol{s}_0-\hat{\boldsymbol{s}}_0)^{\mathrm{T}}(\boldsymbol{s}_0-\hat{\boldsymbol{s}}_0)]\}=\boldsymbol{0} \tag{11.4.43}$$

交换求导和求均值的次序,得

$$-2E(\boldsymbol{s}_0-\hat{\boldsymbol{s}}_0)=\boldsymbol{0}$$

即
$$E(\boldsymbol{s}_0-\hat{\boldsymbol{s}}_0)=\boldsymbol{0}$$

在进行观测前,选择的 $\hat{\boldsymbol{s}}_0$ 是某个常值矢量,于是有

$$\hat{\boldsymbol{s}}_0=E(\boldsymbol{s}_0)=\boldsymbol{\mu}_{\boldsymbol{s}_0} \tag{11.4.44}$$

即选择初始时刻状态矢量的均值作为初始状态滤波值 $\hat{\boldsymbol{s}}_0$,这显然是合理的。

因为
$$\tilde{\boldsymbol{s}}_0=\boldsymbol{s}_0-\hat{\boldsymbol{s}}_0=\boldsymbol{s}_0-\boldsymbol{\mu}_{\boldsymbol{s}_0} \tag{11.4.45}$$

所以,初始状态滤波的均方误差阵为

$$\boldsymbol{M}_0=E(\tilde{\boldsymbol{s}}_0\tilde{\boldsymbol{s}}_0^{\mathrm{T}})=E[(\boldsymbol{s}_0-\boldsymbol{\mu}_{\boldsymbol{s}_0})(\boldsymbol{s}_0-\boldsymbol{\mu}_{\boldsymbol{s}_0})^{\mathrm{T}}]=\boldsymbol{C}_{\boldsymbol{s}_0} \tag{11.4.46}$$

现在把离散卡尔曼滤波的离散信号模型、状态滤波和状态一步预测的递推公式及滤波的初始状态归纳一下,列于表 11.4.1 中。

表 11.4.1　离散卡尔曼滤波递推公式表

状态方程 观测方程 统计特性	$\boldsymbol{s}_k=\boldsymbol{\Phi}_{k,k-1}\boldsymbol{s}_{k-1}+\boldsymbol{\Gamma}_{k-1}\boldsymbol{w}_{k-1}$ $\boldsymbol{x}_k=\boldsymbol{H}_k\boldsymbol{s}_k+\boldsymbol{n}_k$ $E(\boldsymbol{w}_k)=\boldsymbol{\mu}_{\boldsymbol{w}_k}=\boldsymbol{0},E(\boldsymbol{w}_j\boldsymbol{w}_k^{\mathrm{T}})=\boldsymbol{C}_{\boldsymbol{w}_k}\boldsymbol{\delta}_{jk}$ $E(\boldsymbol{n}_k)=\boldsymbol{\mu}_{\boldsymbol{n}_k}=\boldsymbol{0},E(\boldsymbol{n}_j\boldsymbol{n}_k^{\mathrm{T}})=\boldsymbol{C}_{\boldsymbol{n}_k}\boldsymbol{\delta}_{jk}$ $\boldsymbol{C}_{\boldsymbol{w}_j\boldsymbol{n}_k}=\boldsymbol{0},j,k=0,1,2,\cdots$ $\boldsymbol{C}_{\boldsymbol{s}_0\boldsymbol{w}_k}=\boldsymbol{0},\boldsymbol{C}_{\boldsymbol{s}_0\boldsymbol{n}_k}=\boldsymbol{0}$
一步预测均方误差阵 滤波增益矩阵 滤波均方误差阵 状态滤波 状态一步预测	$\boldsymbol{M}_{k,k-1}=\boldsymbol{\Phi}_{k,k-1}\boldsymbol{M}_{k-1}\boldsymbol{\Phi}_{k,k-1}^{\mathrm{T}}+\boldsymbol{\Gamma}_{k-1}\boldsymbol{C}_{\boldsymbol{w}_{k-1}}\boldsymbol{\Gamma}_{k-1}^{\mathrm{T}}$　（Ⅰ） $\boldsymbol{K}_k=\boldsymbol{M}_{k\|k-1}\boldsymbol{H}_k^{\mathrm{T}}(\boldsymbol{H}_k\boldsymbol{M}_{k\|k-1}\boldsymbol{H}_k^{\mathrm{T}}+\boldsymbol{C}_{\boldsymbol{n}_k})^{-1}$　（Ⅱ） $\boldsymbol{M}_k=(\boldsymbol{I}-\boldsymbol{K}_k\boldsymbol{H}_k)\boldsymbol{M}_{k\|k-1}$　（Ⅲ） $\hat{\boldsymbol{s}}_k=\boldsymbol{\Phi}_{k,k-1}\hat{\boldsymbol{s}}_{k-1}+\boldsymbol{K}_k(\boldsymbol{x}_k-\boldsymbol{H}_k\boldsymbol{\Phi}_{k,k-1}\hat{\boldsymbol{s}}_{k-1})$　（Ⅳ） $\hat{\boldsymbol{s}}_{k+1\|k}=\boldsymbol{\Phi}_{k+1,k}\hat{\boldsymbol{s}}_k$　（Ⅴ）
滤波初始状态	$\hat{\boldsymbol{s}}_0=\boldsymbol{\mu}_{\boldsymbol{s}_0}$ $\boldsymbol{M}_0=\boldsymbol{C}_{\boldsymbol{s}_0}$

离散卡尔曼滤波递推公式可以分成两部分。第一部分是式（Ⅰ）、式（Ⅱ）和式（Ⅲ），它们是状态滤波增益矩阵 $\boldsymbol{K}_k$ 的递推公式；第二部分是式（Ⅳ）和式（Ⅴ），它们是离散状态滤波和状态一步预测的公式。状态滤波公式（Ⅳ）表示状态滤波值 $\boldsymbol{s}_k$ 由两项之和组成：第一项是 k 时刻的状态一步预测值

$$\hat{\boldsymbol{s}}_{k|k-1}=\boldsymbol{\Phi}_{k,k-1}\hat{\boldsymbol{s}}_{k-1}$$

第二项是“新息”

$$\tilde{\boldsymbol{x}}_{k|k-1}=\boldsymbol{x}_k-\boldsymbol{H}_k\boldsymbol{\Phi}_{k,k-1}\hat{\boldsymbol{s}}_{k-1}=\boldsymbol{x}_k-\boldsymbol{x}_{k|k-1}$$

前乘状态滤波增益矩阵 $\boldsymbol{K}_k$ 后形成的修正项，它对状态一步预测值 $\hat{\boldsymbol{s}}_{k-1|k}$ 进行修正，结果获得 k 时刻的状态滤波值 $\hat{\boldsymbol{s}}_k$。到 $k+1$ 时刻，其状态滤波值 $\hat{\boldsymbol{s}}_{k+1}$ 等于状态预测值 $\hat{\boldsymbol{s}}_{k+1|k}=\boldsymbol{\Phi}_{k+1,k}\hat{\boldsymbol{s}}_k$ 加上修正值 $\boldsymbol{K}_{k+1}\tilde{\boldsymbol{x}}_{k+1|k}$。因此，离散卡尔曼滤波是以不断地预测-修正的递推方式进行的。

离散卡尔曼滤波的递推过程如图 11.4.2 所示，而离散卡尔曼滤波和状态一步预测的框图如图 11.4.3 所示。

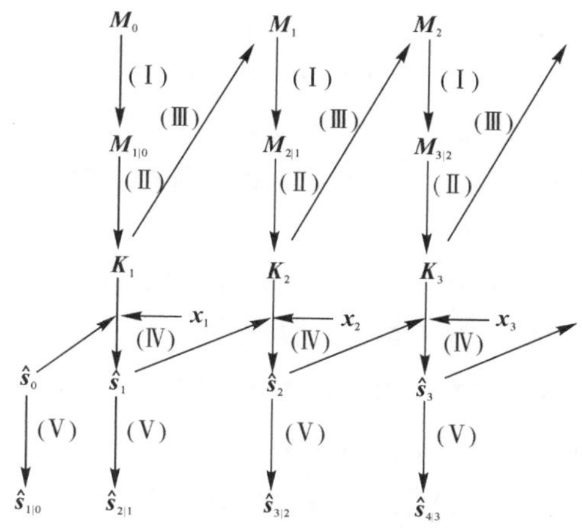

图 11.4.2　离散卡尔曼滤波的递推过程

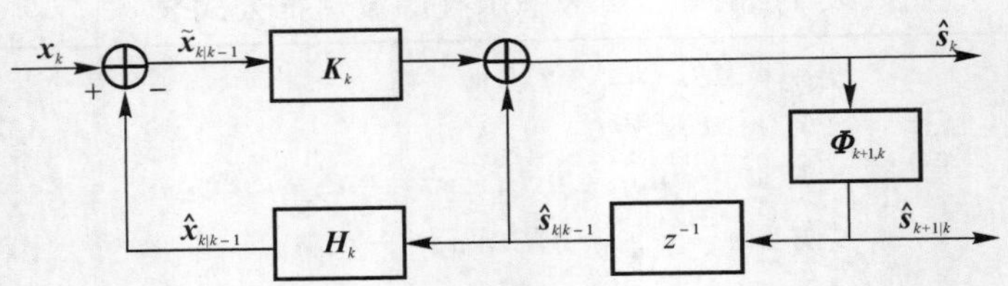

图 11.4.3　离散卡尔曼滤波和一步预测框图

3. 离散卡尔曼滤波的特点和性质

(1) 离散卡尔曼滤波的主要特点。

通过前面的讨论可以看出，离散卡尔曼滤波具有如下特点。

(a) 离散卡尔曼滤波的信号模型是由状态方程和观测方程描述的；状态转移矩阵 $\boldsymbol{\Phi}_{k,k-1}$、观测矩阵 $\boldsymbol{H}_k$ 和控制矩阵 $\boldsymbol{\Gamma}_{k-1}$ 可以是时变的；扰动噪声矢量 $\boldsymbol{w}_{k-1}$、观测噪声矢量 $\boldsymbol{n}_k$ 的协方差矩阵 $\boldsymbol{C}_{\boldsymbol{w}_{k-1}}$ 和 $\boldsymbol{C}_{\boldsymbol{n}_k}$ 也是时变的。因此，离散卡尔曼滤波适用于矢量的非平稳随机过程的状态估计。

(b) 离散卡尔曼滤波的状态估计采用递推估计算法，数据存储量少，运算量小，特别是避免了高阶矩阵求逆问题，非常适合于实时处理。

(c) 由于离散卡尔曼滤波的增益矩阵 $\boldsymbol{K}_k$ 与观测数据无关，所以可以离线算出，从而减少实时在线计算量，提高了实时处理能力。

(d) 离散卡尔曼滤波不仅能够同时得到状态滤波值 $\hat{\boldsymbol{s}}_k$ 和状态一步预测值 $\hat{\boldsymbol{s}}_{k+1|k}$，而且能够同时得到状态滤波的均方误差矩阵 $\boldsymbol{M}_k$ 和状态一步预测的均方误差阵 $\boldsymbol{M}_{k+1|k}$，它们是状态滤波和状态一步预测的精度指标。

(2) 离散卡尔曼滤波的主要性质。

(a) 状态滤波值 $\hat{\boldsymbol{s}}_k$ 是 $\boldsymbol{s}_k$ 的线性最小均方误差估计量，因为它是无偏估计量，所以状态滤波的均方误差阵 $\boldsymbol{M}_k$ 就是所有线性估计中的最小误差方差阵。

(b) 状态估计的误差矢量 $\tilde{\boldsymbol{s}}_k=\boldsymbol{s}_k-\hat{\boldsymbol{s}}_k$ 与 $\hat{\boldsymbol{s}}_k$ 正交，即

$$E[\tilde{\boldsymbol{s}}_k\hat{\boldsymbol{s}}_k^{\mathrm{T}}]=\boldsymbol{0} \tag{11.4.47}$$

因为根据正交投影的正交性原理，有

$$E[\tilde{\boldsymbol{s}}_k\hat{\boldsymbol{x}}^{\mathrm{T}}(k)]=\boldsymbol{0} \tag{11.4.48}$$

而 $\hat{\boldsymbol{s}}_k$ 是 $\boldsymbol{x}(k)$ 的线性函数，所以式(11.4.47)成立。

(c) 状态滤波的增益矩阵 $\boldsymbol{K}_k$ 与初始状态均方误差阵 $\boldsymbol{M}_0$、扰动噪声矢量 $\boldsymbol{w}_{k-1}$ 的协方差矩阵 $\boldsymbol{C}_{\boldsymbol{w}_{k-1}}$ 和观测矢量 $\boldsymbol{n}_k$ 的协方差矩阵 $\boldsymbol{C}_{\boldsymbol{n}_k}$ 有关。

首先导出增益矩阵 $\boldsymbol{K}_k$ 的另一种表示式。由离散卡尔曼滤波公式知

$$\boldsymbol{M}_k=(\boldsymbol{I}-\boldsymbol{K}_k\boldsymbol{H}_k)\boldsymbol{M}_{k|k-1}$$

$$\boldsymbol{K}_k=\boldsymbol{M}_{k|k-1}\boldsymbol{H}_k^{\mathrm{T}}(\boldsymbol{H}_k\boldsymbol{M}_{k|k-1}\boldsymbol{H}_k^{T}+\boldsymbol{C}_{\boldsymbol{n}_k})^{-1}$$

利用矩阵求逆引理进行矩阵反演运算，$\boldsymbol{K}_k$ 可以表示为

$$\boldsymbol{K}_k=(\boldsymbol{M}_{k|k-1}^{-1}+\boldsymbol{H}_k^{\mathrm{T}}\boldsymbol{C}_{\boldsymbol{n}_k}^{-1}\boldsymbol{H}_k)^{-1}\boldsymbol{H}_k^{\mathrm{T}}\boldsymbol{C}_{\boldsymbol{n}_k}^{-1} \tag{11.4.49}$$

这样，$\boldsymbol{M}_k$ 中的 $\boldsymbol{I}-\boldsymbol{K}_k\boldsymbol{H}_k$ 可以表示为

$$\boldsymbol{I}-\boldsymbol{K}_k\boldsymbol{H}_k=\boldsymbol{I}-(\boldsymbol{M}_{k|k-1}^{-1}+\boldsymbol{H}_k^{\mathrm{T}}\boldsymbol{C}_{n_k}^{-1}\boldsymbol{H}_k)^{-1}\boldsymbol{H}_k^{\mathrm{T}}\boldsymbol{C}_{n_k}^{-1}\boldsymbol{H}_k=$$
$$(\boldsymbol{M}_{k|k-1}^{-1}+\boldsymbol{H}_k^{\mathrm{T}}\boldsymbol{C}_{n_k}^{-1}\boldsymbol{H}_k)^{-1}[(\boldsymbol{M}_{k|k-1}^{-1}+\boldsymbol{H}_k\boldsymbol{C}_{n_k}^{-1}\boldsymbol{H}_k)-\boldsymbol{H}_k^{\mathrm{T}}\boldsymbol{C}_{n_k}^{-1}\boldsymbol{H}_k]=$$
$$(\boldsymbol{M}_{k|k-1}^{-1}+\boldsymbol{H}_k^{\mathrm{T}}\boldsymbol{C}_{n_k}^{-1}\boldsymbol{H}_k)^{-1}\boldsymbol{M}_{k|k-1}^{-1} \tag{11.4.50}$$

因此

$$\boldsymbol{M}_k=(\boldsymbol{M}_{k|k-1}^{-1}+\boldsymbol{H}_k^{\mathrm{T}}\boldsymbol{C}_{n_k}^{-1}\boldsymbol{H}_k)^{-1} \tag{11.4.51}$$

将式(11.4.51)代入式(11.4.49)，最终得

$$\boldsymbol{K}_k=\boldsymbol{M}_k\boldsymbol{H}_k^{\mathrm{T}}\boldsymbol{C}_{n_k}^{-1} \tag{11.4.52}$$

现在讨论滤波增益矩阵 $\boldsymbol{K}_k$ 与有关参量的关系。

如果状态滤波的初始均方误差阵 $\boldsymbol{M}_0$ 较小，则 $\boldsymbol{M}_{k|k-1}$ 较小，进而 $\boldsymbol{M}_k$ 较小，这样 $\boldsymbol{K}_k$ 就较小。这表示初始状态估计的精度较高，滤波增益较小，以便给预测值较小的修正。

如果扰动噪声矢量 $\boldsymbol{w}_{k-1}$ 的协方差 $\boldsymbol{C}_{\boldsymbol{w}_{k-1}}$ 较小，表示系统状态受到的扰动较小，系统状态基本按自身的状态转移规律变化，这时 $\boldsymbol{K}_k$ 也应小些，此时预测值较准确。离散卡尔曼公式反映了这种变化规律。

如果观测噪声矢量 $\boldsymbol{n}_k$ 的协方差阵 $\boldsymbol{C}_{n_k}$ 较大，由式(11.4.52)知，滤波的增益矩阵 $\boldsymbol{K}_k$ 较小。这是合理的，如果 $\boldsymbol{C}_{n_k}$ 较大，表示观测的误差较大，那么“新息”的误差就较大，于是滤波的增益矩阵 $\boldsymbol{K}_k$ 应较小，以减小观测误差对估计结果的影响。

(d) 卡尔曼滤波的最后一个主要性质是，$\boldsymbol{M}_k$ 的上限值为 $\boldsymbol{M}_{k|k-1}$。式(11.4.51)表明，当观测噪声矢量 $\boldsymbol{n}_k$ 的协方差阵 $\boldsymbol{C}_{n_k}$ 无限大时，$\boldsymbol{M}_k=\boldsymbol{M}_{k|k-1}$。这是因为当 $\boldsymbol{C}_{n_k}$ 无限大时，由式(11.4.52)知，此时 $\boldsymbol{K}_k=\boldsymbol{0}$，所以 $\hat{\boldsymbol{s}}_k=\boldsymbol{\Phi}_{k,k-1}\hat{\boldsymbol{s}}_{k-1}$，因而 $\boldsymbol{M}_k=\boldsymbol{M}_{k|k-1}$。所以，在通常情况下，$\boldsymbol{C}_{n_k}$ 是有限的，这样就有 $\boldsymbol{M}_k<\boldsymbol{M}_{k|k-1}$，即状态滤波的均方误差阵 $\boldsymbol{M}_k$ 通常应小于状态一步观测的均方误差阵 $\boldsymbol{M}_{k|k-1}$，这显然是合理的。

例 11.4.2　前面曾经指出，离散卡尔曼滤波的增益矩阵 $\boldsymbol{K}_k$ 有可能离线算出，并与观测噪声矢量的协方差阵 $\boldsymbol{C}_{n_k}$ 有关系。设系统信号模型的状态方程和观测方程分别为

$$\boldsymbol{s}_k=\boldsymbol{\Phi}\boldsymbol{s}_{k-1}+\boldsymbol{w}_{k-1}$$
$$\boldsymbol{x}_k=\boldsymbol{H}\boldsymbol{s}_k+\boldsymbol{n}_k$$

式中

$$\boldsymbol{\Phi}=\begin{bmatrix}1&1\\0&1\end{bmatrix},\quad \boldsymbol{H}=[1\quad 0]$$

$\boldsymbol{w}_{k-1}$ 和 $\boldsymbol{n}_k$ 都是均值为零的白噪声随机序列，与系统的初始状态 $\boldsymbol{s}_0$ 无关，且有

$$\boldsymbol{C}_{\boldsymbol{w}_{k-1}}=\begin{bmatrix}0&0\\0&1\end{bmatrix},\quad k=1,2,\cdots$$
$$\boldsymbol{C}_{n_k}=2+(-1)^k,\quad k=1,2,\cdots$$

而系统初始时刻($k=0$)的状态矢量 $\boldsymbol{s}_0$ 的协方差矩阵为

$$\boldsymbol{C}_{\boldsymbol{s}_0}=\begin{bmatrix}10&0\\0&10\end{bmatrix}$$

求状态滤波的增益矩阵 $\boldsymbol{K}_k$。

解　状态滤波的增益矩阵 $\boldsymbol{K}_k$，可由离散卡尔曼滤波递推公式式(Ⅰ)、式(Ⅱ)和式(Ⅲ)求得。下面给出部分计算结果。

取 $\boldsymbol{M}_0=\boldsymbol{C}_{s_0}$，则

$$\boldsymbol{M}_0=\begin{bmatrix}10 & 0\\ 0 & 10\end{bmatrix}$$

当 $k=1$ 时

$$\boldsymbol{M}_{1|0}=\boldsymbol{\Phi}\boldsymbol{M}_0\boldsymbol{\Phi}^{\mathrm{T}}+\boldsymbol{C}_{w_0}=$$

$$\begin{bmatrix}1 & 1\\ 0 & 1\end{bmatrix}\begin{bmatrix}10 & 0\\ 0 & 10\end{bmatrix}\begin{bmatrix}1 & 0\\ 1 & 1\end{bmatrix}+\begin{bmatrix}0 & 0\\ 0 & 1\end{bmatrix}=\begin{bmatrix}20 & 10\\ 10 & 11\end{bmatrix}$$

$$\boldsymbol{K}_1=\boldsymbol{M}_{1|0}\boldsymbol{H}_1^{\mathrm{T}}(\boldsymbol{H}_1\boldsymbol{M}_{1|0}\boldsymbol{H}_1^{\mathrm{T}}+\boldsymbol{C}_{n_1})^{-1}=$$

$$\begin{bmatrix}20 & 10\\ 10 & 11\end{bmatrix}\begin{bmatrix}1\\ 0\end{bmatrix}\left(\begin{bmatrix}1 & 0\end{bmatrix}\begin{bmatrix}20 & 10\\ 10 & 11\end{bmatrix}\begin{bmatrix}1\\ 0\end{bmatrix}+1\right)^{-1}=\begin{bmatrix}0.952\,4\\ 0.476\,2\end{bmatrix}$$

$$\boldsymbol{M}_1=(\boldsymbol{I}-\boldsymbol{K}_1\boldsymbol{H}_1)\boldsymbol{M}_{1|0}=$$

$$\left(\begin{bmatrix}1 & 0\\ 0 & 1\end{bmatrix}-\begin{bmatrix}0.952\,4\\ 0.476\,2\end{bmatrix}\begin{bmatrix}1 & 0\end{bmatrix}\right)\begin{bmatrix}20 & 10\\ 10 & 11\end{bmatrix}=\begin{bmatrix}0.952\,0 & 0.476\,0\\ 0.476\,0 & 6.238\,0\end{bmatrix}$$

当 $k=2$ 时

$$\boldsymbol{M}_{2|1}=\boldsymbol{\Phi}\boldsymbol{M}_1\boldsymbol{\Phi}^{\mathrm{T}}+\boldsymbol{C}_{w_1}=$$

$$\begin{bmatrix}1 & 1\\ 0 & 1\end{bmatrix}\begin{bmatrix}0.952\,0 & 0.476\,0\\ 0.476\,0 & 6.238\,0\end{bmatrix}\begin{bmatrix}1 & 0\\ 1 & 1\end{bmatrix}+\begin{bmatrix}0 & 0\\ 0 & 1\end{bmatrix}=\begin{bmatrix}8.142\,0 & 6.714\,0\\ 6.714\,0 & 7.238\,0\end{bmatrix}$$

$$\boldsymbol{K}_2=\boldsymbol{M}_{2|1}\boldsymbol{H}_2^{\mathrm{T}}(\boldsymbol{H}_2\boldsymbol{M}_{2|1}\boldsymbol{H}_2^{\mathrm{T}}+\boldsymbol{C}_{n_2})^{-1}=$$

$$\begin{bmatrix}8.142\,0 & 6.714\,0\\ 6.714\,0 & 7.238\,0\end{bmatrix}\begin{bmatrix}1\\ 0\end{bmatrix}\left(\begin{bmatrix}1 & 0\end{bmatrix}\begin{bmatrix}8.142\,0 & 6.714\,0\\ 6.714\,0 & 7.238\,0\end{bmatrix}\begin{bmatrix}1\\ 0\end{bmatrix}+3\right)^{-1}=\begin{bmatrix}0.730\,7\\ 0.602\,6\end{bmatrix}$$

$$\boldsymbol{M}_2=(\boldsymbol{I}-\boldsymbol{K}_2\boldsymbol{H}_2)\boldsymbol{M}_{2|1}=$$

$$\left(\begin{bmatrix}1 & 0\\ 0 & 1\end{bmatrix}-\begin{bmatrix}0.730\,7\\ 0.602\,6\end{bmatrix}\begin{bmatrix}1 & 0\end{bmatrix}\right)\begin{bmatrix}8.142\,0 & 6.714\,0\\ 6.714\,0 & 7.238\,0\end{bmatrix}=\begin{bmatrix}2.192\,2 & 1.807\,8\\ 1.807\,8 & 3.192\,2\end{bmatrix}$$

用同样的方法可以算出 $k=3, k=4, \cdots$ 时的结果。滤波增益矩阵 $\boldsymbol{K}_k$ 的两个分量 $\boldsymbol{K}_{k_1}$ 和 $\boldsymbol{K}_{k_2}$ 的计算结果如图 11.4.4 所示。

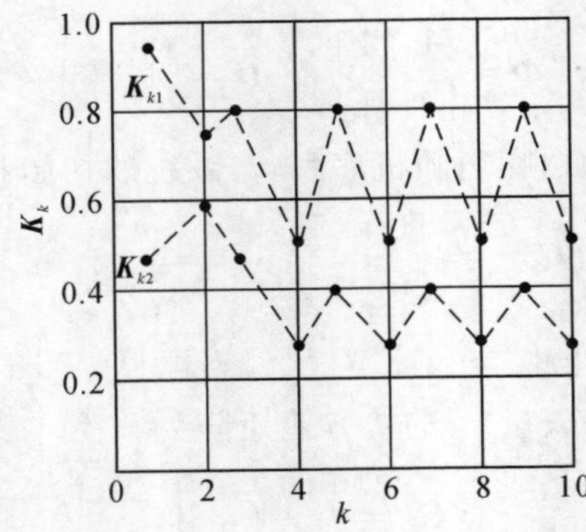

图 11.4.4　例 11.4.2 的状态滤波增益矩阵

由图 11.4.4 可见，当 k 为奇数时，滤波增益较大，这是因为奇次观测的 $\boldsymbol{C}_{n_k}$ 较小，观测值中

的噪声小、数据可靠性高，所以对状态一步预测的修正可采用较大的增益：当 k 为偶数时，$\boldsymbol{C}_{n_k}$ 较大，$\boldsymbol{K}_k$ 较小。由图还可以看出，只要经过几次递推运算，状态滤波的增益矩阵就逐步趋于以稳定的周期变化了。因此，如果滤波的初始状态 $\boldsymbol{\mu}_{s_0}$ 和 $\boldsymbol{C}_{s_0}$ 未知，可以把状态滤波的初始状态确定为

$$\hat{\boldsymbol{s}}_0 = \boldsymbol{0}$$

$$\boldsymbol{M}_0 = c\boldsymbol{I}, \quad c \gg 1$$

这样选择滤波的初始状态，虽然初期的递推估计结果会存在较大的误差，但递推次数增加时很快趋于平稳。

例 11.4.3　若飞机相对于雷达作径向匀加速直线运动，现通过对飞机的距离的测量来估计飞机的距离、速度和加速度。如果

(1) 从 $t=2$ s 开始测量，测量时间间隔为 2 s；

(2) 设飞机到雷达的距离为 $r(t)$，径向速度为 $v(t)$，径向加速度为 $a(t)$，现已知

$$E(r_0)=0, \quad \sigma_{r_0}^2 = 8 \text{ km}^2$$

$$E(v_0)=0, \quad \sigma_{v_0}^2 = 10 \text{ (km/s)}^2$$

$$E(a_0)=0.2(\text{km/s}^2), \sigma_{a_0}^2 = 5(\text{km/s}^2)^2$$

(3) 忽略扰动噪声 w_{k-1} 对飞机的扰动；

(4) 观测噪声 n_k 是零均值的白噪声随机序列，已知

$$C_{n_j n_k} = \sigma_n^2 \delta_{jk} = 0.15\text{km}^2, \quad j=k$$

(5) 观测噪声 n_k 与 r_0, v_0, a_0 互不相关。

在获得距离观测值 x_k(km)($k=1,2,\cdots,10$) 为 0.36, 1.56, 3.64, 6.44, 10.5, 14.8, 20.0, 25.2, 32.2, 40.4 的情况下，求 r_k, v_k 和 a_k 的估计值及其均方误差，并求状态一步预测值。

解　本例用离散卡尔曼滤波来解决这一问题。

首先建立离散卡尔曼滤波的信号模型 —— 离散状态方程和观测方程，以及信号模型的统计特性。

参照例 11.4.1，本例的离散状态方程为

$$\boldsymbol{s}_k = \boldsymbol{\Phi}_{k,k-1}\boldsymbol{s}_{k-1} + \boldsymbol{\Gamma}_{k-1}w_{k-1} = \boldsymbol{\Phi}\boldsymbol{s}_{k-1}$$

式中

$$\boldsymbol{s}_k = \begin{bmatrix} r_k \\ v_k \\ a_k \end{bmatrix}, \quad \boldsymbol{\Phi}_{k,k-1} = \begin{bmatrix} 1 & T & \frac{T^2}{2} \\ 0 & 1 & T \\ 0 & 0 & 1 \end{bmatrix}_{|T=2} = \begin{bmatrix} 1 & 2 & 2 \\ 0 & 1 & 2 \\ 0 & 0 & 1 \end{bmatrix} = \boldsymbol{\Phi}$$

离散观测方程为

$$x_k = \boldsymbol{H}_k\boldsymbol{s}_k + n_k = \boldsymbol{H}\boldsymbol{s}_k + n_k$$

式中

$$\boldsymbol{H} = [1 \quad 0 \quad 0]$$

根据各状态变量 n_k 的前二阶矩知识和观测噪声的统计特性，飞机在初始时刻($k=0$)的状态矢量 $\boldsymbol{s}_0$ 的均值矢量和协方差矩阵分别为

$$\boldsymbol{\mu}_{s_0}=\begin{bmatrix}0\\0\\0.2\end{bmatrix},\quad \boldsymbol{C}_{s_0}=\begin{bmatrix}8&0&0\\0&10&0\\0&0&5\end{bmatrix}$$

另外，$\boldsymbol{C}_{w_{k-1}}=0$，$C_{n_k}=\sigma_{n_k}^2=0.15$。有关参量的单位已在例题中给出。

这样，利用如下一组离散卡尔曼滤波递推公式，可得状态滤波值 $\hat{\boldsymbol{s}}_k$，状态一步预测值 $\hat{\boldsymbol{s}}_{k+1|k}$ 和状态滤波 $\boldsymbol{M}_k$ 的均方误差阵，这组递推公式为

$$\boldsymbol{M}_{k|k-1}=\boldsymbol{\Phi}\boldsymbol{M}_{k-1}\boldsymbol{\Phi}^{\mathrm{T}} \tag{Ⅰ}$$

$$\boldsymbol{K}_k=\boldsymbol{M}_{k|k-1}\boldsymbol{H}^{\mathrm{T}}(\boldsymbol{H}\boldsymbol{M}_{k-1}\boldsymbol{H}^{\mathrm{T}}+\boldsymbol{C}_{n_k})^{-1} \tag{Ⅱ}$$

$$\boldsymbol{M}_k=(\boldsymbol{I}-\boldsymbol{K}_k\boldsymbol{H})\boldsymbol{M}_{k|k-1} \tag{Ⅲ}$$

$$\hat{\boldsymbol{s}}_k=\boldsymbol{\Phi}\hat{\boldsymbol{s}}_{k-1}+\boldsymbol{K}_k(x_k-\boldsymbol{H}\boldsymbol{\Phi}\hat{\boldsymbol{s}}_{k-1}) \tag{Ⅳ}$$

$$\hat{\boldsymbol{s}}_{k+1|k}=\boldsymbol{\Phi}\hat{\boldsymbol{s}}_k \tag{Ⅴ}$$

状态滤波的初始状态确定为

$$\hat{\boldsymbol{s}}_0=\boldsymbol{\mu}_{s_0}=\begin{bmatrix}0\\0\\0.2\end{bmatrix}$$

$$\boldsymbol{M}_0=\boldsymbol{C}_{s_0}=\begin{bmatrix}8&0&0\\0&10&0\\0&0&5\end{bmatrix}$$

根据滤波的初始状态 $\hat{\boldsymbol{s}}_0$ 和 $\boldsymbol{M}_0$，对于各次的距离观测值 x_k，由状态滤波递推公式进行递推计算，得出部分结果如下：

$$\hat{\boldsymbol{s}}_{1|0}=\begin{bmatrix}0.4\\0.4\\0.2\end{bmatrix},\quad \hat{\boldsymbol{s}}_1=\begin{bmatrix}0.360\,0\\0.376\,5\\0.194\,1\end{bmatrix},\quad \boldsymbol{M}_1=\begin{bmatrix}0.149\,7&0.008\,0&0.022\,1\\0.008\,0&6.522\,3&4.130\,6\\0.022\,0&4.130\,6&3.537\,0\end{bmatrix}$$

$$\hat{\boldsymbol{s}}_{2|1}=\begin{bmatrix}1.501\,4\\0.714\,7\\0.194\,1\end{bmatrix},\quad \hat{\boldsymbol{s}}_2=\begin{bmatrix}1.559\,0\\0.808\,6\\0.206\,3\end{bmatrix},\quad \boldsymbol{M}_2=\begin{bmatrix}0.149\,6&0.105\,6&0.033\,1\\0.105\,6&0.509\,2&0.392\,2\\0.033\,1&0.392\,2&0.349\,3\end{bmatrix}$$

……

$$\hat{\boldsymbol{s}}_{9|8}=\begin{bmatrix}31.986\,9\\3.430\,5\\0.180\,4\end{bmatrix},\quad \hat{\boldsymbol{s}}_9=\begin{bmatrix}32.127\,2\\3.463\,2\\0.183\,6\end{bmatrix},\quad \boldsymbol{M}_9=\begin{bmatrix}0.098\,6&0.023\,0&0.002\,2\\0.023\,0&0.008\,3&0.001\,0\\0.002\,0&0.001\,0&0.000\,1\end{bmatrix}$$

$$\hat{\boldsymbol{s}}_{10|9}=\begin{bmatrix}39.420\,0\\3.830\,4\\0.183\,6\end{bmatrix},\quad \hat{\boldsymbol{s}}_{10}=\begin{bmatrix}40.024\,4\\3.953\,6\\0.194\,6\end{bmatrix},\quad \boldsymbol{M}_{10}=\begin{bmatrix}0.092\,5&0.019\,3&0.001\,7\\0.019\,3&0.006\,1&0.000\,6\\0.001\,7&0.000\,6&0.000\,07\end{bmatrix}$$

例 11.4.4 现考虑边扫描边跟踪的雷达系统跟踪运动目标的问题。

雷达系统通过接收到的目标回波信号相对于发射探测脉冲信号的时间延时值来确定目标的径向距离，并根据雷达天线波束指向中心来确定目标的方位，这是二维雷达的情况。在边扫描边跟踪一个运动目标的状态下，无论雷达系统的天线波束是机械扫描还是电扫描，都可以认为，在被跟踪目标的天线波束指向方向，雷达周期地发射一串 N 个探测脉冲信号，重复周期为

T_r(毫秒量级),系统处于跟踪状态,信号处理机输出运动目标的点迹,提供给跟踪计算机。这些点迹数据实际上就是进行离散状态滤波的观测数据。然后,天线波束转向其他方向,雷达系统处于搜索状态。设时间间隔 T 后,雷达系统又回到跟踪该运动目标的状态,依次循环工作。称时间间隔 T 为扫描周期,一般为秒量级。这样,每隔时间间隔 T,便获得一次被跟踪运动目标的观测数据。如果在被跟踪运动目标的速度不是很高,扫描周期 T 也不是较长的条件下,取一阶近似,可以认为在一个扫描周期内,被跟踪的运动目标在径向上和方位上均作匀速直线运动,但要考虑径向上和方位上的随机加速度影响。试在建立被跟踪运动目标信号模型的基础上,研究其径向距离跟踪偏差、径向速度、方位跟踪偏差和方位速度的递推估计问题。

解　首先研究被跟踪运动目标信号模型的建立及其统计特性假设,然后研究被跟踪运动目标状态的递推估计问题。

(1) 信号模型的建立。

设在第 k 个扫描周期(以下简称 k 时刻)目标的径向距离为 $R+r_k$,在 $k+1$ 时刻目标的径向距离为 $R+r_{k+1}$。其中,R 代表目标的平均距离;r_k 和 r_{k+1} 分别代表 k 时刻和 $k+1$ 时刻运动目标径向距离相对于平均距离 R 的偏差。此处关心的是这些具有随机特性的偏差,它代表了径向距离的跟踪精度。

设径向距离偏差是零均值的平稳随机序列,能够写出径向距离偏差方程为

$$r_{k+1}=r_k+T\dot{r}_k$$

式中,$\dot{r}_k$ 是运动目标的径向速度。

考虑到运动目标会受到随机加速度的影响,设 v_{r_k} 代表 k 时刻的随机径向加速度,则径向的速度方程为

$$\dot{r}_{k+1}=\dot{r}_k+Tv_{r_k}$$

这里假设 v_{r_k} 是零均值的平稳白噪声序列,即

$$E(v_{r_k})=0$$

$$E(v_{r_j}v_{r_k})=\sigma_{v_r}^2\delta_{jk}$$

这种随机加速度扰动噪声是由发动机功率短时间的随机起伏及阵风和气流等随机因素造成的。

令 $w_{r_k}=Tv_{r_k}$,则 w_{r_k} 也是白噪声序列,即

$$E(w_{r_k})=0$$

$$E(w_{r_j}w_{r_k})=\sigma_{w_r}^2\delta_{jk}$$

它代表在 T 时间内,径向速度的变化量。于是距离向的速度方程可写成

$$\dot{r}_{k+1}=\dot{r}_k+w_{r_k}$$

同样地,在方位上,令 θ_k 和 θ_{k+1} 分别代表 k 时刻和 $k+1$ 时刻运动目标的方位角相对于平均角度 θ 的具有随机特性的偏差。采用与径向距离偏差和径向速度类似的分析方法,则有方位偏差和方位角速度的方程分别为

$$\theta_{k+1}=\theta_k+T\dot{\theta}_k$$

和

$$\dot{\theta}_{k+1}=\dot{\theta}_k+w_{\theta_k}$$

式中,$\dot{\theta}_k$ 代表 k 时刻的运动目标的方位角变化速度;$w_{\theta_k}=Tv_{\theta_k}$ 代表在 T 时间内,方位角速度的

变化量,也假设它是零均值的平稳白噪声序列,即

$$E(w_{\theta_k})=0$$

$$E(w_{\theta_j}w_{\theta_k})=\sigma_{w_\theta}^2\delta_{jk}$$

而 v_{θ_k} 代表 k 时刻的随机方位角加速度,仍假设它是零均值的平稳白噪声序列,即

$$E(v_{\theta_k})=0$$

$$E(v_{\theta_j}v_{\theta_k})=\sigma_{v_\theta}^2\delta_{jk}$$

另外还假设,距离向的径向速度随机变化量 w_{r_k} 和方位向的方位角速度随机变化量 w_{θ_k} 是互不相关的,即

$$E(w_{r_k}w_{\theta_k})=0,\quad j,k=1,2,\cdots$$

这样描述被跟踪运动目标的状态矢量为 $r_k,\dot{r}_k,\theta_k$ 和 $\dot{\theta}_k$,令状态矢量 $\boldsymbol{s}_k$ 及扰动矢量 $\boldsymbol{w}_k$ 分别为

$$\boldsymbol{s}_k=\begin{bmatrix}r_k\\\dot{r}_k\\\theta_k\\\dot{\theta}_k\end{bmatrix},\quad \boldsymbol{w}_k=\begin{bmatrix}0\\w_{r_k}\\0\\w_{\theta_k}\end{bmatrix}$$

则径向距离偏差方程、径向速度方程、方位角偏差方程和方位角速度方程可以用矢量方程表示,得信号模型的离散状态方程为

$$\boldsymbol{s}_{k+1}=\boldsymbol{\Phi}\boldsymbol{s}_k+\boldsymbol{w}_k$$

其中,状态一步转移矩阵为

$$\boldsymbol{\Phi}=\begin{bmatrix}1&T&0&0\\0&1&0&0\\0&0&1&T\\0&0&0&1\end{bmatrix}$$

下面再来讨论由雷达测量提供的观测方程。雷达系统每隔时间 T 提供关于径向距离偏差 r_k 和方位角偏差 θ_k 的有噪声的测量数据,这种测量噪声一般是加性的,于是径向距离偏差和方位角偏差的观测方程分别为

$$x_{r_k}=r_k+n_{r_k}$$

和

$$x_{\theta_k}=\theta_k+n_{\theta_k}$$

因为状态变量 r_k 和 θ_k 已包含在状态矢量 $\boldsymbol{s}_k$ 中,所以,用矢量及矩阵表示,得信号模型的离散观测方程为

$$\boldsymbol{x}_k=\boldsymbol{H}\boldsymbol{s}_k+\boldsymbol{n}_k$$

其中,观测数据矢量 $\boldsymbol{x}_k$ 及观测噪声矢量 $\boldsymbol{n}_k$ 分别为

$$\boldsymbol{x}_k=\begin{bmatrix}x_{r_k}\\x_{\theta_k}\end{bmatrix},\quad \boldsymbol{n}_k=\begin{bmatrix}n_{r_k}\\n_{\theta_k}\end{bmatrix}$$

观测矩阵 $\boldsymbol{H}$ 为

$$\boldsymbol{H}=\begin{bmatrix}1&0&0&0\\0&0&1&0\end{bmatrix}$$

假设观测噪声 n_{r_k} 和 n_{θ_k} 分别都是零均值的平稳白噪声序列，即

$$E(n_{r_k})=0$$

$$E(n_{r_j}n_{r_k})=\sigma_{n_r}^2\delta_{jk}$$

$$E(n_{\theta_k})=0$$

$$E(n_{\theta_j}n_{\theta_k})=\sigma_{n_\theta}^2\delta_{jk}$$

且认为 n_{r_k} 与 n_{θ_k} 是互不相关的，即

$$E(n_{r_j}n_{\theta_k})=0,\quad j,k=1,2,\cdots$$

这样，就建立了雷达运动目标跟踪信号模型的离散状态方程和观测方程，并给出了信号模型的统计特性假设。

(2) 观测噪声矢量 $\boldsymbol{n}_k$ 和目标扰动矢量 $\boldsymbol{w}_k$ 的协方差矩阵 $\boldsymbol{C}_{\boldsymbol{n}_k}$ 和 $\boldsymbol{C}_{\boldsymbol{w}_k}$。

为了进行卡尔曼滤波的递推计算，还需要确定观测噪声矢量 $\boldsymbol{n}_k$ 和目标扰动矢量 $\boldsymbol{w}_k$ 的协方差矩阵。观测矢量 $\boldsymbol{n}_k$ 为

$$\boldsymbol{n}_k=\begin{bmatrix} n_{r_k} \\ n_{\theta_k} \end{bmatrix}$$

考虑到各分量的统计特性，则有协方差矩阵 $\boldsymbol{C}_{\boldsymbol{n}_k}$ 为

$$\boldsymbol{C}_{\boldsymbol{n}_k}=E(\boldsymbol{n}_k\boldsymbol{n}_k^{\mathrm{T}})=\begin{bmatrix} \sigma_{n_r}^2 & 0 \\ 0 & \sigma_{n_\theta}^2 \end{bmatrix}$$

目标扰动矢量 $\boldsymbol{w}_k$ 为

$$\boldsymbol{w}_k=\begin{bmatrix} 0 \\ w_{r_k} \\ 0 \\ w_{\theta_k} \end{bmatrix}$$

考虑到各分量的统计特性，有协方差矩阵 $\boldsymbol{C}_{\boldsymbol{w}_k}$ 为

$$\boldsymbol{C}_{\boldsymbol{w}_k}=E(\boldsymbol{w}_k\boldsymbol{w}_k^{\mathrm{T}})=\begin{bmatrix} 0 & 0 & 0 & 0 \\ 0 & \sigma_{w_r}^2 & 0 & 0 \\ 0 & 0 & 0 & 0 \\ 0 & 0 & 0 & \sigma_{w_\theta}^2 \end{bmatrix}$$

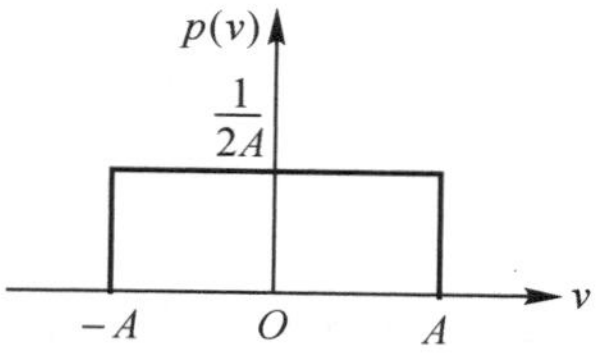

其中，$\sigma_{w_r}^2$ 和 $\sigma_{w_\theta}^2$ 分别是被跟踪雷达目标的 T 倍径向随机加速度的方差和 T 倍方位角加速度的方差。为了简化计算，假设在径向和方位上的径向随机加速度和方位角随机加速度都是均匀分布的，如图 11.4.5 所示，最大值在 $\pm A$ 处。这里 v 代表随机加速度，其概率密度函数为

$p(v)$
$\frac{1}{2A}$
$-A$　O　A　v

图 11.4.5　随机加速度 v 的概率密度函数

$$p(v)=\begin{cases} \dfrac{1}{2A}, & -A\leqslant v\leqslant A \\ 0, & \text{其他} \end{cases}$$

这样，随机加速度 v 的方差为

$$\sigma_v^2=\int_{-\infty}^{\infty}v^2p(v)\mathrm{d}v=\frac{1}{2A}\int_{-A}^{A}v^2\mathrm{d}v=\frac{A^2}{3}$$

于是，$w_{r_k}=w_r=Tv$；由于 v 是线加速度，换成角加速度要除以 R，即 $w_{\theta_k}=w_\theta=Tv/R$，其中 R 是目标的平均距离，这样就有

$$\sigma_{w_r}^2=T^2\sigma_v^2=\frac{A^2T^2}{3}$$

$$\sigma_{w_\theta}^2=\frac{T^2\sigma_v^2}{R^2}=\frac{A^2T^2}{3R^2}$$

(3) 离散卡尔曼滤波初始状态。

因为雷达系统只观测被跟踪目标的径向距离和方位角，而不具有测速的能力，所以利用前两次的观测矢量 $\boldsymbol{x}_1$ 和 $\boldsymbol{x}_2$ 来确定滤波的初始状态 $\hat{\boldsymbol{s}}_2$ 和 $\boldsymbol{M}_2$，从时刻 $k=3$ 开始递推估计。这样，取时刻 $k=2$ 的状态滤波为

$$\hat{\boldsymbol{s}}_2=\begin{bmatrix}\hat{r}_2\\ \hat{\dot{r}}_2\\ \hat{\theta}_2\\ \hat{\dot{\theta}}_2\end{bmatrix}=\begin{bmatrix}x_{r_2}\\ \dfrac{x_{r_2}-x_{r_1}}{T}\\ x_{\theta_2}\\ \dfrac{x_{\theta_2}-x_{\theta_1}}{T}\end{bmatrix}$$

式中，x_{r_1}，x_{r_2} 和 x_{θ_1}，x_{θ_2} 分别是 $k=1$ 和 $k=2$ 时刻的径向距离偏差和方位角偏差的观测数据。在确定初值时观测两次是为了确定距离变化率和方位变化率。根据观测方程

$$\boldsymbol{x}_k=\begin{bmatrix}x_{r_k}\\ x_{\theta_k}\end{bmatrix}=\begin{bmatrix}1&0&0&0\\0&0&1&0\end{bmatrix}\begin{bmatrix}r_k\\ \dot{r}_k\\ \theta_k\\ \dot{\theta}_k\end{bmatrix}+\begin{bmatrix}n_{r_k}\\ n_{\theta_k}\end{bmatrix}=\begin{bmatrix}r_k+n_r\\ \theta_k+n_\theta\end{bmatrix}$$

式中

$$\boldsymbol{s}_k=\begin{bmatrix}r_k\\ \dot{r}_k\\ \theta_k\\ \dot{\theta}_k\end{bmatrix}=\begin{bmatrix}r_k\\ \dfrac{r_k-r_{k-1}}{T}+w_{r_{k-1}}\\ \theta_k\\ \dfrac{\theta_k-\theta_{k-1}}{T}+w_{\theta_{k-1}}\end{bmatrix}$$

是被跟踪目标在 k 时刻的状态真值。于是，在 $k=2$ 时刻估计的误差矢量 $\tilde{\boldsymbol{s}}_2$ 为

$$\tilde{\boldsymbol{s}}_2=\boldsymbol{s}_2-\hat{\boldsymbol{s}}_2=\begin{bmatrix}-n_{r_2}\\ -\dfrac{n_{r_2}-n_{r_1}}{T}+w_{r_1}\\ -n_{\theta_2}\\ -\dfrac{n_{\theta_2}-n_{\theta_1}}{T}+w_{\theta_1}\end{bmatrix}$$

这样，$k=2$ 时刻的估计误差矢量的均方误差矢量的均方误差阵 $\boldsymbol{M}_2$ 为

$$\boldsymbol{M}_2 = E[(s_2 - \hat{s}_2)(s_2 - \hat{s}_2)^{\mathrm{T}}] = \begin{bmatrix} m_{11} & m_{12} & m_{13} & m_{14} \\ m_{21} & m_{22} & m_{23} & m_{24} \\ m_{31} & m_{32} & m_{33} & m_{34} \\ m_{41} & m_{42} & m_{43} & m_{44} \end{bmatrix}$$

式中

$$m_{jk} = E(\tilde{s}_{2j}\tilde{s}_{2k}) = E(\tilde{s}_{2k}\tilde{s}_{2j}) = m_{kj}, \quad j,k=1,2,3,4$$

根据信号模型中关于 $w_{r_k}, w_{\theta_k}, n_{r_k}$ 和 n_{θ_k} 统计特性的假设，有

$$\boldsymbol{M}_2 = \begin{bmatrix} m_{11} & m_{12} & 0 & 0 \\ m_{21} & m_{22} & 0 & 0 \\ 0 & 0 & m_{33} & m_{34} \\ 0 & 0 & m_{43} & m_{44} \end{bmatrix}$$

式中

$$m_{11} = \sigma_{n_r}^2$$

$$m_{12} = m_{21} = \frac{\sigma_{n_r}^2}{T}$$

$$m_{22} = \frac{2\sigma_{n_r}^2}{T^2} + \sigma_{w_r}^2$$

$$m_{33} = \sigma_{n_\theta}^2$$

$$m_{34} = m_{43} = \frac{\sigma_{n_\theta}^2}{T}$$

$$m_{44} = \frac{2\sigma_{n_\theta}^2}{T^2} + \sigma_{w_\theta}^2$$

上述矩阵中各元素是可以求得具体数据的，设有关参数为

$$R = 160\ \mathrm{km}, \quad T = 15\ \mathrm{s}, \quad A = 2.1\ \mathrm{m/s^2}$$

$$\sigma_{n_r} = 1000\ \mathrm{m}, \quad \sigma_{n_\theta} = 0.017\mathrm{rad} = 1^\circ$$

则有

$$\sigma_{w_r}^2 = \frac{A^2T^2}{3} = 330(\mathrm{m/s})^2$$

$$\sigma_{w_\theta}^2 = \frac{T^2A^2}{3R^2} = 1.3 \times 10^{-8}(\mathrm{rad/s})^2$$

此时，状态估计的均方误差阵 $\boldsymbol{M}_2$ 为

$$\boldsymbol{M}_2 = \begin{bmatrix} 10^6 & 6.7\times10^4 & 0 & 0 \\ 6.7\times10^4 & 0.9\times10^4 & 0 & 0 \\ 0 & 0 & 2.9\times10^{-4} & 1.9\times10^{-5} \\ 0 & 0 & 1.9\times10^{-5} & 2.6\times10^{-6} \end{bmatrix}$$

这样，就确定了离散卡尔曼滤波的初始状态 $\hat{\boldsymbol{s}}_2$ 和 $\boldsymbol{M}_2$。

(4) 离散卡尔曼状态滤波和一步预测递推估计。

前面已经建立了离散卡尔曼滤波的信号模型——离散状态方程和观测方程；给出了扰动噪声矢量 $\boldsymbol{w}_k$ 和观测噪声矢量 $\boldsymbol{n}_k$ 的统计特性假设，它们是均为零均值的白噪声随机序列，其协

方差矩阵分别为 $\boldsymbol{C}_{w_k}$ 和 $\boldsymbol{C}_{n_k}$；确定了状态滤波的初始状态 $\hat{\boldsymbol{s}}_2$ 和 $\boldsymbol{M}_2$。这样，从 $k=3$ 时刻开始就可按卡尔曼滤波公式进行递推估计了，即有 $\hat{\boldsymbol{s}}_{3|2}$；$\boldsymbol{M}_{3|2}$，$\boldsymbol{K}_3$，$\hat{\boldsymbol{s}}_3$，$\hat{\boldsymbol{s}}_{4|3}$，$\boldsymbol{M}_3$；$\boldsymbol{M}_{4|3}$，$\boldsymbol{K}_4$，$\hat{\boldsymbol{s}}_4$，$\hat{\boldsymbol{s}}_{5|4}$，$\boldsymbol{M}_4$；…。实际上以上计算都可以由计算机来完成。

11.4.3 状态为标量时的离散卡尔曼滤波

前面已经讨论了状态矢量的离散卡尔曼滤波，如果状态是标量，问题就变得相对简单了，有关公式和结论可以直接由矢量情况简化得到。

1. 状态为标量的离散状态方程和观测方程

当系统状态为标量时，离散状态方程为

$$s_k=\Phi_{k,k-1}s_{k-1}+w_{k-1} \tag{11.4.53}$$

式中，$\Phi_{k,k-1}$ 是状态转移系数；w_{k-1} 是一维零均值白噪声扰动序列，即

$$E(w_k)=0,\quad E(w_jw_k)=\sigma_{w_k}^2\delta_{jk}$$

离散观测方程为

$$x_k=s_k+n_k \tag{11.4.54}$$

式中，n_k 是一维零均值白噪声序列，即

$$E(n_k)=0,\quad E(n_jn_k)=\sigma_{n_k}^2\delta_{jk}$$

系统的初始状态

$$E(s_0)=\mu_{s_0},\quad \mathrm{Var}(s_0)=\sigma_{s_0}^2$$

是已知的。另外，假设 s_0 与 w_k，s_0 与 n_k 是互不相关的。

2. 状态为标量的离散卡尔曼滤波算法

在系统状态为标量的情况下，考虑到有如下对应关系：

$$\boldsymbol{\Phi}_{k,k-1}=\Phi_{k,k-1},\quad \boldsymbol{\Gamma}_{k-1}=1,\quad \boldsymbol{H}_k=1,\quad \boldsymbol{C}_{w_k}=\sigma_{w_k}^2,\quad \boldsymbol{C}_{n_k}=\sigma_{n_k}^2$$

利用状态矢量的离散卡尔曼滤波结果，可以得到状态为标量的离散卡尔曼滤波递推公式为

$$\varepsilon_{k|k-1}^2=\Phi_{k,k-1}\varepsilon_{k-1}^2\Phi_{k,k-1}+\sigma_{w_{k-1}}^2=\Phi_{k,k-1}^2\varepsilon_{k-1}^2+\sigma_{w_{k-1}}^2 \tag{11.4.55}$$

$$K_k=\varepsilon_{k|k-1}^2(\varepsilon_{k|k-1}^2+\sigma_{n_k}^2)^{-1}=\frac{\varepsilon_{k|k-1}^2}{\varepsilon_{k|k-1}^2+\sigma_{n_k}^2} \tag{11.4.56}$$

$$\varepsilon_k^2=(1-K_k)\varepsilon_{k|k-1}^2=\frac{\varepsilon_{k|k-1}^2\sigma_{n_k}^2}{\varepsilon_{k|k-1}^2+\sigma_{n_k}^2}=K_k\sigma_{n_k}^2 \tag{11.4.57}$$

$$\hat{s}_k=\Phi_{k,k-1}\hat{s}_{k-1}+K_k(x_k-\Phi_{k,k-1}\hat{s}_{k-1}) \tag{11.4.58}$$

$$\hat{s}_{k+1|k}=\Phi_{k,k-1}\hat{s}_k \tag{11.4.59}$$

递推估计的初始状态选择为

$$\hat{s}_0=\mu_{s_0},\quad \varepsilon_0^2=\sigma_{s_0}^2 \tag{11.4.60}$$

系统状态为标量时的离散卡尔曼滤波递推过程与状态矢量的情况是一样的。

3. 有关参数的特点

因为状态滤波的均方误差

$$\varepsilon_k^2=E[(s_k-\hat{s}_k)^2]\geqslant 0$$

所以，由式(11.4.55)知，$\varepsilon_{k+1|k}^2$ 一定满足

$$\varepsilon_{k+1|k}^2\geqslant\sigma_{w_k}^2 \tag{11.4.61}$$

这说明，扰动噪声的方差 $\sigma_{w_k}^2$ 决定了一步预测均方误差 $\varepsilon_{k+1|k}^2$ 的下界。

因为状态滤波的增益

$$K_k = \frac{\varepsilon_{k|k-1}^2}{\varepsilon_{k|k-1}^2 + \sigma_{n_k}^2} = \frac{\Phi_{k|k-1}^2 \varepsilon_{k-1}^2 + \sigma_{w_{k-1}}^2}{\Phi_{k|k-1}^2 \varepsilon_{k-1}^2 + \sigma_{w_{k-1}}^2 + \sigma_{n_k}^2} \tag{11.4.62}$$

所以，除了 ε_{k-1}^2，$\sigma_{w_{k-1}}^2$ 和 $\sigma_{n_k}^2$ 同时为零（实际不可能出现）外，K_k 满足

$$0 \leqslant K_k \leqslant 1 \tag{11.4.63}$$

而且当 $\sigma_{w_{k-1}}^2 \gg \sigma_{n_k}^2$ 时，$K_k \approx 1$。

最后，因为状态滤波的均方误差为

$$\varepsilon_k^2 = \frac{\varepsilon_{k|k-1}^2 \sigma_{n_k}^2}{\varepsilon_{k|k-1}^2 + \sigma_{n_k}^2} = \frac{(\Phi_{k|k-1}^2 \varepsilon_{k-1}^2 + \sigma_{w_{k-1}}^2)\sigma_{n_k}^2}{\Phi_{k|k-1}^2 \varepsilon_{k-1}^2 + \sigma_{w_{k-1}}^2 + \sigma_{n_k}^2} \tag{11.4.64}$$

所以

$$0 \leqslant \varepsilon_k^2 \leqslant \sigma_{n_k}^2 \tag{11.4.65}$$

这个结果说明，观测噪声的方差 $\sigma_{n_k}^2$ 决定了状态滤波均方误差的上界。当 $\varepsilon_0^2 = \sigma_{s_0}^2 \gg \sigma_{n_k}^2$ 时，由于 $\sigma_{n_k}^2$ 是 ε_k^2 的上界，因此，一次估计就可以得到较高的估计精度。

11.5　维纳滤波与卡尔曼滤波的关系

在本章结束的时候，讨论一下维纳滤波与卡尔曼滤波之间的关系，比较一下二者的异同，评述一下二者的优、缺点。

这两种滤波方法都属于线性最小均方误差估计。二者对于待估计的随机过程要求同样的先验信息，二者可以产生同样的估计。

一方面，维纳滤波通过求解维纳-霍夫方程，得到滤波器的冲激响应，用以联系输入和输出。求解维纳-霍夫方程时，需要预先知道信号与噪声的相关函数或功率谱。一旦知道了这些，也就可以写出状态方程和观测模型。另一方面，连续时间卡尔曼滤波[6]的状态估计方程，是一个联系输入（观测值）和输出（可以是状态变量）的微分方程，求解这个方程，需要预先知道状态方程和观测模型。一旦知道了这些，就可导出随机过程的功率谱。从这点来看，维纳滤波与卡尔曼滤波对于平稳过程来说应该是等效的。

然而维纳滤波与卡尔曼滤波还是有重大差别的。其一是维纳滤波只适应用于平稳过程，至少是宽平稳过程，而卡尔曼滤波却不受这一限制，对于非平稳过程也是适用的。其二是维纳滤波在进行每一次估计时，都要用到全部历史数据，而卡尔曼滤波却只要用到当前的观测数据以及在这以前的处理数据。因此卡尔曼滤波适用于实时处理场合。

此外，维纳滤波与卡尔曼滤波还有一些细微的差别。

首先，维纳滤波是一个单输出滤波器。滤波器输入端可以有好几个，但输出只能有一个，就是待估计变量的估计值。卡尔曼滤波则不然，它允许同时估计好几个变量，即状态变量可以是多维矢量，通过矩阵运算来实现估计，其代价是增加了计算工作量。经常遇到这样的情形，即为了估计少数几个感兴趣的变量，由于采用矩阵运算，不得不承受许多额外的负担。

其次，卡尔曼滤波自动提供关于估计质量的信息，因为在估计的每一步都要计算估计误差的协方差阵。而维纳滤波却不提供这种信息，为了获得估计的均方误差，需要付出额外的努力。

虽然从原理上看，在二者都适用的场合，维纳滤波与卡尔曼滤波是等效的，然而从实用的角度看，卡尔曼滤波有着维纳滤波所不及的突出优点。

首先，卡尔曼滤波采用状态变量矢量，归结为统一的矩阵运算公式，可以适应广泛类型的

估计问题，其中可能含有好几个待估计的量和复杂的测量关系。

其次，卡尔曼滤波是一种递推估计算法，非常适合于实时处理，如果采用维纳滤波的话，恐怕就无能为力了。

尽管如此，仍不能低估维纳滤波的作用。由于其应用的年代较早，当时计算机尚未问世，维纳滤波的发展受到历史条件的限制。然而维纳滤波在滤波理论的发展中所起的开拓作用，其历史功绩是毋庸置疑的，它在方法论上对后人的影响也是深远的。况且在非实时处理场合，维纳滤波仍不失为一种有效的估计方法。

习　题

11.1　设随机信号 $s(t)$ 加噪声 $n(t)$ 为

$$x(t)=s(t)+n(t)$$

式中，信号 $s(t)$ 和噪声 $n(t)$ 是统计独立的，它们的均值都为零，自相关函数分别为

$$r_s(\tau)=\frac{1}{2}\mathrm{e}^{-|\tau|}$$

$$r_n(\tau)=\delta(\tau)+\mathrm{e}^{-|\tau|}$$

(1) 设计最优物理不可实现滤波器，并求其均方误差。

(2) 设计最优物理可实现滤波器，并求其均方误差。

11.2　设随机信号加噪声为

$$x(t)=s(t)+n(t)$$

式中，信号 $s(t)$ 和噪声 $n(t)$ 互不相关，且它们的均值都为零，自相关函数分别为

$$r_s(\tau)=\mathrm{e}^{-\alpha|\tau|}$$

$$r_n(\tau)=\frac{N_0}{2}\delta(\tau)$$

(1) 求获得 $\hat{s}(t)$ 最佳估计结果的物理不可实现滤波器的脉冲响应 $h(t)$。

(2) 求估计的均方误差。

11.3　设离散线性滤波器的输入信号序列为

$$x_k=\begin{cases}1, & k=0\\-1, & k=1\\0, & k\neq 0 \text{ 且 } k\neq 1\end{cases}$$

希望该滤波器的输出信号序列为

$$s_k=\begin{cases}1,k=0\\0,k\neq 0\end{cases}$$

要求将该滤波器设计成维纳滤波器。

(1) 若取滤波器的单位脉冲响应

$$h(k)=\begin{cases}h(0)\\h(1)\\0,k\geqslant 2\end{cases}$$

试确定 $h(0)$ 和 $h(1)$ 之值，以及滤波器的输出信号序列 $\hat{s}_k$ 和估计的均方误差

$E[(s_k-\hat{s}_k)^2]$。

(2) 若取滤波器的单位脉冲响应

$$h(k)=\begin{cases}h(0)\\h(1)\\h(2)\\0,k\geqslant 3\end{cases}$$

试确定 $h(0)$,$h(1)$ 和 $h(2)$ 之值，以及滤波器的输出信号序列 $\hat{s}_k$ 和估计的均方误差 $E[(s_k-\hat{s}_k)^2]$。

(3) 比较(1) 和(2) 的结果，能得出什么结论？

11.4　考虑下面的二维系统的信号模型：

$$\boldsymbol{s}_k=\begin{bmatrix}0.9 & 0.1\\-0.1 & 0.8\end{bmatrix}\boldsymbol{s}_{k-1}+\begin{bmatrix}1\\0\end{bmatrix}w_{k-1}$$

$$x_k=[0\quad 1]\boldsymbol{s}_k+n_k$$

式中，扰动噪声序列 $w_{k-1}(k\geqslant 1)$ 和观测噪声序列 $n_k(k\geqslant 1)$ 的统计特性分别为

$$E(w_{k-1})=0,\quad E(w_jw_k=\sigma_{w_k}^2\delta_{jk})$$

$$E(n_k)=0,\quad E(n_jn_k=\sigma_{n_k}^2\delta_{jk})$$

$$E(w_jn_k)=0,\quad j,k=1,2,\cdots$$

初始状态 $\boldsymbol{s}_0$ 的统计特性为

$$E(\boldsymbol{s}_0)=\boldsymbol{\mu}_{s_0},\ E[(\boldsymbol{s}_0-\boldsymbol{\mu}_{s_0})(\boldsymbol{s}_0-\boldsymbol{\mu}_{s_0})^{\mathrm{T}}]=\boldsymbol{C}_{s_0}$$

且满足 $\boldsymbol{s}_0$ 与 w_k,$\boldsymbol{s}_0$ 与 n_k 互不相关，即

$$\boldsymbol{C}_{s_0w_k}=\boldsymbol{0},\quad \boldsymbol{C}_{s_0n_k}=\boldsymbol{0}$$

如果已知

$$\boldsymbol{\mu}_{s_0}=\begin{bmatrix}3\\-3\end{bmatrix},\boldsymbol{C}_{s_0}=\begin{bmatrix}4 & 0\\0 & 1\end{bmatrix}$$

$$\sigma_{w_{k-1}}^2=1,\quad \sigma_{n_k}^2=1$$

求状态滤波值$\hat{\boldsymbol{s}}_1$ 和状态滤波的均方误差阵 $\boldsymbol{M}_1$。

11.5　设系统的信号模型为

$$\boldsymbol{s}_k=\boldsymbol{s}_{k-1}$$

$$\boldsymbol{x}_k=\boldsymbol{s}_k+\boldsymbol{n}_k$$

若初始状态 $\boldsymbol{s}_0$ 的统计特性为

$$E(\boldsymbol{s}_0)=\boldsymbol{\mu}_{s_0},\quad E[(\boldsymbol{s}_0-\boldsymbol{\mu}_{s_0})(\boldsymbol{s}_0-\boldsymbol{\mu}_{s_0})^{\mathrm{T}}]=\boldsymbol{C}_{s_0}$$

观测噪声序列$n_k(k\geqslant 1)$ 的统计特性为

$$E(\boldsymbol{n}_k)=0,\quad E(\boldsymbol{n}_j\boldsymbol{n}_k^{\mathrm{T}})=\boldsymbol{C}_{n_k}\delta_{jk}$$

且满足 $\boldsymbol{s}_0$ 与 $\boldsymbol{n}_k$ 互不相关，即

$$\boldsymbol{C}_{s_0\boldsymbol{n}_k}=0$$

若取状态滤波的初始状态为

$$\hat{\boldsymbol{s}}_0=\mu_{s_0},\quad \boldsymbol{M}_0=c\boldsymbol{I},\quad c\to\infty$$

求状态滤波值 $\hat{\boldsymbol{s}}_1$ 和状态滤波的均方误差阵 $\boldsymbol{M}_1$。

11.6　考虑标量系统的信号模型

$$s_k = -s_{k-1}, \quad k = 1, 2, \cdots$$

式中，s_0 是均值为零，方差为 $\sigma_{s_0}^2$ 的随机变量。设观测方程为

$$x_k = s_k + n_k, \quad k = 1, 2, \cdots$$

式中，观测噪声 $n_k(k \geqslant 1)$ 是均值为零，方差为 $\sigma_{n_k}^2$ 的白噪声随机序列。若已知

$$\sigma_{s_0}^2 = 2, \quad \sigma_{n_1}^2 = 1, \quad x_1 = 3$$

$$\sigma_{n_2}^2 = 2, \quad x_2 = -4$$

$$\sigma_{n_3}^2 = 2.5, \quad x_3 = 2.5$$

(1) 求状态滤波值 $\hat{s}_1$，$\hat{s}_2$ 和 $\hat{s}_3$ 及状态滤波的均方误差 ε_1^2，ε_2^2 和 ε_3^2。

(2) 求均方误差的稳态值 ε_k^2，$k \to \infty$。

附　　录

一、矢量函数对矢量求导

若 $f(\boldsymbol{x})$ 是 N 维矢量 $\boldsymbol{x}$ 的 M 维矢量函数，即

$$f(\boldsymbol{x}) = [f_1(\boldsymbol{x}) \quad f_2(\boldsymbol{x}) \quad \cdots \quad f_M(\boldsymbol{x})]^{\mathrm{T}}$$

$$\boldsymbol{x} = [x_1 \quad x_2 \quad \cdots \quad x_N]^{\mathrm{T}}$$

则矢量函数 $f(\boldsymbol{x})$ 对矢量 $\boldsymbol{x}$ 的导数定义为

$$\frac{\mathrm{d}f^{\mathrm{T}}(\boldsymbol{x})}{\mathrm{d}\boldsymbol{x}} = \begin{bmatrix} \dfrac{\partial f_1(\boldsymbol{x})}{\partial x_1} & \dfrac{\partial f_2(\boldsymbol{x})}{\partial x_1} & \cdots & \dfrac{\partial f_M(\boldsymbol{x})}{\partial x_1} \\ \dfrac{\partial f_1(\boldsymbol{x})}{\partial x_2} & \dfrac{\partial f_2(\boldsymbol{x})}{\partial x_2} & \cdots & \dfrac{\partial f_M(\boldsymbol{x})}{\partial x_2} \\ \vdots & \vdots & & \vdots \\ \dfrac{\partial f_1(\boldsymbol{x})}{\partial x_N} & \dfrac{\partial f_2(\boldsymbol{x})}{\partial x_N} & \cdots & \dfrac{\partial f_M(\boldsymbol{x})}{\partial x_N} \end{bmatrix}$$

若 $\boldsymbol{A}$ 和 $\boldsymbol{B}$ 是 $\boldsymbol{x}$ 的 m 列矢量函数，即

$$\boldsymbol{A}(\boldsymbol{x}) = [a_1(\boldsymbol{x}) \quad a_2(\boldsymbol{x}) \quad \cdots \quad a_m(\boldsymbol{x})]^{\mathrm{T}}$$

$$\boldsymbol{B}(\boldsymbol{x}) = [b_1(\boldsymbol{x}) \quad b_2(\boldsymbol{x}) \quad \cdots \quad b_m(\boldsymbol{x})]^{\mathrm{T}}$$

则

$$\frac{\mathrm{d}\boldsymbol{A}^{\mathrm{T}}\boldsymbol{B}}{\mathrm{d}\boldsymbol{x}} = \frac{\mathrm{d}\boldsymbol{A}^{\mathrm{T}}}{\mathrm{d}\boldsymbol{x}}\boldsymbol{B} + \frac{\mathrm{d}\boldsymbol{B}^{\mathrm{T}}}{\mathrm{d}\boldsymbol{x}}\boldsymbol{A}$$

若

$$\boldsymbol{x} = [x_1 \quad x_2 \quad \cdots \quad x_N]^{\mathrm{T}}$$

则

$$\frac{\mathrm{d}\boldsymbol{x}^{\mathrm{T}}}{\mathrm{d}\boldsymbol{x}} = \boldsymbol{I}_N$$

利用上述矢量函数对矢量求导的公式，不难求出标量函数 $E\{[\boldsymbol{\theta} - \boldsymbol{H}\boldsymbol{x} - \boldsymbol{b}]^{\mathrm{T}}[\boldsymbol{\theta} - \boldsymbol{H}\boldsymbol{x} - \boldsymbol{b}]\}$ 对矢量 $\boldsymbol{b}$ 的导数：

$$\begin{aligned} \frac{\partial}{\partial \boldsymbol{b}} E\{[\boldsymbol{\theta} - \boldsymbol{H}\boldsymbol{x} - \boldsymbol{b}]^{\mathrm{T}}[\boldsymbol{\theta} - \boldsymbol{H}\boldsymbol{x} - \boldsymbol{b}]\} &= E\left\{\frac{\partial}{\partial \boldsymbol{b}}([\boldsymbol{\theta} - \boldsymbol{H}\boldsymbol{x} - \boldsymbol{b}]^{\mathrm{T}}[\boldsymbol{\theta} - \boldsymbol{H}\boldsymbol{x} - \boldsymbol{b}])\right\} = \\ & 2E\left\{\frac{\partial [\boldsymbol{\theta} - \boldsymbol{H}\boldsymbol{x} - \boldsymbol{b}]^{\mathrm{T}}}{\partial \boldsymbol{b}}[\boldsymbol{\theta} - \boldsymbol{H}\boldsymbol{x} - \boldsymbol{b}]\right\} = \\ & 2E\{-\boldsymbol{I}[\boldsymbol{\theta} - \boldsymbol{H}\boldsymbol{x} - \boldsymbol{b}]\} = \end{aligned}$$

$$-2E[\boldsymbol{\theta}]+2\boldsymbol{H}E[\boldsymbol{x}]+2\boldsymbol{b}$$

若令其等于零，则得

$$\boldsymbol{b}=E[\boldsymbol{\theta}]-\boldsymbol{H}E[\boldsymbol{x}]$$

二、标量函数对矩阵求导

设 $f(\boldsymbol{y})$ 是标量函数，$\boldsymbol{y}$ 是 $n\times m$ 阶矩阵，即

$$\boldsymbol{y}=\begin{bmatrix} y_{11} & y_{12} & \cdots & y_{1m} \\ y_{21} & y_{22} & \cdots & y_{2m} \\ \vdots & \vdots & & \vdots \\ y_{n1} & y_{n2} & \cdots & y_{nm} \end{bmatrix}$$

则定义

$$\frac{\mathrm{d}f(\boldsymbol{y})}{\mathrm{d}\boldsymbol{y}}=\begin{bmatrix} \frac{\partial f(\boldsymbol{y})}{\partial y_{11}} & \frac{\partial f(\boldsymbol{y})}{\partial y_{12}} & \cdots & \frac{\partial f(\boldsymbol{y})}{\partial y_{1m}} \\ \frac{\partial f(\boldsymbol{y})}{\partial y_{21}} & \frac{\partial f(\boldsymbol{y})}{\partial y_{22}} & \cdots & \frac{\partial f(\boldsymbol{y})}{\partial y_{2m}} \\ \vdots & \vdots & & \vdots \\ \frac{\partial f(\boldsymbol{y})}{\partial y_{n1}} & \frac{\partial f(\boldsymbol{y})}{\partial y_{n2}} & \cdots & \frac{\partial f(\boldsymbol{y})}{\partial y_{nm}} \end{bmatrix}$$

若 $\boldsymbol{A}$ 是 $m\times n$ 阶矩阵，$\boldsymbol{B}$ 是 $n\times m$ 阶矩阵，$\boldsymbol{C}$ 是 $m\times m$ 阶矩阵，都与 $\boldsymbol{y}$ 无关，则

$$\frac{\mathrm{d}\boldsymbol{T}_r(\boldsymbol{Ay})}{\mathrm{d}\boldsymbol{y}}=\frac{\mathrm{d}\boldsymbol{T}_r(\boldsymbol{y}^{\mathrm{T}}\boldsymbol{A}^{\mathrm{T}})}{\mathrm{d}\boldsymbol{y}}=\boldsymbol{A}^{\mathrm{T}}$$

$$\frac{\mathrm{d}\boldsymbol{T}_r(\boldsymbol{By}^{\mathrm{T}})}{\mathrm{d}\boldsymbol{y}}=\boldsymbol{B}$$

$$\frac{\mathrm{d}\boldsymbol{T}_r(\boldsymbol{yCy}^{\mathrm{T}})}{\mathrm{d}\boldsymbol{y}}=2\boldsymbol{yC}$$

利用上述公式可以求出

$$\frac{\partial}{\partial\boldsymbol{H}}E\{[\boldsymbol{\theta}-\boldsymbol{Hx}-\boldsymbol{b}]^{\mathrm{T}}[\boldsymbol{\theta}-\boldsymbol{Hx}-\boldsymbol{b}]\}=$$

$$\frac{\partial}{\partial\boldsymbol{H}}E\{\boldsymbol{T}_r[(\boldsymbol{\theta}-\boldsymbol{Hx}-\boldsymbol{b})(\boldsymbol{\theta}-\boldsymbol{Hx}-\boldsymbol{b})^{\mathrm{T}}]\}=$$

$$E\left\{-\frac{\partial}{\partial\boldsymbol{H}}\boldsymbol{T}_r(\boldsymbol{Hx\theta}^{\mathrm{T}})-\frac{\partial}{\partial\boldsymbol{H}}\boldsymbol{T}_r(\boldsymbol{\theta x}^{\mathrm{T}}\boldsymbol{H}^{\mathrm{T}})\right\}+$$

$$\frac{\partial}{\partial\boldsymbol{H}}\boldsymbol{T}_r(\boldsymbol{Hxx}^{\mathrm{T}}\boldsymbol{H}^{\mathrm{T}})+\frac{\partial}{\partial\boldsymbol{H}}\boldsymbol{T}_r(\boldsymbol{bx}^{\mathrm{T}}\boldsymbol{H}^{\mathrm{T}})+$$

$$\frac{\partial}{\partial\boldsymbol{H}}\boldsymbol{T}_r(\boldsymbol{Hxb}^{\mathrm{T}})=$$

$$E\left\{-\frac{\partial}{\partial\boldsymbol{H}}\boldsymbol{T}_r((\boldsymbol{x\theta}^{\mathrm{T}})^{\mathrm{T}}\boldsymbol{H}^{\mathrm{T}})-\boldsymbol{\theta x}^{\mathrm{T}}+2\boldsymbol{Hxx}^{\mathrm{T}}+\boldsymbol{bx}^{\mathrm{T}}+\frac{\partial}{\partial\boldsymbol{H}}\boldsymbol{T}_r((\boldsymbol{xb}^{\mathrm{T}})^{\mathrm{T}}\boldsymbol{H}^{\mathrm{T}})\right\}=$$

$$E[-\boldsymbol{\theta x}^{\mathrm{T}}-\boldsymbol{\theta x}^{\mathrm{T}}+2\boldsymbol{Hxx}^{\mathrm{T}}+\boldsymbol{bx}^{\mathrm{T}}+\boldsymbol{bx}^{\mathrm{T}}]=$$

$$-2E[\boldsymbol{\theta x}^{\mathrm{T}}]+2\boldsymbol{H}E[\boldsymbol{xx}^{\mathrm{T}}]+2\boldsymbol{b}E[\boldsymbol{x}^{\mathrm{T}}]$$

若令其等于零，并将 $\boldsymbol{b}=E[\boldsymbol{\theta}]-\boldsymbol{H}E[\boldsymbol{x}]$ 代入，则得

$$\boldsymbol{H}E[\boldsymbol{x}\boldsymbol{x}^{\mathrm{T}}]-E[\boldsymbol{\theta}\boldsymbol{x}^{\mathrm{T}}]+(E[\boldsymbol{\theta}]-\boldsymbol{H}E[\boldsymbol{x}])E[\boldsymbol{x}^{\mathrm{T}}]=\boldsymbol{0}$$

即

$$\begin{aligned}&\boldsymbol{H}E\{[\boldsymbol{x}-E(\boldsymbol{x})][\boldsymbol{x}-E(\boldsymbol{x})]^{\mathrm{T}}\}-E\{[\boldsymbol{\theta}-E(\boldsymbol{\theta})][\boldsymbol{x}-E(\boldsymbol{x})]^{\mathrm{T}}\}=\\&\boldsymbol{H}\mathrm{Var}[\boldsymbol{x}]-\mathrm{Cov}(\boldsymbol{\theta},\boldsymbol{x})=\boldsymbol{0}\end{aligned}$$

故得

$$\boldsymbol{H}=\mathrm{Cov}(\boldsymbol{\theta},\boldsymbol{x})[\mathrm{Var}(\boldsymbol{x})]^{-1}$$

参考文献

[1] 梁红,张效民. 信号检测与估值[M]. 2 版. 西安:西北工业大学出版社,2021.

[2] KAY S M. 统计信号处理基础:估计与检测理论[M]. 罗鹏飞,张文明,刘忠,等译. 北京:电子工业出版社,2003.

[3] 赵树杰,赵建勋. 信号检测与估计理论[M]. 北京:清华大学出版社,2005.

[4] 李道本. 信号的统计检测与估计理论[M]. 北京:科学出版社,2004.

[5] KAY S M. 现代谱估计原理与应用[M]. 黄建国,武延祥,杨世兴,译. 北京:科学出版社,1994.

[6] 刘有恒. 信号检测与估计[M]. 北京:人民邮电出版社,1989.

[7] 曲长文,周强,李炳荣,等. 信号检测与估计[M]. 北京:电子工业出版社,2016.

[8] 张明友. 信号检测与估计[M]. 3 版. 北京:电子工业出版社,2011.

[9] 张立毅,张雄,李化. 信号检测与估计[M]. 2 版. 北京:清华大学出版社,2014.

[10] 甘俊英,孙进平,余义斌. 信号检测与估计理论[M]. 北京:科学出版社,2016.

[11] 王新宏,马艳. 随机信号分析[M]. 西安:西北工业大学出版社,2014.

[12] SCHONHOFF T A, GIORDANO A A. Detection and Estimation Theory and Its Applications[M]. 北京:电子工业出版社,2007.